高等职业教育“十三五”规划教材

电工与电子技术

（第二版）

主　编　王　梅　唐翠微

副主编　杜　锐　唐　琳　杨晓珍　杨国平　杨玉好

中国水利水电出版社
www.waterpub.com.cn
·北京·

内 容 提 要

本书第一版于2014年出版，经过5年的使用，在不断收集反馈意见的基础上，决定再版。新版书作为高等职业教育“十三五”规划教材，着力体现高职高专教材特色，由浅入深，通俗易懂，章节后增加了项目化训练，着重培养学生电学基础的应用能力。

全书内容有：直流电路、正弦交流电路、变压器与电动机、半导体器件、直流稳压电源、放大电路基础、差动放大电路和集成运算放大电路、数字电路基础、组合逻辑电路、触发器与时序逻辑电路等。

本书共10章，分为电路与电工、模拟电子、数字电子三大模块，适用于高职高专机电一体化技术、工业机器人技术、医疗设备应用技术、医学影像技术等专业，也可作为中、高级电工培训参考用书。

图书在版编目（CIP）数据

电工与电子技术 / 王梅，唐翠微主编. -- 2版. --
北京 ：中国水利水电出版社，2019.9（2024.7 重印）
高等职业教育“十三五”规划教材
ISBN 978-7-5170-8041-1

Ⅰ. ①电… Ⅱ. ①王… ②唐… Ⅲ. ①电工技术－高等职业教育－教材②电子技术－高等职业教育－教材
Ⅳ. ①TM②TN

中国版本图书馆CIP数据核字(2019)第200355号

策划编辑：寇文杰　　责任编辑：张玉玲　　封面设计：李　佳

书　名	高等职业教育“十三五”规划教材 电工与电子技术（第二版） DIANGONG YU DIANZI JISHU
作　者	主　编　王　梅　唐翠微 副主编　杜　锐　唐　琳　杨晓珍　杨国平　杨玉好
出版发行	中国水利水电出版社 （北京市海淀区玉渊潭南路1号D座　100038） 网址：www.waterpub.com.cn E-mail：mchannel@263.net（答疑） sales@mwr.gov.cn 电话：（010）68545888（营销中心）、82562819（组稿）
经　售	北京科水图书销售有限公司 电话：（010）68545874、63202643 全国各地新华书店和相关出版物销售网点
排　版	北京万水电子信息有限公司
印　刷	三河市鑫金马印装有限公司
规　格	184mm×260mm　16开本　19.25印张　473千字
版　次	2014年1月第1版　2014年1月第1次印刷 2019年9月第2版　2024年7月第4次印刷
印　数	6001—7500册
定　价	48.00元

第二版前言

本书面向高职高专装备制造类专业的专业基础课——电工与电子技术、电路与电子技术等课程。围绕高端技术技能人才培养目标，按照课程标准要求，再版书在编写过程中突出以下特点：

（1）从学生实际出发，把握实用为主、够用为度，坚持培养可持续发展科学素质的原则。

（2）注重知识的科学性和通俗性，精选教学内容，力求概念清楚、推理清晰。

（3）把握与前续课程——物理学及后续课程——医学影像设备学、电机与拖动、电气控制及 PLC、数控机床的衔接，避免内容重复或断层。

（4）在内容上每节基本都设有课堂互动，可调动学生学习的积极性，并能及时了解学生掌握知识的情况。

（5）部分章节后配套项目化训练，以培养学生应用能力。

本书由王梅、唐翠微担任主编，杜锐、唐琳、杨晓珍、杨国平、杨玉好担任副主编，参加编写工作的还有李燕、徐玲、黄君华等老师。在本书编写过程中，编者得到教研室老师的支持和帮助，在此表示衷心感谢！

由于编者水平有限，书中难免会有不妥之处，欢迎读者提出建议并给予指正。

编　者

2019 年 5 月

第一版前言

目前我院高职高专机电一体化、医学影像设备管理及维护、医学影像技术、模具设计与制造等专业所用的电工与电子技术教材，有的以知识体系为重，晦涩难懂，学生没有兴趣学习；有的太过于迁就专业，不利于高职学生的自我发展。所以编写一本适合我院高职高专机电一体化、医学影像设备管理及维护、医学影像技术、模具设计与制造等专业要求，符合高职高专“技能型”人才培养目标的电工与电子技术教材具有重要的现实意义。

本书以“能力为本位，服务于专业，学生自我发展”为指导思想，按照课程标准的基本要求，在编写过程中突出以下几个特点：

（1）从学生实际出发，把握实用为主，够用为度，培养可持续发展的科学素质的教学原则。

（2）注重知识的科学性和通俗性，精选教学内容，力求概念清楚、推理明白。

（3）把握前续课程物理学及后续课程医学影像设备学、电机与拖动、数控机床等课程的衔接，避免内容重复或断层。

（4）在内容上每节基本都设有课堂互动，可调动学生学习的积极性，并能及时了解学生掌握知识的情况。

全书共十章，分为电工、模电、数电三大模块，适用于高职高专机电一体化、医学影像设备管理及维护、医学影像技术、模具设计与制造等专业（三年制）。本书每章开端列有知识目标和能力目标，每章最后列有学习小结和学习内容，希望能帮助读者复习总结。

在本书编写过程中，编者得到了所在单位领导的大力支持与关怀，在此表示衷心感谢！

本书由李燕任主编，王梅、杜锐、徐玲、唐翠微任副主编，参加编写工作的还有陈思宇、唐琳、简怒潮等。

由于时间仓促及编者水平有限，书中疏漏甚至错误之处在所难免，恳请使用本书的广大师生批评指正。

编　者

2013 年 12 月

目　录

第一篇　电路与电工基础

第二篇　模拟电子

第三篇 数字电子

第一篇　电路与电工基础

第一章　直流电路

学习目标

知识目标

- 理解电路的基本概念、组成和功能。
- 理解电压源和电流源的定义，掌握两种电源之间的等效变换。
- 掌握电路的基本定律、基本分析方法和基本定理。
- 了解非线性电阻元件的伏安特性和分析方法。
- 了解动态电路分析方法。

能力目标

- 会读、画电路图。
- 能对电路进行定性和定量的分析。
- 本章作为全书的开篇和基础，着重研究电路的分析方法。主要讲解电路的基本概念、基本变量；介绍三种电路基本元件和电源；阐述电路的基本定理、基本定律、基本分析方法；介绍非线性电阻元件和动态电路。

第一节　电路的基本概念与基本物理量

一、电路的基本概念

（一）电路的组成和作用

所谓电路就是由各种电路元件或设备组成的，能够实现电能的传输和转换，或者能够实现电信号的采集、传递和处理的有机整体。电路繁简不一，但是任何一种电路都是由电源（或信号源）、负载和中间环节三部分组成。其中电源是向电路提供电能的装置，它把机械能、化学能、热能、原子能等其他形式的能量转换为电能；负载是电路中取用或转换电能的装置，如电灯把电能转变成光能和热能，电动机把电能转换为机械能，蓄电池把电能转换为化学能等；中间环节由导线、控制开关等组成，它们在电路中起着传输和分配能量、控制和保护电气设备的作用。图 1.1（a）所示是一个白炽灯实际电路，其中干电池为电源，白炽灯为负载，导线和开关组成了中间环节。对一个电路而言，电源（或信号源）的作用称为激励，由激励引起的结果（如某个元件上的电流、电压）称为响应。激励和响应的关系往往对应着输入与输出的关系。

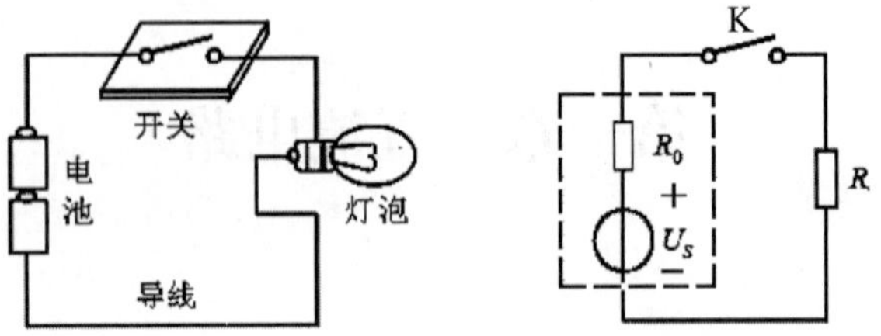

（a）实际电路　　（b）电路模型

图 1.1　白炽灯电路

（二）电路模型

电路模型是将实际电路中的各种元件按其主要物理性质分别用一些理想元件来表示时所构成的电路图。电路元件的物理性质是指电流通过元件时进行着什么样的能量转换。

理想的电路元件是指只进行某一种能量转换的元件。例如，电阻只是将电能转换为热能的理想电路元件。凡是当电流通过某元件发生电能转换为热能，而其他能量转换可以忽略时，该元件就可用一个理想电阻元件 R 来表示。除了理想电阻元件之外，还有理想电感元件 L、理想电容元件 C、理想电源等，如图 1.2 所示是它们的电路模型图形符号。

图 1.2　电路元件的电路模型图形符号

例如对于白炽灯电路图，可近似用一个电阻 R 来表示白炽灯，这样可画出白炽灯电路的电路模型，如图 1.1（b）所示。

可见，电路模型就是实际电路的科学抽象。采用电路模型来分析电路，不仅能使计算过程大为简化，还能更清晰地反映该电路的物理本质。采用电路模型就是运用科学抽象的方法来解决复杂的实际电路问题。利用电路模型可以为更多的实际电路建立模型，如用电流控制电流源来表示一个晶体管的电流放大作用、用电压控制电压源来表示运算放大器等，从而使我们能更好地掌握电路分析的方法。

（三）有关电路的几个概念

（1）支路：电路中每一条不分岔的路径称为支路，支路中流过的是同一电流。

（2）节点：三条或三条以上的支路的连接点称为节点。

（3）回路：电路中任意一个闭合的路径。

（4）网孔：内部不含支路的回路。

（5）网络：通常指比较复杂的电路，如集成电路等。

例如图 1.3 所示的电路中共有 6 条支路、4 个节点、7 个回路、3 个网孔。

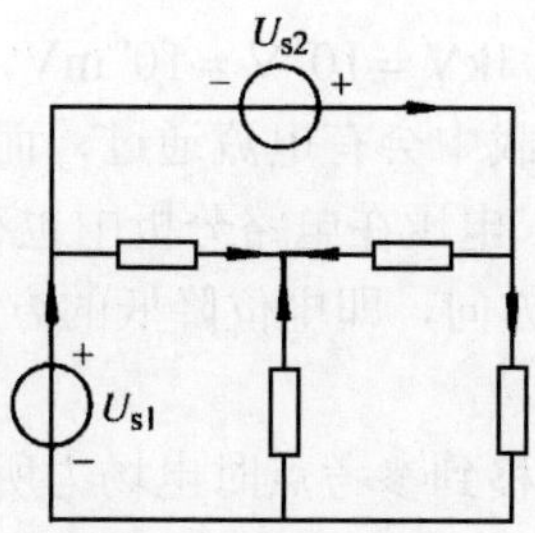

图 1.3 有分支电路

课堂互动

1. 在电路中如何区分电源和负载？
2. 如何理解理想电路元件中“理想”二字在实际电路中的含义？
3. 具体说出图 1.3 中有哪些支路、节点、回路、网孔。

二、电路的基本物理量

研究电路问题时，经常要涉及电流、电压、电位和电动势等电学物理量。

（一）电流

电荷的定向移动形成电流。在稳恒直流电路中，电流的大小和方向不随时间变化；在正弦交流电路中，电流的大小和方向按正弦规律变化。单位时间内通过导体截面的电荷量称为电流强度，即

$$I=\frac{Q}{t}\text{（直流）} \tag{1-1}$$

$$i=\frac{\mathrm{d}q}{\mathrm{d}t}\text{（交流）} \tag{1-2}$$

在国际单位制中，电流的单位为安培（A），还有常用单位毫安（mA）和微安（μA），各单位之间的换算关系为

$$1\text{A}=10^3\text{mA}=10^6\mu\text{A}$$

在电学中，电路中的电流强度简称电流，电流是电路中的主要电学物理量。习惯上规定正电荷移动的方向为电流的正方向。电路中，电流的大小可定量地反映电流的强弱，电流的方向则是用电流前面的“+”“-”号来表示（后面详细讲述）。

（二）电压和电位

1. 电压

将单位正电荷从电路中的一点移到另一点时电场力所做的功定义为这两点间的电压。设将一电荷 q 从 a 点移到 b 点时电场力所做的功为 W_{ab}，则两点间的电压为

$$U_{ab}=\frac{W_{ab}}{q} \tag{1-3}$$

式中 U_{ab} 为 a、b 两点间的电压。

当电功的单位用焦耳、电量的单位用库仑时，电压的国际标准单位是伏特（V）。常用单位还有千伏（kV）、毫伏（mV）等，各单位之间的换算关系为

$$1\text{kV} = 10^3\text{V} = 10^6\text{mV}$$

当在负载两端加上电压时，负载中会有电流通过，而电流通过负载时会在负载两端产生电压降，此过程会发生能量的转换。电压在电路分析中也存在方向问题，一般规定：电压的方向为正电荷在电场力作用下移动的方向，即电位降低的方向，所以电压又叫电压降。

2. 电位

将单位正电荷从电路中的一点移到参考点时电场力所做的功即为该点的电位。电路中的电位具有相对性，所以只有先明确了电路的参考点电位才有意义。电路理论中规定：电位参考点的电位为零，高于参考点的电位是正电位，低于参考点的电位是负电位。理论上，参考点的选取是任意的，但实际应用中常以大地作为参考点。

电路中某点的电位在数值上等于该点到参考点之间的电压，故电路中任意两点间的电压就是这两点间电位的差值，即

$$U_{ab} = U_a - U_b \tag{1-4}$$

其中，U_a 和 U_b 分别为电路中 a、b 两点的电位。电位的单位和电压的单位一样。

从式（1-4）可以看出，电压值具有绝对性，电路中任意两点间的电压大小仅取决于这两点间电位的差值，与参考点的选择无关。

3. 电动势

电动势是表示电源的非电场做功把其他形式的能转化为电能的本领大小的物理量，在数值上等于电源把单位正电荷从电源负极移到正极时所做的功。如果电源把单位正电荷 q 从电源负极移到正极时非电场力做的功为 W，则电动势 E 的大小为

$$E = \frac{W}{q} \tag{1-5}$$

电动势的单位是伏特（V）。在电路分析中，电动势的方向规定为由电源的负极指向电源的正极，即电位升高的方向。

4. 电流、电压和电动势的参考方向

电流、电压、电动势的方向在高中物理学中已作过明确的规定，即电路中电流的方向是指正电荷流动的方向，电路中两点之间电压的方向是从高电位指向低电位的方向，电动势的方向是在电源内由低电位指向高电位的方向。

在分析复杂电路时往往不能预先判断某段电路上电流、电压的实际方向，所以要假设参考方向。为了区别，我们把物理学中定义的电流、电压的方向称为它们的实际方向。当按参考方向来分析、计算电路时，得出的电流、电压值可能为正，也可能为负，正值表示所设电流、电压的参考方向与实际方向一致，负值则表示所设电流、电压的参考方向与实际方向相反。

一般来说，参考方向的假设是任意的，但是应该注意：一个具体电路一旦假设了参考方向，那么在电路的整个求解过程中就不能再随意变动参考方向。

当一个元件或一段电路上的电流、电压参考方向一致时，则称它们为关联参考方向，反之就是非关联参考方向，如图 1.4（a）所示。在分析电路时，尤其是分析电阻、电感、电容等元件上的电流、电压关系时，经常采用关联参考方向。例如，在图 1.4（a）中，电流和电压间如果采用了关联参考方向，这时电阻两端的电压为 $U = RI$，若采用非关联参考方向，如图 1.4（b）所示，则电阻两端的电压为 $U = -RI$。

图 1.4　参考方向的关联性

其他物理量如电动势、电位、磁通等，在进行电路分析计算时也要选定参考方向。

5. 电功和电功率

（1）电功。电流能使电灯发光、电炉发热、电动机转动，说明电流具有做功的本领。电流所做的功称为电功。因为电流做功的同时伴随能量的转换，所以电流做功的大小是可以度量的，即

$$W = UIt \tag{1-6}$$

式中电流的单位用安培（A）、电压的单位用伏特（V）、时间的单位用秒（s）时，电功（或电能）的单位是焦耳（J）。工程实际中，常用单位还有千瓦时（kW·h），1kW·h 又称为 1 度电。

（2）电功率。从物理学中我们已经知道，一个元件上的电功率等于该元件两端的电压与通过该元件电流的乘积，即

$$P = UI \tag{1-7}$$

如果电压和电流都是变量时，则为瞬时功率，即

$$p = ui \tag{1-8}$$

当电压的单位为伏特（V）、电流的单位为安培（A）时，功率的单位为瓦特（W）。

元件上的电功率有吸收（或消耗）和产生（或发出）两种可能，用功率的正负来区别，吸收功率为正，产生功率为负。按照能量守恒定律，对所有的电路来说

$$\sum P = 0$$

或

$$\sum p = 0 \tag{1-9}$$

即任一瞬间电路中各元件上功率的代数和均等于零，或者说电源发出的功率等于各个负载吸收的功率之和。式（1-9）称为功率平衡方程式。

例 1-1　已知蓄电池充电电路如图 1.5 所示，其中 $U_S = 22V$，求当蓄电池端电压 $U_2 = 12V$ 时的充电电流 I 和各元件的功率，设电阻 $R = 2\Omega$。

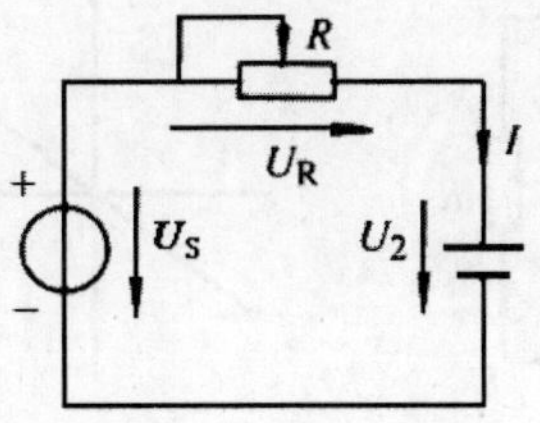

图 1.5　例 1-1 图

解：选定电流参考方向并标于图中，电路中的电流

$$I=\frac{U_S-U_2}{R}=\frac{(22-12)\mathrm{V}}{2\Omega}=5\mathrm{A}\quad(>0)$$

电流为正值，说明电流参考方向与实际方向一致。

电源功率：$P_S=-U_SI=-22\mathrm{V}\times5\mathrm{A}=-110\mathrm{W}$（<0）

电阻功率：$P_R=I^2R=(5\mathrm{A})^2\times2\Omega=50\mathrm{W}$（>0）

蓄电池功率：$P_2=U_2I=12\mathrm{V}\times5\mathrm{A}=60\mathrm{W}$（>0）

计算表明，电源发出功率，电阻和蓄电池吸收功率，即电阻和蓄电池是电路的负载，并且证实了电源发出的功率等于各个负载吸收的功率之和。

课堂互动

1. 电压、电位和电动势有何异同？
2. 1度电等于多少焦耳？
3. 电功率大的用电器电功也一定大，这种说法正确吗，为什么？

第二节　电路的基本元件

电阻 R、电感 L 和电容 C 是三种具有不同物理性质的常见电路元件。元件的基本物理性质是指当把它们接入电路时，在元件内部将进行什么样的能量转换以及表现为什么样的元件外部特性。

一、电阻

电阻有线性电阻和非线性电阻之分，我们这里只讨论线性电阻。

所谓线性电阻，是指电阻元件的阻值是一个常数，加在该电阻元件两端的电压 u 和通过该元件中的电流 i 之间成正比例，即

$$u=Ri \tag{1-10}$$

电阻上的电压和通过它的电流之间的关系用伏安特性曲线表示，伏安特性曲线如图 1.6（b）所示，这是一条通过坐标原点的直线。公式（1-10）可写为

$$R=\frac{u}{i} \tag{1-11}$$

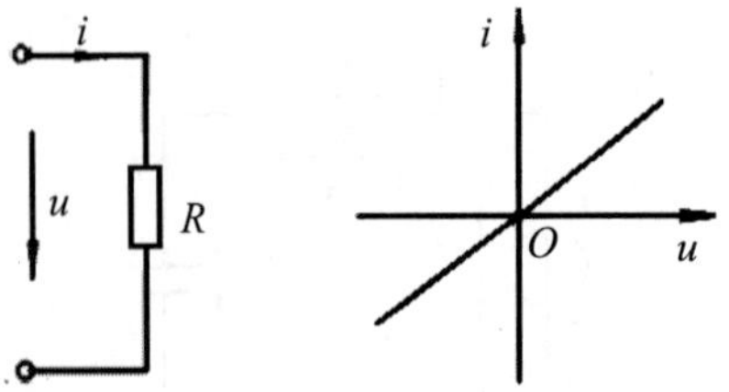

（a）　（b）

图 1.6　电阻元件及其伏安特性曲线

从图中可以看出，线性电阻两端的电压与电流的比值是常数。电流通过电阻要产生热效应，即在电阻元件里电能会转换成热能，并且电阻中的能量转换过程是不可逆的。电阻上的功率$P = i^2 R$，是正值，因此电阻是耗能元件。电阻元件中流过电流时会因为消耗电能而发热，电炉、白炽灯、电子电路中的电阻元件以及变压器、电动机等用电设备或元器件，在使用过程中，如果电流过大，就有被烧坏的危险。为了保证它们能安全可靠地工作，制造厂都给它们标上了电压、电流或功率的限额，这些限额称为额定值。

二、电感

线圈是典型的实际电感元件。当忽略线圈导线的电阻时，可把它看作一个理想的电感元件。如图 1.7 所示为一电感线圈。

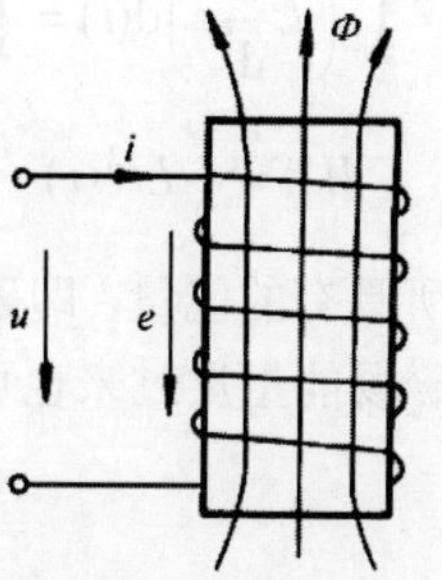

图 1.7　电感线圈

当有电流 i 通过线圈时，线圈中就会建立磁场，设磁通为Φ，线圈匝数为 N，则与线圈相交链的磁链ψ为

$$\psi = N\Phi \tag{1-12}$$

电感线圈中的电流与磁链之间的关系用韦安特性曲线表示。电感 L 定义为

$$L = \frac{\psi}{i} \tag{1-13}$$

L 又称自感系数或电感系数。当ψ的单位是韦伯（Wb）、电流的单位是安培（A）时，电感 L 的单位是亨利（H）。

图 1.8（b）的韦安特性是一条过原点的直线，具有这种特性的电感元件称为线性电感元件，其电感值 L 是一个常数，与电感中电流的大小无关。空心线圈是一种线性电感元件，带有铁芯的线圈就是一种常见的非线性电感元件。在电路分析中，我们更关心的是元件的伏安关系，电感元件的伏安关系式为

$$u = -e_{\mathrm{L}} = -\left(-\frac{\mathrm{d}\psi}{\mathrm{d}t}\right) = \frac{\mathrm{d}\psi}{\mathrm{d}t} = \frac{\mathrm{d}(Li)}{\mathrm{d}t} = L\frac{\mathrm{d}i}{\mathrm{d}t}$$

即

$$u = L\frac{\mathrm{d}i}{\mathrm{d}t} \tag{1-14}$$

式（1-14）说明电感元件两端的电压 u 与流过它的电流的变化速率$\frac{\mathrm{d}i}{\mathrm{d}t}$成正比，而与当时的电流数值大小无关。只有当电流有变化时，电感两端才有电压，因此电感是一种动态元件。电感对直流电流没有阻碍作用，有限制交流电流的作用。

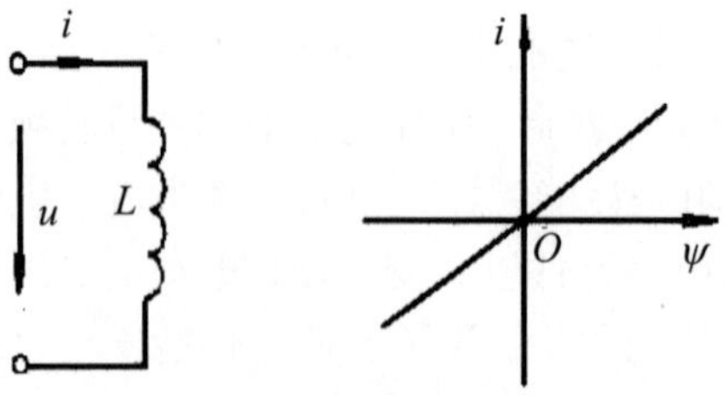

（a）电感元件　　（b）韦安特性曲线

图 1.8　电感元件及其韦安特性曲线

电流通过电感时没有发热现象，即电能没有转换为热能，在电感里进行的是电能与磁场能量的转换。设 $t=0$ 时 $i=0$，$t=0$ 时开始对电感加电压，到 t_1 时刻电感中的能量为

$$W_{\mathrm{L}}(t_1)=\int_0^{t_1}ui\mathrm{d}(t)=\int_0^{t_1}\left(L\frac{\mathrm{d}i}{\mathrm{d}t}i\right)\mathrm{d}(t)=\int_0^{i(t_1)}Li\mathrm{d}i=\frac{1}{2}Li^2(t_1)$$

即

$$W_{\mathrm{L}}=\frac{1}{2}Li^2(t) \tag{1-15}$$

这就是线圈中电流 i 建立的磁场所具有的能量，即磁场能量。任一时刻电感中这一能量的大小与电流的平方成正比。电感中的磁场能量反过来也可以转换成电能，说明电感不是耗能元件而是储存磁场能量的储能元件。

三、电容

电容器是典型的电容元件，图 1.9 所示是电容元件的电路符号。在电容器两端即两极板之间加上电压 u，电容器即被充电并建立电场。设极板上所带的电荷为 q，则电容的定义为

$$C=\frac{q}{u} \tag{1-16}$$

电容也分为线性电容与非线性电容两类，线性电容 C 是一个常数，不随电压变化。当电量 q 的单位是库仑、电压 u 的单位为伏特时，电容量 C 的国际标准单位是法拉（F）。电容量 C 的常用单位还有微法（μF）和皮法（pF），各单位间的换算关系为

$$1\mathrm{F}=10^6\mu\mathrm{F}=10^{12}\mathrm{pF}$$

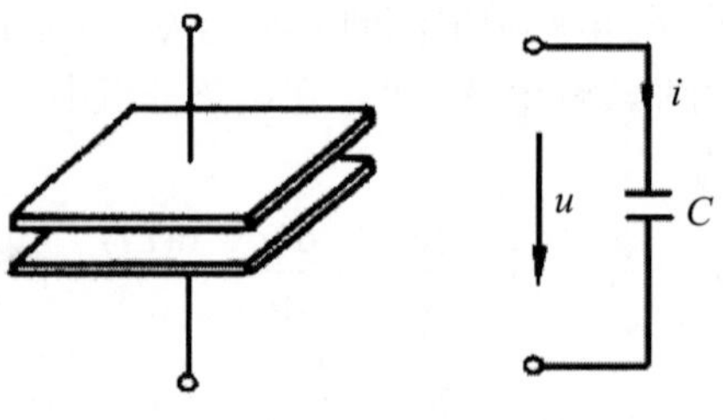

（a）电容元件　　（b）电容元件的电路符号

图 1.9　电容器及其符号

在关联参考方向下电容两端电流、电压的关系为

$$i=\frac{\mathrm{d}q}{\mathrm{d}t}=C\frac{\mathrm{d}u}{\mathrm{d}t} \tag{1-17}$$

从式（1-17）可以看出，电容电流与它两端电压的变化率成正比，只有电压变化时才会有电流i流过，因此电容也是一种动态元件。在直流稳态电路中，电压u为恒定值，$\frac{\mathrm{d}u}{\mathrm{d}t}=0$，因此始终没有电流，即$I=0$。由此可见，在直流电路里电容可视为开路。当电容两端加上一个随时间变化的电压时，才有时变电流流过，也就是说，时变电流可以通过电容器。

电容上施加一电压u，则电容被充电并建立电场，可以证明，其电场能量为

$$W_{\mathrm{E}}=\frac{1}{2}Cu^2 \tag{1-18}$$

即电容也是一种储能元件，储能大小与电压的平方成正比。

课堂互动

1. 一个50kΩ、100W的电阻器，正常使用时最高应加多少伏电压？能允许通过多大的电流？
2. 为什么说电感、电容都是动态元件？
3. 当线圈两端电压为零时，线圈中有无储能？当通过电容器的电流为零时，电容器中有无储能？

第三节　电压源和电流源

电源是能给外电路提供电能或电信号的装置。干电池、硅光电池、发电机等都是电源的实例。除了这一类能提供能源的电源外，还有一类向电路提供电信号的装置，如收音机的天线接收无线电波并将它转换，为收音机提供了电信号，这一类称为信号源。它们都能对外电路起激励作用，所以又可以统称为激励源。电源有两种不同的类型，一种是电压源，一种是电流源。

一、电压源

电压源就是能向外电路提供比较稳定电压的装置，图1.10（a）虚线框内的电路表示一直流电压源的电路模型。其中U_{S}为电压源的源电压，R_0为电压源内电阻，R_{L}为电源的负载。由电路图可以得出，电源的输出电压U和输出电流I之间的关系是

$$U=U_{\mathrm{S}}-R_0I \tag{1-19}$$

这就是电压源输出端口上的伏安关系，称为电压源的外特性方程。

从电压源的外特性可知，当输出电流变化时，内电阻越小，输出电压的变化就越小，即输出电压越稳定。当内电阻$R_0=0$时，外特性曲线将是一条纵坐标等于U_{S}的平行于横坐标的水平直线，如图1.10（b）所示，即输出电压将不受输出电流的影响，永远是一个恒定值U_{S}。这种内电阻等于零的电压源称为理想电压源，又称恒压源。它有两个特点：一是输出电压恒定不变；二是输出电流可取任意值，由负载决定。

电压源可以看成是一个理想电压源和其内电阻的串联组合。实验室用的稳压电源可近似地看作理想电压源。

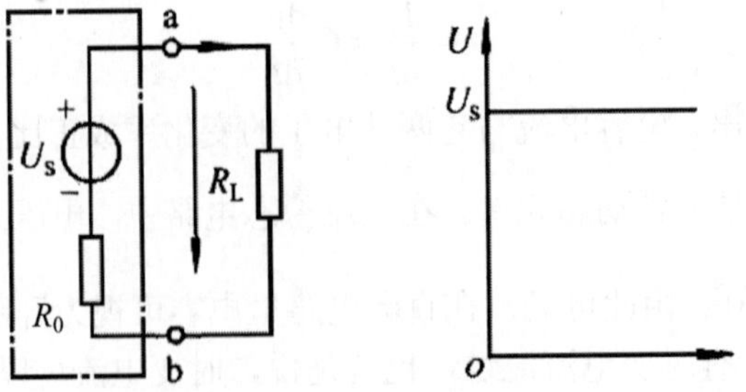

（a）电压源电路　　　　（b）电压源的外特性

图 1.10　电压源电路模型及其外特性

二、电流源

电流源就是能向外电路提供比较稳定电流的电源装置。图 1.11（a）虚线框内的电路表示一直流电流源的电路模型，它是用一个电激流 I_S 和内电阻 R_0 并联组合起来的，其中 I_S 也叫作电流源的源电流。由图可以得出，电流源的输出电流与其输出电压之间的关系是

$$I = I_S - \frac{U}{R_0} \tag{1-20}$$

这就是电流源输出端口上的伏安关系，称为电流源的外特性方程。

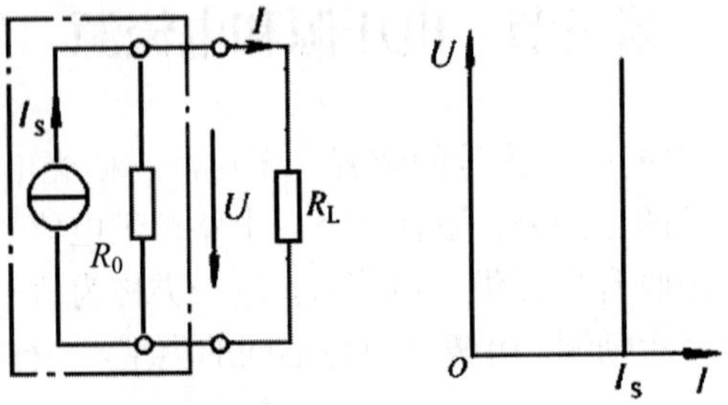

（a）电流源电路　　　　（b）电流源的外特性

图 1.11　电流源电路模型及其外特性

从电流源的外特性可知，当负载的阻值发生变化时，内电阻越大，电流源输出电流的变化就越小，即输出电流就越稳定。当内电阻为无穷大时，输出电流将不受输出电压的影响，不受负载条件的影响，始终保持 $I = I_S$。这时，电源的外特性曲线是一条平行于电压轴的垂直线，如图 1.11（b）所示。这种内阻等于无穷大的电流源称为理想电流源。它有两个特点：一是输出电流恒定不变；二是输出电压可取任意值，由负载决定。

电流源就是一个理想电流源和其内电阻的并联组合。实验室用的稳流电源可近似地看作理想电流源。

例 1-2　已知理想电流源的电激流 $I_S = 10\text{A}$，分别求出图 1.12（a）（b）（c）三个电路中理想电流源的端电压 U 和端电流 I。其中图（a）中 R_L 分别取值为 0Ω、20Ω、$\infty\Omega$，图（b）中理想电压源 $U_S = 20\text{V}$，图（c）中 $U_S = 20\text{V}$，$R_1 = 0.5\Omega$。

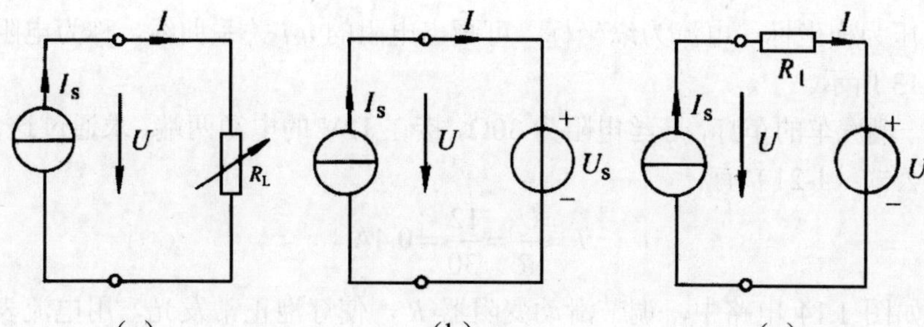

（a）　　（b）　　（c）

图 1.12　例 1-2 图

解：图（a）中，$R_L = 0\Omega$ 时，$I = I_S = 10A$，$U = R_L I = 0$

$R_L = 20\Omega$ 时，$I = I_S = 10A$，$U = R_L I = 200V$

$R_L = \infty$ 时，$I = I_S = 10A$，$U = R_L I = \infty$

图（b）中，$I = I_S = 10A$，$U = U_S = 20V$

图（c）中，$I = I_S = 10A$，$U = R_L I + U_S = 0.5 \times 10 + 20 = 25V$

由此题可知：无论外接电路怎样变化，理想电流源的端电流始终保持稳定，而端电压则随外接负载的变化而变化，可从 0 变到∞。当外接一理想电压源时，端电压 U 就由理想电压源的电压来决定，即有$U = U_S$，这一特点也反映了理想电压源端电压始终保持稳定这一性质。图（c）中理想电流源的端电压是沿外电路逐段计算出各元件电压再相加得出。

总之，理想电流源的端电压由外电路确定，理想电压源的端电流由外电路确定。

课堂互动

1. 一个理想电压源向外电路供电时，如果并联一个电阻，这个电阻会影响原来外电路的响应情况吗？

2. 一个理想电流源向外电路供电时，如果串联一个电阻，这个电阻会影响原来外电路的响应情况吗？

第四节　电路的基本定律

电路理论中的基本定律，除欧姆定律（VCR）确定电阻元件中电流和电压间的约束关系外，还有基尔霍夫定律，用以确定复杂电路的结构约束。基尔霍夫定律由电流定律（KCL）和电压定律（KVL）组成，前者适用于节点，说明电路中各电流之间的约束关系；后者适用于回路，说明电路各部分电压之间的约束关系。

一、欧姆定律

欧姆定律内容：对任一导体，通过导体的电流跟这段导体两端的电压成正比，跟这段导体的电阻成反比。

$$I = \frac{U}{R} \tag{1-21}$$

式中，I 为电流（A）；U 为电压（V）；R 为电阻（Ω）。

如果以电压为横坐标，电流为纵坐标，可画出电阻的 u-i 关系曲线，称为电阻的伏安特性曲线，如图 1.13 所示。

例 1-3 一辆汽车的车灯，灯丝电阻为 30Ω，接在 12V 的电源两端，求通过这盏灯的电流。

解：应用公式（1-21）有

$$I=\frac{U}{R}=\frac{12}{30}=0.4\text{A}$$

例 1-4 如图 1.14 电路中，调节滑动变阻器 R'，使灯泡正常发光，用电流表测得通过它的电流为 0.6A。已知该灯泡正常发光时的电阻是 20Ω，求灯泡两端的电压。

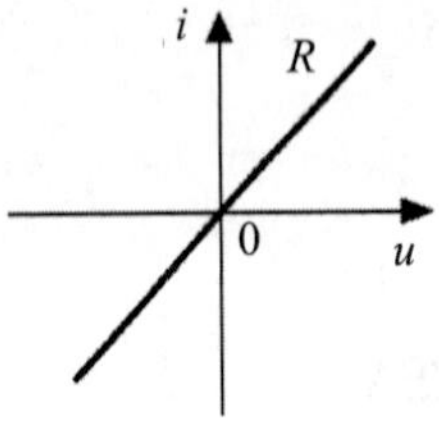

图 1.13 电阻的伏安特性曲线

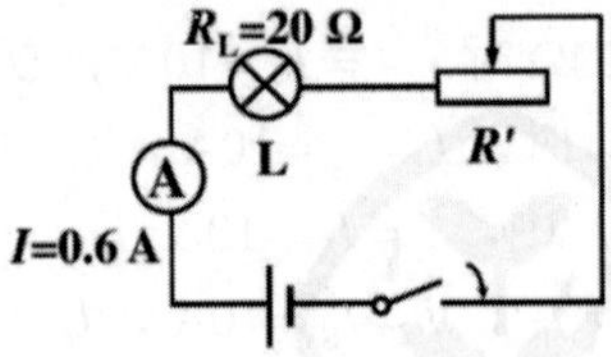

图 1.14 例 1-4

解：

$$I=I_{\text{L}}=0.6\text{A}$$
$$U_{\text{L}}=I_{\text{L}}R_{\text{L}}=0.6\text{A}\times 20\Omega=12\text{V}$$

课堂互动

电阻和电压成正比对吗？

二、基尔霍夫电流定律

基尔霍夫电流定律（KCL）又称基尔霍夫第一定律，是用来约束电路中任一节点处各电流之间关系的定律。其具体内容是：对电路中的任一节点，在任一瞬时流入该节点电流的总和等于流出该节点电流的总和。若 i_{i} 表示流入节点的电流，i_{o} 表示流出节点的电流，则

$$\sum i_{\text{i}}=\sum i_{\text{o}} \tag{1-22}$$

如果流入节点电流 i_{i} 取正号，流出节点电流 i_{o} 取负号，则式（1-22）又可以写为

$$\sum i=0 \tag{1-23}$$

即对任一节点，任一瞬时流入该节点电流的代数和等于零，这就是基尔霍夫电流定律的另一表达式。例如，在图 1.15 中，对节点 a 应用公式（1-22）有

$$I_5=I_1+I_6$$

而应用式（1-23）时有

$$I_5-I_1-I_6=0$$

基尔霍夫电流定律是电流连续性的表现，是电路中的一个普遍适用的定律，即不管电路是线性的还是非线性的，也不管各支路上的是什么样的元器件，它都适用。

KCL 不仅适用于节点，还可应用到虚拟的封闭面。例如图 1.16 所示的晶体管，同样有

$$I_{\text{c}}+I_{\text{b}}-I_{\text{e}}=0$$

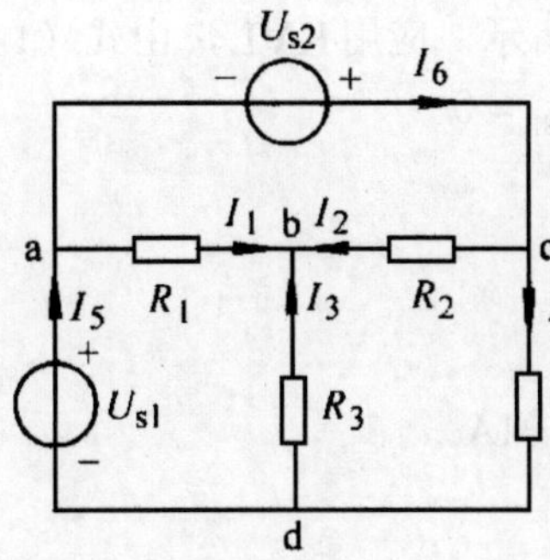

图 1.15　基尔霍夫电流定律应用示例

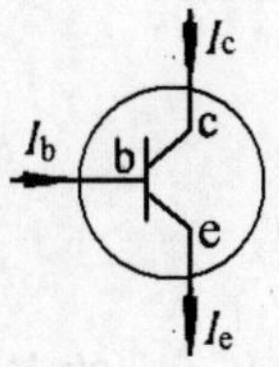

图 1.16　基尔霍夫电流定律示例

例 1-5　对图 1.15 中的 b、c、d 三个节点列基尔霍夫电流方程。

解：应用公式（1-22）得

节点 b：$I_1+I_2+I_3=0$

节点 c：$I_6-I_2-I_4=0$

节点 d：$I_4-I_3-I_5=0$

三、基尔霍夫电压定律

基尔霍夫电压定律（KVL）又称基尔霍夫第二定律，是用来约束电路中各段电压之间关系的定律。其具体内容是：在任一瞬时，沿任一闭合回路绕行一周，各部分电压降的代数和等于零，即

$$\sum u=0 \tag{1-24}$$

例如在图 1.17 所示的电路中，当沿回路 a、b、c、d、e、a 顺时针绕行一周时，如果令电位降为正而电位升为负，则有

$$u_1+u_2+u_3-u_4-u_5-u_6=0$$

应用基尔霍夫电压定律列方程时应先选定各支路电流的参考方向和回路的绕行方向，当元件两端电压降的参考方向与绕行方向一致时取正号，反之取负号。

支路电流的参考方向和回路绕行方向可以任意假定，但一经确定，在整个电路分析计算过程中不能再作变动。

例 1-6　在图 1.18 所示的电路中，已知$U_{S1}=14V$，$U_{S2}=8V$，$R_1=1\Omega$，$R_2=2\Omega$，$R_3=3\Omega$，求电流 I。

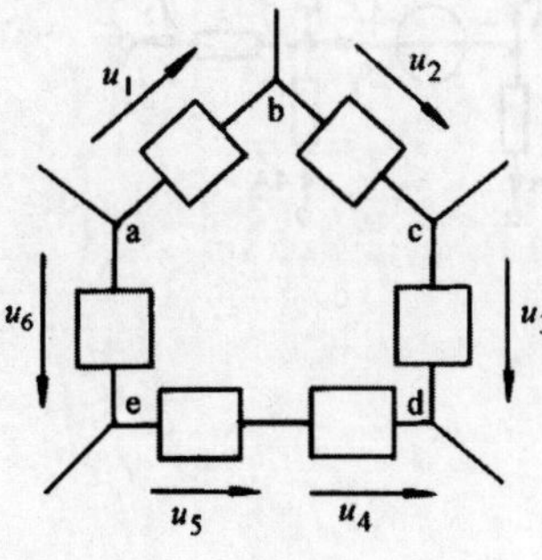

图 1.17　基尔霍夫电压定律示例

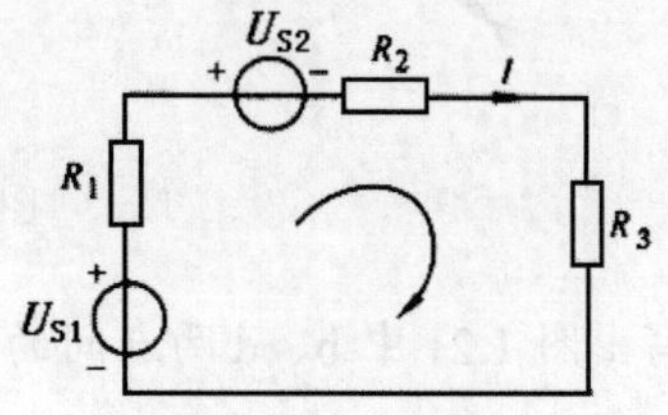

图 1.18　例 1-6 图

解：设电流的参考方向和回路绕行方向如图 1.18 所示，应用KVL，由式（1-24）得

$$IR_1 + U_{S2} + IR_2 + IR_3 - U_{S1} = 0$$

则有

$$I = \frac{U_{S1} - U_{S2}}{R_1 + R_2 + R_3}$$

将数据代入得 $$I = \frac{(14-8)\text{V}}{(1+2+3)\Omega} = \frac{6\text{V}}{6\Omega} = 1\text{A}$$

电流 I 为正，表示它的实际方向与参考方向一致。

例 1-7 列出图 1.19 所示电路中三个回路的KVL方程。

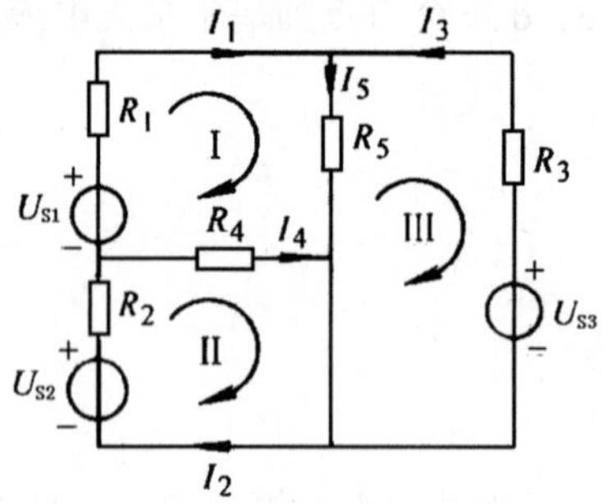

图 1.19 例 1-7 图

解：设各支路电流的参考方向和回路绕行方向如图 1.19 所示，应用KVL，由式（1-24）得

回路 I： $$I_1R_1 + I_5R_5 - I_4R_4 - U_{S1} = 0$$

回路 II： $$I_2R_2 + I_4R_4 - U_{S2} = 0$$

回路 III： $$-I_5R_5 - I_3R_3 + U_{S3} = 0$$

课堂互动

1. 求图 1.20 所示各电路中的未知电流。

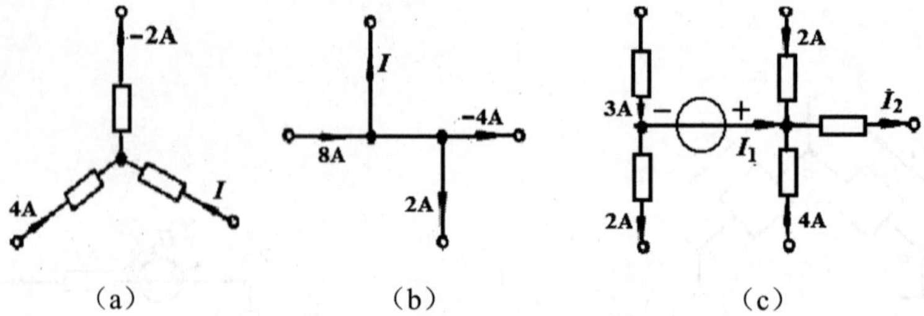

图 1.20 课堂互动 1 题图

2. 写出图 1.21 中 b、d 两点间的电压 U_{bd} 的表达式。

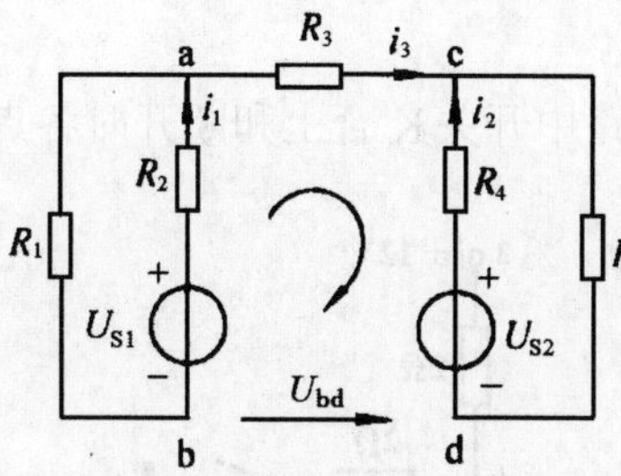

图 1.21　课堂互动 2 题图

四、电路中电位的计算

电路中某点的电位在数值上等于该点到参考点之间的电压，参考点又称零电位点，规定该点的电位为零。在电工实际应用中一般选大地或与大地相接的机壳作为零电位参考点，用符号⊥来表示。

电路中的参考点原则上可以任意选择，但参考点不同，各点的电位值就不同。只有参考点选定之后，电路中各点电位的数值才能确定。如图 1.22 所示的电路，若选择 e 点为参考点，这时各点的电位是

$$U_a = U_{ae} = 4V$$

$$U_b = U_{be} = U_{ba} + U_{ae} = -4\Omega \times \frac{(5+4)V}{(2+3+4)\Omega} + 4V = 0V$$

$$U_c = U_{cd} + U_{de} = 2\Omega \times \frac{(5+4)V}{(2+3+4)\Omega} - 5V = -3V$$

$$U_d = U_{de} = -5V$$

$$U_e = 0V$$

若选定 c 点为参考点，则各点的电位是 $U_a = 7V$，$U_b = 3V$，$U_c = 0V$，$U_d = -2V$，$U_e = 3V$。

从上面的分析可知，电位值和参考点的选择有关。而电路中任意一段电路两端的电压则和参考点的选择无关。例如图 1.22 所示的电路中，无论电路的参考零电位选择在哪一点，电压 U_{ab} 都为 4V，电压 U_{bc} 都为 3V。

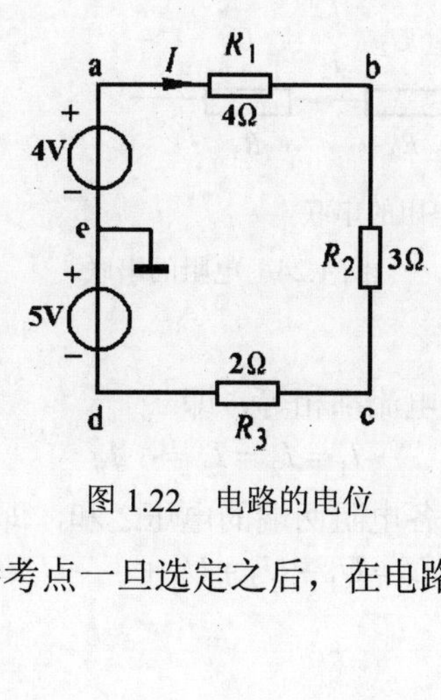

图 1.22　电路的电位

在分析计算时应该注意：参考点一旦选定之后，在电路的整个分析计算过程中不能再随

意改变。

例 1-8 计算图 1.23 所示电路中开关 K 合上和断开时各点的电位。

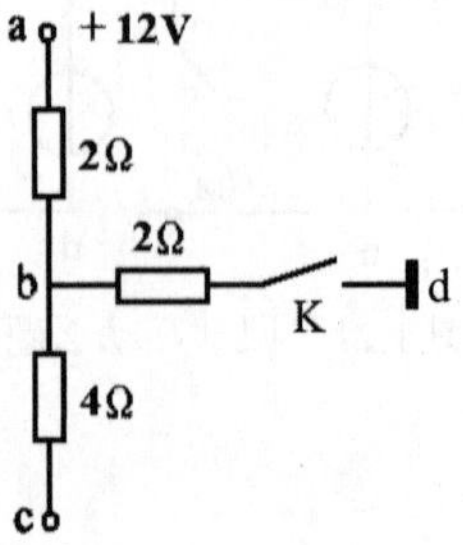

图 1.23 例 1-8 图

解：（1）K 断开时：$U_a = 12V$，$U_d = 0V$，因为三个电阻上均无电流通过，所以没有电压降，故 $U_b = U_c = U_a = 12V$。

（2）K 合上时：$U_a = 12V$，$U_d = 0V$ 不变，因为 4Ω 电阻上无电流通过，所以有

$U_b = U_c = \frac{12V}{(2+2)\Omega} \times 2\Omega = 6V$。

第五节 电路的分析方法

电路分析就是已知电路中的某些参数和连接方式时，求电路中未知参数和相应的功率关系等。对于复杂电路，单用电阻串并联的方法和欧姆定律不能完成分析，需要结合基尔霍夫定律。下面就来介绍复杂电路的基本分析方法。

一、电阻的串联、并联和混联

（一）电阻的串联

在电路中，两个或两个以上电阻按顺序首尾依次相连，使电流只有一条通路的连接方式称为电阻的串联。图 1.24（a）为 R_1、R_2、R_3 三个电阻的串联电路。

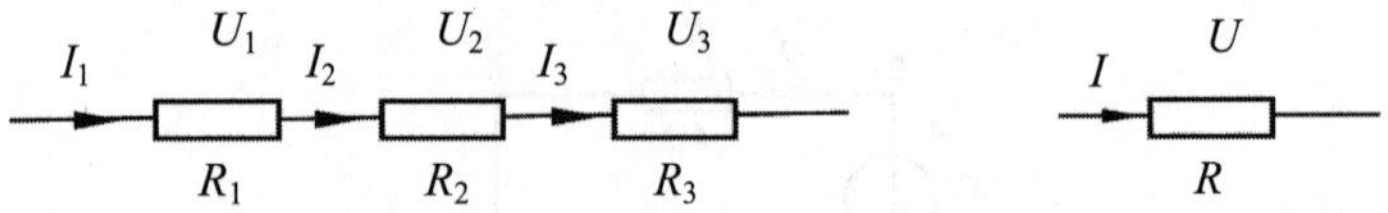

（a）电阻的串联　　（b）等效电路

图 1.24 电阻的串联

串联电路的特点：

（1）电路中流过每个电阻的电流都相等，即

$$I_1 = I_2 = I_3 = \cdots I_n$$

（2）电路两端的总电压等于各电阻两端的电压之和，即

$$U = U_1 + U_2 + U_3 + \cdots + U_n$$

（3）电路的等效电阻（即总电阻）等于各串联电阻之和，即

$$R = R_1 + R_2 + R_3 + \cdots + R_n$$

（4）电路中各电阻上的电压与各电阻的阻值成正比，即

$$U_1 : U_2 : U_3 : \cdots : U_n = R_1 : R_2 : R_3 : \cdots : R_n$$

当 R_1、R_2、R_3 串联后，每个电阻上的电压分别为：

$$U_1 = R_1 I = \frac{R_1}{R_1 + R_2 + R_3} U = \frac{R_1}{R} U$$

$$U_2 = R_2 I = \frac{R_2}{R_1 + R_2 + R_3} U = \frac{R_2}{R} U$$

$$U_3 = R_3 I = \frac{R_3}{R_1 + R_2 + R_3} U = \frac{R_3}{R} U$$

（5）电路中各电阻消耗的功率与阻值成正比。即

$$P_1 : P_2 : P_3 : \cdots : P_n = R_1 : R_2 : R_3 : \cdots : R_n$$

串联电路的总功率 P 为

$$R = UI = R_1 + R_2 + R_3 + \cdots + R_n$$

（二）电阻的并联

把两个或两个以上的电阻并列地连接在两点之间，使每一个电阻两端都承受同一个电压的连接方式叫作电阻的并联，如图 1.25（a）所示。

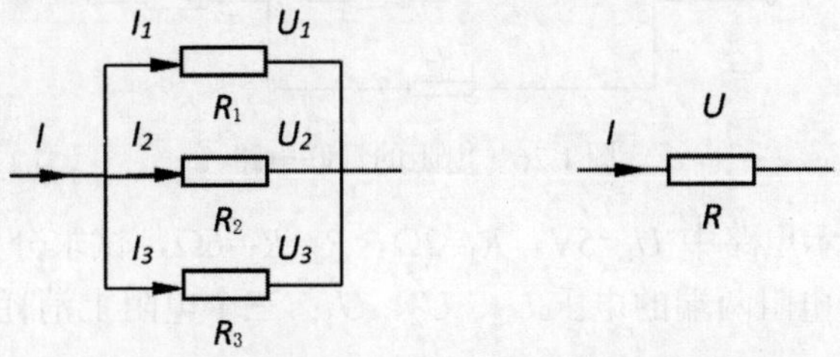

（a）电阻的并联　　（b）等效电路

图 1.25　电阻的并联

（1）电路中各电阻两端的电压相等，并且等于电路两端的电压，即

$$U = U_1 = U_2 = U_3 = \cdots = U_n$$

（2）电路的总电流等于各电阻中的电流之和。

$$I = I_1 = I_2 = I_3 + \cdots + I_n$$

（3）电路的等效电阻（即总电阻）的倒数，等于各并联电阻的倒数之和，即

$$\frac{1}{R} = \frac{1}{R_1} + \frac{1}{R_2} + \frac{1}{R_3} + \cdots + \frac{1}{R_n}$$

（4）在电阻并联电路中，各支路分配的电流与支路的电阻值成反比，即

$$I_1 : I_2 : I_3 : \cdots : I_n = \frac{1}{R_1} : \frac{1}{R_2} : \frac{1}{R_3} : \cdots : \frac{1}{R_n}$$

R_1、R_2、R_3 并联后，每个电阻中的电流分别为

$$I_1 = \frac{U}{R_1} + \frac{R}{R_1} I$$

$$I_2 = \frac{U}{R_2} + \frac{R}{R_2} I$$

$$I_3 = \frac{U}{R_3} + \frac{R}{R_3} I$$

上式称为并联电路的分流公式，式中$\frac{R}{R_1} = \frac{I_1}{I}, \frac{R}{R_2} = \frac{I_2}{I}, \frac{R}{R_3} = \frac{I_3}{I}$分别为各电阻中的电流与总电流之比，称为分流比，分流比是小于 1 的数值。

（5）电路中各电阻消耗的功率与阻值成反比，即

$$P_1 : P_2 : P_3 : \cdots : P_n = \frac{1}{R_1} : \frac{1}{R_2} : \frac{1}{R_3} : \cdots : \frac{1}{R_n}$$

并联电路的总功率为

$$P = P_1 + P_2 + P_3 + \cdots + P_n$$

（三）电阻的混联

电路里面有串联也有并联的就叫混联电路，如图 1.26 所示。

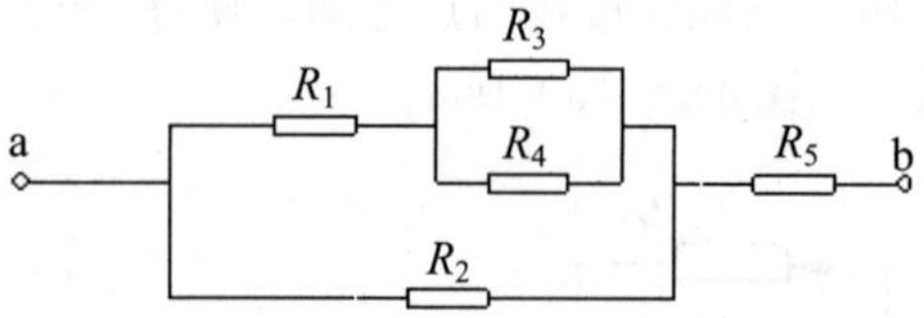

图 1.26 电阻的混联电路

例 1-9 图 1.27 所示电路中 U_S=5V，R_1=2Ω，R_2=R_3=6Ω，试求分别流过电阻 R_1、R_2、R_3 的电流 I_1、I_2、I_3；三个电阻两端的电压 U_1、U_2、U_3；三个电阻上消耗的功率 P_1、P_2、P_3。

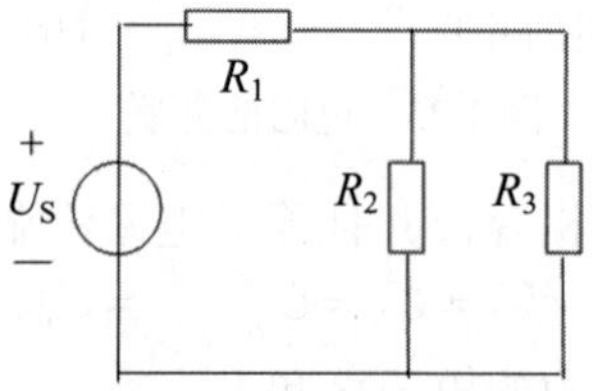

图 1.27 例 1-9 图

解：图中 R_2 与 R_3 并联后与 R_1 串联。

$$R = R_1 + \left(\frac{1}{R_2} + \frac{1}{R_3}\right) = 2\Omega + 3\Omega = 5\Omega$$

$$I_1 = \frac{U_S}{R} = \frac{5}{5} = 1\text{A}$$

$$U_1 = \frac{R_1}{I_1} = 2\text{V}$$

$$P_1 = U_1 I_1 = 2\text{W}$$

因为 $R_2 = R_3$，所以 $I_2 = I_3$，$U_2 = U_3$，$P_2 = P_3$ 即

$$I_2 = I_3 = I_1 \cdot \frac{R_3}{R_3 + R_2} = I_1 \cdot \frac{R_2}{R_3 + R_2} = 0.5\text{A}$$

$$U_2 = U_3 = I_2 R_2 = I_3 R_3 = 3\text{V}$$

$$R_2 = R_3 = U_2 I_2 = U_3 I_3 = 1.5\text{W}$$

二、支路电流法

以各支路电流为未知量，应用 KCL 和 KVL 以及 VCR 列出电路方程，从而求解出各支路电流的方法称为支路电流法。它是复杂电路的基本分析方法，此法的具体步骤如下：

（1）标出各支路电流的参考方向和回路的绕行方向（若电路有 L 条支路，就有 L 个未知电流。为求解这些未知电流，必须列出 L 个独立方程式）。

（2）列出电流方程式和电压方程式（若电路有 n 个节点，根据 KCL 可列出 $(n-1)$ 个独立的电流方程式；若电路有 m 个网孔，根据 KVL 可列出 m 个独立的关于回路的电压方程式，故应用 KCL 和 KVL 一共可列出 $(n-1)+m$ 个独立的方程式）。

（3）联立求解方程组，即可求出各支路电流。

例 1-10　图 1.28 中，理想电压源的源电压 $U_{S1} = 13\text{V}$，$U_{S2} = 8\text{V}$，它们的参考方向已在图中标明。试用支路电流法求各支路电流。

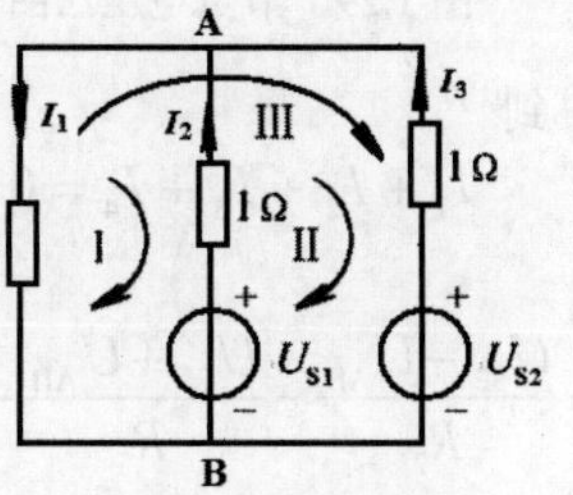

图 1.28　例 1-10 图

解：图 1.28 所示的电路有 3 条支路，所以只需列 3 个独立方程。首先标出未知电流的参考方向和所选回路的绕行方向（图 1.28），然后根据 KCL 对 A、B 中任意一个节点列电流方程，再根据 KVL 对 I、II、III 三个回路中任意两个回路列电压方程。根据以上分析，列方程如下：

对 A 点有
$$-I_1 + I_2 + I_3 = 0$$

对回路 I 有
$$-I_1 \times 1 - I_2 \times 1 + U_{S1} = 0$$

对回路 III 有
$$-I_1 \times 1 - I_3 \times 1 + U_{S2} = 0$$

联立求解得
$$I_1 = 7\text{A}，\ I_2 = 6\text{A}，\ I_3 = 1\text{A}$$

支路电流法对任何复杂网络都可用，有些用其他方法不能解决的网络可用此方法。

三、节点电压法

对于只有两个节点且有多条支路并联组成的电路，在求各支路的响应时，可以先求出这两个节点间的电压，然后再求出各支路电流，这种方法称为节点电压法。

对于图 1.29 所示的电路，每一条支路都可以与节点电压U_{AB}构成虚拟回路，对回路 I、II、III、IV 分别应用 KVL，可得到如下方程：

$$I_1R_1+U_{AB}-U_{S1}=0 \qquad I_1=\frac{U_{S1}-U_{AB}}{R_1} \quad ①$$

$$I_2R_2+U_{AB}-U_{S2}=0 \qquad I_2=\frac{U_{S2}-U_{AB}}{R_2} \quad ②$$

$$-I_3R_3-U_{AB}-U_{S3}=0 \qquad I_3=\frac{-U_{S3}-U_{AB}}{R_3} \quad ③$$

$$-I_4R_4-U_{AB}+U_{S4}=0 \qquad I_4=\frac{U_{S4}-U_{AB}}{R_4} \quad ④$$

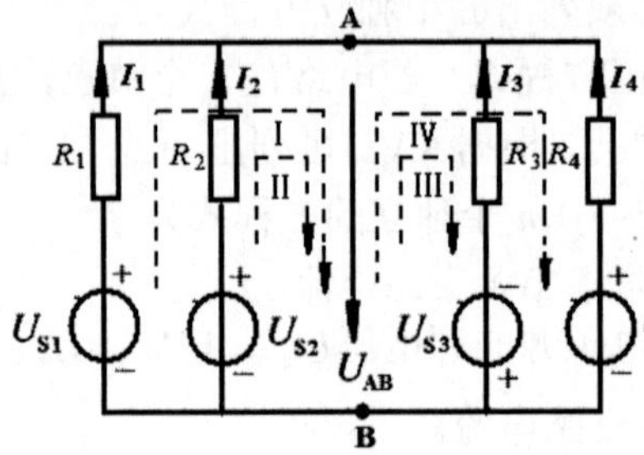

图 1.29　节点电压法图

对节点 A 应用 KCL，可以得到

$$I_1+I_2+I_3+I_4=0 \quad ⑤$$

把①②③和④代入⑤得

$$\frac{U_{S1}-U_{AB}}{R_1}+\frac{U_{S2}-U_{AB}}{R_2}-\frac{U_{S3}+U_{AB}}{R_3}+\frac{U_{S4}-U_{AB}}{R_4}=0$$

整理得出节点电压

$$U_{AB}=\frac{\dfrac{U_{S1}}{R_1}+\dfrac{U_{S2}}{R_2}-\dfrac{U_{S3}}{R_3}+\dfrac{U_{S4}}{R_4}}{\dfrac{1}{R_1}+\dfrac{1}{R_2}+\dfrac{1}{R_3}+\dfrac{1}{R_4}}=\frac{\Sigma\dfrac{U_S}{R}}{\Sigma\dfrac{1}{R}}=\frac{\Sigma I_S}{\Sigma G} \quad (1\text{-}25)$$

这就是节点电压的表达式，可表述为：在只有两个节点的电路中，两节点间的电压等于流入节点电激流的代数和与并在两节点间所有电导之和的比值。上式中，分母各项都取正，分子可正可负，当电压源的电动势参考方向与节点电压的参考方向相反时取正号，相同时取负号。

例 1-11　在图 1.30 所示的电路中，已知$R_1=1\Omega$，$R_2=2\Omega$，$R_3=R_4=4\Omega$，$E_1=6V$，$E_2=12V$，$E_3=-8V$，求 A 点的电位U_A和各支路电流。

解：由公式（1-25）得

$$U_A=U_{AB}=\frac{\dfrac{6}{1}+\dfrac{12}{2}-\dfrac{8}{4}}{\dfrac{1}{1}+\dfrac{1}{2}+\dfrac{1}{4}+\dfrac{1}{4}}=5V$$

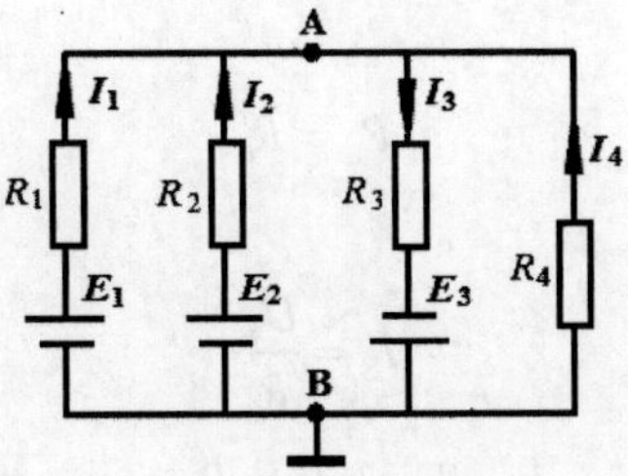

图 1.30　例 1-11 图

因为每一条支路的电压都等于U_{AB}，所以对每一条支路可列如下方程：

$$-I_1 \times 1 + E_1 = 5 \quad ①$$
$$-I_2 \times 2 + E_2 = 5 \quad ②$$
$$I_3 \times 4 - E_3 = 5 \quad ③$$
$$-I_4 \times 4 = 5 \quad ④$$

对以上方程求解得

$$I_1 = 1\text{A}，I_2 = 3.5\text{A}，I_3 = -0.75\text{A}，I_4 = -1.25\text{A}$$

四、电压源与电流源的等效变换

一个实际的电源既可以表示为一个电压源，也可以表示为一个电流源。电压源和电流源之间也存在着等效变换的关系。电压源与电流源的等效变换是指变换前后任一负载在这两个电源上都应得到相同的响应，也就是说等效变换前后对外电路而言，其电流和电压均保持不变，功率也保持不变。下面将分析二者等效变换的关系。图 1.31（a）中电压源的源电压为U_S，内电阻为R_0，它向负载R_L供电时负载中通过的电流为

$$I_L = \frac{U_S - U}{R_0} = \frac{U_S}{R_0} - \frac{U}{R_0} \quad (1\text{-}26)$$

图 1.31（b）中电流源的电激流为I_S，内电阻为R_0'，它向负载R_L供电时负载中通过的电流为

$$I_L' = I_S - \frac{U'}{R_0'} \quad (1\text{-}27)$$

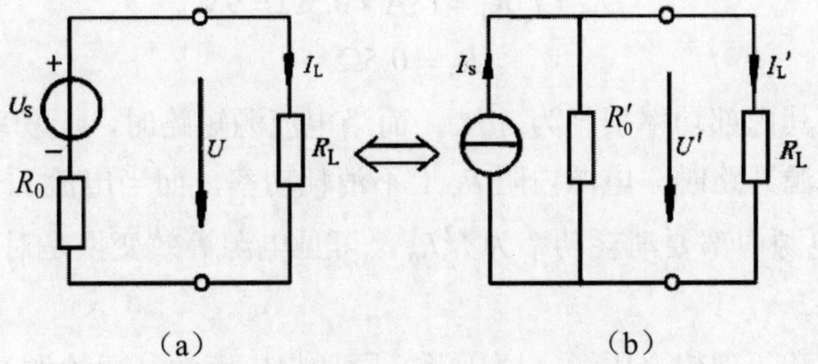

图 1.31　电压源与电流源的等效变换

既然两个电源等效，负载又同是R_L，那么它们向负载提供的电流和电压就应该相等，即

$I_L = I'_L$，$U = U'$，若令

$$R_0 = R'_0 \tag{1-28}$$

则由式（1-26）和（1-27）可得

$$I_S = \frac{U_S}{R_0} \tag{1-29}$$

或

$$U_S = I_S = R_0 \tag{1-30}$$

式（1-28）、式（1-29）和式（1-30）就是电压源和电流源等效变换的关系式。从中可以看出：当电压源等效变换为电流源时，电流源的电激流 I_S 应等于电压源的源电压 U_S 除以电压源的内电阻；当电流源等效变换为电压源时，电压源的源电压 U_S 应等于电流源的电激流 I_S 乘以电流源的内电阻，并且两者参考方向应保持一致，内电阻应相等。

例 1-12 已知图 1.32（a）中，$U_{S1} = 12V$，$U_{S2} = 6V$，$R_1 = R_2 = 1\Omega$，求 a、b 两端的等效电压源模型及其参数。

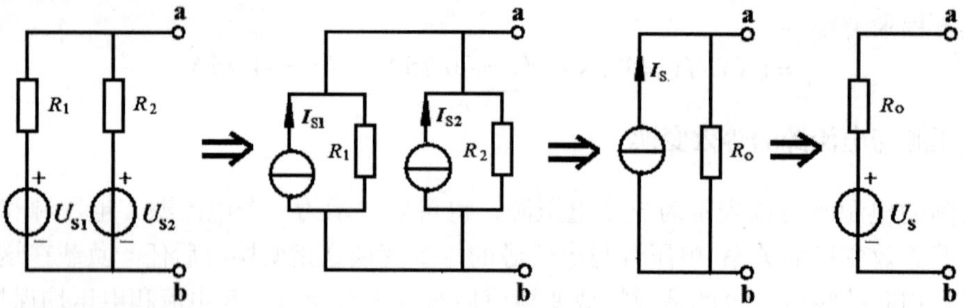

（a）（b）（c）（d）

图 1.32 例 1-12 图

解：先将两个电压源等效变换为两个电流源，如图 1.32（b）所示，其中

$$I_{S1} = \frac{U_{S1}}{R_1} = 12A，\quad I_{S2} = \frac{U_{S2}}{R_2} = 6A$$

再将这两个电流源合并为一个电流源，如图 1.32（c）所示，其中

$$I_S = I_{S1} + I_{S2} = 18A，\quad R_0 = R_1 // R_2 = 0.5\Omega$$

最后将图 1.32（c）所得的电流源等效变换为所求的电压源，如图 1.32（d）所示，其中

$$U_S = I_S R_0 = 18A \times 0.5\Omega = 9V$$

$$R_0 = 0.5\Omega$$

当电压源短路时其内部功率损耗为 $I_S^2 R_0$，而当电流源短路时，无功率损耗，因为内阻 R_0 不通过电流；当电压源开路时，电源内阻 R_0 上不消耗功率，而当电流源开路时，电激流 I_S 将全部通过内阻 R_0，电源内部要消耗功率为 $I_S^2 R_0$。可见电源等效变换是对外部电路而言的，对电源内部是不等效的。

另外，还应该注意：理想电压源（恒压源）同理想电流源（恒流源）之间不能等效变换。这是因为前者的内阻为零，而后者的内阻为无穷大，两者的内阻不相等，所以不能等效变换。

课堂互动

1. 电源内部能进行电源等效互换吗？
2. 理想电源之间能否进行等效变换？

第六节　电路的基本定理

本节将介绍电路理论中的一些重要定理，如叠加原理、戴维南定理、诺顿定理和最大功率定理等。对于复杂电路，可根据电路的不同特点，应用不同的定理，寻找相对简便的求解方法。

一、叠加原理

电路的叠加原理可表述为：在由多个独立电源共同作用的线性电路中，任一支路中产生的电流（或电压）都可看成各个独立电源分别单独作用时在该支路中所产生的电流（或电压）的叠加（代数和）。运用叠加原理时应该注意：当考虑任一独立源单独作用时，对其他不作用电源的处理办法是，电压源用短路线代替，电流源开路，内阻保留。

叠加原理的正确性可用图 1.33 所示的电路证明，我们可用支路电流法求图 1.33（a）所示电路中的支路电流 I_2，对图中所示节点和所示回路应用 KCL 和 KVL，列方程如下：

$$I_1 + I_S - I_2 = 0 \quad ①$$

$$I_1R_1 + I_2R_2 - U_S = 0 \quad ②$$

解方程①②可得 I_2 为

$$I_2 = \frac{1}{R_1 + R_2}U_S + \frac{R_1}{R_1 + R_2}I_S \quad ③$$

从电路 1.33（b）（c）可知，当电压源 U_S 和电流源 I_S 单独作用时通过 R_2 的电流分别为 I_2' 和 I_2''：

$$I_2' = \frac{U_S}{R_1 + R_2} \quad ④$$

$$I_2'' = \frac{R_1}{R_1 + R_2}I_S \quad ⑤$$

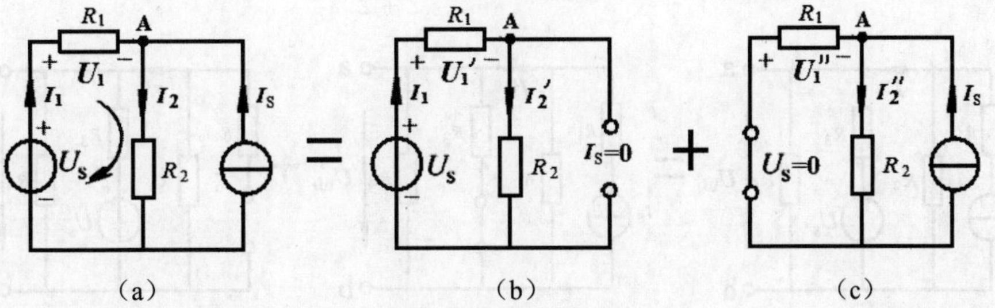

图 1.33　叠加原理

比较③④和⑤，从中看出 I_2 的第一项就是 U_S 单独作用时在电阻 R_2 支路中的电流 I_2'，I_2 中的第二项就是 I_S 单独作用时在 R_2 支路中的电流 I_2''，而 I_2 是二者的代数和，即

$$I_2 = I_2' + I_2''$$

然后把求出的I_2代入方程②得

$$U_1 = U_S - I_2R_2 = U_S - \left(\frac{U_S}{R_1+R_2} + \frac{R_1}{R_1+R_2}I_S\right)R_2 = \frac{R_1}{R_1+R_2}U_S - \frac{R_1R_2}{R_1+R_2}I_S \qquad ⑥$$

从电路 1.33（b）（c）中可知，当电压源U_S和电流源I_S单独作用时R_1两端的电压分别为U_1'和U_1''：

$$U_1' = \frac{R_1}{R_1+R_2}U_S \qquad ⑦$$

$$U_1'' = -\frac{R_1R_2}{R_1+R_2}I_S \qquad ⑧$$

从⑥⑦和⑧式看出U_1的第一项就是U_S单独作用时R_1两端的电压U_1'，U_1中的第二项就是I_S单独作用时R_1两端的电压U_1''，而U_1是二者的代数和，即

$$U_1 = U_1' + U_1''$$

从上面的证明可以看出：应用叠加原理可以把求解复杂联立方程的过程变换为简单电路的计算过程。当一个线性系统中同时存在着多个激励源时，我们就可以应用叠加原理。

使用叠加原理时要注意以下几点：

（1）电路的叠加原理只适用于线性电路。

（2）计算功率时不能用叠加原理。

（3）叠加时要注意各支路电流和电压的参考方向，并在电路中标明。

（4）叠加时不能改变电路的结构和参数，只是让电压源短路，电流源开路。

例 1-13 如图 1.34 所示的电路中，已知$I_S = 6\text{A}$，$U_S = 9\text{V}$，$R_1 = 1\Omega$，$R_2 = R_3 = R_4 = 2\Omega$。用叠加原理求$U_{ab}$。

解：先把电路图（a）分解成图（b）和（c）所示电源单独作用的电路，然后分别计算。

（1）当电流源单独作用时，如图 1.34（b）所示，有

$$I_1' = \frac{R_2}{R_2 + R_3 // R_4}I_S = \frac{2}{2+\frac{2\times2}{2+2}}\times6 = 4\text{A}$$

$$U_{ab}' = (R_3 // R_4)I_1' = \frac{2\times2}{2+2}\times4 = 4\text{V}$$

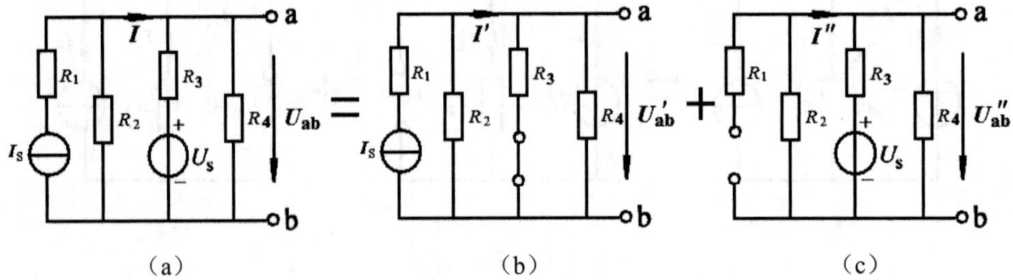

图 1.34 例 1-13 图

（2）当电压源单独作用时，如图 1.34（c）所示，有

$$U''_{ab}=\frac{R_2//R_4}{R_3+R_2//R_4}U_S=\frac{\frac{2\times2}{2+2}}{2+\frac{2\times2}{2+2}}\times9=3V$$

（3）由叠加原理可知，当两电源同时作用时

$$U_{ab}=U'_{ab}+U''_{ab}=4V+3V=7V$$

二、戴维南定理

如果只需要计算复杂电路中某一条支路的响应（如图 1.35 中的电流 I）时，应用戴维南定理比较简单。具体的做法是：将这条待求支路从复杂电路中划出，而把其余部分看作一个有源二端网络。其中所谓有源二端网络就是内含独立电源且具有两个出线端的部分电路。不含独立电源的二端网络称为无源二端网络。如图 1.35（a）中虚线框住的部分就可以用一个有源二端网络代替，等效为如图 1.35（b）所示的电路。

戴维南定理可表述为：任何一个线性有源二端网络都可以用一个理想电压源U_S和内阻R_0的串联组合来等效代替。如图 1.35（c）所示，其中U_S等于有源二端网络的开路电压U_{OC}，R_0等于该二端网络中所有独立电源不作用时二端网络间的电阻。独立电源不作用是指理想电流源开路、理想电压源短路。U_S的极性与开路电压U_{OC}的极性一致。

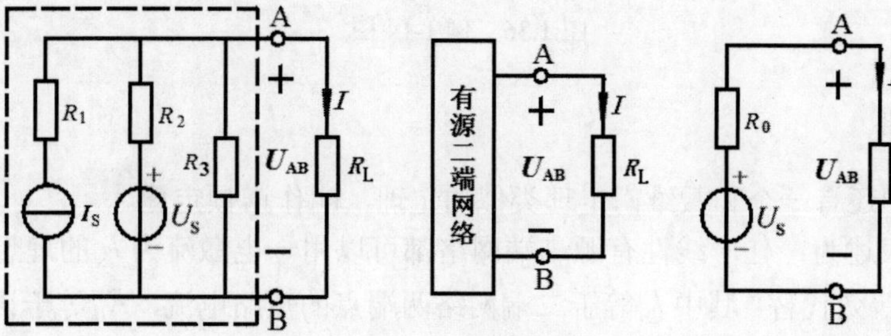

图 1.35 戴维南定理

使用戴维南定理时需要注意：

（1）戴维南定理只适用于线性电路。

（2）戴维南定理只适用于计算网络外部的电压和电流。

例 1-14 如图 1.36（a）所示的电路中，已知$R_1=3\Omega$，$R_2=R_3=6\Omega$，$R_L=4.5\Omega$，$U_{S1}=6V$，$U_{S2}=12V$。用戴维南定理求电路中的U_{AB}和I。

解：应用戴维南定理，把被求支路以外的电路用U_S和R_0的串联组合代替，而$U_S=U_{OC}$，故先求出开路电压U_{OC}和等效内电阻R_0。U_{OC}和R_0分别根据图 1.36（b）和（c）求得。

对图 1.36（b）所示的电路应用节点电压法求U_{OC}：

$$U_{OC}=\frac{\frac{U_{S1}}{R_1}+\frac{U_{S2}}{R_2}}{\frac{1}{R_1}+\frac{1}{R_2}+\frac{1}{R_3}}=\frac{\frac{6}{3}+\frac{12}{6}}{\frac{1}{3}+\frac{1}{6}+\frac{1}{6}}=6V$$

对图 1.36（c）所示的电路应用电阻并联公式求 R_0：

$$R_0=\frac{1}{\frac{1}{R_1}+\frac{1}{R_2}+\frac{1}{R_3}}=\frac{1}{\frac{1}{3}+\frac{1}{6}+\frac{1}{6}}=\frac{3}{2}\Omega=1.5\Omega$$

于是，图 1.36（a）的电路就简化成图 1.36（d）所示，对图 1.36（d）的电路应用欧姆定律，得

$$I=\frac{U_{OC}}{R_0+R_L}=\frac{6}{1.5+4.5}=1A$$

$$U_{AB}=IR_L=1\times4.5=4.5V$$

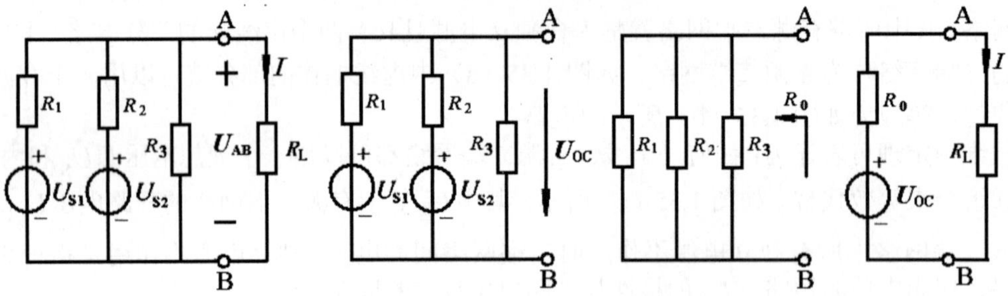

图 1.36 例 1-14 图

三、诺顿定理

在电路分析中还有一个和戴维南定理类似的定理，叫作诺顿定理。

诺顿定理可表述为：任一线性有源二端网络都可以用一电激流为 I_S 的理想电流源和内阻 R_0 的并联组合来等效代替。其中 I_S 等于二端网络两端点的短路电流，R_0 等于该二端网络中所有独立电源不作用时二端网络间的电阻。如图 1.37 所示，虚线框住的部分是诺顿等效电路。由图可见，两端点上的电流 I 与电压 U_{AB} 可由以下两式确定：

$$I=\frac{R_0}{R_0+R_L}I_S$$

$$U_{AB}=IR_L$$

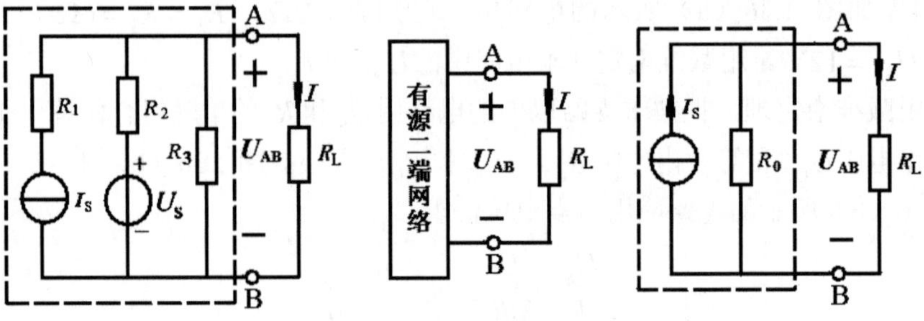

图 1.37 诺顿定理

例 1-15 用诺顿定理求例 1-14 电路中的U_{AB}和I。

解：电路 1-38（a）的诺顿等效电路如图 1.38（d）所示，其中I_S由图 1.38（b）求得，R_0由图 1.38（c）求得。

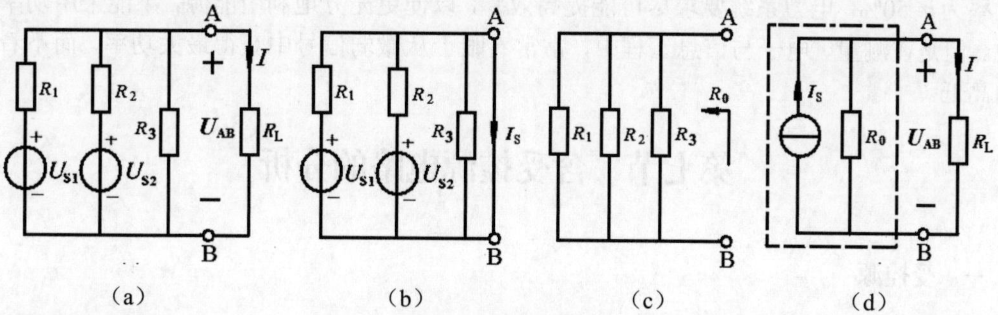

图 1.38 例 1-15 图

从图 1.38（b）中，看出R_3被短接，应用KCL 得

$$I_S = \frac{U_{S1}}{R_1} + \frac{U_{S2}}{R_2} = 4\text{A}$$

R_0的求法同例 1-14，即$R_0 = 1.5\Omega$。

最后由图 1.38（d）得

$$I = \frac{R_0}{R_0 + R_L} I_S = \frac{1.5\Omega}{(1.5 + 4.5)\Omega} \times 4\text{A} = 1\text{A}$$

$$U_{AB} = IR_L = 1 \times 4.5 = 4.5\text{V}$$

四、最大功率传输定理

对于任何一个实际的电路，内阻是客观存在的，外电路获得的最大功率是有限的。在实际应用中，人们总是希望负载上获得的功率越大越好。

如图 1.39，根据欧姆定律，电路中电流：

$$I = \frac{U_{OC}}{R_O + R_L}$$

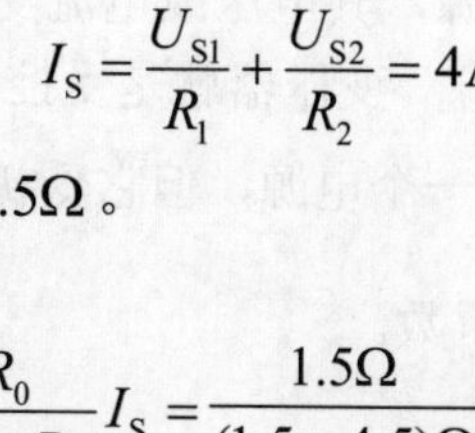

图 1.39 功率传输特性电路模型

负载上所得功率为：

$$P = I^2 R_L = \left(\frac{U_{OC}}{R_O + R_L}\right)^2 R_L$$

当满足 $R_L = R_O > 0$ 时，负载 R_L 获得最大功率，值为：

$$P_{max} = \frac{U_{OC}^2}{4R_O}$$

满足最大功率匹配条件时，R_O 吸收功率与 R_L 吸收功率相等，对电压源 U_{OC} 而言，功率传输效率为 η=50%。电力系统要求尽可能提高效率，以便更充分地利用能源，不能采用功率匹配条件。但是在测量、电子与信息工程中，常常着眼于从微弱信号中获得最大功率，而不看重效率的高低。

第七节　含受控源电路的分析

一、受控源

前面提到的电压源、电流源，其源电压或源电流不受电路中其他支路的电流或电压的影响，被称为独立电源。

在有些电路中，还存在另一种电源，其电压或电流受其他支路的电流或电压的控制，我们把这种电源称为受控源或非独立电源。变压器就是受控源的一个实例。如图 1.40 所示，变压器次级绕组对负载 R_L 而言相当于是一个电源，但它受初级绕组的控制，有 $U_2 = \frac{N_2}{N_1}U_1$，其中 N_1、N_2 分别是初级、次级绕组的匝数。

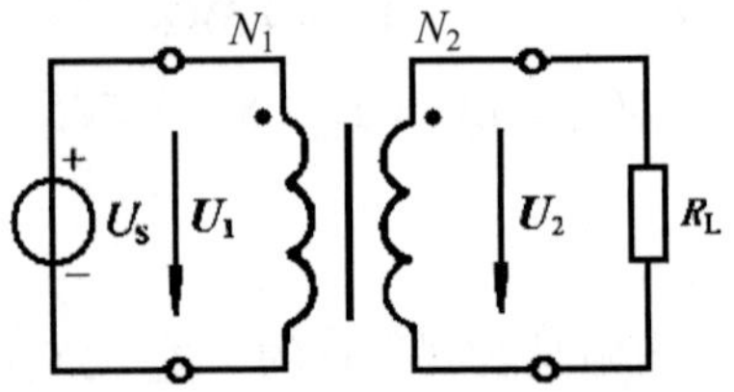

图 1.40　受控源示例

按照受控源是电压源还是电流源和控制量是电流还是电压，常常把受控源分为 4 种：电压控制电压源（VCVS）、电压控制电流源（VCCS）、电流控制电压源（CCVS）、电流控制电流源（CCCS）。

当受控源的电源是理想电压源，且控制量为电压，从控制端看进去相当于开路时，或当受控源的电源是理想电流源，且控制量为电流，从控制端看进去相当于短路时，受控源就变成了理想受控源。如图 1.41 所示为 4 种理想受控源的图形符号，图中菱形符号就表示理想受控源，其中的 μ、g_m、γ_m、β 统称为控制系数。各种受控源的控制关系如下：

VCVS：$u_2 = \mu u_1$，μ 称为电压放大系数。

VCCS：$i_2 = g_m u_1$，g_m 称为转移电导。

CCVS：$u_2 = \gamma_m i_1$，γ_m 称为转移阻抗。

CCCS：$i_2 = \beta i_1$，β 称为电流放大系数。

当 μ、g_m、γ_m、β 为常数时，受控源是线性元件，称为线性受控源。下面讨论的主要就是这种线性受控源。

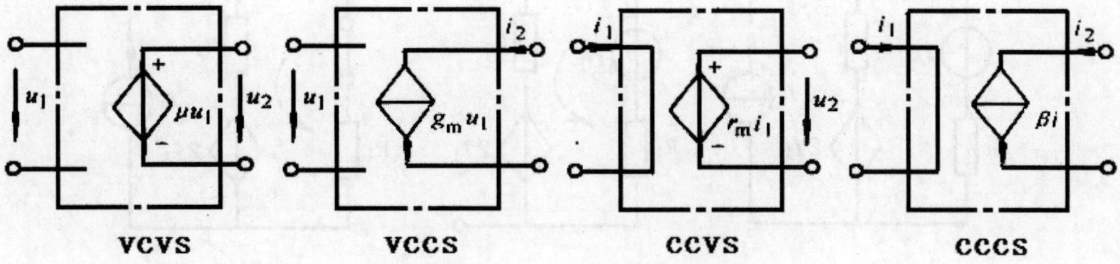

图 1.41 理想受控源

二、含受控源的电路分析

无论是在什么情况下，含受控源的电路分析的基本依据是基尔霍夫定律。还要注意到受控源的源电压U_S和电激流I_S的非独立性，根据 KCL 及 KVL 列方程时务必要遵守这一原则。分析电路时需要特别注意的是，在使用叠加原理和戴维南定理分析含受控源的电路时，各个独立电源单独作用，要保留所有的受控源，受控源不能单独作用，不能把受控源用短路线或开路代替。

例 1-16 如图 1.42 所示的电路中，已知$R_1 = 4\Omega$，$R_2 = 20\Omega$，$R_3 = 8\Omega$，$U_S = 24V$，求I_1和U_{AB}。

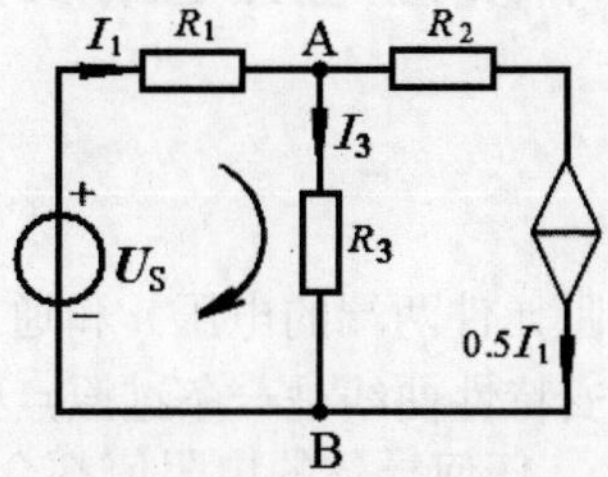

图 1.42 例 1-16 图

解：受控电流源受I_1控制，对节点 A 列 KCL 方程：

$$I_1 = I_3 + 0.5I_1 \quad ①$$

对图中所示的回路列 KVL 方程：

$$I_1R_1 + I_3R_3 - U_S = 0 \quad ②$$

解方程①和②得

$$I_1 = 3A$$

$$U_{AB} = I_3R_3 = 0.5I_1R_3 = 0.5 \times 3 \times 8 = 12V$$

例 1-17 用叠加原理求图 1.43 所示电路中的电流I_1。已知$R_1 = 3\Omega$，$R_2 = 1\Omega$，$U_S = 12V$，$I_S = 6A$。

解：先将电路简化成独立源单独作用时的电路，如图 1.43（b）和（c）所示。注意电流控制电压源$2I_1$不能单独作用，它应始终保留在电路中。

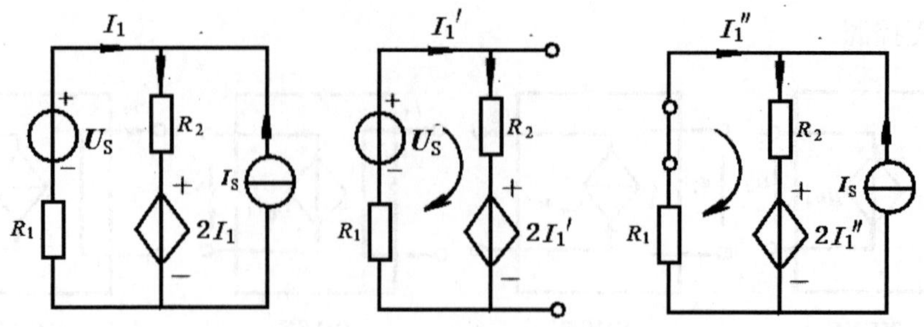

（a）　　（b）　　（c）

图 1.43　例 1-17 图

（1）当电压源单独作用时，对所示回路列 KVL 方程：

$$(R_1+R_2)I_1'+2I_1'-U_S=0$$

解方程得

$$I_1'=2\text{A}$$

（2）当电流源单独作用时，根据 KCL 和 KVL 列方程：

$$R_1I_1''+R_2(I_S+I_1'')+2I_1''=0$$

解方程得

$$I_1''=-1\text{A}$$

（3）由叠加原理知当两电源同时作用时

$$I_1=I_1'+I_1''=1\text{A}$$

第八节　非线性电阻电路及分析方法

一、非线性电阻

前面讨论的电阻元件，加在电阻元件两端的电压 u 和通过该元件的电流 i 之间是成正比关系的，即 $u=iR$，所以 u 与 i 的伏安特性曲线是一条过原点的直线，这种电阻称为线性电阻。线性电阻的阻值是常数。但实际上，任何导体的电阻值都会随温度变化，即 $R=R_0(1+\delta T)$，式中 R 为任意温度 T（℃）时的电阻值，R_0 为温度 0℃时的电阻值，δ 为电阻的平均温度系数。当有电流通过电阻元件时，电阻元件会发热，R 就会发生变化。

另有压敏电阻、半导体二极管、晶体管、电子管等元件，它们的伏安特性是一条曲线，电阻值随电流（或电压）的变化而变化，这些元件称为非线性电阻元件。图 1.44（a）为半导体二极管的伏安特性，图 1.44（b）是非线性电阻的符号。

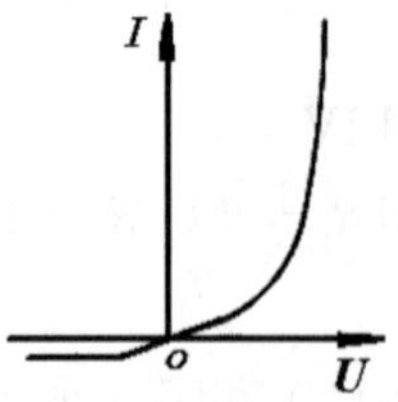

（a）二极管的伏安特性

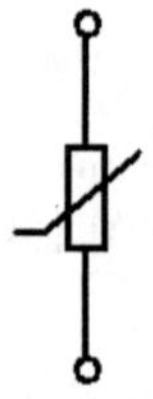

（b）非线性电阻的符号

图 1.44　二极管的伏安特性和非线性电阻的符号

非线性电阻有静态电阻（或直流电阻）和动态电阻之分。

静态电阻的计算方法：选取一个工作点 P，由伏安特性曲线来确定的工作电压U_P和工作电流I_P的比值就是静态电阻R_P（图 1.45），即

$$R_P=\frac{U_P}{I_P}=\frac{1}{\tan\alpha_P} \tag{1-31}$$

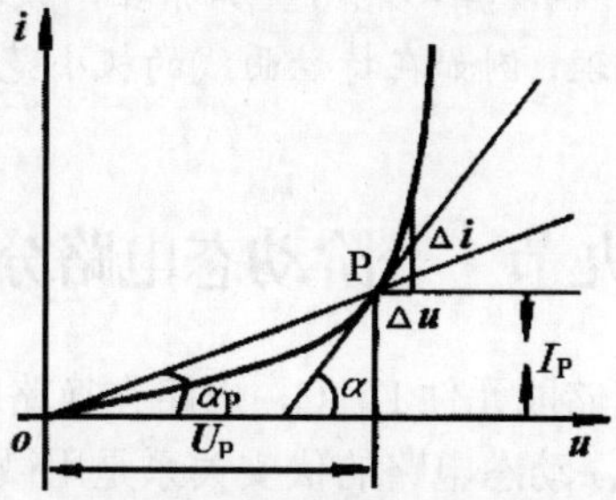

图 1.45　静动态电阻图解

动态电阻的计算方法：在工作点附近取一小段伏安特性曲线视为直线，求电压变化量Δu和电流变化量Δi比值的极限，就是动态电阻r，即

$$r=\lim_{\Delta i\to 0}\frac{\Delta u}{\Delta i}=\frac{\mathrm{d}u}{\mathrm{d}i}=\frac{1}{\tan\alpha} \tag{1-32}$$

所以非线性电阻的电阻值与工作点的选定有关，工作点不同，静态电阻和动态电阻均不相同。

二、简单非线性电阻电路分析方法

分析非线性电阻电路常用解析法和图解法，下面介绍常用的图解法。

例 1-18　在 1.46（a）所示的电路中，设电源电压为U_S，线性电阻为R，非线性电阻R_N的伏安特性曲线如图 1.46（b）所示，求图中所示的电流。

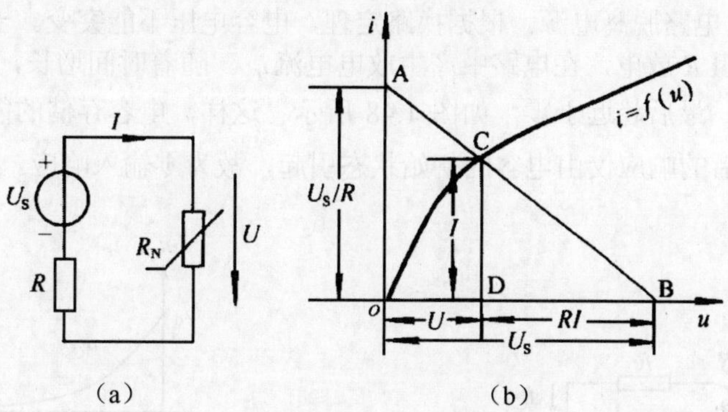

图 1.46　例 1-18 图

解：设非线性电阻两端的电压为U，根据 KVL 可列出电压方程为

$$U+IR-U_S=0$$

因为R是已知的线性电阻，所以上式表达了I与U的关系。根据这个方程可以作出I与U

关系的函数图像，如图 1.46（b）所示，它是一条直线，与纵轴交于 A，与横轴交于 B。

直线 AB 与非线性电阻 R_N 的伏安特性曲线 $i=f(u)$ 交于 C 点，这一交点表示电路同时满足两个电阻（R 与 R_N）的两条伏安特性的工作状态，也就是电路的工作点。所以 C 点的纵坐标 CD 表示电路的实际工作电流 I，横坐标 OD 表示非线性电阻的实际工作电压 U，线段 DB 表示线性电阻两端的实际电压降 RI。

注意： 非线性电路的分析和计算不能用叠加原理、戴维南定理和诺顿定理。非线性问题在一定条件下可进行线性化处理，例如在特性曲线的极小范围内可近似地看为直线，这样可以给解决问题带来方便。

第九节　一阶动态电路分析

动态电路是指电路内部含有储能元件 L、C，电路在换路时能量发生变化，而能量的储存和释放都需要一定的时间来完成。动态电路的伏安关系是用微分或积分方程表示的，通常用微分形式。

一阶动态电路是指用一阶微分方程来描述的电路。一阶电路中只含有一个动态元件。

换路：电路工作条件发生变化，如电源的接通或切断，电路连接方法或参数值的突然变化等称为换路。

换路定理：电容上的电压 u_C 及电感中的电流 i_L 在换路前后瞬间的值是相等的，即：

$$u_C(0_+)=u_C(0_-)$$

$$i_L(0_+)=i_L(0_-)$$

注意： 只有 u_C、i_L 受换路定理的约束而保持不变，电路中其他电压、电流都可能发生跃变。

一、零输入响应

零输入响应是输入为零时，由初始状态产生的响应，仅与初始状态有关，而与激励无关。

（一）一阶 RC 电路的零输入响应

图 1.47 所示电路，换路前开关 S 置于位置 1，电容上已充有电压。t=0 时开关 S 从位置 1 拨到位置 2，使 RC 电路脱离电源。根据换路定理，电容电压不能突变。于是，电容电压由初始值开始，通过电阻 R 放电，在电路中产生放电电流 i_C。随着时间增长，电容电压 u_C 和放电电流 i_C 将逐渐减小，最后趋近于零，如图 1.48 所示。这样，电容存储的能量全部被电阻所消耗。可见电路换路后的响应仅由电容的初始状态引起，故为零输入响应。

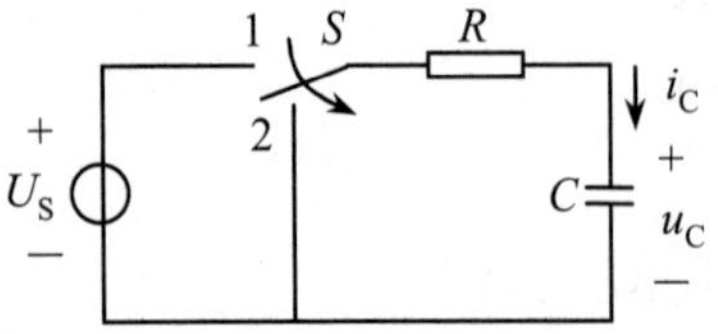

图 1.47　一阶 RC 电路的零输入响应模型

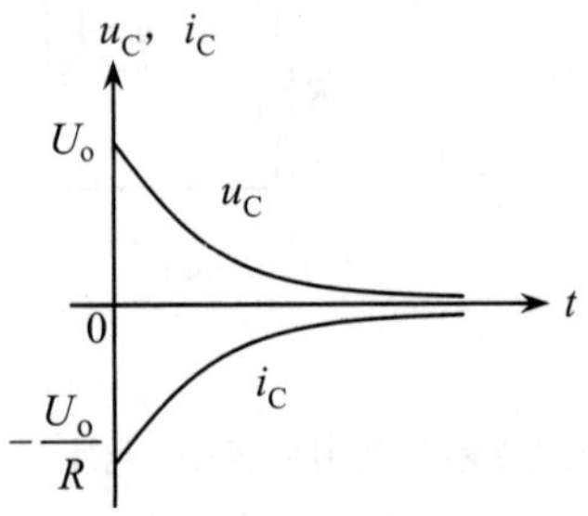

图 1.48　一阶 RC 电路的零输入响应电压、电流曲线图

电容电压：$u_C = u_C(0_+)e^{-\frac{t}{\tau}} = U_0 e^{-\frac{t}{RC}}$

放电电流：$i_C = C\dfrac{du_C}{d\tau} = -\dfrac{U_0}{R}e^{-\frac{t}{RC}} = i_C(0_+)e^{-\frac{t}{RC}}$

对于 RC 电路，时间常数为：$\tau = RC$，放电过程的快慢是由时间常数 τ 决定。τ 越大，在电容电压的初始值 U_0 一定的情况下，C 越大，电容存储的电荷越多，放电所需的时间越长；而 R 越大，则放电电流就越小，放电所需的时间也就越长。相反，τ 越小，电容放电越快，放电过程所需的时间就越短。

从理论上讲，需要经历无限长的时间，电容电压 u_C 才衰减到零，电路到达稳态。但实际上，u_C 开始时衰减得较快，随着时间的增加，衰减得越来越慢。经过 t=(3~5)τ 的时间，u_C 已经衰减到可以忽略不计的程度。这时，可以认为暂态过程已经基本结束，电路到达稳定状态，如图 1.48 所示。

（二）一阶 RL 电路的零输入响应

图 1.49 所示电路中，换路前开关 S 置于位置 1，电路已处于稳态，电感中已有电流。在 t=0 时，开关 S 从位置 1 拨到位置 2，使 RL 电路脱离电源。根据换路定理，电感电流不能突变。于是，电感由初始储能开始，通过电阻 R 释放能量。随着时间的增长，电感电流 i_L 将逐渐减小，最后趋近于零，如图 1.50 所示。这样，电感存储的能量全部被电阻所消耗。可见电路换路后的响应仅由电感的初始状态引起，故为零输入响应。

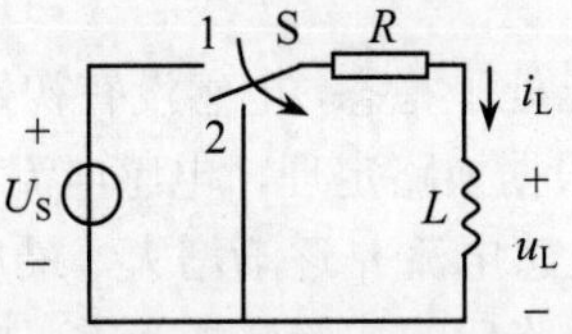

图 1.49

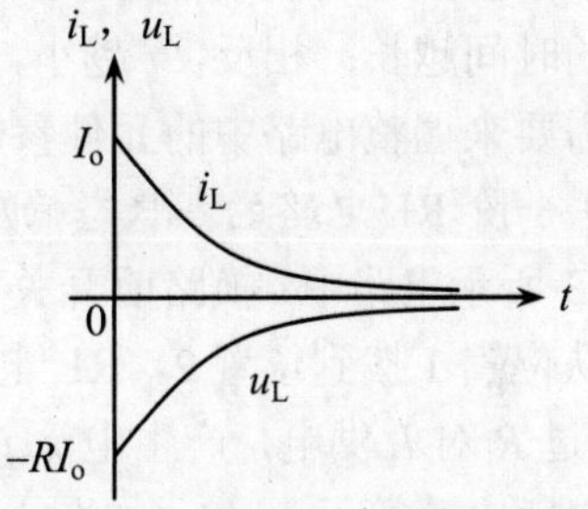

图 1.50

电感电流：$i_L = i_L(0_+)e^{-\frac{t}{\tau}} = I_o e^{-\frac{R}{L}t}$

电感电压：$u_L = L\dfrac{di_L}{dt} = -RI_o e^{-\frac{R}{L}t} = u_L(0_+)e^{-\frac{R}{L}t}$

对于 RL 电路，时间常数为：$\tau = \dfrac{L}{R}$，电路暂态过程的快慢也是由时间常数 τ 来决定的。τ 越大，暂态过程所需的时间越长。相反，τ 越小，暂态过程所需的时间就越短，且经 t=(3～5)τ 的时间，i_L 已经衰减到可以忽略不计的程度。这时，可以认为暂态过程已经基本结束，电路到达稳定状态，如图 1.50 所示。

二、零状态响应

零状态响应是初始状态为零时，由激励产生的响应，仅与激励有关，而与初始状态无关。

（一）一阶 RC 电路的零状态响应

图 1.51 所示电路中，换路前开关 S 置于位置 1，电路已处于稳态，电容没有初始储能。t=0 时开关 S 从位置 1 拨到位置 2，RC 电路接通电压源 U_S。根据换路定理，电容电压不能突变，于是 U_S 通过 R 对 C 充电，产生充电电流 i_C。随着时间增长，电容电压 u_C 逐渐升高，充电电流 i_C 逐渐减小，最后电路到达稳态时，电容电压等于 U_S，充电电流等于零，如图 1.52 所示。可见电路换路后的初始储能为零，响应仅由外加电源引起，故为零状态响应。

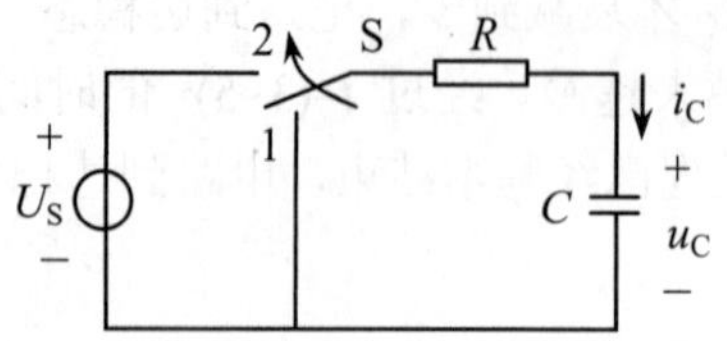

图 1.51

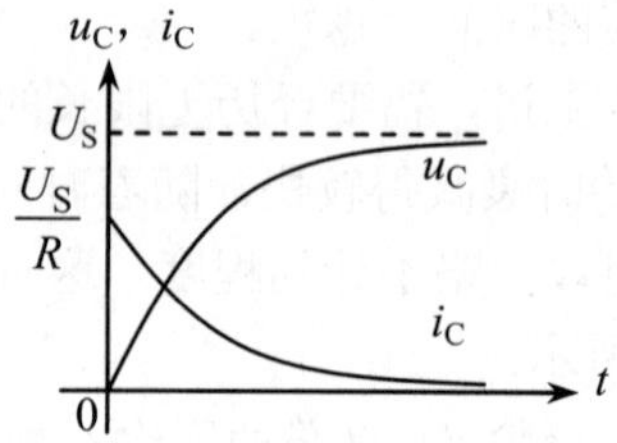

图 1.52

电容电压：$u_C = u_C(\infty)(1-e^{-\frac{t}{\tau}}) = U_S(1-e^{-\frac{t}{RC}})$

充电电流：$i_C = C\dfrac{du_C}{dt} = \dfrac{u_S}{R}e^{-\frac{t}{RC}} = i_C(0_+)e^{-\frac{t}{RC}}$

RC 电路充电过程的快慢也是由时间常数 $\tau = RC$ 来决定的，τ 越大，电容充电越慢，过渡过程所需的时间越长；相反，τ 越小，电容充电越快，过渡过程所需的时间越短。同样，可以根据实际需要来调整电路中的元件参数或电路结构，以改变时间常数的大小，如图 1.52 所示。

（二）一阶 RL 电路的零状态响应

图 1.53 所示电路中，换路前开关 S 置于位置 1，电路已处于稳态，电感没有初始储能。t=0 时开关 S 从位置 1 拨到位置 2，RL 电路接通电压源 U_S。根据换路定理，电感电流不能突变，于是 U_S 通过 R 对 L 供电，产生电流 i_L。随着时间增长，电感电流 i_L 逐渐增大，最后电路到达稳态时，电感电流等于 U_S/R，如图 1.54 所示。可见电路换路后的初始储能为零，响应仅由外加电源引起，故为零状态响应。

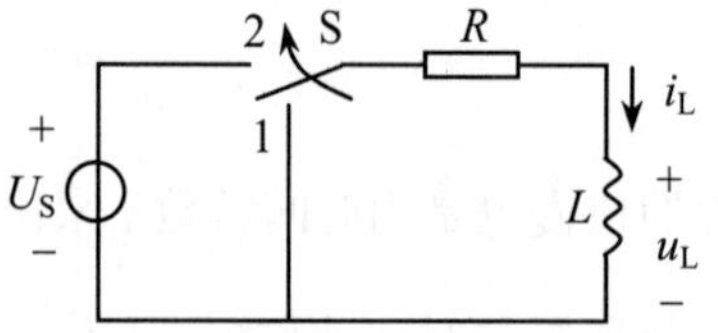

图 1.53

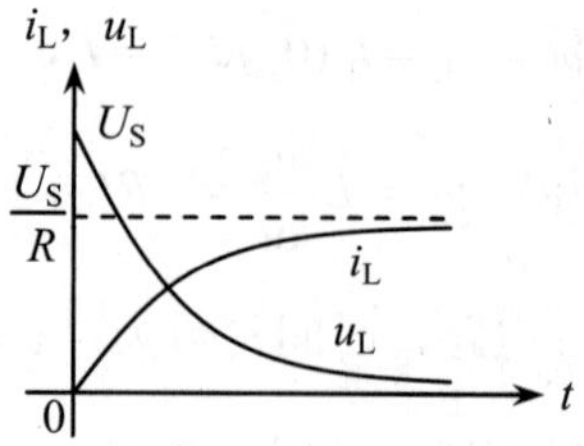

图 1.54

电感电流：$i_L = \dfrac{u_S}{R}(1-e^{-\frac{t}{\tau}}) = \dfrac{u_S}{R}(1-e^{-\frac{R}{L}t})$

电感两端的电压：$u_L = L\dfrac{di_L}{dt} = U_S e^{-\frac{R}{L}t} = u_L(0_+)e^{-\frac{R}{L}t}$

RL 电路暂态过程的快慢也是由时间常数$\tau=\dfrac{L}{R}$来决定的。τ越大，暂态过程所需的时间越长。相反，τ越小，暂态过程所需的时间就越短。且经过t=(3～5)τ的时间，i_L已经衰减到可以忽略不计的程度。这时，可以认为暂态过程已经基本结束，电路到达稳定状态，如图 1.54 所示。

三、全响应

根据激励与响应的因果关系，全响应可分解为零输入响应和零状态响应，即：

全响应=零输入响应+零状态响应

将一阶 RC 电路中电容电压u_C随时间变化的规律改写为：

$$u_C=U_0e^{-\frac{t}{RC}}+U_S(1-e^{-\frac{t}{RC}})$$

零输入响应　　　零状态响应

将一阶 RL 电路中电感电流i_L随时间变化的规律改写为：

$$i_L=I_0e^{-\frac{R}{L}t}+\frac{U_S}{R}(1-e^{-\frac{R}{L}t})$$

零输入响应　　　零状态响应

思考与练习一

一、填空题

1．任何一种电路都是由________、________、________三部分组成的。

2．电位是指电路中某点与________之间的电压。

3．线性电阻元件的特点是________。

4．从能量的观点来看，电阻元件为________元件；电感元件为________元件；电容元件为________元件。

5．用一个电动势和内阻串联表示的电源称为________。

6．若把电路中原来电位为–2V 的一点改为电位参考点，则改后的电路中，各点电位比原来________。

7．支路电流法是以________为求解对象。

8．戴维南定理适用于________二端网络。

9．________定律体现了单一元器件上电压、电流的约束关系；________定律表明了电路中节点上各电流应遵循的规律；________定律表明了回路上各电压应遵循的规律。

10．在任一闭合电路中，电源产生的功率与负载取用的功率、电源内阻和线路电阻上损耗的功率总是________的，它是能量守恒定律的体现。

11．负载上获得最大功率的条件是________等于________，获得的最大功率 P_{max}=________。

12．在含有受控源的电路分析中，特别要注意：不能随意把________的支路消除掉。

二、判断题

（ ）1．欧姆定律只适用于线性电路。
（ ）2．基尔霍夫定律只包含节点电流定律。
（ ）3．支路电流法只能求一条支路的电流。
（ ）4．支路电流法是利用欧姆定律求支路电流的方法。
（ ）5．N个节点可以列$N-1$个独立的节点电流方程。
（ ）6．基尔霍夫定律只适用于闭合回路。
（ ）7．恒流源也可以等效为恒压源。
（ ）8．电源等效变换时，内阻是可以改变的。
（ ）9．在电路中进行电位的计算时，参考点只能选“接地”。
（ ）10．所谓有源二端网络，就是内部含有电源，而且具有两个端口的电路。
（ ）11．两个电路等效，即它们无论其内部还是外部都相同。
（ ）12．电路分析中一个电流得负值，说明它小于零。

三、计算题

1．已知电路如图 1.55 所示，试计算 A、B 两端的电阻。

2．在如图 1.56 所示的电路中，已知电压$U_1=U_2=U_4=5\text{V}$，求U_3、U_{CA}的值。

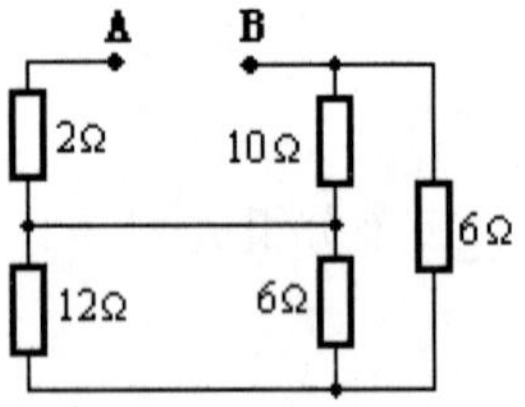

图 1.55 计算题 1 图

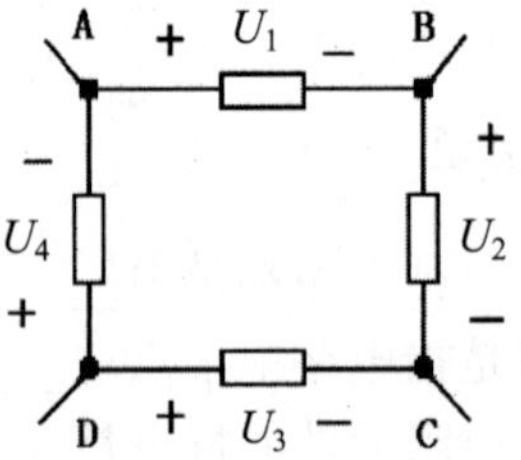

图 1.56 计算题 2 图

3．已知一电压源的电动势为9V，内阻为1Ω，当等效为电流源时，其电激流和内阻分别为多少？

4．如果图 1.57 所示电路中的电流$I=0$，则U_S应为多少？

5．在图 1.58 所示的电路中，计算电压U的大小。

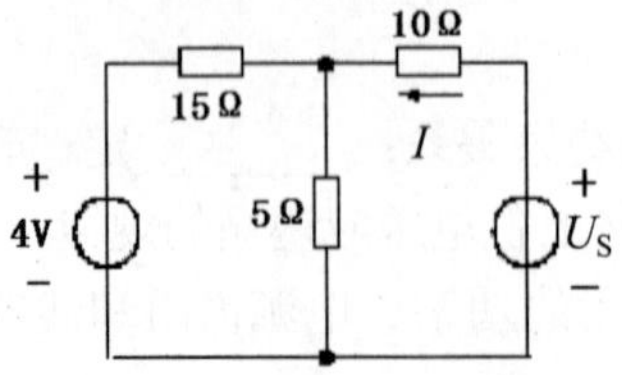

图 1.57 计算题 4 图

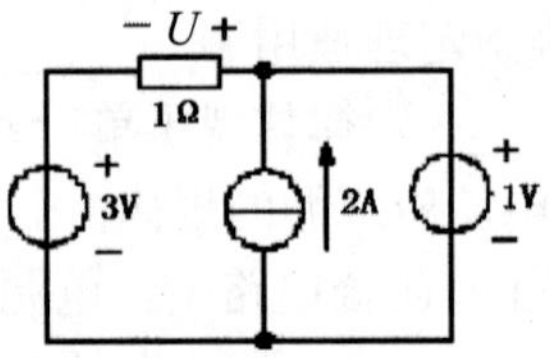

图 1.58 计算题 5 图

6．根据基尔霍夫定律，计算图 1.59 所示电路中的电流I_1和I_2。

7．试用电源等效变换的方法求图 1.60 所示电路中的电流 I。

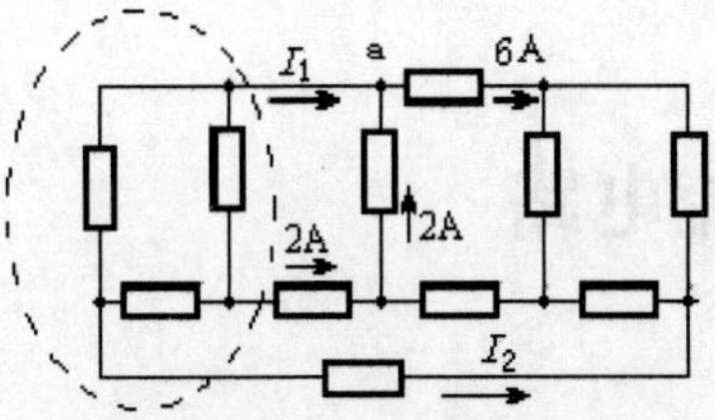

图 1.59　计算题 6 图

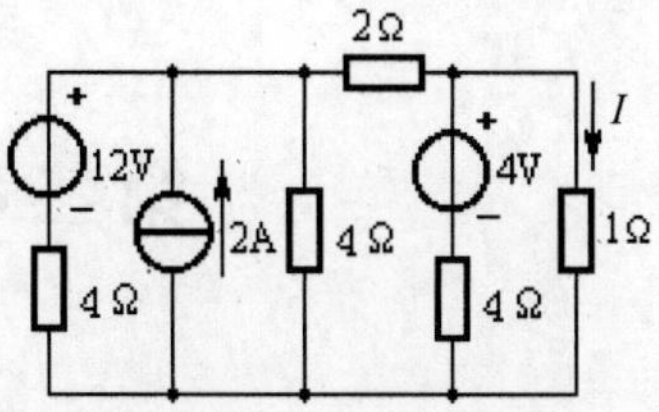

图 1.60　计算题 7 图

8．如图 1.61 所示，其中 $E_1 = 9\text{V}$，$E_2 = 12\text{V}$，$R_1 = 1\Omega$，$R_2 = R_3 = 2\Omega$。试用支路电流法求 R_1、R_2 和 R_3 三个电阻上的电流分别为多少？

9．使用戴维南定理计算图 1.62 所示电路中的电流 I。

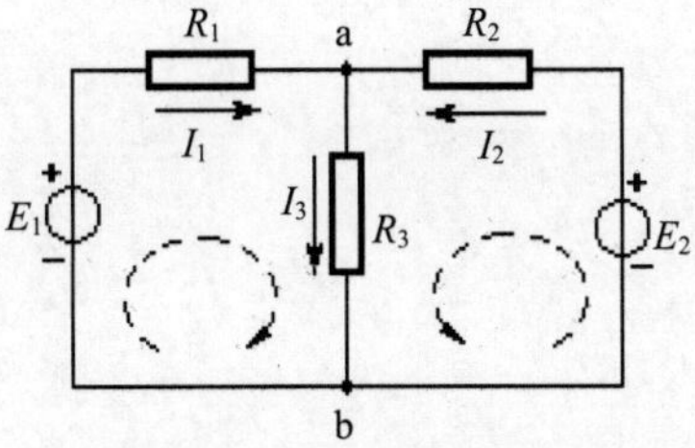

图 1.61　计算题 8 图

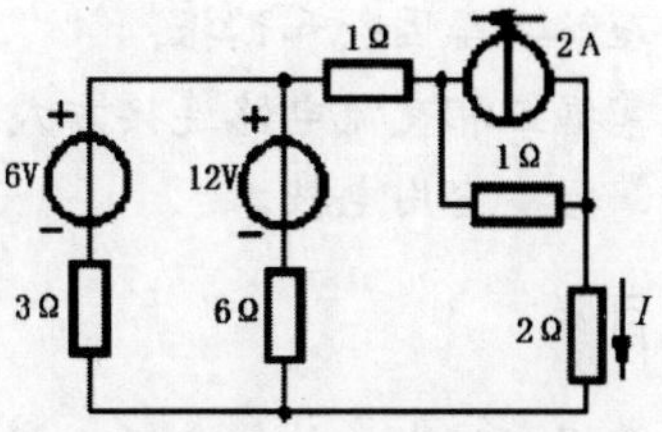

图 1.62　计算题 9 图

10．应用等效电源的变换化简图 1.63 所示的各电路。

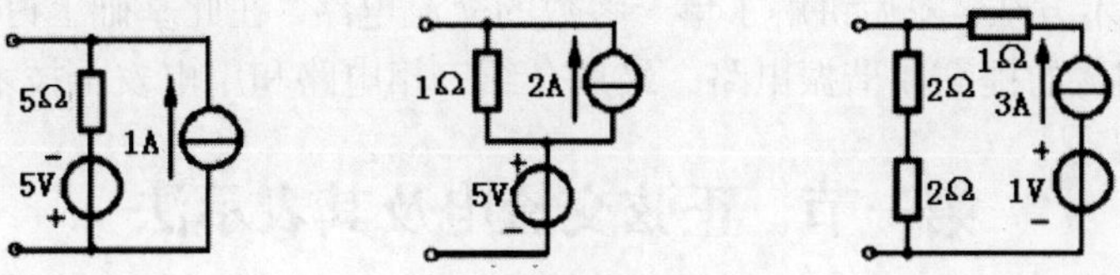

图 1.63　计算题 10 图

11．求解图 1.64 所示电路的戴维南等效电路。

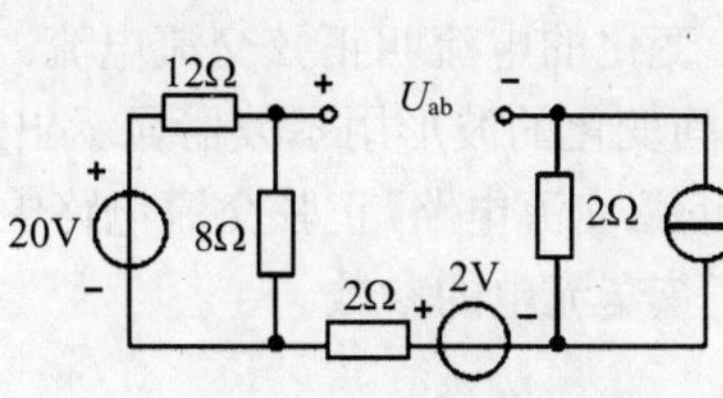

图 1.64　计算题 11 图

第二章　正弦交流电路

学习目标

知识目标

- 理解正弦交流电路的基本概念，掌握正弦量表示方法。
- 掌握 RCL 电路串并联计算。
- 理解功率因数和谐振。
- 掌握三相交流电路连接方式及其计算。
- 掌握安全用电技术。

能力目标

- 掌握交流电的计算分析，能进行电路正确连接和简单测试。

现实生活中，照明电路和动力电路电源都是正弦交流电。本章首先定义了正弦交流量的概念，介绍了其表示方法。随后讲解了单一参数的交流电路，在此基础上讨论复杂交流电路的分析计算及功率因数的提高和谐振电路。最后介绍三相电路和用电安全技术。

第一节　正弦交流电及其表示法

一、正弦交流电的概念

大小和方向随时间作正弦规律变化的电流叫正弦交流电流。如图 2.1（a）中流过电阻 R 的电流 i 是正弦交流电流，它随时间变化的波形用示波器显示出来为如图 2.1（b）所示的正弦曲线。含正弦交流电源的电路称为正弦交流电路，正弦交流电路中的物理量还有正弦交流电压、正弦交流电动势等，它们统称为正弦交流电的参数。

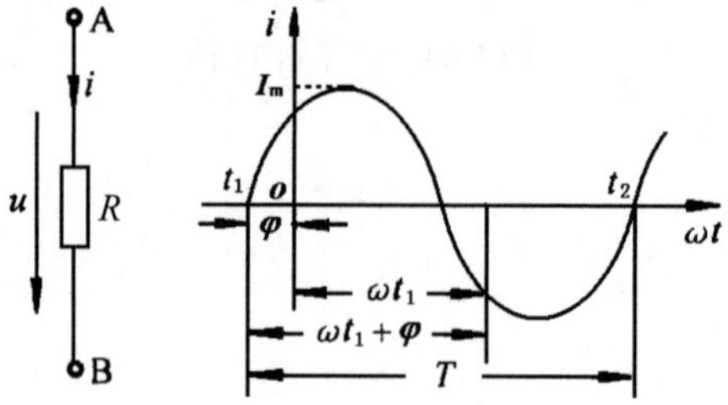

（a）　　（b）

图 2.1　正弦量及电流的波形

按正弦规律变化的物理量称为正弦量，正弦电压、正弦电动势和正弦电流具有正弦量的特点，常统称为正弦量。正弦量是最简单的周期量，一个正弦量可以用一个正弦函数式来表示，如图 2.1（a）中的正弦交流电的电流 i、电压 u 和电动势 e 可表示为

$$\left.\begin{aligned} i &= I_m \sin(\omega t+\varphi) \\ u &= U_m \sin(\omega t+\varphi) \\ e &= E_m \sin(\omega t+\varphi) \end{aligned}\right\} \tag{2-1}$$

式中，I_m（U_m 或 E_m）为交流电的幅值，ω 为交流电的角频率；φ 为交流电的初相位。

I_m（U_m 或 E_m）、ω 和 φ 都是常数，所以正弦交流电是时间 t 的函数。幅值、角频率和初相位称为正弦量的三要素。

（一）瞬时值、幅值和有效值

正弦量的大小是随时间变化，它在任一瞬间的值叫作瞬时值，瞬时值用英文小写字母表示，如 i、u、e 等。正弦量的最大值叫幅值，幅值用大写字母加下角标 m 表示，如 I_m、U_m、E_m 等。

幅值不能反映正弦交流电在电路中的其他效应，故在工程实际中，根据电流的热效应引入了有效值的概念：如果一个直流电量和一个交流电量分别通过同一个电阻后在相同的时间里产生的热量相等，那么该直流电量就叫该交流电量的有效值。有效值的符号是用英文大写字母表示，如 I、U、E 等。

据上所述有效值可表示为：周期量瞬时值的平方在一个周期中积分后的周期平均值的平方根。如电流的有效值是 $I=\sqrt{\frac{1}{T}\int_0^T i^2 \mathrm{d}t}$，将 $i=I_m\sin(\omega t+\varphi)$ 代入 I，可得 $I=\frac{I_m}{\sqrt{2}}$。同理可得 $U=\frac{U_m}{\sqrt{2}}$，$E=\frac{E_m}{\sqrt{2}}$。

一般所说的交流电压 220V 或 380V，交流电流 10A 或 200mA 指的都是有效值。交流用电器的额定电压和额定电流都是用有效值表示，电压、电流的测量值也是有效值。

（二）周期、频率和角频率

周期是指正弦量完成一次周期性变化所需要的时间，周期通常用 T 表示，单位是秒（s），它表示了正弦量变化的快慢。在图 2.1（b）中，从 t_1 到 t_2 的这一段时间就表示正弦电流 i 的一个周期。

频率是指单位时间里完成周期性变化的次数，一般用 f 表示，它的单位是赫兹（Hz）。由周期和频率的定义可知，周期和频率互为倒数，即

$$T=\frac{1}{f} \text{ 或 } f=\frac{1}{T}=\frac{\omega}{2\pi} \tag{2-2}$$

由式（2-2）得

$$\omega = 2\pi f=\frac{2\pi}{T} \tag{2-3}$$

正弦量在单位时间里变化的弧度叫角频率，用ω表示，其单位为弧度/秒（rad/s）。周期、频率与角频率都用来反映正弦量变化的快慢。

（三）相位、初相位和相位差

正弦量表示式中的$(\omega t+\varphi)$叫作正弦量在t时刻的相位角，简称相位，它能表示正弦交流电在任意时刻所处的状态，单位是弧度。

把$t=0$时的相位φ称为初相位，简称初相。它表示物体在起始时刻正弦量的取值。

两个同频率正弦量的相位角之差就是相位差。若$i_1=I_{m1}\sin(\omega t+\varphi_1)$，$i_2=I_{m2}\sin(\omega t+\varphi_2)$，则$i_1$、$i_2$的相位差$\varphi=(\omega t+\varphi_1)-(\omega t+\varphi_2)=\varphi_1-\varphi_2$。

可以看出两个正弦量的相位差等于它们的初相位之差。如果$\varphi>0$称i_1超前i_2，$\varphi<0$称i_1滞后i_2，如图 2.2（a）所示是i_1超前i_2的情况；如果$\varphi=0$，表示两个正弦量同时达到零值和最大值，这种情况叫作两个正弦量同相，如图 2.2（b）所示为两个正弦电流i_1、i_2同相时的波形；如果$\varphi=\pm\pi$，表示两个正弦量的变化完全相反，这种情况叫作两个正弦量反相，如图 2.2（c）所示为两个正弦电流i_1、i_2反相时的波形。

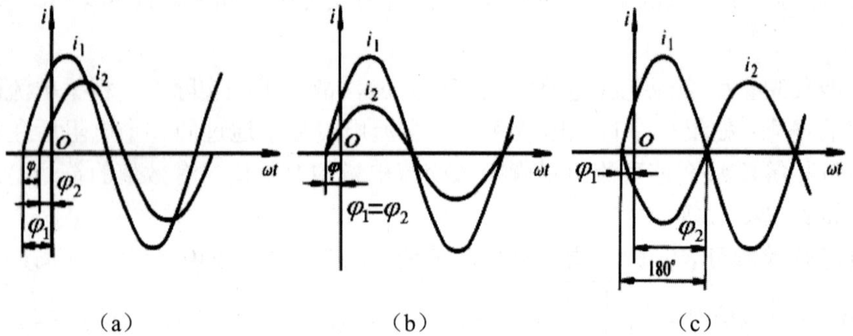

图 2.2 正弦交流电的相位差

二、正弦量的相量表示法

正弦量的三角函数表示法和波形表示法都是正弦量的直接表示形式，但这两种表示法难以对电路进行分析计算。为了便于正弦交流电路的分析计算，下面将介绍正弦量的相量表示法。

（一）正弦量的相量表示法

可以把任意一个正弦量用复平面中的一个矢量来表示。该矢量的长度等于正弦量的最大值，它绕原点旋转的角速度等于正弦量的角频率，它与实轴的夹角等于正弦量的初相。这种矢量与空间矢量的意义不同，它在图中的方向并不代表空间方向，而是代表正弦量的相位。故把这个能表示正弦量的矢量叫作相量，也叫几何相量。一般用$\dot{I}_m$、$\dot{U}_m$和$\dot{E}_m$分别表示电流相量、电压相量和电动势相量。

在任一时刻，旋转相量在虚轴上的投影值的大小等于同一时刻正弦量的瞬时值，所以旋转相量可表示正弦量，图 2.3 表示了这种对应关系。

因为复平面的矢量可以用一个复数来表示，矢量在实轴和虚轴上的投影分别表示这个复数的实部和虚部，矢量与实轴的夹角表示复数的幅角，所以正弦量也可以用一个复数来表示，该复数的模等于正弦量的最大值，幅角等于正弦量的初相。表示正弦量的复数也叫相量。

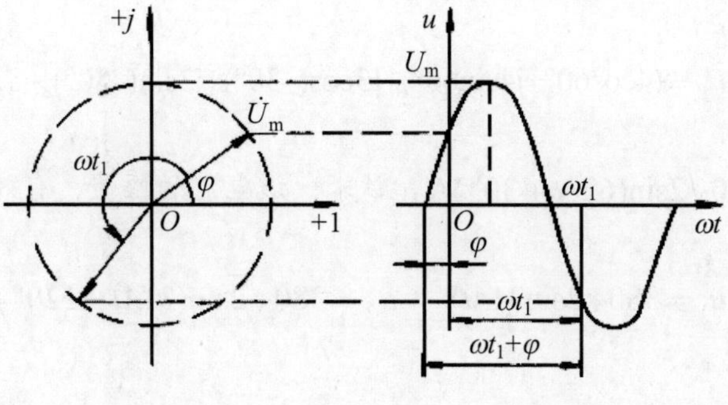

图 2.3　正弦交流电的相量及其对应的波形图

一般复数有以下几种表示形式：三角函数式、极坐标式、指数式和代数式。如正弦量 $i = I_m \sin(\omega t + \varphi)$ 可表示为以下几种形式：

（1）三角函数式：$\dot{I}_m = I_m(\cos\varphi + \mathrm{j}\sin\varphi)$

（2）极坐标式：$\dot{I}_m = I_m\angle\varphi$

（3）代数式：$\dot{I}_m = a + \mathrm{j}b$（其中 $a = I_m\cos\varphi$、$b = I_m\sin\varphi$）

（4）指数式：$\dot{I}_m = I_m \mathrm{e}^{\mathrm{j}\varphi}$

所以相量有两种形式：一是几何形式即旋转矢量，二是解析形式即复数。相量和正弦量一样也有三个要素：模、幅角、角速度，它们与所表示的正弦量的三要素幅值、初相、角频率对应且相等。

（二）同频正弦量相量的运算

当正弦量用几何相量表示时，相量的加减运算可利用平行四边形法则进行；当用复数形式表示时，用复数的代数式表示较方便。

例 2-1　已知 $\dot{I}_1 = I_m\angle 60°\text{A}=(4\cos60°+\text{j}4\sin60°)\text{A}$，$\dot{I}_2 = I_m\angle(-30°)\text{A}=[3\cos(-30°)+\text{j}3\sin(-30°)]\text{A}$，求 $\dot{I}_1+\dot{I}_2=?$

解法一（用作图法）首先用相量表示 $\dot{I}_1$、$\dot{I}_2$，然后使用平行四边形法则把二相量相加，所得相量即是所求相量 $\dot{I}$。如图 2.4 所示，图中 $\dot{I}$ 为所求。

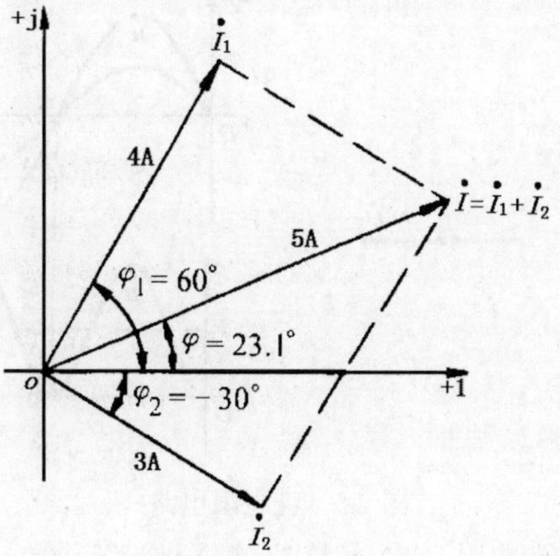

图 2.4　例 2-1 图

解法二（用复数法）

$$\dot{I}=\dot{I}_1+\dot{I}_2=(4\cos60°+j4\sin60°)+[3\cos(-30°)+j3\sin(-30°)]=5\angle23.1°A$$

课堂互动

1. 已知电流$i=20\sqrt{2}\sin(628t+30°)A$，试求：该电流的幅值、有效值、角频率、频率及初相位。

2. 已知正弦电压$u_1=380\sqrt{2}\sin314tV$，$u_2=380\sqrt{2}\sin(314t-120°)V$，试求$u_1$、$u_2$之间的相位差。

第二节　单一参数的正弦交流电

用来表示电路或电路元件特性的物理量称为电路的参数，电阻 R、电容 C 和电感 L 是交流电路的三个基本参数。本节主要讨论在单一参数正弦交流电路中电压、电流的关系以及消耗功率的情况。

一、电阻元件的交流电路

（一）电压和电流的关系

如图 2.5（a）所示通过电阻元件的电流为：

$$i=I_m\sin(\omega t) \tag{2-4}$$

则电阻两端的电压是：

$$u=Ri=RI_m\sin(\omega t)=U_m\sin(\omega t) \tag{2-5}$$

可见电压 u 也是正弦量。由以上两式可得：

$$\frac{U_m}{I_m}=\frac{U}{I}=R \tag{2-6}$$

由以上三式可得出结论：正弦交流电路中电阻元件上电压和电流是同频率、同相位的正弦量，电压和电流的最大值或有效值之比等于 R。电阻元件上电压和电流的初相总是相同的。电压、电流的波形图如图 2.5（c）所示。

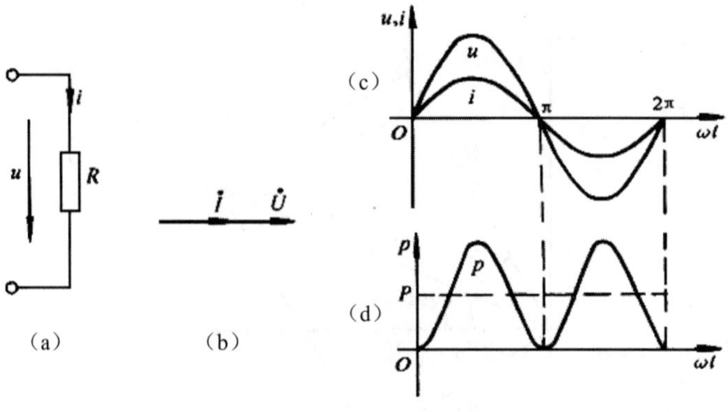

图 2.5　纯电阻电路

（a）纯电阻电路；（b）相量图；（c）波形图；（d）功率波形

据前面的讨论知：若电阻上的电流相量是$\dot{I}=I\angle 0^\circ$，那么它两端的电压相量是$\dot{U}=U\angle 0^\circ$，其中$U=RI$，电压电流的相量之比是

$$\frac{\dot{U}}{\dot{I}}=\frac{U\angle 0^\circ}{I\angle 0^\circ}=R \tag{2-7}$$

（二）电阻上消耗的功率

因为电流是随时间变化的，所以电阻消耗的功率也是随时间变化的。

（1）瞬时功率。在电阻上每一瞬间消耗的功率称为瞬时功率，根据瞬时功率的定义，电阻元件的瞬时功率为

$$p=ui=U_{\rm m}\sin(\omega t)I_{\rm m}\sin(\omega t)=U_{\rm m}I_{\rm m}\sin^2(\omega t)=U_{\rm m}I_{\rm m}\left[\frac{1-\cos(2\omega t)}{2}\right]=UI[1-\cos(2\omega t)] \tag{2-8}$$

从式（2-8）可以看出，瞬时功率有两个分量：一个是直流分量，另一个是交流分量，交流分量的频率是电流频率的两倍。还可以看出：瞬时功率$p\geqslant 0$，说明电阻是耗能元件，它的能量转换具有不可逆性。瞬时功率的波形如图 2.5（d）所示。

（2）平均功率。瞬时功率在一个周期内的平均值叫平均功率，也叫有功功率，通常用大写字母P表示，电阻元件的平均功率为

$$P=\frac{1}{T}\int_0^T p\mathrm{d}t=\frac{1}{T}\int_0^T UI[1-\cos(2\omega t)]\mathrm{d}t=UI=I^2R=\frac{U^2}{R} \tag{2-9}$$

从式（2-9）可以看出：当交流电路中的电压和电流都用有效值表示时，那么电阻平均功率的计算公式与直流电路中电阻功率的计算公式一致，单位也是瓦（W）。

（3）等效电路。单一电阻在交流电路中的串并联计算方法与在直流电路中相同，此处不再赘述。

二、电感元件的交流电路

（一）电压和电流的关系

如图 2.6（a）所示通过电感元件的电流为$i=I_{\rm m}\sin(\omega t)$，则电感元件两端的电压为：

$$u=L\frac{\mathrm{d}i}{\mathrm{d}t}=L\frac{\mathrm{d}I_{\rm m}\sin(\omega t)}{\mathrm{d}t}=\omega LI_{\rm m}\cos(\omega t)=\omega LI_{\rm m}\sin(\omega t+90^\circ)=U_{\rm m}\sin(\omega t+90^\circ) \tag{2-10}$$

可见电压也是正弦量。由以上两式可得：

$$\frac{U_{\rm m}}{I_{\rm m}}=\frac{U}{I}=\omega L \tag{2-11}$$

从式（2-10）和式（2-11）可得出结论：正弦交流电路中电感元件上电压和电流是同频正弦量，电压和电流的最大值和有效值之比等于ωL。电压与电流的相位差是 90°，电压超前于电流 90°。电压、电流的波形如图 2.6（c）所示。

电感元件上电压、电流有效值之比叫作元件的感抗，单位是欧姆（Ω），用$X_{\rm L}$表示，即

$$X_{\rm L}=\frac{U}{I}=\omega L=2\pi fL \tag{2-12}$$

感抗反映了线圈自感电动势抵抗正弦电流变化的作用，其大小与频率f、电感L成正比。f越大，L越大，对交流电的阻碍作用就越大。当$f=0$时，即处于直流状态，$X_{\rm L}=0$，电感对直流电相当于短路，故电感有“通直流，阻交流”和“通低频，阻高频”的作用。

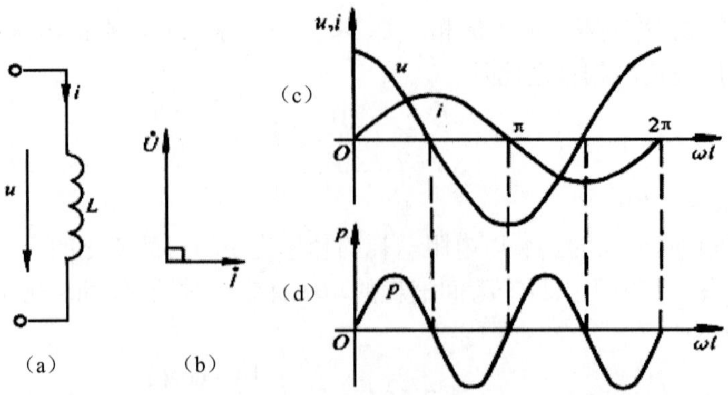

图 2.6 纯电感电路

（a）纯电感电路；（b）相量图；（c）波形图；（d）功率波形

电感元件上电压电流的相量如图 2.6（b）所示。电压电流相量之比是

$$\frac{\dot{U}}{\dot{I}}=\frac{U\angle 90^\circ}{I\angle 0^\circ}=\frac{U}{I}\angle 90^\circ=\frac{U}{I}e^{\mathrm{j}90^\circ}=\mathrm{j}X_{\mathrm{L}} \tag{2-13}$$

（二）功率

根据电压、电流的变化规律和相互关系来分析电感与电源间进行什么样的能量交换。

（1）瞬时功率。电感的瞬时功率等于通过电感上的电流和电感两端电压的瞬时值乘积，即

$$\begin{aligned} p=ui&=U_{\mathrm{m}}\sin(\omega t+90^\circ)\cdot I_{\mathrm{m}}\sin(\omega t)=U_{\mathrm{m}}I_{\mathrm{m}}\sin(\omega t)\cdot\cos(\omega t)\\ &=\frac{1}{2}U_{\mathrm{m}}I_{\mathrm{m}}\sin(2\omega t)=UI\sin(2\omega t) \end{aligned} \tag{2-14}$$

可见，在正弦交流电路中，电感的瞬时功率按正弦规律变化，其幅值是电压、电流有效值的乘积，频率是电流频率的两倍。

功率波形如图 2.6(d)所示，由波形图可以看出，在电流的第一个和第三个$1/4$周期，$p>0$，即电感吸收电功率；在电流的第二个和第四个$1/4$周期，$p<0$，即电感发出电功率。所以说明在正弦交流电路中电感元件可将电能和磁场能进行相互转换。

（2）平均功率。电感瞬时功率在一个周期内的平均值叫平均功率。

$$P=\frac{1}{T}\int_0^T p\mathrm{d}t=\frac{1}{T}\int_0^T UI\sin(2\omega t)\mathrm{d}t=0 \tag{2-15}$$

电感的平均功率等于 0，说明在交流电路中只存在电感与电源间的能量交换，而不存在能量的消耗。

（3）无功功率。为了衡量电感在交流电路中对能量的转换能力，引入了电感无功功率的概念，与电源交换的那部分功率的幅值叫作无功功率，用 Q 表示，单位为乏（Var）。

$$Q_{\mathrm{L}}=\frac{1}{2}U_{\mathrm{m}}I_{\mathrm{m}}=UI=I^2X_{\mathrm{L}}=\frac{U^2}{X_{\mathrm{L}}} \tag{2-16}$$

值得注意的是无功功率是表示电感元件对能量的转换能力，不能理解为无用功率，因为一切感性元件都需要一定的无功功率才能工作。

例 2-2 已知电感线圈接在 24V 的工频电源上，电感为 0.2H，求：①线圈的感抗；②电流有效值 I；③无功功率。

解：①线圈的感抗为

$$X_L = 2\pi fL = 2\times 3.14\times 50\times 0.2 = 62.8\Omega$$

②电流有效值为

$$I = \frac{U}{X_L} = \frac{U}{2\pi fL} = \frac{24}{62.8} = 0.38\text{A}$$

③无功功率为

$$Q_L = UI = 24\times 0.38 = 9.12\text{Var}$$

（三）等效电路

1. 电感的串联

由图 2.7 可知，$u_1 = L_1\frac{\mathrm{d}i}{\mathrm{d}t}$，$u_2 = L_2\frac{\mathrm{d}i}{\mathrm{d}t}$，则总电压为

$$u = u_1 = u_2 = (L_1 + L_2)\frac{\mathrm{d}i}{\mathrm{d}t} = L\frac{\mathrm{d}i}{\mathrm{d}t} \tag{2-17}$$

串联电感等效电路 $L = L_1 + L_2$，则

$$u_1 = L_1\frac{\mathrm{d}i}{\mathrm{d}t} = \frac{L_1}{L}u = \frac{L_1}{L_1 + L_2}u \tag{2-18}$$

$$u_2 = L_2\frac{\mathrm{d}i}{\mathrm{d}t} = \frac{L_2}{L}u = \frac{L_2}{L_1 + L_2}u \tag{2-19}$$

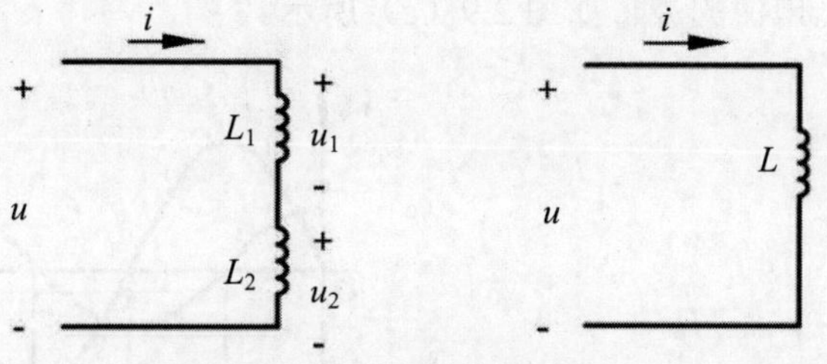

图 2.7　电感的串联

2. 电感的并联

由图 2.8 可知，$i_1 = \frac{1}{L_1}\Psi(t) = \frac{1}{L_1}\int_{-\infty}^{t}u(\xi)\mathrm{d}\xi$，$i_2 = \frac{1}{L_2}\Psi(t) = \frac{1}{L_2}\int_{-\infty}^{t}u(\xi)\mathrm{d}\xi$，则总电流为

$$i = i_1 + i_2 = \left(\frac{1}{L_1} + \frac{1}{L_2}\right)\int_{-\infty}^{t}u(\xi)\mathrm{d}\xi = \frac{1}{L}\int_{-\infty}^{t}u(\xi)\mathrm{d}\xi \tag{2-20}$$

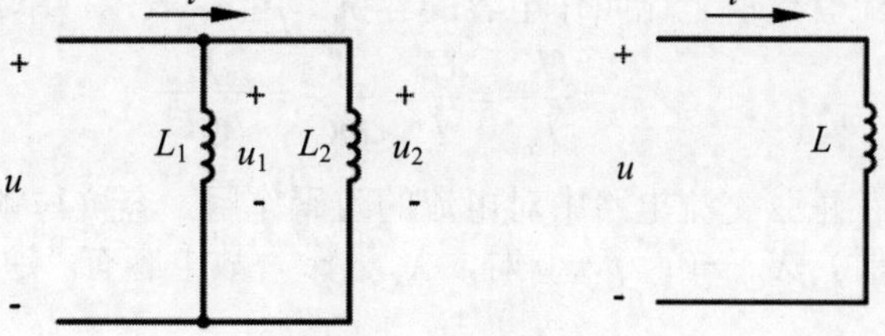

图 2.8　电感的并联

并联电感等效电路 $L=1/\left(\frac{1}{L_1}+\frac{1}{L_2}\right)=\frac{L_1L_2}{L_1+L_2}$，电路电压 $u=\int_{-\infty}^{t}u(\xi)\mathrm{d}\xi=Li$，则

$$i_1=\frac{1}{L_1}\int_{-\infty}^{t}u(\xi)\mathrm{d}\xi=\frac{L}{L_1}i=\frac{L_2i}{L_1+L_2} \tag{2-21}$$

$$i_2=\frac{1}{L_2}\int_{-\infty}^{t}u(\xi)\mathrm{d}\xi=\frac{L}{L_2}i=\frac{L_1i}{L_1+L_2} \tag{2-22}$$

三、电容元件的交流电路

（一）电压和电流的关系

已知电容元件上的电压为

$$u=U_{\mathrm{m}}\sin(\omega t) \tag{2-23}$$

根据电容的定义，电路中的电流为

$$i=\frac{\mathrm{d}q}{\mathrm{d}t}=C\frac{\mathrm{d}u}{\mathrm{d}t}=C\frac{\mathrm{d}U_{\mathrm{m}}\sin(\omega t)}{\mathrm{d}t}=\omega CU_{\mathrm{m}}\cos(\omega t)=\omega CU_{\mathrm{m}}\sin(\omega t+90°) \tag{2-24}$$

令 $I_{\mathrm{m}}=\omega CU_{\mathrm{m}}$，上式可写成

$$i=I_{\mathrm{m}}\sin(\omega t+90°) \tag{2-25}$$

从式（2-23）和式（2-25）可得出结论：正弦交流电路中电容元件上电压和电流是同频的正弦量，它们的最大值和有效值之比等于 $\frac{U_{\mathrm{m}}}{I_{\mathrm{m}}}=\frac{U}{I}=\frac{1}{\omega C}$；电压与电流的相位差是–90°，即电压滞后于电流 90°。电压电流的波形如图 2.9（c）所示。

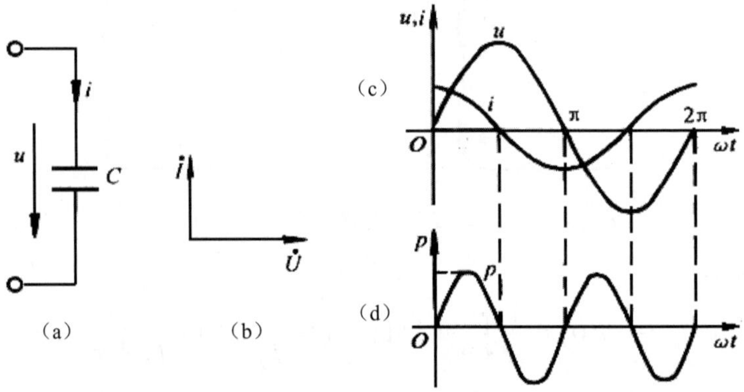

图 2.9　纯电容电路

（a）纯电容电路；（b）相量图；（c）波形图；（d）功率波形

电容元件上电压电流有效值之比叫作电容的容抗，用 X_{C} 表示，单位为欧姆（Ω），即

$$X_{\mathrm{C}}=\frac{U_{\mathrm{m}}}{I_{\mathrm{m}}}=\frac{U}{I}=\frac{1}{\omega C}=\frac{1}{2\pi fC} \tag{2-26}$$

容抗反映电容元件在正弦交流电路中对电流的阻碍作用。容抗与频率成反比，频率越高，其容抗越小。当 $f\to\infty$ 时，$X_{\mathrm{C}}\to 0$；$f\to 0$ 时，$X_{\mathrm{C}}\to\infty$，故电容有“通交流，阻直流”和“通高频，阻低频”的作用。

电压电流的相量图如图 2.9（b）所示。电压相量与电流相量之比是

$$\frac{\dot{U}}{\dot{I}}=\frac{U\angle 0°}{I\angle 90°}=\frac{U}{I}\angle -90°=X_C\angle -90°=-\mathrm{j}X_{\mathrm{C}} \tag{2-27}$$

（二）功率

根据电压、电流的变化规律和相互关系来分析电容与电源间进行什么样的能量交换。

（1）瞬时功率。电容元件的瞬时功率

$$\begin{aligned}p&=ui=U_{\mathrm{m}}\sin(\omega t)\cdot I_{\mathrm{m}}\sin(\omega t+90°)=U_{\mathrm{m}}I_{\mathrm{m}}\sin(\omega t)\cdot\cos(\omega t)\\&=\frac{1}{2}U_{\mathrm{m}}I_{\mathrm{m}}\sin(2\omega t)=UI\sin(2\omega t)\end{aligned} \tag{2-28}$$

可见，在正弦交流电路中，电容的瞬时功率也按正弦规律变化，其幅值是电压电流有效值的乘积，频率是电压频率的两倍。

功率波形如图 2.9(d)所示，从波形图可以看出，在电压的第一个和第三个1/4周期，$p>0$，即电容吸收电功率；在电压的第二个和第四个1/4周期，$p<0$，即电容发出电功率。所以正弦交流电路中电容器不断充电放电，进行着能量转换。

总之电容、电感只有先从外部吸收电能，并将其以电场能或磁场能的形式储存起来，然后才能将储存的能量再转变成电能发出。所以说它们是储能元件，它们的能量转换是可逆的。

（2）平均功率。电容瞬时功率在一个周期内的平均值叫平均功率。

$$P=\frac{1}{T}\int_0^T p\mathrm{d}t=\frac{1}{T}\int_0^T UI\sin(2\omega t)\mathrm{d}t=0 \tag{2-29}$$

平均功率等于零，说明电容元件不消耗功率。

（3）无功功率。为了衡量电容元件在交流电路中对能量的转换能力，引入了电容的无功功率，电容的无功功率是其瞬时功率的幅值，用Q_{C}表示，单位是乏（Var）。

$$Q_{\mathrm{C}}=\frac{1}{2}U_{\mathrm{m}}I_{\mathrm{m}}=UI=I^2X_{\mathrm{C}}=\frac{U^2}{X_{\mathrm{C}}} \tag{2-30}$$

同样电容的无功功率是表示它对能量的转换能力，不能理解为无用功率。

例 2-3 已知 220V、100W 的日光灯上并联的电容器为 8μF，求：①电容的容抗；②电容电流的有效值；③电容的无功功率。

解：①电容的容抗为

$$X_{\mathrm{C}}=\frac{1}{2\pi fC}=\frac{1}{2\pi\times 50\times 8\times 10^{-6}}\Omega=398\Omega$$

②电容电流的有效值为

$$I_{\mathrm{C}}=\frac{U}{X_{\mathrm{C}}}=\frac{220}{398}=0.553\mathrm{A}$$

③电容的无功功率为

$$Q_{\mathrm{C}}=UI_{\mathrm{C}}=220\times 0.553=121.7\mathrm{Var}$$

（三）等效电路

1. 电容的串联

由图 2.10 可知，$u_1=\frac{1}{C_1}\int_{-\infty}^{t}i(\xi)\mathrm{d}\xi$，$u_2=\frac{1}{C_2}\int_{-\infty}^{t}i(\xi)\mathrm{d}\xi$，则总电压为

$$u = u_1 + u_2 = \left(\frac{1}{C_1} + \frac{1}{C_2}\right)\int_{-\infty}^{t} i(\xi)\mathrm{d}\xi = \frac{1}{C}\int_{-\infty}^{t} i(\xi)\mathrm{d}\xi \tag{2-31}$$

串联电感等效电路$\frac{1}{C} = \frac{1}{C_1} + \frac{1}{C_2}$，$C = \frac{C_1C_2}{C_1 + C_2}$，则

$$u_1 = \frac{C}{C_1}u = \frac{C_2}{C_1 + C_2}u \tag{2-32}$$

$$u_2 = \frac{C}{C_2}u = \frac{C_1}{C_1 + C_2}u \tag{2-33}$$

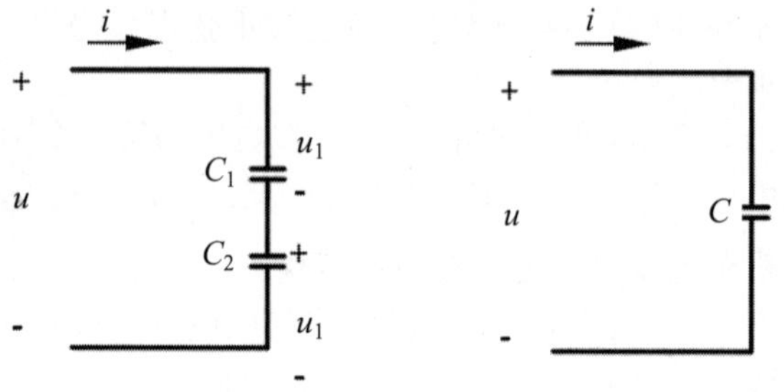

图 2.10　电容的串联

2. 电容的并联

由图 2.11 可知，$i_1 = C_1\frac{\mathrm{d}u}{\mathrm{d}t}$，$i_2 = C_2\frac{\mathrm{d}u}{\mathrm{d}t}$，总电流为

$$i = i_1 + i_2 = (C_1 + C_2)\frac{\mathrm{d}u}{\mathrm{d}t} = C\frac{\mathrm{d}u}{\mathrm{d}t} \tag{2-34}$$

并联电容等效电路$C = C_1 + C_2$，则

$$i_1 = \frac{C_1}{C}i \tag{2-35}$$

$$i_2 = \frac{C_2}{C}i \tag{2-36}$$

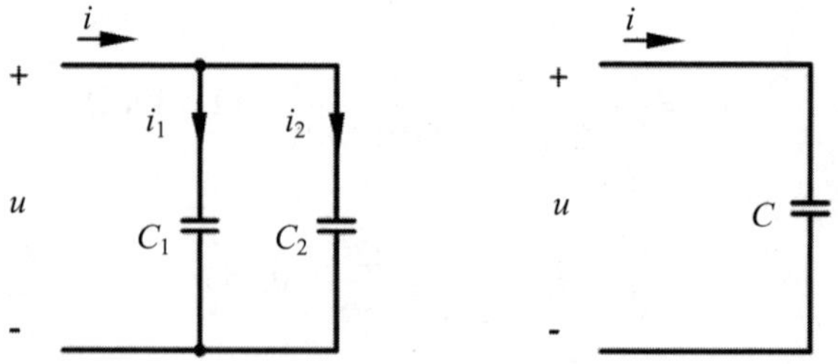

图 2.11　电容的并联

第三节　电阻、电感、电容串联和并联交流电路

实际的交流电路，往往由两个或两个以上参数组成，如某些电子设备的电路常常有电阻、

电容和电感元件。所以本节将讨论由电阻、电感、电容串并联组成的电路两端的电压和电流的关系及其消耗电功率的情况。

一、电阻、电感、电容串联的交流电路

（一）电压和电流的关系

电阻、电感、电容元件串联电路如图 2.12 所示，设其中的电流

$$i = I_{\mathrm{m}} \sin(\omega t + \varphi_{\mathrm{i}}) \tag{2-37}$$

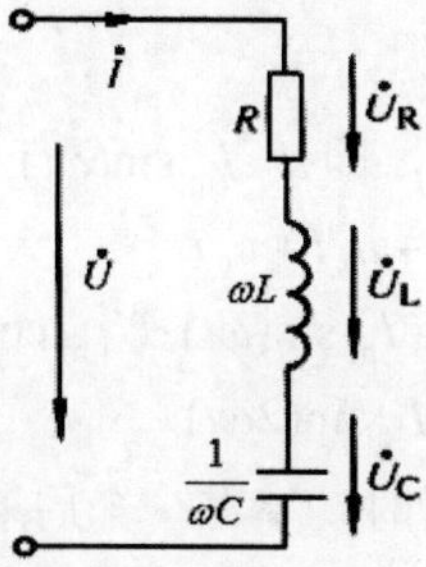

图 2.12　RLC 串联电路

电流在各元件上产生的电压相量分别为$\dot{U}_{\mathrm{R}}$、$\dot{U}_{\mathrm{L}}$、$\dot{U}_{\mathrm{C}}$，各元件电压电流的相量关系是

$$\dot{U} = R \cdot \dot{I}，\ \dot{U}_{\mathrm{L}} = \mathrm{j}X_{\mathrm{L}} \cdot \dot{I}，\ \dot{U}_{\mathrm{C}} = -\mathrm{j}X_{\mathrm{C}} \cdot \dot{I}$$

由基尔霍夫第二定律得

$$u = u_{\mathrm{R}} + u_{\mathrm{L}} + u_{\mathrm{C}}$$

上式的有效值相量式为

$$\dot{U} = \dot{U}_{\mathrm{R}} + \dot{U}_{\mathrm{L}} + \dot{U}_{\mathrm{C}} = R \cdot \dot{I} + \mathrm{j}X_{\mathrm{L}} \cdot \dot{I} - \mathrm{j}X_{\mathrm{C}} \cdot \dot{I} = \dot{I}[R + \mathrm{j}(X_{\mathrm{L}} - X_{\mathrm{C}})] \tag{2-38}$$

电流相量是$\dot{I} = I\angle\varphi_{\mathrm{i}}$，设电压初相为$\varphi_{\mathrm{u}}$，则电压相量是$\dot{U} = U\angle\varphi_{\mathrm{u}}$。将$\dot{U}$、$\dot{I}$相量代入式（2-38）得

$$\frac{\dot{U}}{\dot{I}} = \frac{U\angle\varphi_{\mathrm{u}}}{I\angle\varphi_{\mathrm{i}}} = \frac{U}{I}\angle(\varphi_{\mathrm{u}} - \varphi_{\mathrm{i}}) = R + \mathrm{j}(X_{\mathrm{L}} - X_{\mathrm{C}}) = Z = |Z|\angle\varphi \tag{2-39}$$

式$\dfrac{\dot{U}}{\dot{I}} = Z$叫作复数形式的欧姆定律。式中$Z = R + \mathrm{j}(X_{\mathrm{L}} - X_{\mathrm{C}})$为 RLC 串联电路的复阻抗，单位是欧姆（Ω），表示电阻、电感和电容对交流电的综合阻碍作用。注意，式中的 Z 不是相量，因为它由电路的频率和各元件的参数决定，而与时间无关。$\varphi = \tan^{-1}\dfrac{X_{\mathrm{L}} - X_{\mathrm{C}}}{R}$叫作阻抗角，令$X = X_{\mathrm{L}} - X_{\mathrm{C}}$，则 X 叫作电路中的电抗，从而$|Z| = \sqrt{R^2 + X^2}$，$\varphi = \tan^{-1}\dfrac{X}{R}$。

相量图中$\dot{U}$、$\dot{U}_{\mathrm{R}}$、$\dot{U}_{\mathrm{X}}$三个相量组成的直角三角形叫电压三角形，如图 2.13（b）所示。$|Z|$、R、X 三者的大小关系可用一个直角三角形来表示，这个直角三角形叫阻抗三角形，如图 2.13（c）所示。

当$X_{\mathrm{L}} > X_{\mathrm{C}}$时，电压超前于电流，电路是感性的；当$X_{\mathrm{L}} < X_{\mathrm{C}}$时，电压滞后于电流，电路是容性的；当$X_{\mathrm{L}} = X_{\mathrm{C}}$时，电路呈纯电阻性，这种现象称为串联谐振。

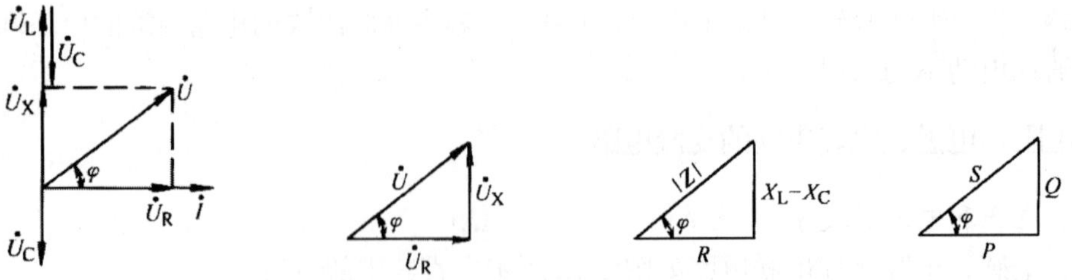

（a）相量图　　（b）电压三角形　　（c）阻抗三角形　　（d）功率三角形

图 2.13　RLC 串联电路

（二）电路的功率

（1）瞬时功率。设电流初相为 0，即 $i = I_m \sin(\omega t)$，则

$$\begin{aligned}P = ui &= P_R + P_L + P_C = u_R i + u_L i + u_C i \\ &= I_m \sin(\omega t)\cdot U_m \sin(\omega t) + I_m \sin(\omega t)\cdot U_{Lm}\cos(\omega t) - I_m \sin(\omega t)\cdot U_{Cm}\cos(\omega t) \\ &= U_R I[1-\cos(2\omega t)] + U_X I_X \sin(2\omega t)\end{aligned} \tag{2-40}$$

（2）平均功率。平均功率就是瞬时功率在一个周期内的平均值，即

$$P = \int_0^T p\mathrm{d}t = U_R I = RI^2 = UI\cos\varphi \tag{2-41}$$

该式说明平均功率就是电路中电阻消耗的功率，所以平均功率又称有功功率。式中 $\cos\varphi$ 叫作功率因数，常用 λ 表示。

（3）无功功率。RLC 串联电路中有电感和电容，电路要与外部进行能量交换，整个电路与外部交换的瞬时功率的最大值为无功功率 Q，为

$$Q = UI\sin\varphi \tag{2-42}$$

当 $Q > 0$ 时，电路为感性的；当 $Q < 0$ 时，电路为容性的。

（4）视在功率。总电压有效值与电流有效值的乘积定义为视在功率。它表示交流电源可能输出的最大有功功率。视在功率用 S 表示，单位是伏安（VA），即

$$S = UI \tag{2-43}$$

电路的视在功率 S、有功功率 P 和无功功率 Q 之间的关系为

$$S^2 = P^2 + Q^2 \tag{2-44}$$

S、P、Q 三者的大小关系可用一个直角三角形来表示，这个三角形叫功率三角形，如图 2.13（d）所示。

例 2-4　在 RLC 串联电路中，已知 $R = 200\Omega$，$L = 0.7\text{H}$，$C = 32\mu\text{F}$，电源电压 $u = 220\text{V}$。求：①复阻抗模；②电流 I；③U_R、U_L、U_C；④S、P、Q。

解：①复阻抗

$$X_L = 2\pi fL = 314\times 0.7\Omega \approx 220\Omega$$

$$X_C = \frac{1}{2\pi fC} = \frac{1}{314\times 32\times 10^{-6}}\Omega \approx 100\Omega$$

$$|Z| = \sqrt{R^2 + (X_L - X_C)^2} = \sqrt{200^2 + (220-100)^2} \approx 233\Omega$$

②电流 I

$$I = \frac{U}{|Z|} = \frac{220}{233}\text{A} = 0.94\text{A}$$

③U_R、U_L、U_C

$$U_R = IR = 0.94 \times 200 = 188\text{V}$$
$$U_L = IX_L = 0.94 \times 220 = 207\text{V}$$
$$U_C = IX_C = 0.94 \times 100 = 94\text{V}$$

④S、P、Q

$$S = UI = 220 \times 0.94 = 207\text{VA}$$
$$P = U_R I = UI\cos\varphi = UI\frac{R}{|Z|} = 220 \times 0.94 \times 0.86 = 178\text{W}$$
$$Q = UI\sin\varphi = UI\frac{X_L - X_C}{|Z|} = 220 \times 0.94 \times 0.52 = 108\text{Var}$$

二、电阻、电感、电容并联的交流电路

（一）电压和电流的关系

电阻、电感、电容元件并联电路如图 2.14（a）所示，设并联电路两端的正弦交流电压的瞬时值为

$$U = U_m \sin\omega t \tag{2-45}$$

则总电流为各元件通过的正弦电流的瞬时值的代数和，为

$$i = i_R + i_L + i_C = I_m \sin(\omega t + \varphi) \tag{2-46}$$

式（2-46）的相量式表示为

$$\dot{I} = \dot{I}_R + \dot{I}_L + \dot{I}_C \tag{2-47}$$

电流相量图如图 2.14（b）所示。由电流相量 $\dot{I}$、$\dot{I}_R$ 和 $\dot{I}_L + \dot{I}_C$ 所组成的三角形叫电流三角形，如图 2.14（c）所示。

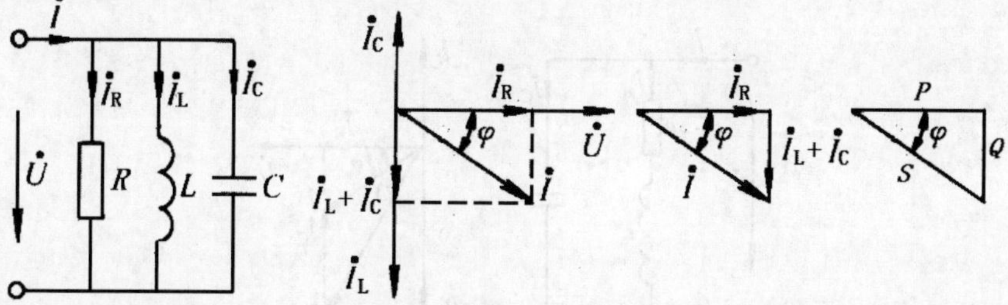

（a）电路图　（b）相量图　（c）电流三角形（d）功率三角形

图 2.14　RLC 并联的交流电路

由电流三角形可得总电流的有效值为

$$I = \sqrt{I_R^2 + (I_L - I_C)^2} = \sqrt{\left(\frac{U}{R}\right)^2 + \left(\frac{U}{X_L} - \frac{U}{X_C}\right)^2} = \frac{U}{Z} \tag{2-48}$$

其中$Z=\dfrac{1}{\sqrt{\left(\dfrac{1}{R}\right)^2+\left(\dfrac{1}{X_L}-\dfrac{1}{X_C}\right)^2}}$，称为RLC并联电路的等效阻抗。总电流和电压的相位差为$\varphi=-\tan^{-1}\dfrac{I_L-I_C}{I_R}$。

（二）电路的功率

把电流三角形的三边分别乘以电压即可得到功率三角形，如图2.14（d）所示，图中角φ是总电流与总电压的相位差角。

RLC 并联电路的有功功率、无功功率和视在功率的计算公式与 RLC 串联电路相同，即$P=U_R I=UI\cos\varphi$，$Q=UI\sin\varphi$，$S=UI$。

有功功率、无功功率和视在功率的关系为：$S^2=P^2+Q^2$。

三、功率因数的提高

下面主要研究提高功率因数的意义和方法。

（一）提高功率因数的意义

交流电路中$\cos\varphi$叫作功率因数，其中φ是负载电压与电流的相位差，它是由负载的性质（复阻抗）决定的。

功率因数低会产生两个问题：一是因为电源提供的电流$I=\dfrac{P}{U\cos\varphi}$，功率因数越低，电流越大，从而线路和设备上的能量损失越大；二是功率因数越低，电路取用的有功功率$P=UI\cos\varphi$就越小，无功功率$Q=UI\sin\varphi$就越大，则电路中能量交换规模越大，供电设备的容量得不到充分利用。

所以提高功率因数可以充分利用供电设备的容量，提高其利用率，并能减少电能的损耗。

（二）提高功率因数的方法

提高功率因数采用的主要方法是在感性负载两端并联适当容量的电容器，如图2.15所示。

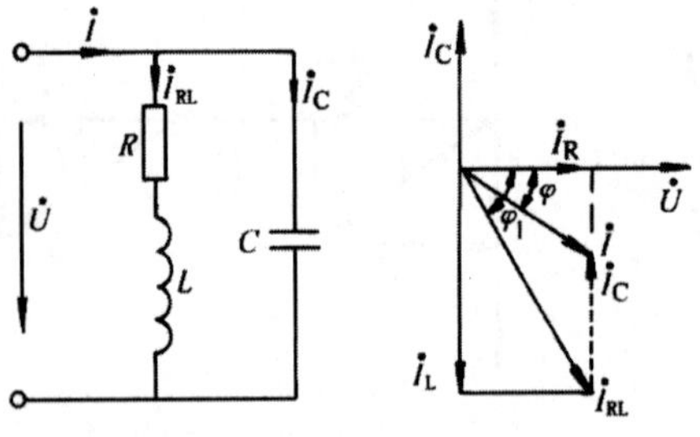

图2.15　提高功率因数图例

注意，所谓提高功率因数是和感性负载并联电容后提高了电源供电的功率因数，减小了电源供电线路上电流的无功功率，而有功功率保持不变，从而使供电总电流减小。

（三）并联电容的选取

由图2.15可得$\dot{I}_C=\dot{I}_{RL}-\dot{I}$，通过推导可得

$$C=\frac{P}{\omega U^2}(\tan\varphi_{\text{RL}}-\tan\varphi) \tag{2-49}$$

这里 C 值为所需并联的电容器的电容量。为了充分发挥设备的潜力，减少线路的功率损失，要求高压供电的工业企业的平均功率因数不低于 0.95，其他单位不低于 0.9。

例 2-5 某负载额定容量为 100kVA，出线端额定电压为 380V，额定电流为 263A。

①若负载在供电功率因数 $\cos\varphi=0.5$ 的情况下额定运行，求此时负载输出的有功功率和无功功率。

②若负载输出的有功功率不变，而供电功率因数提高到 $\cos\varphi=0.9$，求这时负载输出的实际电流。

解：①额定（即满载）运行时的有功功率及无功功率。

$$P=S_{\text{N}}\cos\varphi=100\times0.5=50\text{kW}$$

$$Q=\sqrt{{S_{\text{N}}}^2-P^2}=\sqrt{100^2-50^2}=87\text{kVAR}$$

② $\cos\varphi=0.9$ 时的电流。

$$I=\frac{P}{U\cos\varphi}=\frac{50\times10^3}{380\times0.9}=146\text{A}$$

$$S=UI=380\times146=55.5\text{kVA}<S_{\text{N}}$$

从此例看出在有功功率不变，提高功率因数时，可降低总电流。这样负载没有满载，说明还可以增加用户的供电，提高了利用率。

课堂互动

1. 对于感性负载，能否采取串联电容器的方式提高功率因数？
2. 提高功率因数的意义和方法是什么？

四、谐振电路

在有电容和电感元件的交流电路中，由于容抗和感抗的大小随频率进行相反变化，如果改变电源的频率或电路的参数，可使电路总电抗等于零，电路中的总电流与总电压同相位，电路呈纯电阻性，这种现象称为谐振现象，此时的电路称为谐振电路。

谐振电路在工程实际中的应用十分广泛，谐振电路可分为串联谐振和并联谐振，下面将讨论它们的谐振条件和特征。

（一）串联谐振

1. 谐振条件

在 RLC 串联电路中，当电路两端的电压和通过电路的电流同相时，发生谐振现象，串联谐振电路图和相量图如图 2.16 所示，此时电路中的电流为

$$\dot{I}=\frac{\dot{U}}{Z}=\frac{\dot{U}}{R+\text{j}(X_{\text{L}}-X_{\text{C}})}=\frac{\dot{U}}{R+\text{j}\left(\omega L-\dfrac{1}{\omega C}\right)}$$

如果 $X_{\text{L}}=X_{\text{C}}$，即 $\omega L=\dfrac{1}{\omega C}$ 时，电路就产生谐振现象。我们把电路产生谐振时的角频率和频率分别称为谐振角频率和谐振频率，用 ω_0 和 f_0 表示，有

$$\omega_0 = \frac{1}{\sqrt{LC}} \tag{2-50}$$

或

$$f_0 = \frac{1}{2\pi\sqrt{LC}} \tag{2-51}$$

可见，当改变电源频率或改变电路参数 L、C 时都可能出现谐振现象。f_0 仅与电路的参数有关，叫作电路的固有谐振频率。

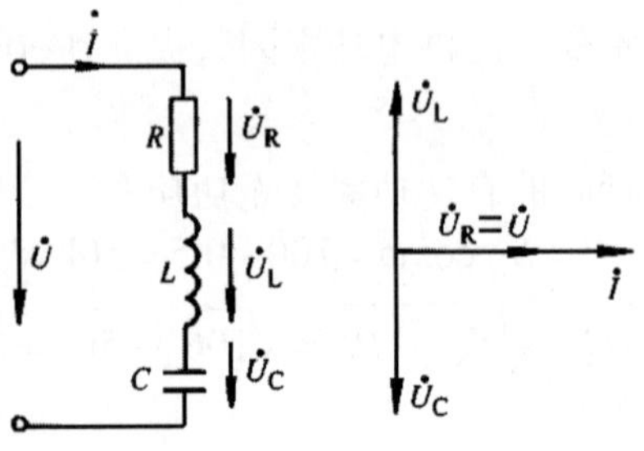

（a）电路图　　（b）相量图

图 2.16　串联谐振电路

2. 谐振的基本特征

（1）阻抗。如果将 X_L、X_C 随频率变化的关系曲线画在同一个坐标中，如图 2.17 所示，则两曲线相交点所对应的频率就是谐振频率 f_0，这时 $X_L - X_C = 0$，阻抗为 $|Z| = \sqrt{R^2 + (X_L - X_C)^2} = R$，且为最小值。

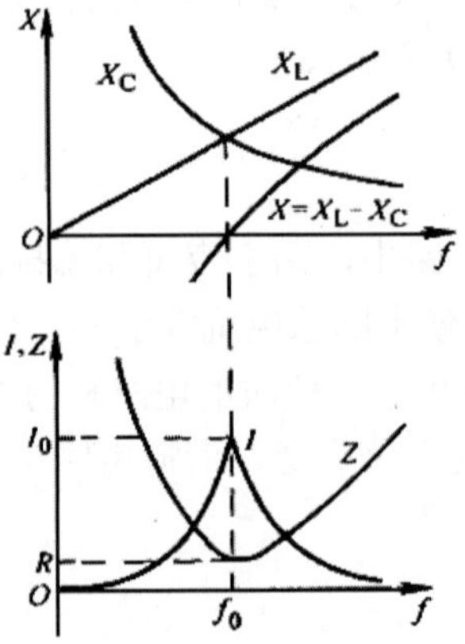

图 2.17　串联谐振曲线

也就是说当 $f = f_0$，电路发生串联谐振时，阻抗最小，且为纯电阻性，这是串联谐振的特征之一。

（2）电流。电路处于谐振状态时，电路中的电流 $I = \dfrac{U}{\sqrt{R^2 + (X_L - X_C)^2}}$ 为最大，此时电流用 I_0 表示，$I_0 = \dfrac{U}{R}$，电流最大是串联谐振电路的又一特征。

（3）电压。串联谐振时电阻上的电压等于电源电压。串联谐振时电阻上的电压用U_{R0}表示，电容和电感上的电压分别用U_{L0}和U_{C0}表示，则有

$$\left.\begin{aligned} U_{R0}&=I_0R=\frac{U}{R}R=U\\ U_{L0}&=I_0\omega_0L=\frac{U}{R}\omega_0L=\frac{\omega_0L}{R}U\\ U_{C0}&=I_0\frac{1}{\omega_0C}=\frac{U}{R}\frac{1}{\omega_0C}=\frac{1}{\omega_0CR}U \end{aligned}\right\}\tag{2-52}$$

串联谐振时电容或电感上的电压与总电压之比叫作电路的品质因数，用Q表示，即

$$Q=\frac{\omega_0L}{R}=\frac{1}{\omega_0CR}\tag{2-53}$$

这时$U_{L0}=U_{C0}=QU$，即串联谐振时电感和电容上的电压相等，并为电源电压的Q倍，所以这种谐振又称为电压谐振。这也是串联谐振电路的主要特征之一。

品质因数是一个无量纲的量，大小与元件参数有关，一般可达几十或几百。

（4）功率。在谐振状态时，电路呈纯电阻性，总的有功功率为$P=\frac{U^2}{R}$，总的无功功率为零，但电感和电容彼此之间存在着能量交换。

（二）并联谐振

1. 谐振条件

在如图 2.18（a）所示的RLC并联电路中，电路发生谐振时呈纯电阻性，总电流与电源电压同相位，此电路的等效阻抗为

$$Z=\frac{U}{I}=\frac{U}{I_C-I_L}=\frac{1}{\omega C-\dfrac{1}{\omega L}}\tag{2-54}$$

当Z为无穷大时，$I=0$，这时电路的状态称为并联谐振，所以谐振的条件是$X_L=X_C$，即$\omega L=\frac{1}{\omega C}$，此时谐振频率为

$$f=f_0=\frac{1}{2\pi\sqrt{LC}}\tag{2-55}$$

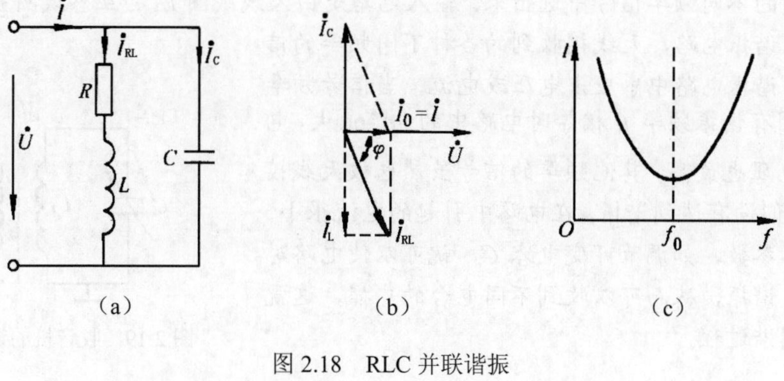

图 2.18　RLC 并联谐振

2. 谐振的基本特征

（1）阻抗。电路发生并联谐振时，电路的阻抗等于电路两端的电压与电路总电流的比值，如图 2.18（b）所示，$I_0 = I_{RL}\cos\varphi$，$Z_{RL}^2 = X_L X_C = \dfrac{2\pi fL}{2\pi fC} = \dfrac{L}{C}$，所以有

$$Z_0 = \frac{U}{I_0} = \frac{U}{I_{RL}\cos\varphi} = \frac{U}{\dfrac{U}{Z_{RL}}\cdot\dfrac{R}{Z_{RL}}} = \frac{L}{RC} \tag{2-56}$$

由此可见，在谐振情况下电路呈纯电阻性，电路阻抗最大。

（2）电流。在电路发生并联谐振时总电流为

$$I = I_0 = \frac{U}{Z_0} \tag{2-57}$$

由于阻抗最大，所以此时电流最小。并联谐振电路的电流曲线如图 2.18（c）所示。

当$R << \omega_0 L$时，并联谐振时各支路的电流为

$$I_{RL} = \frac{U}{\sqrt{R^2 + X_L^2}} \approx I_L = \frac{U}{X_L} = \frac{Z_0 I_0}{X_L} = \frac{X_C}{R} I_0 = QI_0 \tag{2-58}$$

同理有

$$I_C = \frac{U}{X_C} = \frac{Z_0 I_0}{X_C} = \frac{X_L}{R} I_0 = QI_0 \tag{2-59}$$

其中

$$Q = \frac{X_C}{R} = \frac{X_L}{R} = \frac{\omega_0 L}{R} = \frac{1}{\omega_0 CR} \tag{2-60}$$

Q 也叫作电路的品质因数。R 越小，Q 值越大，发生并联谐振时流过电感和电容元件的电流有可能远远大于电路总电流，所以并联谐振又称为电流谐振。

知识链接

串联谐振的应用

串联谐振在无线电工程上的应用较多，常用来选择信号和抑制干扰，这种功能在无线电工程中可用于电台的选择。如图 2.19 所示为一收音机输入电路，其作用是将需要收听的信号从天线所收到的不同频率信号中选出来。输入电路是由天线线圈 L_1 和互感线圈 L_2 及可变电容 C 组成的串联谐振电路，天线接收到的各种不同频率的信号都会在 LC 谐振电路中感应出电压或电流。当信号频率 f_a 和电路的固有谐振频率 f_b 相等时电路中的电流最大，电容 C 两端的电压也最高。其他频率的信号虽然也被天线接收，但由于他们没有达到谐振，在电路中引起的电流很小。如果改变电路参数，如调节可变电容 C，就可以使电路对某一频率产生谐振，从而可以收到不同电台的广播，这就是收音机的调谐过程。

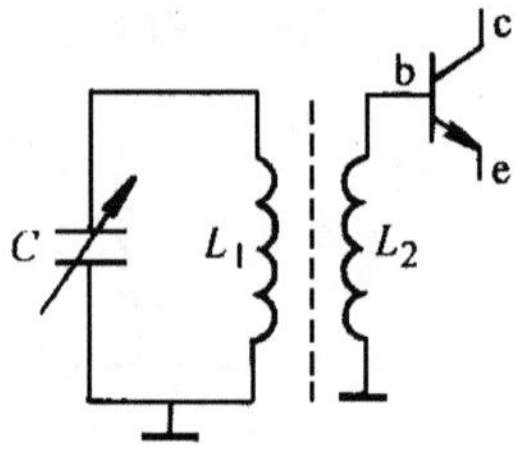

图 2.19 收音机的调谐电路图

并联谐振的应用

为得到高质量的 X 射线影像，要求 X 射线管产生时管电流必须稳定准确。为此灯丝电路必须设置稳压器，从而获得稳定的加热电压、加热温度和管电流。在医用 X 射线机中多采用谐振式磁饱和稳压器。谐振式磁饱和稳压器在次级饱和铁芯上绕制一个由线圈 L_4 和电容 C 组成的谐振单元，如图 2.20 所示。调节 L_4 的匝数获得一定的频率，使该频率与供电电源频率相等，则振荡单元发生谐振。由于谐振电流很大，使次级铁芯很快达到饱和点，降低了磁化电流，减少了电源能耗，提高了稳压器的工作效率。谐振式磁饱和稳压器的稳压性能较好，当电源电压发生±20%变化时，输出电压的波动不超过±1%。但该稳压器对电源频率要求严格，必须和 L_4C 组成的振荡频率相同。

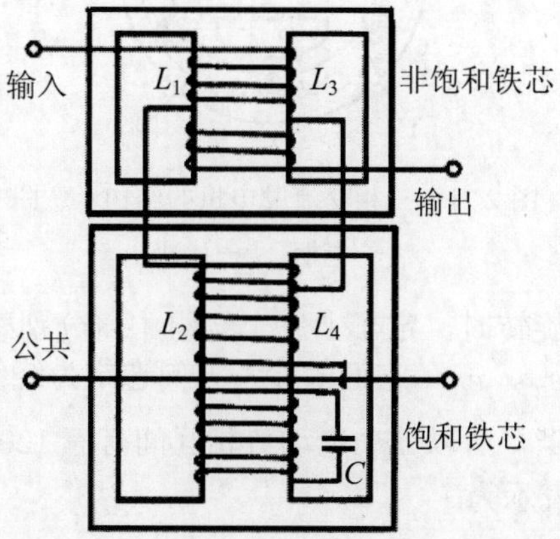

图 2.20　谐振式磁饱和稳压器结构

课堂互动

1. 判断以下各式是否正确，为什么？

①纯电阻电路中，$i=\dfrac{u}{R}$，$I=\dfrac{u}{R}$。

②纯电感电路中，$i=\dfrac{U}{\omega L}$，$I=\dfrac{U_{\mathrm{m}}}{\omega L}$。

③纯电容电路中，$U_{\mathrm{C}}=\dfrac{I}{\omega C}$，$P=U_{\mathrm{C}}I$。

2. 串联谐振和并联谐振的特征分别是什么？

第四节　三相交流电路

三相制系统在发电、输电以及电能转换方面都具有明显的优越性，所以目前世界上的电能生产、传输大多采用三相电路形式。本节将讨论三相交流电动势的产生、三相电源、三相负载和安全用电技术，其中主要介绍三相负载的连接方法。

一、三相交流电源

（一）三相电动势的产生

三相电动势是由三相交流发电机产生的。如图 2.21 所示是三相发电机结构示意图，它主要由电枢和磁极两部分组成。

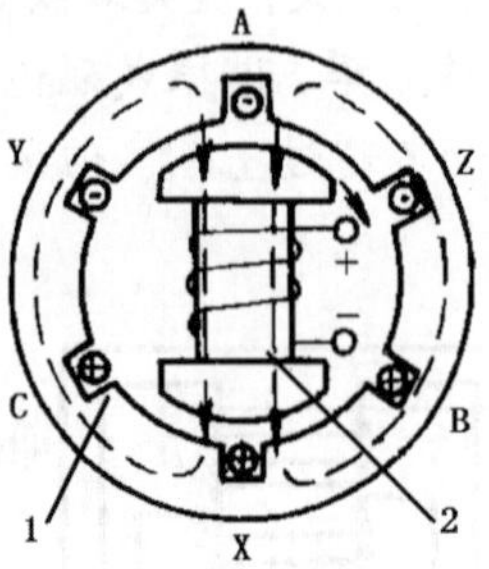

图 2.21　三相交流发电机的结构示意图

1—电枢；2—磁极

当转子以角速度ω匀速旋转时，定子上三个绕组中将分别感应出频率相同、幅值相等的正弦电动势，分别记作e_A、e_B、e_C。它们的参考方向选定为绕组的末端指向首端。因为三个绕组的空间位置互相间隔 120°，所以三个电动势相互间有着 120°的相位差。若以 A 相电动势为参考量，则三相电动势可表示为

$$\left.\begin{aligned} e_A &= E_m \sin\omega t \\ e_B &= E_m \sin(\omega t - 120^\circ) \\ e_C &= E_m \sin(\omega t - 240^\circ) = E_m \sin(\omega t + 120^\circ) \end{aligned}\right\} \tag{2-61}$$

三相电动势具有幅值相等、频率相同、彼此相位互差 120°的特点。这种电动势称为三相对称电动势，其波形图和相量图如图 2.22 所示。

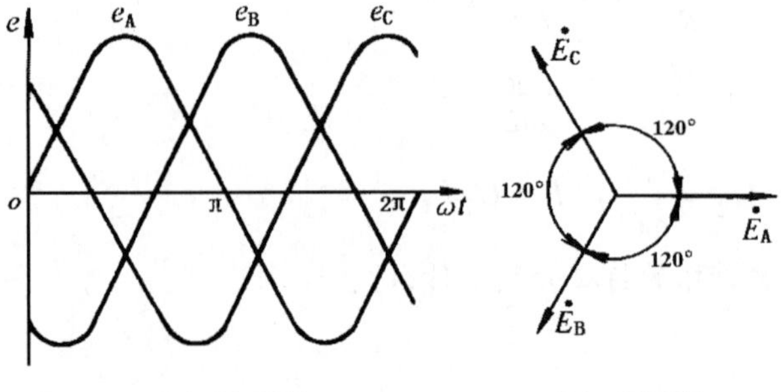

（a）波形图　　（b）相量图

图 2.22　三相电动势的波形图和相量图

由波形图、相量图可以得出：三相对称电动势的瞬时值之和或相量之和为零，即

$$\left.\begin{aligned} e_A + e_B + e_C &= 0 \\ \dot{E}_A + \dot{E}_B + \dot{E}_C &= 0 \end{aligned}\right\} \tag{2-62}$$

三相电动势达到最大值的先后顺序叫相序。在图 2.22 中，若以 A 相为第一项，当转子顺

时针旋转时，相序为 A→B→C→A，称为顺序；若转子逆时针旋转，相序为 A→C→B→A，称为逆序。

（二）三相交流电源绕组的连接

三相交流电源绕组的连接方式有两种：星形连接法和三角形连接法。这里主要介绍星形连接法。

星形连接法如图 2.23（a）所示，把三个绕组的末端连在一起，此连接点称为中点或零点，用 O 表示，从中点引出的线称为中线或零线。从各绕组的首端即 A、B、C 端引出的线称为相线，俗称火线。因为此接法有四根输出线，所以称为三相四线制供电方式。

相线与中线间的电压称为相电压，其有效值用 U_{P}（U_{A}、U_{B}、U_{C}）表示。任意两条相线之间的电压称为线电压，其有效值用 U_{L}（U_{AB}、U_{BC}、U_{CA}）表示。三相电源绕组星形连接时线电压与相电压的关系为

$$\left.\begin{aligned}\dot{U}_{\mathrm{AB}}&=\dot{U}_{\mathrm{A}}-\dot{U}_{\mathrm{B}}\\\dot{U}_{\mathrm{BC}}&=\dot{U}_{\mathrm{B}}-\dot{U}_{\mathrm{C}}\\\dot{U}_{\mathrm{CA}}&=\dot{U}_{\mathrm{C}}-\dot{U}_{\mathrm{A}}\end{aligned}\right\}\tag{2-63}$$

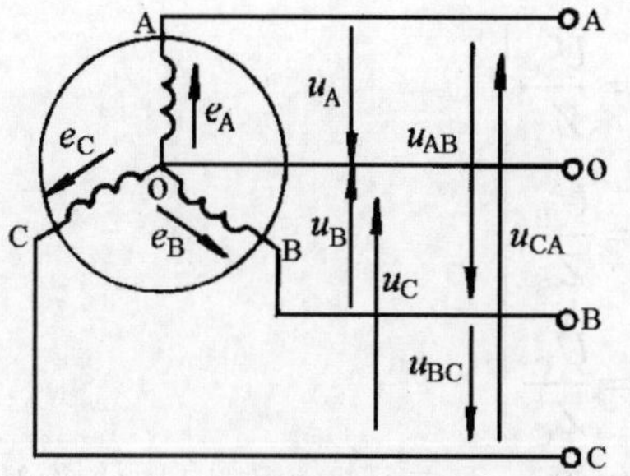

（a）三相电源的星形连接

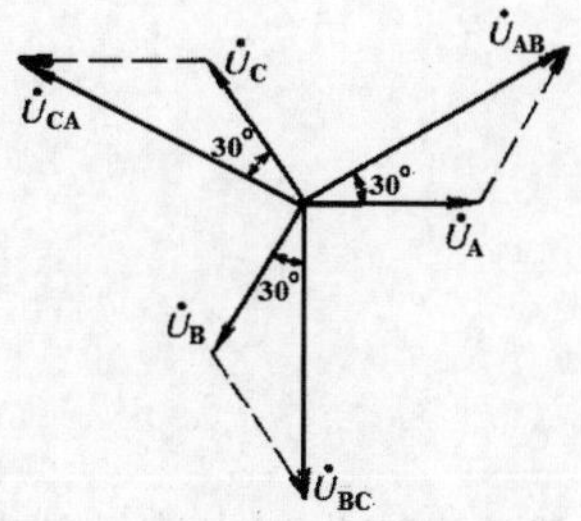

（b）相量图

图 2.23　三相电源的星形连接和相量图

以 $\dot{U}_{\mathrm{A}}$ 为参考相量，线电压与相电压的相量图如图 2.23（b）所示，可以看出线电压比相电压超前 30°，其大小由相量三角形得

$$\left.\begin{aligned}\dot{U}_{\mathrm{AB}}&=U_{\mathrm{A}}\cos30^\circ=\sqrt{3}U_{\mathrm{A}}\\\dot{U}_{\mathrm{BC}}&=U_{\mathrm{B}}\cos30^\circ=\sqrt{3}U_{\mathrm{B}}\\\dot{U}_{\mathrm{CA}}&=U_{\mathrm{C}}\cos30^\circ=\sqrt{3}U_{\mathrm{C}}\end{aligned}\right\}\tag{2-64}$$

由以上分析知三相电源的相电压对称时线电压也对称，相位超前于相应相电压 30°，线电压的有效值是相应相电压有效值的 $\sqrt{3}$ 倍，即

$$U_{\mathrm{L}}=\sqrt{3}U_{\mathrm{P}}\tag{2-65}$$

总之，三相电源采用星形连接的三相四线制供电时能为负载提供两种电压：相电压和线电压。相电压是 220V，线电压为 380V。

二、三相负载的连接

三相负载可以是三相用电器，如三相交流电动机等，也可以是单相用电器的组合，如照

明灯具，把单相用电器和三相用电器统称为三相负载。三相负载的连接方式也有两种：星形连接和三角形连接。

（一）三相负载的星形连接

将三相负载的三个末端连在一起，三个首端分别接于电源的三根相线上，这种连接方式称为负载的星形连接，如图 2.24 所示。

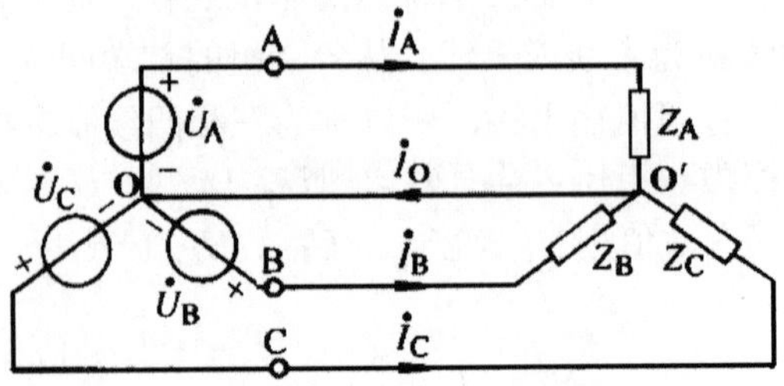

图 2.24　负载的星形连接

三相负载的阻抗分别是 Z_A、Z_B、Z_C，各电压电流方向如图 2.24 所示，则它们承受电源的相电压分别为 $\dot{U}_A$、$\dot{U}_B$、$\dot{U}_C$，各相负载中流过的电流分别是

$$\left.\begin{aligned}\dot{I}_A &= \frac{\dot{U}_A}{Z_A}\\ \dot{I}_B &= \frac{\dot{U}_B}{Z_B}\\ \dot{I}_C &= \frac{\dot{U}_C}{Z_C}\end{aligned}\right\} \tag{2-66}$$

流过每相负载的电流为相电流，其有效值用 I_P 表示；流过每根相线的电流为线电流，其有效值用 I_L 表示。当负载星形连接时，各线电流就是对应的相电流，即

$$I_L = I_P \tag{2-67}$$

根据基尔霍夫电流定律，中线电流

$$\dot{I}_O = \dot{I}_A + \dot{I}_B + \dot{I}_C \tag{2-68}$$

在实际应用中，三相负载有两种类型：对称负载和不对称负载。

（1）三相对称负载的星形连接。三相负载阻抗完全相同称为对称负载，即

$$Z_A = Z_B = Z_C = |Z|\angle\varphi \tag{2-69}$$

三相对称负载接于三相对称电源中，产生对称电流。将式（2-69）代入式（2-66），并设 $\dot{U}_A$ 为参考量，得

$$\left.\begin{aligned}\dot{I}_A &= \frac{\dot{U}_A}{Z_A} = \frac{U_P}{|Z|\angle\varphi} = I_P\angle(-\varphi)\\ \dot{I}_B &= \frac{\dot{U}_B}{Z_B} = \frac{U_P\angle(-120°)}{|Z|\angle\varphi} = I_P\angle(-\varphi-120°)\\ \dot{I}_C &= \frac{\dot{U}_C}{Z_C} = \frac{U_P\angle 120°}{|Z|\angle\varphi} = I_P\angle(-\varphi+120°)\end{aligned}\right\} \tag{2-70}$$

因为三相对称电路中三个相电流对称，所以计算时只需求出一相电流，其余两相可根据对称关系写出，并且中线电流有

$$\dot{I}_{\mathrm{O}}=\dot{I}_{\mathrm{A}}+\dot{I}_{\mathrm{B}}+\dot{I}_{\mathrm{C}}=0 \tag{2-71}$$

中线电流为零，故在负载对称的三相电路中中线可以省去，成为三相三线制，如图 2.25 所示。

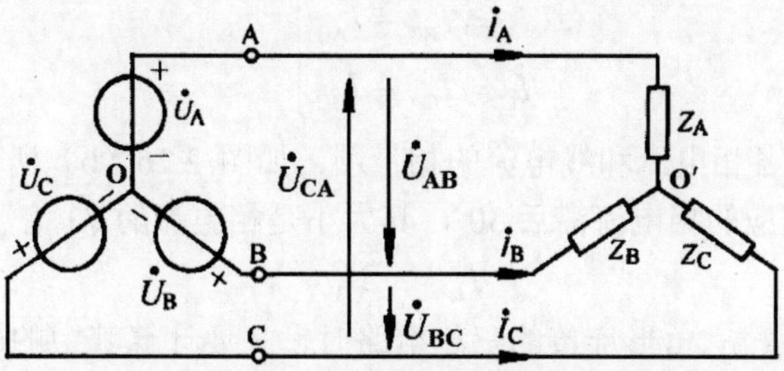

图 2.25　对称负载星形连接的三相三线制

（2）三相不对称负载的星形连接。三相负载不完全相同称为不对称负载。不对称负载星形连接应采用三相四线制，这样可以把不对称的三相负载看成三个单相负载。注意当三相负载不对称时，中线电流不为零，因此中线不能省去。为确保中线的作用，中线上不能接熔断器或开关。

（二）三相负载的三角形连接

三相负载的三角形连接如图 2.26（a）所示，把每相负载都接在相应的两根端线之间，所以负载的相电压等于电源的线电压，即

$$U_{\mathrm{P}}=U_{\mathrm{L}} \tag{2-72}$$

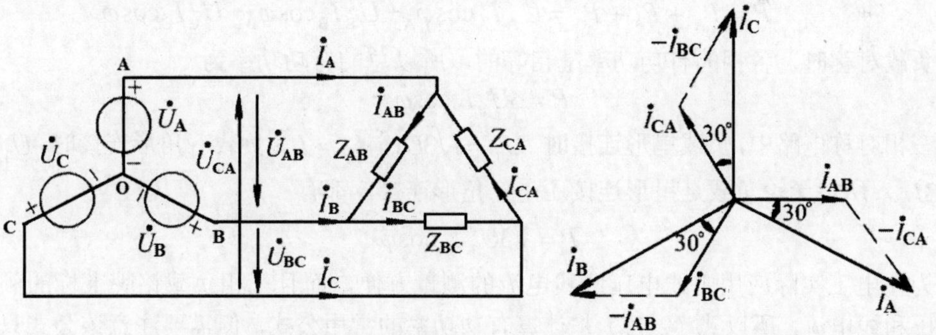

（a）三相负载的三角形连接　　（b）相量图

图 2.26　负载的三角形连接

下面只讨论对称负载的情况。三相负载对称时，$Z_{\mathrm{AB}}=Z_{\mathrm{BC}}=Z_{\mathrm{CA}}=Z=|Z|\angle\varphi$，若设 $\dot{I}_{\mathrm{AB}}=I_{\mathrm{P}}\angle 0^{\circ}\mathrm{A}$，则各相电流为

$$\dot{I}_{\mathrm{BC}}=\frac{\dot{U}_{\mathrm{BC}}}{Z}=I_{\mathrm{P}}\angle(-120^{\circ})\mathrm{A}$$

$$\dot{I}_{\mathrm{CA}}=\frac{\dot{U}_{\mathrm{CA}}}{Z}=I_{\mathrm{P}}\angle 120^{\circ}\mathrm{A}$$

因为$\dot{U}_{AB}$、$\dot{U}_{BC}$、$\dot{U}_{CA}$为对称三相电压，所以$\dot{I}_{AB}$、$\dot{I}_{BC}$、$\dot{I}_{CA}$也是对称三相电流，它们的有效值为$I_P = \dfrac{U_{AB}}{|Z|}$，相位差为120°。

三角形连接的三相负载电路中，线电流与相电流的关系如下：

$$\left.\begin{aligned}\dot{I}_A &= \dot{I}_{AB} - \dot{I}_{CA}\\ \dot{I}_B &= \dot{I}_{BC} - \dot{I}_{AB}\\ \dot{I}_C &= \dot{I}_{CA} - \dot{I}_{BC}\end{aligned}\right\} \tag{2-73}$$

由式（2-73）作出各相电流和线电流的相量图，如图 2.26（b）所示。可以看出各线电流也是对称的，相位比相应的相电流滞后 30º，其大小是相电流的$\sqrt{3}$倍，即

$$I_L = \sqrt{3} I_P \tag{2-74}$$

所以在计算对称负载三角形连接的三相电路时，只要计算其中的一相电流，其余两相电流及线电流可根据对称关系直接写出。

对于不对称负载，因为三相阻抗不相等，所以各相电流也不再对称，线电流与相电流之间也不再具有固定的大小和相位关系，因此不对称负载的电流只能逐相分别计算。

在实际电工应用中，三相负载究竟采用哪种连接，应根据每相负载的额定电压与电源线电压的关系来定，而与电源的连接方式无关。在我国的低压三相配电系统中，线电压一般为380V，例如一台三相异步电动机各相绕组的额定电压若为 220V 时，该电动机应采用星形连接；若各相绕组的额定电压为 380V 时，应采用三角形连接。

（三）三相电路的功率

无论三相负载对称与否，也无论负载作星形连接还是三角形连接，三相电路总的有功功率都等于各相有功功率之和，即

$$P = P_A + P_B + P_C = U_A I_A \cos\varphi_A + U_B I_B \cos\varphi_B + U_C I_C \cos\varphi_C \tag{2-75}$$

当负载对称时，各相的有功功率是相等的，所以总的有功功率为

$$P = 3U_P I_P \cos\varphi \tag{2-76}$$

在三相对称电路中，负载星形连接时，$U_L = \sqrt{3} U_P$，$I_L = I_P$；负载三角形连接时，$U_L = U_P$，$I_L = \sqrt{3} I_P$，所以无论负载是星形连接还是三角形连接，都有

$$P = \sqrt{3} U_L I_L \cos\varphi \tag{2-77}$$

因为在电工实际应用中线电压或线电流的测量方便，而且三相负载铭牌上标的额定值也是线电压和线电流，所以式（2-77）是计算有功功率的常用公式，但需要注意该公式只适用于对称三相电路。

同理，对于对称三相负载，总的无功功率和视在功率分别为

$$Q = 3U_P I_P \sin\varphi = \sqrt{3} U_L I_L \sin\varphi \tag{2-78}$$

$$S = 3U_P I_P = \sqrt{3} U_L I_L \tag{2-79}$$

第五节　安全用电技术

电能的使用为人类带来了极大的方便，但若不能安全使用，也能给人类带来灾难。为了

更好地利用电能，减少事故，我们必须掌握一些安全用电的常识和技术。

一、安全用电常识

通过人体的电流若达几十毫安时往往会使人麻痹而不能自觉脱离电流，因此通过人体的电流一般不能超过 10mA，当通过人体的电流在 30mA 以上时就会引起人身伤害甚至死亡，这种现象称为触电。当人体触及 36V 以下的电压时，一般情况下不会在人体中产生危险电流，所以通常规定 36V 以下的电压为安全电压。当在潮湿的环境中时，如坑道内施工、锅炉内检修时应使用更低的 24V 或 12V 电压。

常见的触电情况如图 2.27 所示，图 2.27（a）为双线触电，此时人体承受的是电源线电压，这是很危险的一种情况；图 2.27（b）是电源中性点接地时的单线触电，人体承受电源相电压，这也很危险；图 2.27（c）表示电源中点不接地，若人体触及系统中的一相，由于导线与大地之间存在分布电容，电流会经人体和另外两相分布电容构成通路，所以也是很危险的。

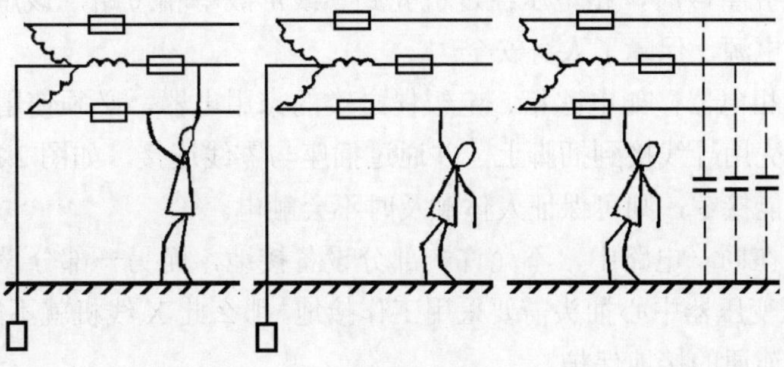

（a）　　　　（b）　　　　（c）

图 2.27　常见的人体触电情况

二、防止触电的安全技术

通常电器设备的金属外壳是不带电的，如果绝缘被破坏或带电导体碰壳，外壳就会带电，当人体触及壳体时就可能触电。为了防止触电事故的发生，必须采取以下措施：

（1）使用安全电压。对人体可能接触的电器设备应尽量使用 36V 以下的安全电压，如行灯、机床照明灯使用的电压都是 36V；对于工作电压大于安全电压而人体又不可避免会触及的电气设备，必须采取接地保护或接零保护。

（2）接地保护。把电动机、铁壳开关、变压器等电器设备的金属外壳用电阻足够小的导线同接地电极连接起来的方式称为接地保护。接地保护适用于中性点不接地的供电系统，如图 2.28（a）所示。

因为电器设备外壳通过接地体与大地有良好的接触，所以当人体触及带电外壳时，人体相当于与接地体并联，由于人体电阻远远大于接地体电阻 R_0（规定不大于 4Ω），所以几乎没有电流流过人体，从而避免了触电事故。

（3）接零保护。把电器设备的外壳和电源的零线接起来，称为接零保护。接零保护适用于中性点接地的供电系统，如图 2.28（b）所示。

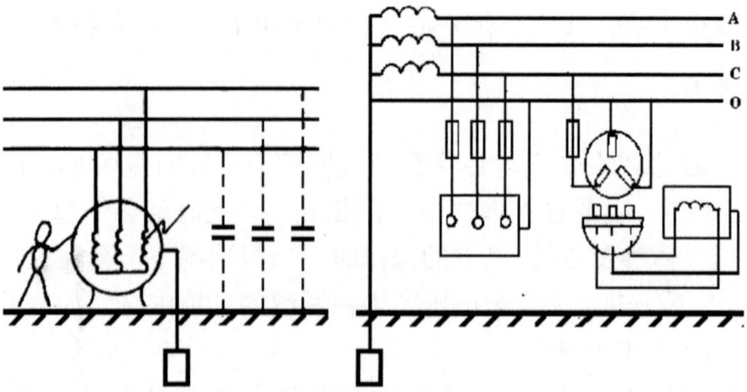

（a）　　　　（b）

图 2.28　接地保护和接零保护

当设备发生碰壳事故时，相电压经过机壳到零线形成单相短路，该短路电流迅速将故障相熔丝熔断，切断电源，保障了人身安全。

金属外壳的单相电器，如电冰箱、电饭煲之类的家用电器，必须使用三孔插座和三脚插头，把用电器的外壳用导线接到插脚上，并通过插座与零线连接，如图 2.28（b）所示。这些电器使用时外壳若能接零，则可保证人体触及时不会触电。

还应该注意，在同一电路中，不允许一部分设备接地，而另一部分设备接零。例如有些医用 X 线机中高压变压器中心抽头需要采用工作接地，那么此 X 线机就不能再采用接零保护，而只能采用与大地连通的接地保护。

（4）利用各种联锁、信号、标志。电器设备设置联锁装置，当设备的防护罩打开时，能自动切断连在其上的电源，防止触电；在危险的场合设置光、声等信号报警或标志；在检修线路时，应于接通电源前告知他人。

三、电气火灾及防火措施

（1）引起电气火灾的原因。当电路或电气设备因受潮或老化使其绝缘程度降低时，会造成漏电起火；电路过载甚至短路时熔丝未起作用，造成线路和设备温升过高，使绝缘熔化燃烧等都是电气火灾的重要原因。

（2）防止电气火灾的安全措施。不私拉乱接电线，避免造成短路。要有良好的过热、过电流保护，不能随意增加用电设备，以免造成线路超负荷运行。

四、发生触电及电气火灾的急救措施

当有触电或电气火灾等事故时，首先应切断电源，拉闸时要用绝缘工具。对已脱离电源的触电者要用人工呼吸或胸外心脏挤压法进行现场抢救，但千万不能打强心针。

在发生火灾不能及时断电的场合，应采用不导电的灭火剂（如四氯化碳、二氧化碳干粉等）带电灭火。如用水灭火，则必须切断电源或穿上绝缘鞋。

思考与练习二

1．已知正弦电压$u=100\sqrt{2}\sin\left(50t-\frac{\pi}{6}\right)$V：

（1）求该正弦量的幅值、有效值、频率、角频率、周期和初相位。

（2）该正弦电压与$u=100\sqrt{2}\sin(50t)$ V 的相位关系如何？

2．写出以下正弦量的相量表达式：

（1）$i=10\sin(500t)$A

（2）$u=2\sqrt{2}\sin(100t+30°)$V

3．判断以下两组正弦电压和电流中正弦电压和电流哪个超前，哪个滞后，其相位差等于多少？

（1）$u_1=50\sin(100t-30°)$V，$i_1=20\sin(100t+60°)$A

（2）$u_2=300\sin(100t+45°)$V，$i_2=4\sqrt{2}\sin(100t-30°)$A

4．纯电阻正弦交流电路中，已知端电压$u=10\sqrt{2}\sin\left(314t-\frac{\pi}{6}\right)$V，电阻$R=10\Omega$，求电流$i$、电压与电流相位差，电路消耗的功率和功率因数。

5．纯电感正弦交流电路中，已知端电压$u=10\sqrt{2}\sin\left(100t-\frac{\pi}{6}\right)$V，电感$L=10$H，求电流$i$、电压与电流相位差，电路有功功率、无功功率和功率因数。

6．纯电容正弦交流电路中，已知端电压$u=10\sqrt{2}\sin\left(1000t-\frac{\pi}{6}\right)$V，电感$C=10\mu$F，求电流$i$、电压与电流相位差，电路有功功率、无功功率和功率因数。

7. 有一电阻，电感和电容串联电路，$R=600\Omega$，$L=1.911$H，$C=5.308\mu$F，电路电压$V=220$V，$f=50$Hz。试求电路的电流。

8．在 RLC 串联电路中，$R=4\Omega$，$L=0.5$H，$C=100\mu$F，接在电源电压$u=110\sqrt{2}\sin\ (100t+30°)$ V的交流电源上，求电路的阻抗$|Z|$、电流i、有功功率P、无功功率Q和功率因数。

9．日光灯电源的电压为 220V，频率为 50Hz，灯管的电阻为300Ω，与灯管串联的镇流器的感抗为500Ω，试求日光灯管两端的电压和工作电流，并求日光灯电路的平均功率、视在功率、无功功率和功率因数。

10．某单相交流电源，频率为50Hz，其额定容量$S_N=40$kVA，额定电压$U_N=220$V，供给照明电路，若负载都是40W 的日光灯（可认为是 RL 串联电路），其功率因数为 0.5，试求：

（1）日光灯最多可点多少盏？

（2）补偿电容将功率因数提高 1，这时电路的总电流是多少？

（3）功率因数提高到 1 以后，除供给以上日光灯外，若保持电源在额定情况下工作，还可多点40W 白炽灯多少盏？

11．有三个单相负载，其电阻分别为$R_A=10\Omega$、$R_B=20\Omega$、$R_C=40\Omega$，接于三相四线制电

路，电源线电压为 380V。试求各相电流。

12．一台星形连接的三相发电机，在对称情形下运行时的相电流为 80A，线电压为 380V，功率因数为 0.8。求此发电机提供的有功功率、无功功率和视在功率。

13．如图 2.29 所示的三相对称电路，其线电压$U_l = 380V$，每相负载$R = 6\Omega$，$X = 8\Omega$。试求相电流、线电流、相电压，并画出电压和电流的相量图。

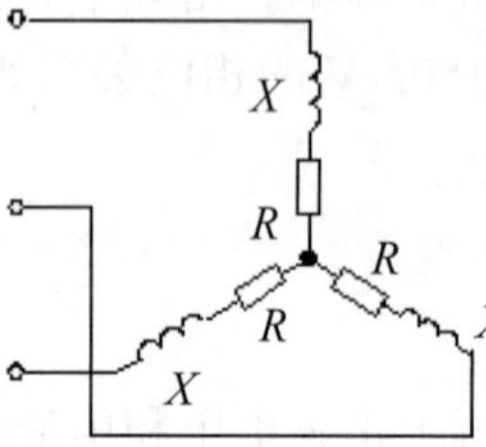

图 2.29　三相对称电路

14．三相对称负载作三角形连接时，如果线电压为 380V，线电流为 17.3A，三相总功率为 4.5kW，求每相负载的电阻和感抗分别是多少？

15．三相对称感性负载接在对称线电压为380V 的三相电源上，若线电流为12.1A，输入功率是 5.5kW，求功率因数。

16. 直流发电机的两根输电导线均不接地，当人体与其中的单根导线接触时是否会触电？为什么？

17．电源电压不变，当电路的频率变化时，通过电感元件的电流发生变化吗？

18．你能说出电阻和电抗的不同之处和相似之处吗？它们的单位相同吗？

第三章　变压器与电动机

学习目标

知识目标

- 理解磁场的基本概念和定律。
- 掌握变压器、三相异步电动机的结构特点和工作原理。
- 熟悉单相异步电动机的工作原理及反向与调速的方法。
- 熟悉常用控制电器元件的功能及控制线路的工作原理。
- 了解直流电动机的工作原理等。

能力目标

- 能正确连接，并测试小型变压器的特性。
- 在实际应用中，能正确选用控制电器元件，具有分析控制线路的能力。

第一节　磁场的基本概念和定律

一、磁场的基本物理量

（一）磁感应强度 B

磁感应强度是表示磁场内某点磁场强弱及方向的物理量，是矢量，用字母 B 表示。B 的大小等于通过垂直于磁场方向单位面积的磁力线条数，磁力线上某点的切线方向就是该点磁感应强度 B 的方向，单位是特斯拉（T）。

如果磁场内每个点的磁感应强度大小相等、方向相同，则这样的磁场称为匀强磁场。

（二）磁通 Φ

通过与磁场方向垂直的某一面积上的磁力线的总数称为磁通 Φ。在匀强磁场中，磁通 Φ 等于磁感应强度 B 与垂直于磁场方向的面积 S 的乘积，即 $\Phi = BS$，单位是韦伯（Wb）。

（三）磁导率 μ

磁导率是一个用来表示介质导磁性能强弱的物理量，不同的物质有不同的磁导率，单位是亨/米（H/m）。

真空的磁导率：

$$\mu_0 = 4\pi \times 10^{-7}\ \text{H/m}$$

非铁磁物质的磁导率与真空极为接近，铁磁物质的磁导率远大于真空的磁导率。

（四）相对磁导率 μ_r

物质的磁导率与真空磁导率的比值称为相对磁导率，非铁磁物质 μ_r 近似为 1，铁磁物质的 μ_r 远大于 1。

$$\mu_r(\mu_r = \mu / \mu_0)$$

（五）磁场强度 H

磁场强度只与产生磁场的电流以及这些电流分布有关，而与磁介质的磁导率无关，是矢量，单位是安/米（A/m），它是为了简化计算而引入的辅助物理量。

$$H = \frac{B}{\mu}$$

二、铁磁材料的磁性能

磁性材料主要是指由元素铁、钴、镍及其合金等构成的材料。它们的主要磁性能如下。

（一）高导磁性

铁磁材料的磁导率可达10^4 H/m，在外磁场的作用下，其内部的磁感应强度大大增强，这种现象称为磁化。铁磁材料的磁化现象与其内部的分子电流有关。磁性物质没有外磁场时，各磁畴是混乱排列的，磁场互相抵消；而有外磁场时，在外磁场作用下，磁畴逐渐转到与外磁场一致的方向上，即产生了一个与外磁场方向一致的磁化磁场，从而使磁性物质内的磁感应强度大大增强，这样物质被强烈的磁化。

磁性物质被广泛地应用于电工设备中，电动机、电磁铁、变压器等设备的线圈中都含有铁芯，就是利用其磁导率大的特性，使得在较小的电流情况下可得到尽可能大的磁感应强度和磁通。

非磁性材料没有磁畴的结构，所以不具有磁化特性。

（二）磁饱和性

磁性物质因磁化产生的磁场是不会无限制增加的，当外磁场（或激励磁场的电流）增大到一定程度时，全部磁畴都将转向与外场方向一致，这时的磁感应强度将达到饱和值。

三、磁路

实际电路中，大量电感元件的线圈中有铁芯。线圈通电后铁芯就构成磁路，如图 3.1 所示，磁路又会影响电路，因此电工技术不仅有电路问题，同时也有磁路问题。

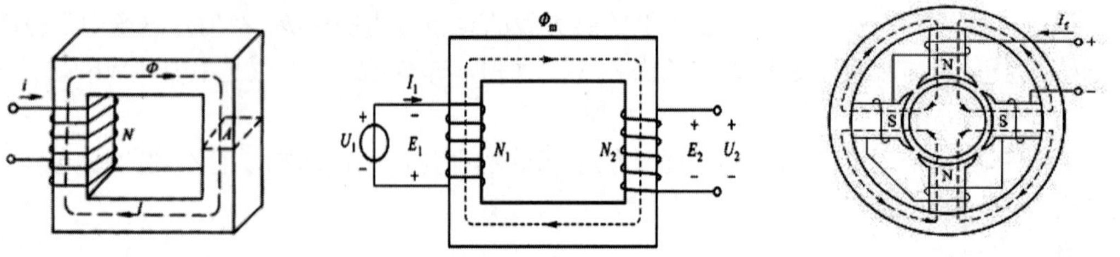

无分支铁芯磁路　　变压器磁路　　直流电机磁路

图 3.1　磁路

四、电磁理论

（一）法拉第电磁感应定律

电磁感应现象是电磁学中最重大的发现之一，它显示了电、磁现象之间的相互联系和转化，对其本质的深入研究所揭示的电、磁场之间的联系，对麦克斯韦电磁场理论的建立具有重大意义。法拉第电磁感应定律是指：当穿过回路所围面积的磁通量发生变化时，回路中就有感应电动势产生，它的大小与磁通量对时间的变化率成正比。若闭合电路为一个 N 匝的线圈，则闭合线圈中产生的感应电动势的数学表达式为：

$$e=-N\frac{\mathrm{d}\Phi}{\mathrm{d}t}$$

式中，N 为线圈匝数，e 的单位是 V（伏特），Φ 的单位是 Wb（韦伯），t 的单位是 s（秒）。感应电动势的方向由 $\frac{\mathrm{d}\Phi}{\mathrm{d}t}$ 的符号与感应电动势的参考方向比较而定出。当 $\frac{\mathrm{d}\Phi}{\mathrm{d}t}>0$，即穿过线圈的磁通增加时，$e<0$，这时感应电动势的方向与参考方向相反；当 $\frac{\mathrm{d}\Phi}{\mathrm{d}t}<0$，即穿过线圈的磁通减少时，$e>0$，这时感应电动势的方向与参考方向相同。

（二）楞次定律

1934 年楞次在大量实验的基础上，总结出确定感应电动势或感应电流方向的规律。当穿过线圈的磁通量发生变化时，线圈中就会产生感应电动势。如果线圈是闭合电路的一部分，则会产生感应电流。感应电动势所产生的感应磁场的变化总是会阻碍原磁场的变化，这一规律称为楞次定律。

应用楞次定律，首先要明确原来磁场的方向及穿过闭合回路的磁通量是增加还是减少，然后根据楞次定律确定感应电流的磁场方向，最后应用安培定则（又称右手螺旋定则）来确定感应电流的方向。如图 3.2（a）所示，当磁铁接近线圈时（磁感线见图中实线），穿过线圈的磁通量增加，这时感应电流的磁场方向跟磁铁的磁场方向相反（磁感线见图中虚线），阻碍磁通量的增加，最后根据安培定则确定线圈中的感应电流的方向。如图 3.2（b）所示，当磁铁离开线圈时，穿过线圈的磁通量减少，这时感应电流的磁场方向（磁感线见图中虚线）跟磁铁的磁场方向（磁感线见图中实线）相同，阻碍磁通量的减少，最后根据安培定则确定线圈中感应电流方向。若线圈所在电路没有闭合，则线圈中仅有感应电动势，其方向为：电流流入端为负、流出端为正，此时的线圈相当于电源，在电源内部，电动势的方向由负极指向正极。

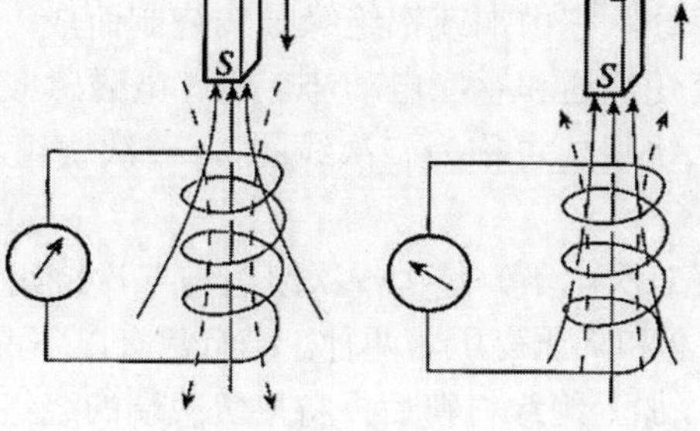

图 3.2　楞次定律确定感应电流方向

（三）电磁力定律

通电导体在磁场中将受到力的作用，这种力称为安培力，电机学中则通常称为电磁力。若长度为 L 的导体处于磁感应强度为 B 的均匀磁场中，则当导体方向与磁感应强度方向垂直、导体流过电流 I 时，电磁力的计算公式为

$$F = BLI$$

其方向用左手定则确定，即：平伸左手，大拇指和其余四指垂直，手心正对磁北极，磁力线垂直穿过手心，四指的指向为导体中电流方向，拇指的指向为电磁力方向。

第二节 变压器

变压器是一种静止的电气设备，是利用电磁感应原理将一种数值的交流电压、电流转换成同频率的另一种数值的交流电压、电流的设备。换句话说，变压器就是实现电能在不同等级之间进行转换的设备，它只变换交流电的大小。

变压器的主要构件是一次绕组、二次绕组和铁芯（磁芯），主要作用是变换电压、电流的大小和阻抗，它广泛应用于各种电力系统、自动控制及电子设备中。

一、变压器的基本结构

变压器主要由铁芯、绕组和附件组成。

（一）铁芯

铁芯是变压器的主体，分为铁芯柱和磁轭两部分，如图 3.3 所示。其中铁芯柱构成主磁路，磁轭使磁路形成闭合回路。为了减少铁芯内部的涡流损耗和磁滞损耗，铁芯多采用硅钢片叠压而成。

常用小型变压器的铁芯形状有 E 字形、F 字形、C 字形、日字形等，如图 3.4 所示。为了提高导磁性能，装配时通常要求交替叠装。

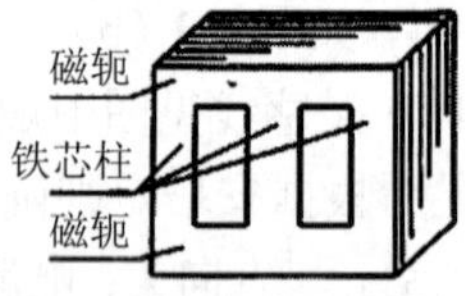

图 3.3　铁芯结构

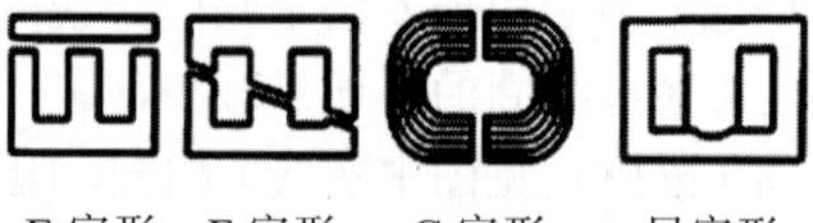

图 3.4　小型变压器的铁芯形状

（二）绕组

绕组是变压器的电路部分，它由铜或铝绝缘导线绕制而成，如图 3.5 所示。绕组的作用是在通过交变电流时产生交变磁通和感应电动势。通过电磁感应作用，一次绕组（也称为一次线圈）的电能可传到二次绕组（也称为二次线圈），一次绕组和二次绕组具有相同或不同的匝数。

二次绕组的感应电压（二次电压）是由一次绕组与二次绕组间的“匝数比”决定的。因此，变压器可分为升压变压器和降压变压器两种。绕组常有以下两种绕法：一种为同心式，常将接电源端的绕组绕在内层，加上绝缘材料后再将接负载端的绕组绕在外层；另一种为分段式，将变压器接电源端、负载端绕组各自分段绕在铁芯上。

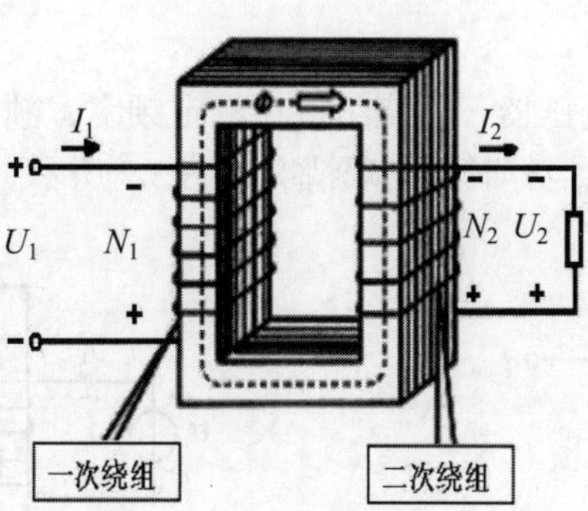

图 3.5　绕组

（三）附件

电力变压器附件较多，这里只介绍小型变压器所用的附件。

（1）绝缘材料。绝缘材料是变压器的重要附件之一，作用是保证变压器的电气绝缘性能，主要用于铁芯与绕组之间、绕组与绕组之间、绕组的层与层之间、引出线与其他绕组及铁芯之间部位的绝缘。小型变压器所用的绝缘材料有青壳纸、聚酯薄膜青壳纸、聚酯薄膜、黄蜡绸（纸）等。对于引出线的绝缘，多选用玻璃丝漆管或黄蜡管等。

（2）绕组骨架。作用是支撑和固定绕组，便于装配铁芯。

（3）屏蔽罩。在对漏磁通的防护要求较高的场合，变压器的外层应加装用导磁材料制成的金属屏蔽罩，以防止漏磁通干扰线路工作。如中频变压器、要求较高的电源变压器。

二、变压器的分类

在电子电器中，广泛使用小型变压器，小型变压器的分类方法有：

- 按用途分为电源变压器、选频变压器、耦合变压器、隔离变压器。
- 按结构分为双绕组变压器、多绕组变压器、线间变压器。
- 按工作频率分为高频变压器、中频变压器、低频变压器。
- 按相数分为单相变压器、三相变压器、多相变压器。
- 按铁芯形式分为心式变压器、壳式变压器。
- 按导磁材料分为铁芯变压器、铁氧体磁芯变压器。
- 按有无屏蔽罩分为有屏蔽罩变压器、无屏蔽罩变压器。

课堂互动

1. 如何理解铁芯和绕组的相互关系？
2. 举例说出你所知道的日常生活中所使用的变压器。

三、变压器的工作原理

（一）互感现象

在电路中，变压器表示符号为 T，如图 3.6 所示。当变压器的线圈通入交流电流时，产生交变磁通，线圈就会发生电磁感应现象，产生自感和互感电动势，变压器就是利用这个电磁感应原理来工作的。

（二）变压器的空载运行

变压器的空载运行是指变压器一次绕组接在额定频率、额定电压的交流电源上，而二次绕组开路时的工作情况。空载运行时的物理情况如图 3.7 所示。

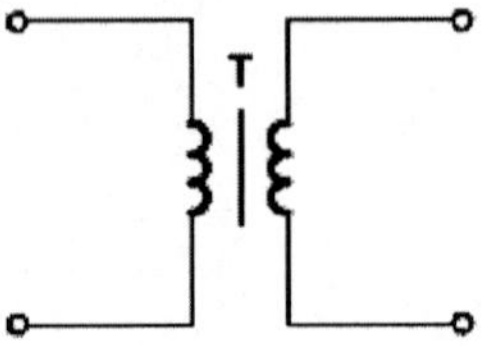

图 3.6　变压器符号

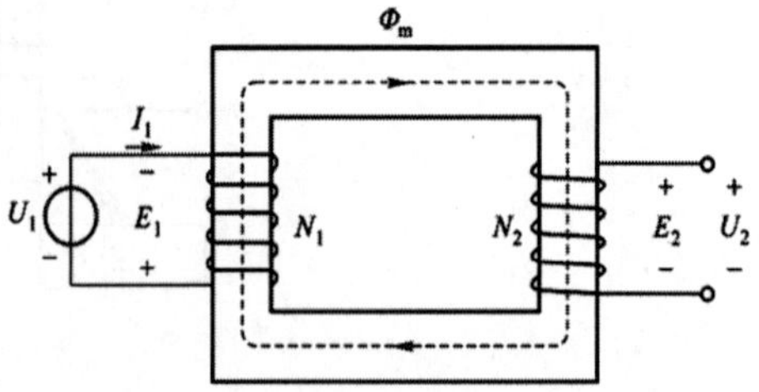

图 3.7　空载运行

一次绕组接上交流电压，铁芯中产生的交变磁通同时通过一次、二次绕组，一次、二次绕组单匝线圈中交变的磁通可视为相同。

设一次绕组匝数为 N_1，二次绕组匝数为 N_2，单匝线圈的磁通为Φ，感应电动势为

$$E_1=-N_1\frac{\mathrm{d}\Phi}{\mathrm{d}t},\ E_2=-N_2\frac{\mathrm{d}\Phi}{\mathrm{d}t}$$

由此得 $\frac{E_1}{E_2}=\frac{N_1}{N_2}$，忽略线圈内阻得

$$\frac{U_1}{U_2}=\frac{E_1}{E_2}=\frac{N_1}{N_2}=K \tag{3-1}$$

式中 K 为变压器的电压比。由此可见：变压器一次绕组、二次绕组的端电压之比等于匝数比。

如果 $N_1<N_2$，$K<1$，电压上升，称为升压变压器；如果 $N_1>N_2$，$K>1$，电压下降，称为降压变压器。

（三）变压器的负载运行

变压器的负载运行是指变压器一次绕组接在额定频率、额定电压的交流电源上，二次绕组接上负载时的工作情况。负载运行时的物理情况如图 3.8 所示。

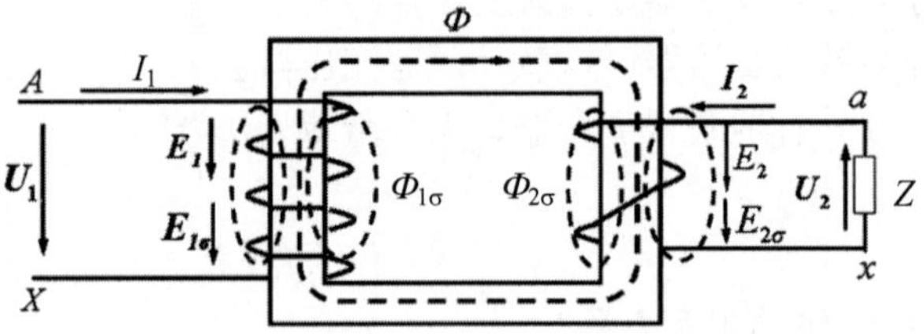

图 3.8　负载运行

电磁关系将一次、二次绕组联系起来，二次绕组电流增加或减少必然引起一次绕组电流的增加或减少。负载运行时，若忽略变压器的损耗，则电源提供的功率应等于负载所需的功率，即

$$由\ P_入=P_出$$

$$得\ \frac{I_1}{I_2}\approx\frac{U_2}{U_1}=\frac{N_2}{N_1}=\frac{1}{K} \tag{3-2}$$

表明一次、二次绕组电流比近似与匝数成反比。可见，匝数不同，不仅能改变电压，同时也能改变电流。

（四）变压器的阻抗变换

变压器对负载也能实现变换，假如变压器负载阻抗 Z_L 接在二次绕组两端，变压器和负载一起等效到一次侧的负载阻抗为：

$$Z'_L = K^2 Z_L \tag{3-3}$$

这个关系称为阻抗变换公式，借此利用变压器可以实现负载阻抗的匹配。式（3-3）表明，当二次绕组接入负载阻抗 Z_L 时，相当于在一次绕组中接入 K^2Z_L 的等效阻抗。

（五）注意事项

当变压器一次、二次绕组匝数比（$\dfrac{N_1}{N_2}$）确定以后，其输出电压 U_2 是由输入电压 U_1 决定的，即 $U_2=\dfrac{N_2U_1}{N_1}$。只有二次绕组接入一定负载，有了一定的电流，即有了一定的输出功率，一次绕组上才有了相应的电流（$I_1=\dfrac{N_2I_2}{N_1}$），同时有了相等的输入功率（$P_{入}=P_{出}$）。所以说，变压器上的电压是由一次绕组决定的，而电流和功率是由二次绕组上的负载决定的。

例 3-1　一台理想变压器，当一次绕组接 220V 交流电源时，二次绕组的输出电压是 11V，如果保持一次绕组的电压不变，将二次绕组拆去 18 匝后，二次绕组电压降为 8V，则一次绕组的匝数为多少？

解：本题根据理想变压器电压与匝数的关系进行求解。因理想变压器电压与匝数成正比关系 $\dfrac{U_1}{U_2}=\dfrac{N_1}{N_2}$，故 $\dfrac{N_1}{N_2}=\dfrac{220}{11}=20$，由题意有 $\dfrac{N_1}{N_2-18}=\dfrac{220}{8}=27.5$，解此二元一次方程组得：$N_1$=1320 匝。

例 3-2　如图 3.9 所示的电路中要使电流表读数变大，可采用的方法有（　　）。

A. 将 R 上的滑片向上移动　　B. 将 R 上的滑片向下移动

C. 将电键 S 由 1 掷向 2　　D. 将电键 S 由 1 掷向 3

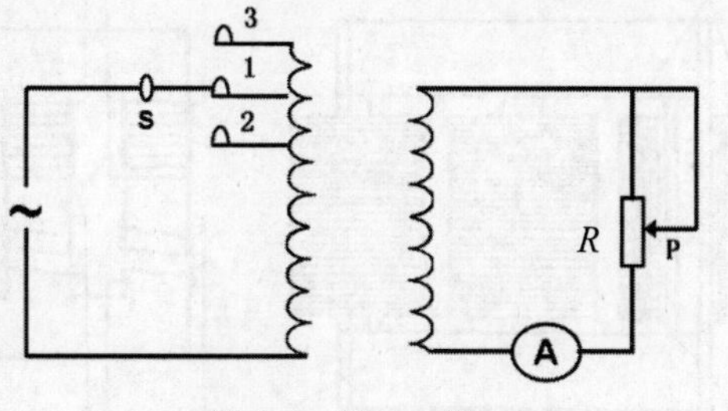

图 3.9　例 3-2 图

解：在输入电压和匝数比 $\dfrac{N_1}{N_2}$ 一定的情况下，输出电压 U_2 是一定的，当 R 减小时，由 $I=\dfrac{U_2}{R}$ 可知电流表读数变大，故应向下移动，B 正确。在输入电压 U_1 一定的条件下，减小匝数比 $\dfrac{N_1}{N_2}$，

则输出电压 U_2 增大（$U_2=\frac{N_2U_1}{N_1}$），故电流强度增大，应掷向 2，C 正确，因此正确的答案是 B、C。

知识链接

在实际工作和生活中，变压器传输电能时总要产生损耗，这种损耗主要有铜损和铁损。铜损是指变压器线圈电阻所引起的损耗。当电流通过线圈电阻发热时，一部分电能就转变为热能而损耗。由于线圈一般都由带绝缘的铜线缠绕而成，因此称为铜损。变压器的铁损包括两个方面：一种是磁滞损耗。当交流电流通过变压器时，通过变压器硅钢片的磁力线的方向和大小随之变化，使得硅钢片内部分子相互摩擦，放出热能，从而损耗了一部分电能，这便是磁滞损耗；另一种是涡流损耗。当变压器工作时，铁芯中有磁力线穿过，在与磁力线垂直的平面上就会产生感应电流，由于此电流自成闭合回路形成环流，且成旋涡状，故称为涡流，涡流的存在使铁芯发热，消耗能量，这种损耗称为涡流损耗。

变压器的效率与变压器的功率等级有密切关系，通常功率越大，损耗与输出功率比就越小，效率也就越高；反之，功率越小，效率也就越低。

四、常用变压器

变压器除了有传输能量用的电力变压器之外，还有仪用电压互感器、仪用电流互感器、传递信号用的耦合变压器、脉冲变压器，以及控制或实验室用的小功率变压器和自耦变压器等。下面介绍几种常见的变压器。

（一）三相变压器

电能的产生、传输和分配都是用三相制的，因此，三相电压的变换在电力系统中占据着特殊重要的地位。变换三相电压，既可以用一台三铁芯柱式的三相变压器完成，也可以用三台单相变压器组成的三相变压器组来完成，后者用于大容量的变换。

这种变压器的一、二次绕组在同一铁芯柱上内、外层缠绕，如图 3.10 所示。

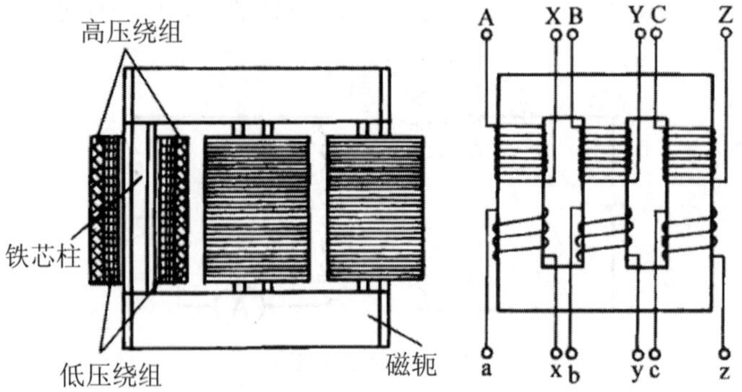

图 3.10　三相心式变压器的构造

（二）自耦变压器

自耦变压器分可调式和固定抽头式两种。图 3.11（a）是实验室中常用的一种可调式自耦变压器，其工作原理与双绕组变压器相同，图 3.11（b）是它的原理电路。分接头 a 做成能用手柄操作自由滑动的触头，从而可平滑地调节二次电压，所以这种变压器又称自耦调压器。当一次侧加上电压 U_1 时，二次侧可得电压 U_2，且和两个绕组的变压器相比较可以看出，自耦变压器节约了一个二次绕组。但是由于一、二次绕组间有直接电的联系，不够安全。

$$k_u = \frac{N_1}{N_2} \approx \frac{U_1}{U_2} \qquad \frac{1}{k_u} = \frac{N_2}{N_1} \approx \frac{I_1}{I_2} \tag{3-4}$$

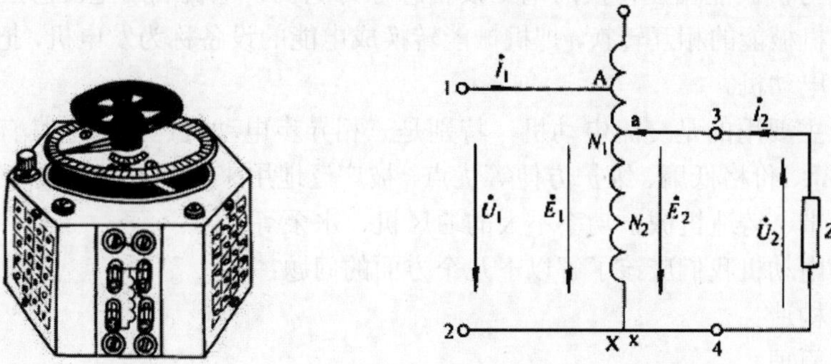

（a）　　　　（b）

图 3.11　自耦变压器及其原理电路

（三）电流互感器

电流互感器用来测量交流大电流或进行交流高电压下电流的测量，它是根据变压器的变流原理制成的，即

$$I_1 = \frac{N_2}{N_1} I_2 = k_i I_2 \tag{3-5}$$

其中，k_i 称为电流比，$k_i = \dfrac{1}{k_u}$，知道了 k_i，测出 I_2 就知道 I_1 了。电流互感器二次绕组使用的电流表规定为 5A 或 1A。

图 3.12 所示为电流互感器的接线图和符号图。使用时切记二次绕组不得开路，否则会在二次侧产生过高的危险电压，为了安全考虑，二次绕组的一端和铁壳都必须接地。

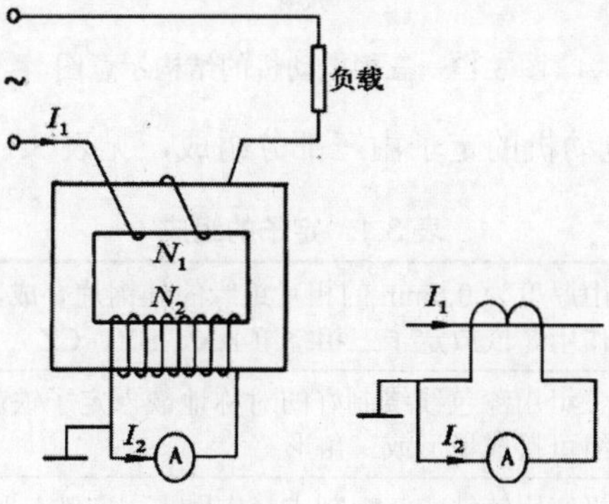

（a）接线图　　　　（b）符号图

图 3.12　电流互感器

第三节　三相异步电动机

一、三相异步电动机的结构与工作原理

实现电能与机械能相互转换的电工设备总称为电机。电机利用电磁感应原理和电磁力定律实现电能与机械能的相互转换，把机械能转换成电能的设备称为发电机，把电能转换成机械能的设备叫作电动机。

在生产上主要用的是交流电动机，特别是三相异步电动机，因为它具有结构简单、坚固耐用、运行可靠、价格低廉、维护方便等优点，被广泛地用来驱动各种金属切削机床、起重机、锻压机、传送带、铸造机械、功率不大的通风机、水泵等。

对于各种电动机我们应该了解以下几个方面的问题：

- 基本构造。
- 工作原理。
- 转速与转矩之间关系的机械特性。
- 起动、调速的基本原理和基本方法。
- 应用场合。

（一）三相异步电动机的结构

三相异步电动机的基本组成分为定子（固定部分）和转子（旋转部分），此外还有端盖、风扇等附属部分，如图 3.13 所示。

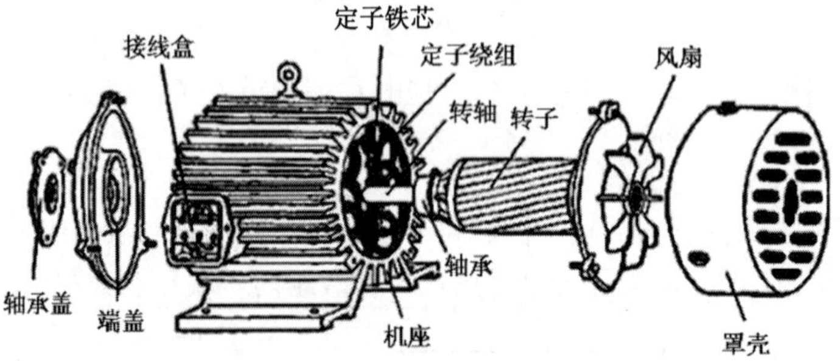

图 3.13　三相电动机的结构示意图

（1）定子。三相异步电动机的定子由三部分组成，见表 3.1。

表 3.1　定子的组成

定子	定子铁芯	由厚度为 0.5mm 的相互绝缘的硅钢片叠成，硅钢片内圆上有均匀分布的槽，作用是嵌放定子三相绕组 AX、BY、CZ
	定子绕组	三组用漆包线绕制好的对称地嵌入定子铁芯槽内的相同的线圈，这三相绕组可接成星形或三角形
	机座	机座用铸铁或铸钢制成，作用是固定铁芯和绕组

（2）转子。三相异步电动机的转子由三部分组成，见表 3.2。

鼠笼式电动机由于构造简单、价格低廉、工作可靠、使用方便，成为生产上应用最广泛

的一种电动机。

表 3.2　转子的组成

转子	转子铁芯	由厚度为 0.5mm 的相互绝缘的硅钢片叠成，硅钢片外圆上有均匀分布的槽，作用是嵌放转子三相绕组
	转子绕组	转子绕组有两种：鼠笼式、绕线式
	转轴	转轴上加机械负载

为了保证转子能够自由旋转，在定子与转子之间必须留有一定的空气隙，中小型电动机的空气隙约在 0.2～1.0mm 之间。

（二）三相异步电动机的工作原理

为了说明三相异步电动机的工作原理，我们进行了演示实验。

演示实验：在装有手柄的蹄形磁铁的两极间放置一个闭合导体，当转动手柄带动蹄形磁铁旋转时，将发现导体也跟着旋转；若改变磁铁的转向，则导体的转向也跟着改变。

现象解释：当磁铁旋转时，磁铁与闭合的导体发生相对运动，鼠笼式导体切割磁力线而在其内部产生感应电动势和感应电流。感应电流又使导体受到一个电磁力的作用，于是导体就沿磁铁的旋转方向转动起来，这就是异步电动机的工作原理，如图 3.14 所示。转子转动的方向和磁极旋转的方向相同。

结论：要使异步电动机旋转，必须有旋转的磁场和闭合的转子绕组。

（1）旋转磁场的产生。图 3.15 所示为三相定子绕组 AX、BY、CZ，它们在空间按互差 120°的规律对称排列，接成星形与三相电源相连，则三相定子绕组内就会形成三相对称电流：

$$i_A = I_m \sin(\omega t)$$
$$i_B = I_m \sin(\omega t - 120°)$$
$$i_C = I_m \sin(\omega t + 120°)$$

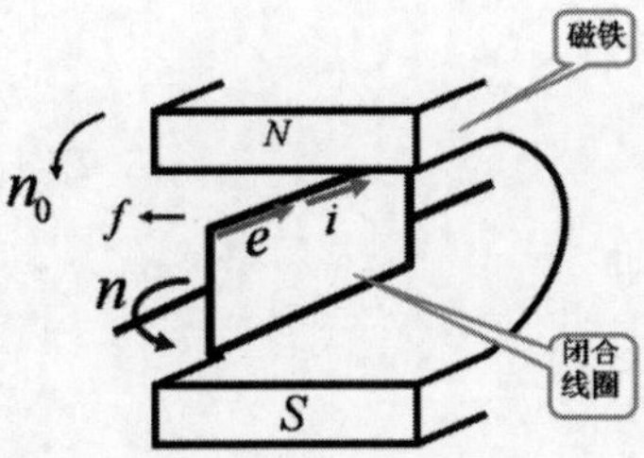

图 3.14　三相异步电动机的工作原理

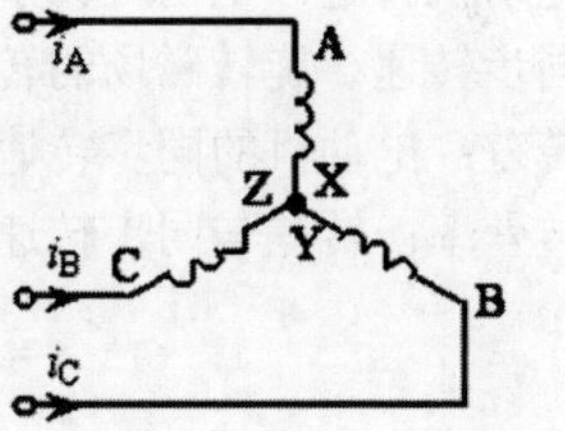

图 3.15　三相异步电动机定子接线

随着电流在定子绕组中通过，在三相定子绕组中会产生旋转磁场，如图 3.16 所示。

当 $\omega t = 0°$时，$i_A = 0$，AX 绕组中无电流；i_B 为负，BY 绕组中的电流从 Y 流入 B 流出；i_C 为正，CZ 绕组中的电流从 C 流入 Z 流出，由右手螺旋定则可得合成磁场的方向，如图 3.16（a）所示。

当 $\omega t = 120°$时，$i_B = 0$，BY 绕组中无电流；i_A 为正，AX 绕组中的电流从 A 流入 X 流出；i_C 为负，CZ 绕组中的电流从 Z 流入 C 流出，由右手螺旋定则可得合成磁场的方向，如图 3.16（b）所示。

当 $\omega t = 240°$时，$i_C = 0$，CZ 绕组中无电流；i_A 为负，AX 绕组中的电流从 X 流入 A 流出；

i_B为正，BY 绕组中的电流从 B 流入 Y 流出，由右手螺旋定则可得合成磁场的方向，如图 3.16（c）所示。

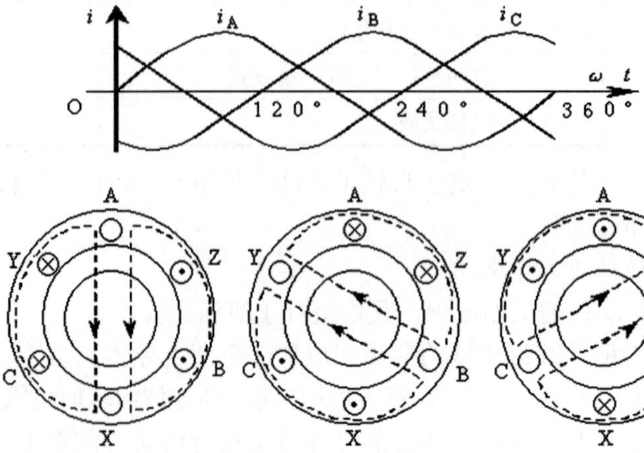

（a）$\omega t = 0°$　　（b）$\omega t = 120°$　　（c）$\omega t = 240°$

图 3.16　旋转磁场的形成

可见，当定子绕组中的电流变化一个周期时，合成磁场也按电流的相序方向在空间旋转一周。随着定子绕组中的三相电流不断地作周期性变化，产生的合成磁场也不断地旋转，因此称为旋转磁场。

（2）旋转磁场的方向。旋转磁场的方向是由三相绕组中的电流相序决定的，若想改变旋转磁场的方向，只要改变通入定子绕组的电流相序，即将三根电源线中的任意两根对调即可。这时，转子的旋转方向也跟着改变。

（3）三相异步电动机的转速与转差率。

- 电动机转速：电动机转子的旋转速度，用 n 表示。
- 同步转速：旋转磁场的转速，用 n_0 表示。
- 转差：电动机的同步转速与转子的转速之差。
- 转差率：转差与同步转速的比值，用 s 表示，即

$$s = \frac{(n_0 - n)}{n_0} = \frac{\Delta n}{n_0} \quad (0 < s < 1) \tag{3-6}$$

三相异步电动机旋转磁场的转速 n_0 取决于两个因素：三相交流电源的频率 f_1 和电动机内部旋转磁场的磁极对数 p（由定子绕组的放置方法决定），用公式可表示为

$$n = n_0(1-s) = \frac{60 f_1}{p}(1-s) \tag{3-7}$$

$$n_0 = \frac{60 f_1}{p} \tag{3-8}$$

例 3-3　有一台三相异步电动机，其额定转速 $n = 975$r/min，电源频率 f_1=50Hz，求电动机的极数和额定负载时的转差率 s 。

解：由于电动机的额定转速接近而略小于同步转速，而同步转速对应于不同的极对数有一系列固定的数值。显然，与975r/min 最相近的同步转速 $n_0 = 1000$r/min，与此相应的磁极对

数 $p=3$。因此，额定负载时的转差率为

$$s=\frac{(n_0-n)}{n_0}\times 100\%=\frac{(1000-975)}{1000}\times 100\%=2.5\%$$

课堂互动

1. 一台三相二极异步电动机，如果电源的频率 $f_1=50\text{Hz}$，则定子旋转磁场每秒在空间转________转。

2. 三相异步电动机旋转磁场的转速称为________转速，它与________和磁极对数有关。

3. 在额定工作情况下的三相异步电动机 Y180L-6 型，其转速为 960r/min，频率为 50Hz，问电动机的同步转速是多少？有几对磁极对数？转差率是多少？

二、三相异步电动机的起动与调速

（一）三相异步电动机的起动

异步电动机起动时，起动电流一般为电机额定电流的 4～7 倍。其起动方法有以下几种：

（1）全压起动。全压起动又称直接起动，就是利用开关或接触器将电动机绕组直接接到额定电压的电源上。直接起动的优点是起动转矩大、起动时间短、起动设备简单、操作方便、易于维护、投资省、设备故障率低等，缺点为起动电流大。

一般只要被拖动的设备能够承受全压起动的冲击力矩，起动引起的压降不超过允许值（小于供电变压器容量的 20%以下），就应该选择全压起动的方式。尤其是希望起动快、故障少的消防泵等应急设备。

（2）降压起动。对中大型异步电动机，可采用降压起动方法，以限制起动电流。待电动机起动完毕，再恢复全压工作。但是降压起动的结果会使起动转矩下降较多，所有降压起动只适用于在空载或轻负载情况下起动电动机。下面介绍几种常见的降压起动方法。

1）定子电路串接电阻起动。在定子电路中串接电阻起动线路，如图 3.17 所示。按下起动按钮，电动机定子串电阻起动，转速接近稳定值时，自动切除定子绕组串入的电阻，电动机全压运行。由于起动时起动电流在 R 上产生一定电压降，使得加在定子绕组端的电压降低，因此限制了起动电流。调节电阻 R 的大小可以将起动电流限制在允许范围内。

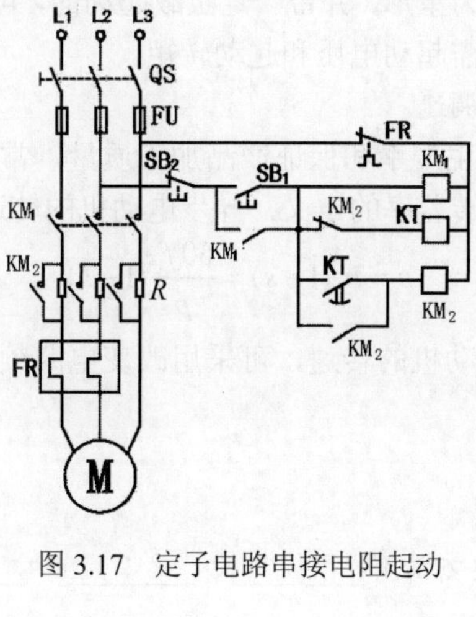

图 3.17 定子电路串接电阻起动

采用定子电路串接电阻降压起动时，虽然降低起动电流，但也使起动转矩大大减小。

2）Y－△降压起动。对于正常运行时定子绕组规定是三角形连接的三相异步电动机，起动时可采用星形连接，使电动机每相所承受的电压降低，因而降低起动电流，待起动完毕，再接成三角形，这种方式为Y－△降压起动，如图3.18所示。

注意：采用Y－△降压起动，电网供给的电流下降为三角形连接直接起动时的$\frac{1}{3}$。

Y－△起动转矩降低的倍数与电流降低的倍数相同，一般适用于500V以下，且正常运行时定子绕组为三角形连接低压电动机。常见的额定电压为380/220V的电动机，其表达为当电源线电压为380V时用星形连接，线电压为220V时用三角形连接，所以额定电压为380V的电动机，不适用此方法。

3）自耦变压器降压起动。此起动方式是利用自耦变压器将电压降低后再加到电动机定子绕组上，待转速接近稳定时再将电机接入电网，如图3.19所示。

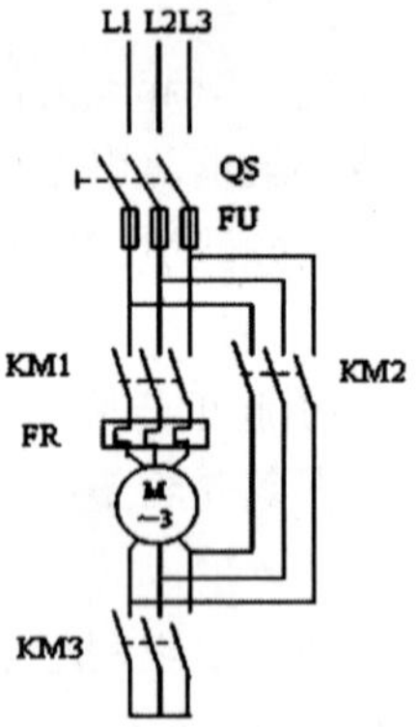

图3.18　Y－△降压起动

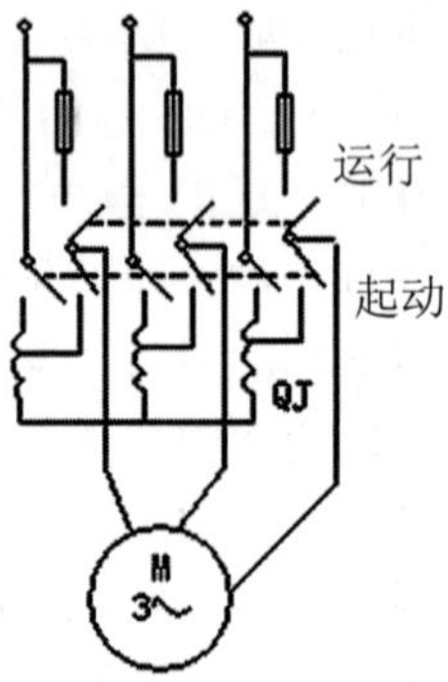

图3.19　自耦变压器降压起动

起动时，将开关打到“起动”位置，其一次侧接入电网，二次侧接电动机定子绕组，实现降压起动。当转速接近额定值时，将开关打到“运行”位置，则切除自耦变压器，电动机接入电网全压运行。

自耦变压器的二次侧备有不同的电压抽头，例如QJ型有三个，每个的输出电压也不同。在电动机容量较大或正常运行为星形，并带一定负载起动的，可采用自耦降压起动，可根据负载选择适合的抽头，以获得所需起动电压和起动转矩。

（二）三相异步电动机的调速

在生产中，为获得最高的生产率和保证产品加工质量，常要求生产机械能在不同的转速下工作，这就需要调速。根据转差率的定义，异步电动机的转速为

$$n = n_0(1-s) = \frac{60f_1}{p}(1-s)$$

由式可知，要调节异步电动机的转速，可采用改变电源频率、电动机的磁极对数和转差率三种基本方法来实现。

课堂互动

1. 三相异步电动机的调速方法有________、________和________。

2. 笼型三相异步电动机常用的降压起动方法有________起动和________起动。

3. 从降低起动电流来考虑，三相异步电动机可以采用降压起动，但起动转矩将降低，因而只适用（　　）或轻载起动的场合。

A. 重载　　B. 轻载　　C. 空载

三、三相异步电动机的铭牌和技术数据

（一）铭牌

电动机外壳上都有铭牌，如图 3.20 所示，上面标记有电动机的型号、各种额定数据和连接方式等，是我们正确合理地选择和使用电动机的主要依据。

三相异步电动机

型号	132S-4	功率	5.5kW	防护等级	IP44
电压	380V	电流	11.6A	功率因数	0.84
接法	△	转速	1440r/min	绝缘等级	B
频率	50Hz	重量		工作方法	S_1

××××电机厂

图 3.20　电动机的铭牌

铭牌上各项内容的意义如下：

（1）型号。按国家标准规定，型号包括产品名称代号、规格代号等，由汉语拼音大写字母或英语字母加阿拉伯数字组成，例如：

Y	132	S	4
三相异步电动机	机座中心高（单位为 mm）	机座长度代号 （S 短机座，M 中机座，L 长机座）	磁极数（4 极）

我国目前生产的异步电动机产品名称代号及其汉字意义见表 3.3，Y 系列新产品比老产品 J 系列在相同功率时，效率高、体积小、重量轻。

表 3.3　异步电动机产品名称代号

产品名称	新代号	新代号的汉字意义	老代号
异步电动机	Y	异	J、JO
绕线式异步电动机	YR	异绕	JR、JRO
防爆型异步电动机	YB	异爆	JB、JBS
高起动转矩异步电动机	YQ	异起	JQ、JCQ
起重冶金用异步电动机	YZ	异重	JZ
起重冶金用绕线式异步电动机	YZR	异重绕	JZR

（2）额定电压 U_N 与接法。额定电压是指电动机在额定运行时定子绕组的线电压，它与绕组接法有对应关系。目前，Y 系列异步电动机的额定电压都是 380V，3kW 以下的接成星形，而 4kW 以上的均接成三角形。一般规定电源电压波动不应超过额定值的±5%，过高或过低对

电动机的运行都是不利的。

（3）额定电流 I_N。铭牌上所标的电流值是指电动机在额定运行情况下流入定子的线电流。

（4）额定功率 P_N。电动机在额定运行情况下，输出的机械功率称为额定功率。

（5）额定转速 n_N。电动机额定运行时的转速，它略低于同步转速。

（6）绝缘等级。它是按电动机绕组所用的绝缘材料在使用时容许的极限温度来分级的。不同等级绝缘材料的极限温度见表 3.4。

表 3.4 绝缘材料的耐热分级和极限温度

绝缘等级	Y	A	E	B	F	H	C
极限温度/℃	90	105	120	130	155	180	>180

（7）工作制。通常分为连续运行、短时运行和断续运行三种，分别用代号 S_1、S_2、S_3 表示。

（8）防护等级。是按电动机外壳防护形式的不同来分级的，可参阅国家标准 GB4208－1993《电机、低压电器外壳防护等级》，本铭牌中 IP44 相当于老产品型号的封闭式。

（9）额定效率 η_N。效率是指电动机运行时它输出的机械功率 P_2 和输入电动机的电功率 P_1 之比的百分数，即

$$\eta = \frac{P_2}{P_1} \times 100\% \tag{3-9}$$

而额定效率是电动机在额定运行状态时输出的额定功率 P_2 与此时的输入电功率 P_{IN} 之比的百分数，用 η_N 表示，即

$$\eta_N = \frac{P_2}{P_{IN}} \times 100\% \tag{3-10}$$

一般笼型电动机的额定效率约为 72%～93%。

（10）额定功率因数 $\cos\varphi_N$。三相异步电动机的功率因数 $\cos\varphi$ 中的 φ 角是指定子绕组中的相电流滞后于相电压的电角度。因为电动机是电感性负载，所以电流滞后于电压。额定功率因数是指三相异步电动机在额定运行时的功率因数，用 $\cos\varphi_N$ 表示。三相异步电动机的额定功率因数 $\cos\varphi_N$ =0.7～0.9，但空载时功率因数很低，约为 0.2～0.3。

（二）异步电动机的技术数据

异步电动机除了铭牌上介绍的常用额定数据外，在产品目录或电工手册中通常还列出了其他一些技术数据，如起动电流倍数、起动能力、过载系数、额定功率因数和额定效率等。

一般三相异步电动机额定运行时功率因数较高，$\cos\varphi_N$ =0.7～0.9，额定运行时的效率也是如此，但空载和轻载时它们都比较低，所以要防止长期空载和轻载运行。

课堂互动

1. 电动机铭牌上的功率指的是输入功率还是输出功率？电压是指线电压还是相电压？
2. 某电动机的型号是 Y112M－4，它是几极的？其同步转速是多少？
3. 为什么总是希望电动机在满载或接近满载的情况下运行？

第四节 单相异步电动机

一、单相异步电动机的基本概念

单相异步电动机是指用单相交流电源供电的异步电动机。单相异步电动机具有结构简单、成本低廉、噪声小、使用方便、运行可靠等优点，因此广泛用于工业、农业、医疗和家用电器等方面，最常见于电风扇、洗衣机、电冰箱、空调等家用电器中。但是单相异步电动机与同容量的三相异步电动机相比，体积较大、运行性能较差。因此，单相异步电动机一般只制成小容量的电动机，功率从几瓦到几千瓦。

二、单相异步电动机的工作原理和机械特性

（一）单相异步电动机的工作原理

当单相正弦交流电通入定子单相绕组时，就会在绕组轴线方向上产生一个大小和方向交变的磁场，如图 3.21 所示。

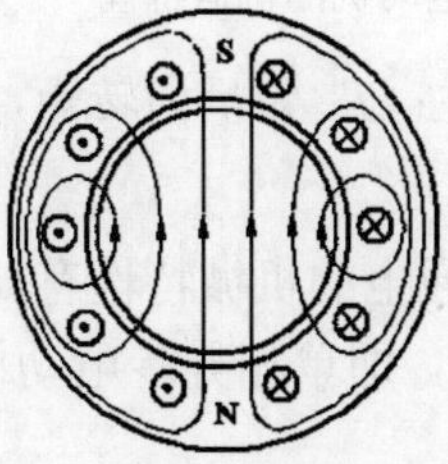

图 3.21　单相交变磁场

这种磁场的空间位置不变，其幅值在时间上随交变电流按正弦规律变化，具有脉动特性，因此称为脉动磁场，如图 3.22（a）所示。可见，单相异步电动机中的磁场是一个脉动磁场，不同于三相异步电动机中的旋转磁场。

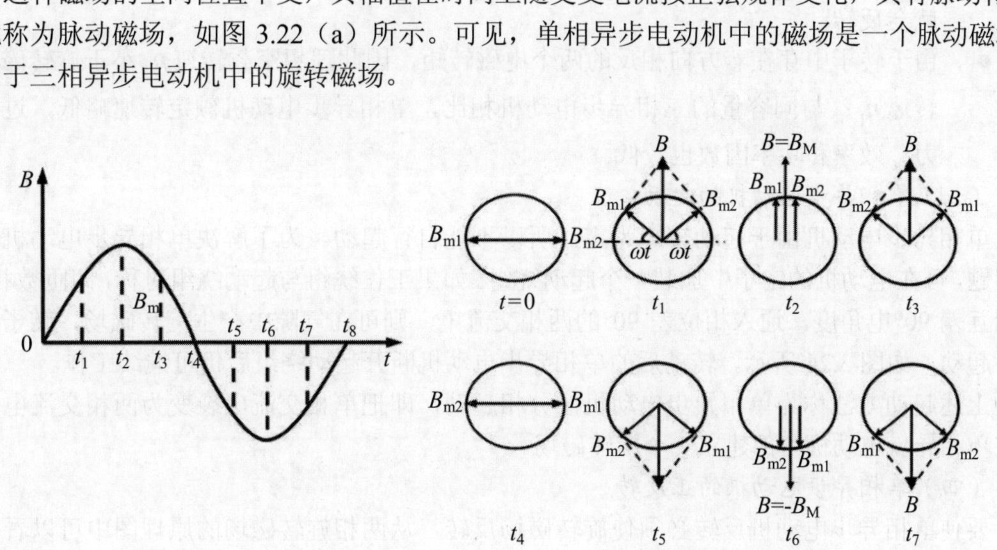

（a）交变脉动磁场　　（b）脉动磁场的分解

图 3.22　脉动磁场分解成两个方向相反的旋转磁场

为了便于分析，这个脉动磁场可以分解为大小相等、方向相反的两个旋转磁场，如图 3.22（b）所示，它们分别在转子中感应出大小相等、方向相反的电动势和电流。

（二）单相异步电动机的机械特性

两个旋转磁场作用于笼型转子的导体中将产生两个方向相反的电磁转矩 T^+ 和 T^- ，合成后得到单相异步电动机的机械特性，如图 3.23 所示。

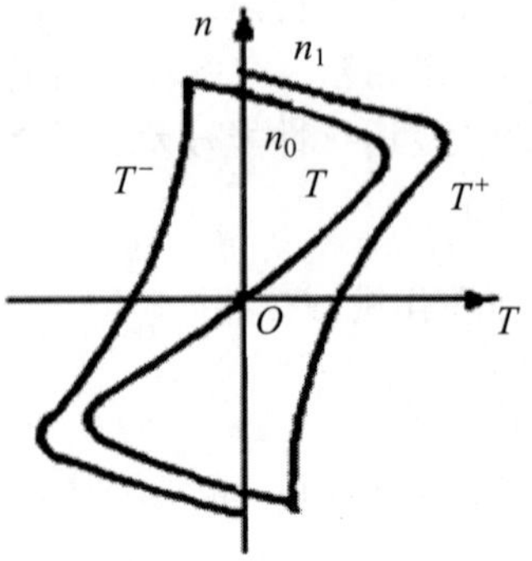

图 3.23　单相异步电动机的机械特性

图中，T^+ 为正向转矩，由旋转磁场 B_{m1} 产生；T^- 为反向转矩，由反向旋转磁场 B_{m2} 产生，而 T 为单相异步电动机的合成转矩。

从图 3.23 可知，单相异步电动机一相绕组通电的机械特性有如下特点：

- 当 $n=0$ 时，$T^+=T^-$，合成转矩 $T=0$。即单相异步电动机的起动转矩为零，不能自行起动。
- 当 $n>0$ 时，$T>0$；$n<0$ 时，$T<0$。即转向取决于初速度的方向。当外力给转子一个正向的初速度后，就会继续正向旋转；而外力给转子一个反向的初速度时，电机就会反转。
- 由于转子中存在着方向相反的两个电磁转矩，因此理想空载转速 n_0 小于旋转磁场的转速 n_1；与同容量的三相异步电动机相比，单相异步电动机额定转速略低，过载能力、效率和功率因数也较低。

（三）单相异步电动机的起动

单相异步电动机由于起动转矩为零，所以不能自行起动。为了解决单相异步电动机的起动问题，可在电动机的定子中加装一个起动绕组。如果工作绕组与起动绕组对称，即匝数相等，空间互差 90°电角度，通入相位差 90°的两相交流电，则可在气隙中产生旋转磁场，转子就能自行起动，如图 3.24 所示。转动后的单相异步电动机断开起动绕组后仍可继续工作。

上述起动方法称为单相异步电动机的分相起动，即把单相交流电裂变为两相交流电，从而在单相异步电动机内部建立一个旋转磁场。

（四）单相异步电动机的正反转

要使单相异步电动机反转必须使旋转磁场反转，从两相旋转磁场的原理图中可以看出，有两种方法可以改变单相异步电动机的转向。

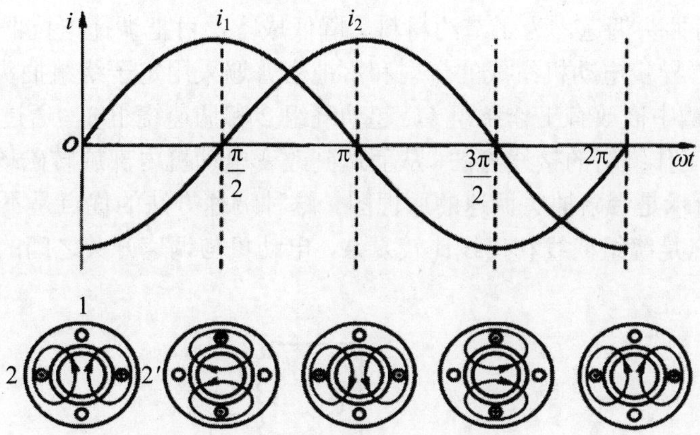

图 3.24　两相绕组产生的旋转磁场

（1）将工作绕组或起动绕组的首末端对调。因为单相异步电动机的转向是由工作绕组与起动绕组所产生磁场的相位差来决定的，一般情况下，起动绕组中的电流超前于工作绕组的电流，从而起动绕组产生的磁场也超前于工作绕组，所以旋转磁场是由起动绕组的轴线转向工作绕组的轴线。如果把其中一个绕组反接，等于把这个绕组的磁场相位改变 180°，若原来起动绕组的磁场超前工作绕组 90°，则改接后变成滞后 90°，所以旋转磁场的方向也随之改变，转子跟着反转。这种方法一般用于不需要频繁反转的场合。

（2）将电容器从一个绕组改接到另一个绕组。在单相电容运行异步电动机中，若两相绕组做成完全对称，即匝数相等，空间相位相差 90°电角度，则串联电容器的绕组中的电流超前于电压，而不串联电容器的那相绕组中的电流落后于电压。电容器的位置改接后，旋转磁场和转子的转向自然跟着改变。用这种方法来改变转向，由于电路比较简单，所以常用于需要频繁正反转的场合。

单相罩极式电动机和带有离心开关的电动机一般不能改变转向。

（五）单相异步电动机的调速

单相异步电动机与三相异步电动机一样，转速的调节也比较困难。如果采用变频调速则设备复杂、成本高。因此，一般只采用简单的降压调速。

（1）串电抗器调速。将电抗器与电动机定子绕组串联，利用电流在电抗器上产生的压降，使加到电动机定子绕组上的电压低于电源电压，从而达到降低电动机转速的目的。因此用串电抗器调速时电动机的转速只能由额定转速往低调。图 3.25 所示为吊扇串电抗器调速的电路图。改变电抗器的抽头连接可得到高低不同的转速。

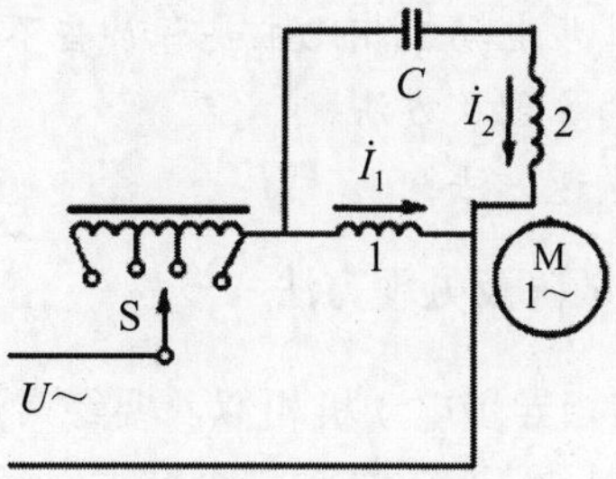

图 3.25　串电抗器调速

1—工作绕组；2—起动绕组

（2）定子绕组抽头调速。为了节约材料、降低成本，可把调速电抗器与定子绕组做成一体。由单相电容运行异步电动机组成的台扇和落地扇普遍采用定子绕组抽头调速的方法。这种电动机的定子铁芯槽中嵌放有工作绕组 1、起动绕组 2 和调速绕组 3，通过调速开关改变调速绕组与起动绕组及工作绕组的接线方法，从而达到改变电动机内部旋转磁场的强弱，实现调速的目的。图 3.26 所示是台扇抽头调速的原理图。这种调速方法的优点是不需要电抗器、节省材料、耗电少；缺点是绕组嵌线和接线比较复杂，电动机与调速开关之间的连线较多，所以不适合于吊扇。

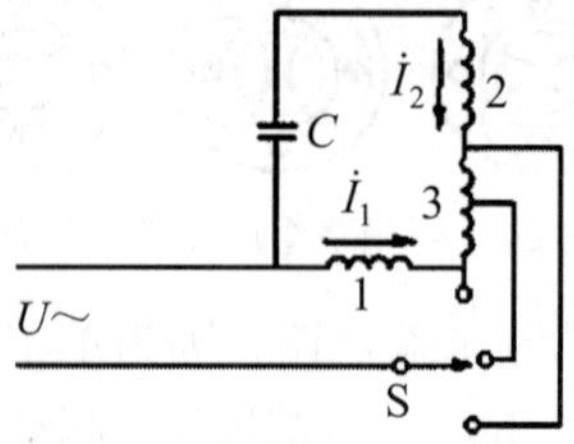

图 3.26 定子绕组抽头调速

1—工作绕组；2—起动绕组；3—调速绕组

（3）双向晶闸管调速。如果去掉电抗器，又不想增加定子绕组的复杂程度，则单相异步电动机还可以采用双向晶闸管调速。调速时，旋转控制线路中的带开关电位器就能改变双向晶闸管的控制角，使电动机得到不同的电压，达到调速的目的，如图 3.27 所示。这种调速方法可以实现无级调速，控制简单、效率较高；缺点是电压波形差、存在电磁干扰。目前这种调速方法常用于吊扇。

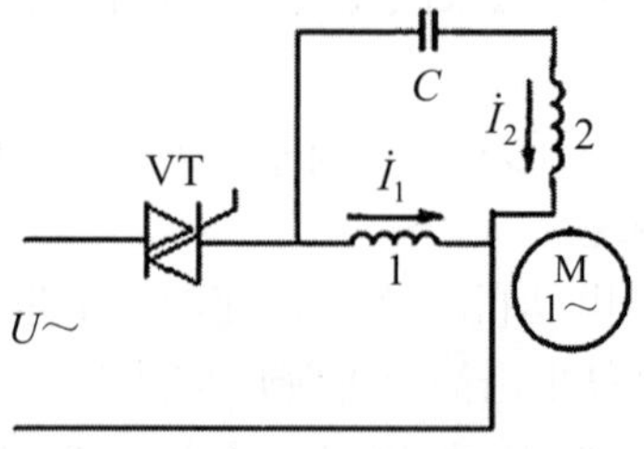

图 3.27 双向晶闸管调速

1—工作绕组；2—起动绕组

课堂互动

1. 单相异步电动机与三相异步电动机相比主要有哪些不同之处？
2. 简单说明串电抗器调速的原理及方法。
3. 常用的吊扇可用哪几种调速方法？

三、单相异步电动机的常见故障及处理方法

单相异步电动机的维护与三相异步电动机相似，要经常注意电动机转速是否正常、能否正常起动、温度是否过高、声音是否正常、振动是否过大、有无焦味等。单相异步电动机的常见故障及处理方法见表 3.5。

表 3.5　单相异步电动机的常见故障及处理方法

故障现象	可能的故障原因	处理方法
无法起动	电源电压不正常	检查电源电压是否过低
	定子绕组断路	用万用表检查定子绕组是否完好，接线是否良好
	电容器损坏	用万用表检查电容器的好坏
	离心开关触点接触不良	修理或更换
	转子卡住	检查轴承是否灵活，定转子是否相碰，传动机构是否受阻
	过载	检查所带负载是否正常
起动缓慢，转速过低	电源电压偏低	找出原因，提高电源电压
	绕组匝间短路	修理或更换绕组
	电容器击穿或容量减小	更换电容器
	电机负载过重	检查轴承及负载情况
电动机过热	绕组短路或接地	找出故障处，修理或更换
	工作绕组与起动绕组相互接错	调换接法
	离心开关触点无法断开，起动绕组长期运行	修理或更换离心开关
电动机噪声和振动过大	绕组短路或接地	找出故障点，修理或更换
	轴承损坏或缺润滑油	更换轴承或加润滑油
	定子与转子的气隙中有杂物	清除杂物
	电风扇风叶变形	修理或更换

第五节　直流电动机

直流电动机与交流电动机相比具有调速范围广，调速平滑方便，过载能力大，能承受频繁的冲击负载，可实现频繁的无极快速起动、制动和反转等优点，能满足生产过程自动化系统各种不同的特殊运行要求。直流电动机常应用于对起动和调速有较高要求的场合，如大型可逆式轧钢机、矿井卷扬机、龙门刨床、电动机车、大型车床和大型起重机等生产机械。

一、直流电动机的基本原理

直流电动机通过换向器配合电刷，当电枢通电时位于磁场 N 极下的绕组电流从首端流至尾端，位于磁场 S 极下的绕组电流从尾端流至首端，因此产生一个可使转子持续转动的电磁转矩，如图 3.28 所示。

直流电动机是一种能实现机电能量转换的电磁装置，它能使绕组在气隙磁场中旋转感生出交流电动势，并依靠换向装置将此交流电变为直流电。其产生交流电的物理根源在于电动机中存在磁场和与之有相对运动的电路，即气隙磁场和绕组。旋转绕组和静止气隙磁场相互作用的关系可通过电磁感应定律和电磁力定律来分析。

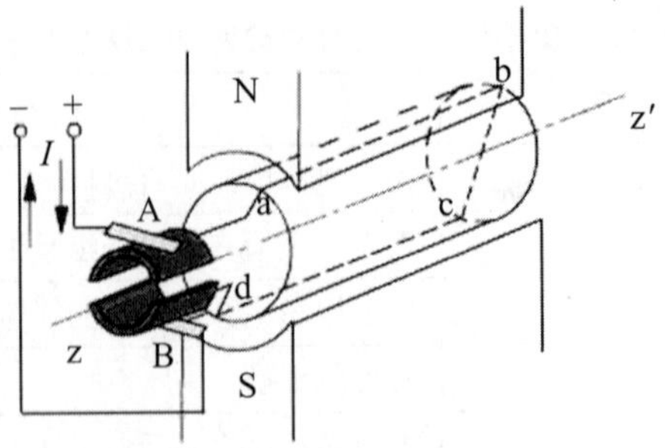

图 3.28　直流电动机模型

根据电磁感应定律，在恒定磁场中，当导体切割磁场磁力线时，导体中将感生电动势。如果磁力线、导体及其运动方向三者互相垂直，则导体中产生的感应电动势的大小为

$$e = BLv \tag{3-11}$$

式中，B 为磁感应强度，单位为 T；L 为导体切割磁力线的有效长度，单位为 m；v 为导体切割磁场的线速度，单位为 m/s；e 为导体感应电动势，单位为 V。

依据电磁力定律，当磁场与载流导体相互垂直时，作用在载流导体上的电磁力为

$$f = BIL \tag{3-12}$$

式中，I 为载流导体中的电流，单位为 A；f 为电磁力，单位为 N。电磁力的方向用左手定则确定。

直流电动机的工作原理是基于载流导体在磁场中受力，产生电磁力，形成电磁转矩的基本原理。但要获得恒定方向的转矩，需要将其外电路的直流电流变为绕组中的交流电流，即同样需要机械整流装置，如图 3.29 所示。

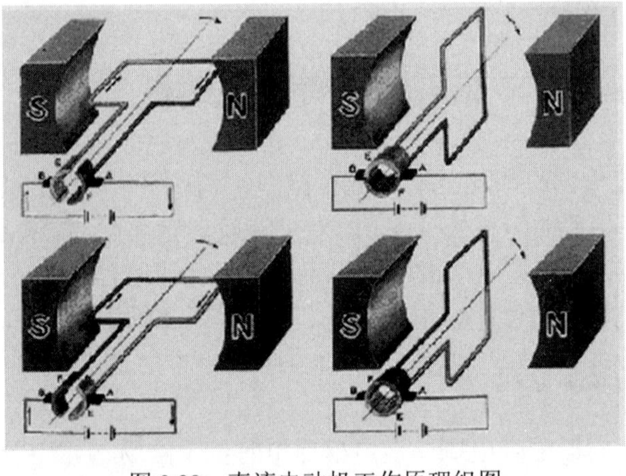

图 3.29　直流电动机工作原理组图

实际上，直流电动机的电枢上有许多线圈，这些线圈产生的电磁转矩合成为一个总的电磁转矩，拖动负载转动。

电枢转动时切割磁力线而产生的感应电动势 E 的大小为

$$E = C_e \Phi n \tag{3-13}$$

式中，C_e 为电势常数，其大小为 $C_e = \dfrac{PN}{60a}$，P 为磁极对数，N 为电枢导体数，a 为电枢支路对数。

电枢电流与磁场相互作用产生的电磁转矩 T 的大小为

$$T = C_{\mathrm{T}}\Phi I_{\mathrm{a}} \tag{3-14}$$

式中，C_{T} 为转矩常数，其大小为 $C_{\mathrm{T}} = \dfrac{PN}{2\pi a}$，$P$ 为磁极对数，N 为电枢导体数，a 为电枢支路对数。

总之，在上述直流电动机的工作过程中，单从电枢线圈的角度看，每个导体中的电流方向是交变的；但从磁极看，每个磁极下导体中电流的方向是固定的，即不管是哪个导体运行到该极下，其中的电流方向总是相同的。因此，直流电动机可获得恒定方向的电磁转矩，使电动机持续旋转。

直流电动机作为发电机运行时，电枢由原动机驱动而在磁场中旋转，在电枢线圈的两根有效边中便感应出电动势 e。显然，每一有效边中的电动势是交变的，在 N 极下是一个方向，当它在转到 S 极下时又是另一个方向。电刷和换向器的作用在于将发电机电枢绕组内的交流电动势换成电刷之间的极性不变的电动势。电刷之间接有导体时，在电动势的作用下就在电路中产生一定方向的电流。从以上的分析中可以看到，要使线圈按照一定的方向旋转，关键问题是当导体从一个磁极范围内转到另一个异性磁极范围内时（也就是导体经过中性面后），导体中电流的方向也要同时改变。换向器和电刷就是完成这个任务的装置。

在直流发电机中，换向器和电刷的任务是把线圈中的交流电变为直流电向外输出；而在直流电动机中，则用换向器和电刷把输入的直流电变为线圈中的交流电。在实际的直流电动机中，也不只有一个线圈，而是有许多个线圈牢固地嵌在转子铁芯槽中，当导体中通过电流、在磁场中因受力而转动时，就带动整个转子旋转。所以直流电动机是由直流电源供电，输入的是电能，输出的是机械能。

课堂互动

1. 直流电动机是由________转换成________输出，其电磁转矩的作用为________。

2. 直流电动机是接入直流电源，所以电枢绕组元件内的电动势和电流都是直流。这个说法对不对？

二、直流电动机的基本结构

直流电动机由定子部分与转子部分组成。定子包括：主磁极、机座、换向极、电刷装置等。转子包括：电枢铁芯、电枢绕组、换向器、轴和风扇等。

图 3.30 所示为电动机内部基本结构。

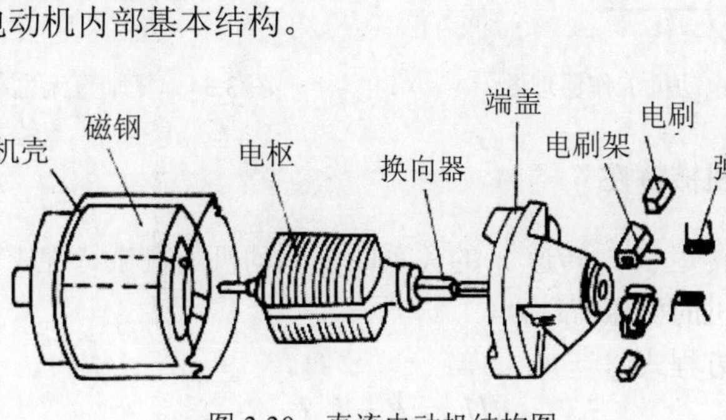

图 3.30　直流电动机结构图

三、直流电动机的分类

直流电动机按照励磁方式可分为他励直流电动机、并励直流电动机、串励直流电动机和复励直流电动机，不同励磁方式的直流电动机有着不同的特性。

（一）他励直流电动机

励磁绕组和电枢绕组分别由两个直流电源供电，如图 3.31 所示。

（二）并励直流电动机

并励直流电动机的励磁绕组与电枢绕组相并联，接线如图 3.32 所示。作为并励发电机来说，是电动机本身发出来的端电压为励磁绕组供电；励磁绕组与电枢共用同一电源，从性能上讲与他励直流电动机相同。

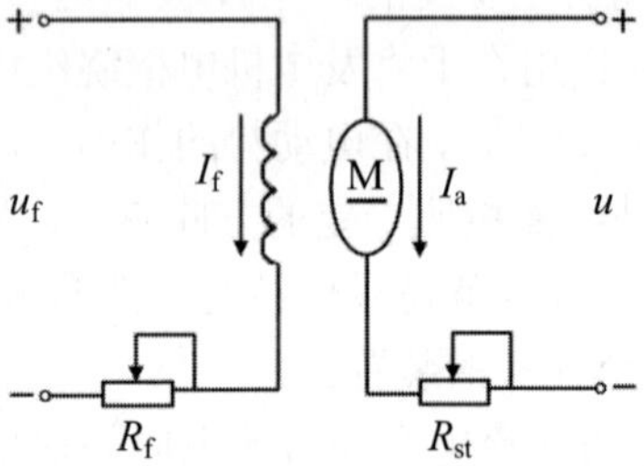

图 3.31　他励直流电动机工作原理图

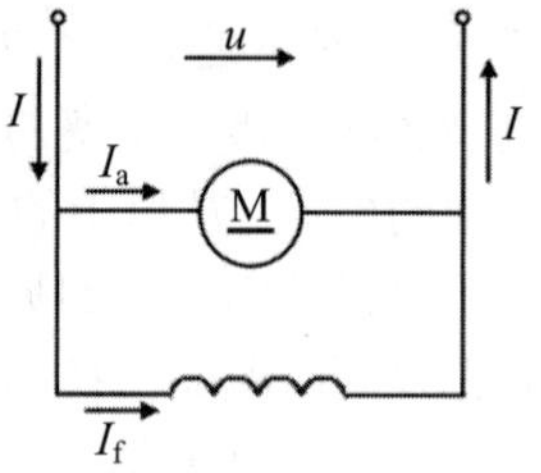

图 3.32　并励直流电动机工作原理图

（三）串励直流电动机

串励直流电动机的励磁绕组与电枢绕组串联后再接于直流电源，接线如图 3.33 所示。这种直流电动机的励磁电流就是电枢电流。

（四）复励直流电动机

复励直流电动机有并励和串励两个励磁绕组，接线如图 3.34 所示。若串励绕组产生的磁通势与并励绕组产生的磁通势方向相同称为积复励；若两个磁通势方向相反，则称为差复励。

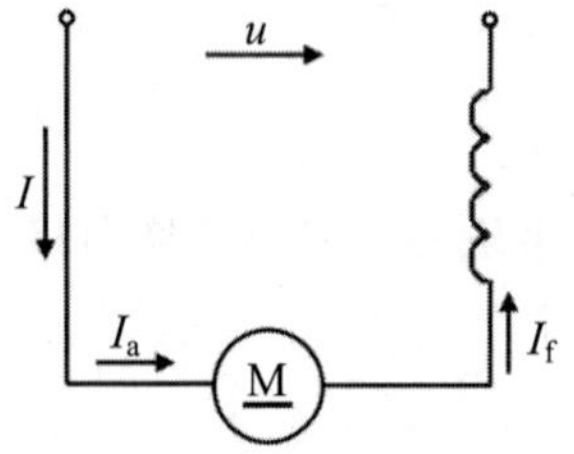

图 3.33　串励直流电动机工作原理图

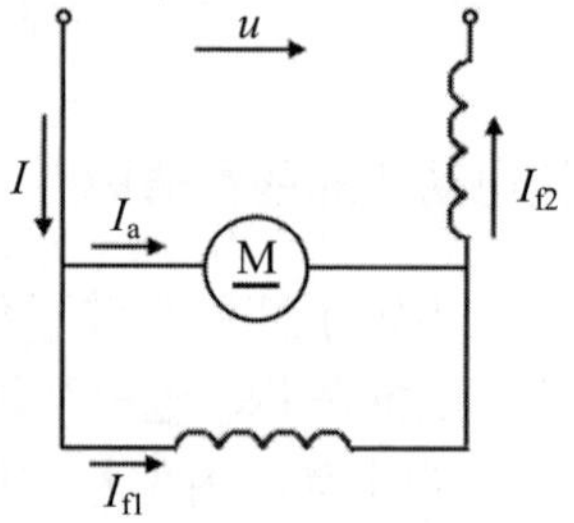

图 3.34　复励直流电动机工作原理图

四、直流电动机的机械特性

电动机轴上的电磁转矩 T 与转速 n 的关系叫作电动机的机械特性。下面以他励直流电动机为例来分析直流电动机的机械特性。

电枢回路电压平衡方程式

$$U_a = E + I_a R_a \tag{3-15}$$

将式（3-15）代入得

$$n=\frac{E}{C_{\mathrm{e}}\Phi}=\frac{U_{\mathrm{a}}-I_{\mathrm{a}}R_{\mathrm{a}}}{C_{\mathrm{e}}\Phi} \tag{3-16}$$

式中 R_a 为电动机电枢电阻，$I_{\mathrm{a}}=\frac{T}{C_{\mathrm{T}}\Phi}$，代入式（3-16）得

$$n=\frac{U_{\mathrm{a}}}{C_{\mathrm{e}}\Phi}-\frac{I_{\mathrm{a}}R_{\mathrm{a}}}{C_{\mathrm{e}}C_{\mathrm{T}}\Phi}=n_0-KT \tag{3-17}$$

式中，n_0 为理想空载转速，K 为一常数，即机械特性曲线的斜率。

图 3.35 所示为他励直流电动机的机械特性曲线，由于 R_a 很小，电动机的负载（转动机械）增加时使电动机电枢电流 I_a 也增大，但电阻的压降很小，因此转速下降很小，机械特性是略向下倾斜的直线。

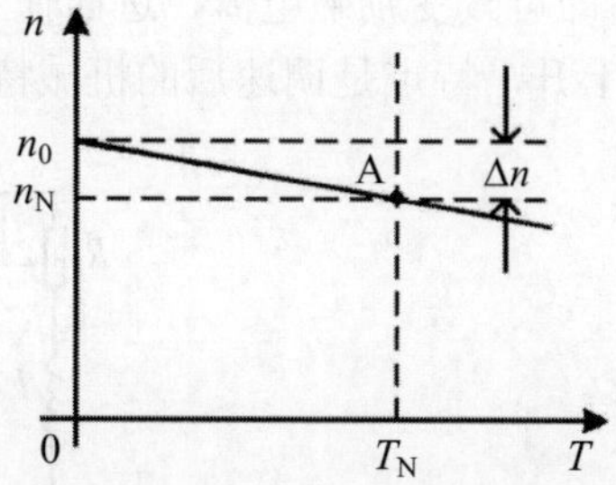

图 3.35　他励直流电动机的机械特性曲线

五、直流电动机的起动与调速

（一）直流电动机的起动

直流电动机从接通电源开始转动，直至升速到某一固定转数稳定运行，这一过程称为电动机的起动过程。直流电动机有全压起动、变阻器起动和降压起动三种方法。

（1）全压起动。全压起动就是将电动机直接接入到额定电压的电源上起动。由于电动机所加的是额定电源，而电动机开始接通电源瞬间电枢不动，电枢反电动势 E 为零，所以起动时电流很大。起动时电动机最大电流为

$$I_{\mathrm{a}}=\frac{U}{R_{\mathrm{a}}} \tag{3-18}$$

正因为电动机起动电流很大，所以起动转矩大，电动机起动迅速，起动时间短。

不过，电动机一旦开始运转，电枢绕组就有感应电动势产生，且转数越高，电枢反电动势就越大。随着电动机转数上升，电流迅速下降，电磁转矩也随之下降。当电动机电磁转矩与负载阻力转矩相平衡时，电动机的起动过程结束而进入稳定运行状态。

全压起动的优点是不需要其他设备，操作简便；缺点是由于 R_a 很小，所以额定电压下直接起动时 I_a 很大，一般可达额定电流的 10～20 倍。这是电枢绕组尤其是换向器所承受不了的。同时，过大的起动转矩会产生很大的机械冲击，易造成传动机构的损坏。所以只适用于小型电动机，如家用电器中的直流电动机。

（2）变阻器起动。变阻器起动就是在起动时将一组起动电阻 R_p 串入电枢回路，以限制起动电流，而当转数上升到额定转数后，再把起动变阻器从电枢回路中切除。

变阻器起动的优点是起动电流小；缺点是变阻器比较笨重，起动过程中要消耗很多能量。

（3）降压起动。降压起动就是在起动时通过暂时降低电动机供电电压的办法来限制启动电流，当然降压起动要有一套可变电压的直流电源，这种方法只适合于大功率电动机。

（二）直流电动机的调速

在电动机的机械负载不变的条件下改变电动机的转数被称为调速。影响电动机转数的有电源电压、电枢电阻和主磁通，只要改变其中的任意一个，电动机的转数就可得到调整。

（1）改变电枢回路串联电阻。电动机制成以后，其电枢电阻是一定的，但是可以在电枢回路中串联一个可变电阻 R_p 来实现调速，如图 3.36 所示。这种方法增加了串联电阻上的损耗，使电动机的效率降低，特性变软。如果负载稍有变动，则电动机的转数就会有较大的变化，因而对要求恒速的负载不利。

（2）改变励磁回路电阻。为了改变磁通，在励磁电路中串联一只调速电阻器 R_p，如图 3.37 所示，改变调速电阻器 R_p 的阻值即可改变励磁电流，进而使主磁通得以改变，实现调速。这种调速方法只能减小磁通使转数上升，特点是调速后的机械特性变硬。

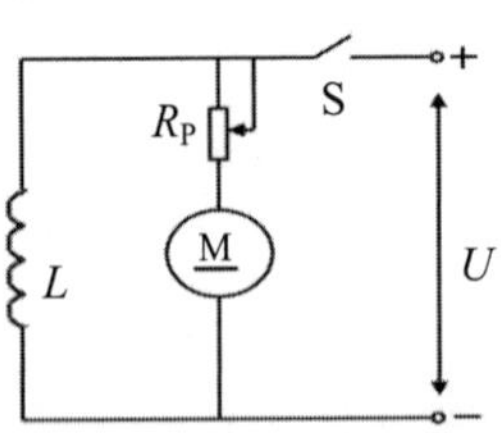

图 3.36　改变电枢回路串联电阻的调速法

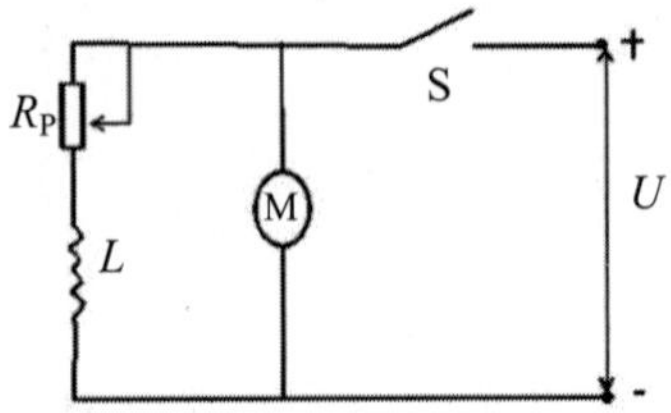

图 3.37　改变励磁回路电阻的调速法

（3）改变端电压。改变电枢的端电压 U 也可以相应地提高或降低直流电动机的转数。由于电动机的电压不能超过额定电压，因而这种调速方法只能把转数调低，不能调高。

课堂互动

1. 直流电动机在串电阻调速过程中，若负载转矩保持不变，则（　　）保持不变。
   A. 输入功率　　B. 输出功率　　C. 电磁功率　　D. 电动机的效率
2. 试述直流电动机的调速方法，并说出各种方法的特点。

第六节　低压电器控制

电动机或其他电气设备电路的接通或断开目前普遍采用继电器、接触器、按钮及开关等控制电器来组成控制系统。这种控制系统一般称为继电器－接触器控制系统。

任何复杂的控制电路都是由一些基本的单元电路组成的，因此本节中我们主要讨论低压电器控制。

一、低压电器的结构

（一）电磁结构

（1）组成。电磁结构一般由铁芯、衔铁、线圈等几部分组成。按通过线圈的电流种类分有交流电磁结构和直流电磁结构；按电磁结构的形状分有 E 形和 U 形两种；按衔铁的运动形式分有拍合式和直动式两大类。图 3.38（a）所示为衔铁沿棱角转动的拍合式铁芯，图 3.38（b）所示为衔铁沿轴转动的拍合式铁芯，图 3.38（c）所示为衔铁直线运动的双 E 形直动式铁芯。

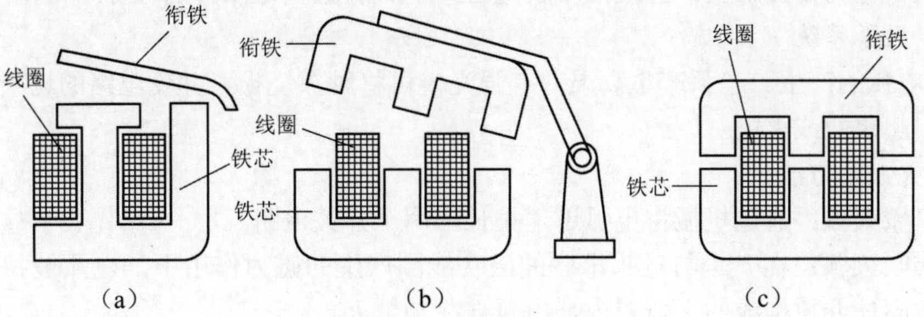

图 3.38　常用的电磁结构

交流电磁结构和直流电磁结构的铁芯（衔铁）有不同，直流电磁结构的铁芯为整体结构，以增加磁导率和增强散热；交流电磁结构的铁芯采用硅钢片叠制而成，目的是减少在铁芯中产生的涡流使铁芯发热。此外交流电磁结构的铁芯有短路环，以防止电流过零时（滞后 90°）电磁吸力不足使衔铁振动。

直流线圈通电，铁芯不会发热，只有线圈发热，因此将线圈与铁芯接触以利于散热。线圈做成无骨架、高而薄的瘦高型，以改善线圈自身散热。铁芯和衔铁由软钢或工程纯铁制成。

对于交流线圈，除线圈发热外，由于铁芯中有涡流和磁滞损耗，铁芯也会发热。为了改善线圈和铁芯的散热情况，在铁芯与线圈之间留有散热间隙，而且把线圈做成有骨架的矮胖型。铁芯用硅钢片叠成，以减少涡流。

另外，根据线圈在电路中的连接方式可分为串联线圈（即电流线圈）和并联线圈（即电压线圈）。

（2）原理。当线圈中有工作电流通过时，通电线圈产生磁场，于是电磁吸力克服弹簧的反作用力使得衔铁与铁芯闭合，由连接结构带动相应的触头动作。

（3）作用。将电磁结构中线圈中的电流转换成电磁力，带动触头动作，完成通断电路的控制作用，将电磁能转换成机械能。

（二）触头系统

触头是用来接通或断开电路的，其结构形式有很多种。

（1）按其接触形式分。按其接触形式分为点接触、线接触和面接触三种。图 3.39（a）所示为点接触的桥式触头，图 3.39（b）所示为面接触的桥式触头，图 3.39（c）所示为线接触的指形触头。点接触允许通过的电流较小，面接触和线接触允许通过的电流较大。

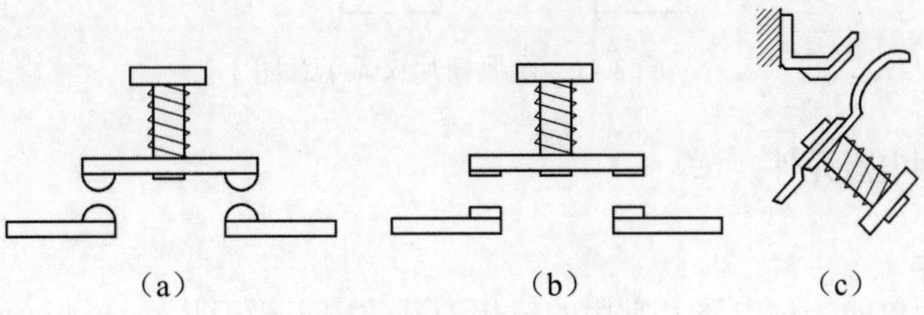

图 3.39　常见的触头结构

（2）按控制的电路分。按控制的电路分为主触头和辅助触头。主触头用于接通或断开主电路，允许通过较大的电流。辅助触头用于接通或断开控制电路，只允许通过较小的电流。

（3）按原始状态分。按原始状态分为常开触头和常闭触头。当线圈不带电时，动、静触头是分开的，称为常开触头；当线圈不带电时，动、静触头是闭合的，称为常闭触头。

（三）灭弧系统

（1）电弧的产生。电弧产生高温并有强光，可将触头烧损，并使电路的切断时间延长，严重时可引起事故或火灾。

（2）灭弧的方法。

- 机械灭弧：通过机械将电弧迅速拉长，用于开关电路。
- 磁吹灭弧：在一个与触头串联的磁吹线圈产生的磁力作用下，电弧被拉长且被吹入由固体介质构成的灭弧罩内，电弧被冷却熄灭。
- 窄缝灭弧：在电弧形成的磁场、电场力的作用下，将电弧拉长进入灭弧罩的窄缝中，使其分成数段并迅速熄灭，如图 3.40 所示，该方式主要用于交流接触器中。

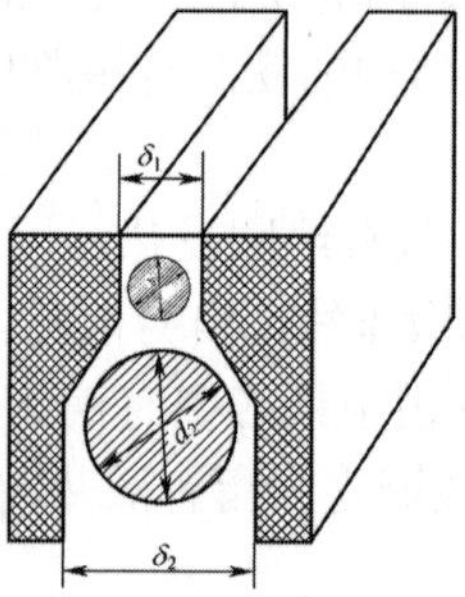

图 3.40　窄缝灭弧室的断面图

- 栅片灭弧：当触头分开时，产生的电弧在电场力的作用下被推入一组金属栅片而被分成数段，彼此绝缘的金属片相当于电极，因而就有许多阴阳极压降，对交流电弧来说，在电弧过零时使电弧无法维持而熄灭，如图 3.41 所示，交流电器常用栅片灭弧。

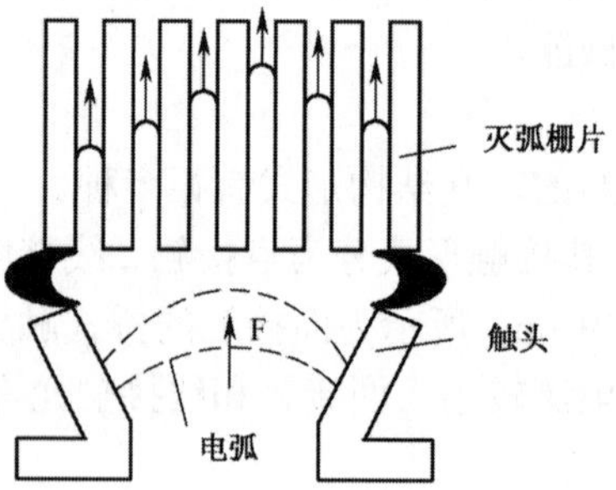

图 3.41　金属栅片灭弧示意图

二、常用控制电器元件

（一）刀开关

刀开关是最简单的一种电器。常用的三相刀开关由三极刀片（动触点）和刀座（静触点，安装于瓷质底座上，并盖上胶木盖）组成。三相刀开关常作为电源开关用，也可用于小容量电动机作不频繁的直接起动。

使用刀开关时需要注意：不允许将它倒装和平装，以免发生不必要的误动作；胶木盖一定要盖上，以防电弧烧伤。刀开关的图形符号和文字符号如图 3.42 所示。

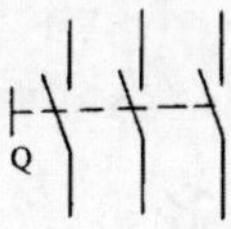

图 3.42 刀开关的符号

（二）组合开关

组合开关实质上也是一种刀开关，常作为机床电气控制线路的电源引入开关，也可以直接起动小容量的笼型异步电动机。

目前常用的有 HZ10 系列组合开关。三极组合开关的基本结构是：三对静触点分别装于三层绝缘胶木触点座内，与顶层绝缘板叠装起来，一端伸出盒外作为接线柱；三个动片触点则套在装有手柄的绝缘转动方轴上。转动转轴即可使三对触点（彼此相差一定角度）同时接通或断开。它的图形符号和文字符号如图 3.43 所示。

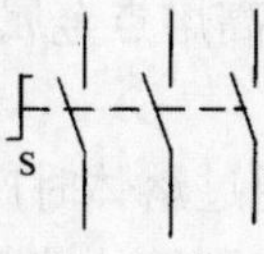

图 3.43 组合开关的符号

图 3.44 所示是用组合开关直接控制三相交流异步电动机的起动和停止的接线图。其中三对静触点中，每对触点各有一个接三相电源，另外一个触点接三相交流异步电动机的出线端。

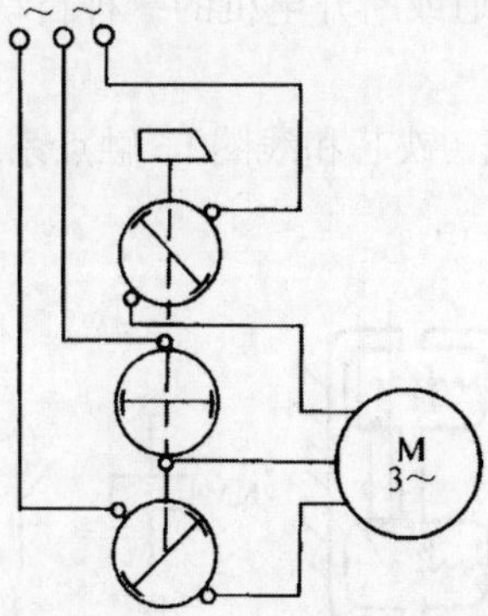

图 3.44 用组合开关起停电动机的接线图

（三）按钮

按钮是一种结构简单、应用广泛的电器，通常用来接通或断开小电流的控制回路，如接触器、继电器的线圈电路。

图 3.45（a）所示为按钮结构示意图。当按下按钮帽 3 时，动触点 1 将原来接通的一对静触点（动断触点）4 断开，同时接通原来断开的静触点（动合触点）5。松手后，复位弹簧 2

将动触点复位。

通常，我们将未受外力作用或线圈未通电时断开的触点，亦即受外力作用或线圈通电时才闭合的触点称为动合（常开）触点，情况相反的触点称为动断（常闭）触点。按钮的图形符号如图 3.45（b）所示。

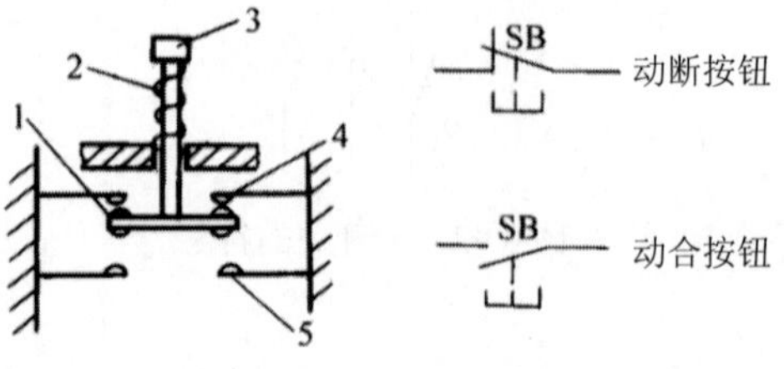

（a）结构示意图　　（b）图形符号

图 3.45　按钮

1—动触点；2—复位弹簧；3—按钮帽；4、5—静触点

（四）熔断器

熔断器由熔体和安装熔体的绝缘底座（或熔管）组成。熔体由易熔金属材料铅、锌、锡、铜、银及其合金制成，形状常为丝状或网状。由铅锡合金和锌等低熔点金属制成的熔体，因不易灭弧，多用于小电流电路；由铜、银等高熔点金属制成的熔体，因易于灭弧，多用于大电流电路。

熔断器串接于被保护电路中，电流通过熔体时产生的热量与电流的平方、电流通过的时间成正比。电流越大，则熔体熔断时间越短，这种特性称为熔断器的反时限保护特性或安秒特性。熔断器的符号如图 3.46 所示。

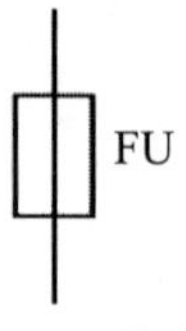

图 3.46　熔断器

（五）交流接触器

交流接触器是电力拖动控制系统中用得最多的电器，它是利用电磁吸力使触头闭合或断开，从而自动接通或断开电机的一种自动电器开关，常用来接通或断开电动机或其他电气设备的电路。

交流接触器主要包括电磁系统（铁芯和线圈）、触点系统和灭弧装置三部分。图 3.47 所示是交流接触器的结构示意图。

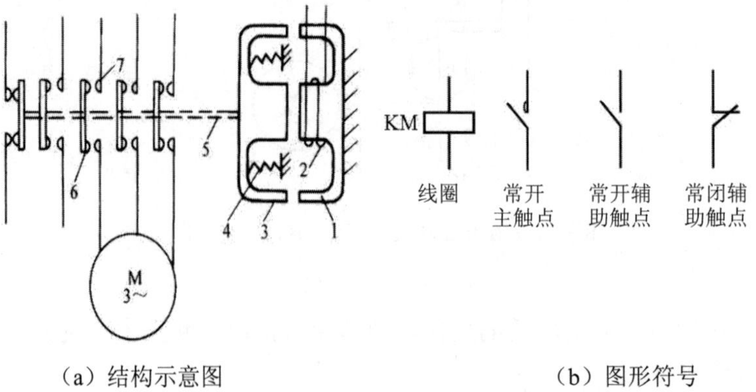

（a）结构示意图　　（b）图形符号

图 3.47　交流接触器

1—静铁芯；2—线圈；3—衔铁；4—弹簧；5—绝缘杆；6—动触点；7—静触点

根据用途不同，接触器的触点分为主触点和辅助触点两种。主触点用来切换大电流电路，接在电动机的主电路中；辅助触点只能用来切换小电流电路，接在控制电路中。线圈套在静铁芯上，接于控制电路中。当线圈加以额定电压通电时，电磁力将动铁芯（也称衔铁）吸合，通过绝缘杆使固定于衔铁上的动触点动作，使主触点闭合接通大电流的主电路；而动合辅助触点闭合，动断辅助触点断开，使与之连接的相应控制电路通、断。当线圈断电时，触点系统在复位弹簧的作用下恢复原状。

为了减小铁芯损耗，交流接触器的铁芯用硅钢片叠成。为了消除工作时的振动和噪声，部分铁芯端面上套有短路环。

因为触点经常在额定电压下通、断额定电流或更大的电流，产生电弧，所以为了使电弧迅速熄灭，触点通常做成桥形，具有双断点，还加装有灭弧装置（如灭弧罩等）。

选用接触器时，应注意线圈的额定电压、触点的数量及其额定电流。

（六）热继电器

热继电器是应用电流热效应的原理来切断电路的保护电器，在电路中对电动机进行过载保护。

图 3.48 所示是热继电器的结构原理示意图和图形符号。

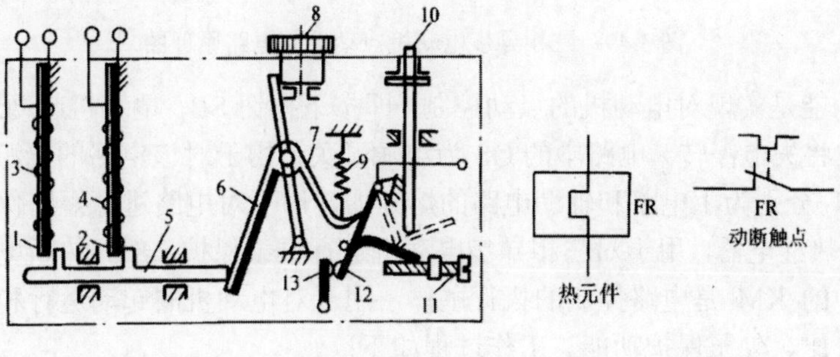

（a）　　　　（b）

图 3.48　热继电器

1、2－双金属片；3、4－热元件；5－导板；6－温度补偿片；7－推杆；
8－凸轮；9－弹簧；10－复位按钮；11－螺钉；12－动触点；13－静触点

热继电器的热元件（电阻丝）绕在双金属片上，串接于电动机的主电路中，而动断触点则串联于电动机的控制电路中。当电动机过载时，电流超过额定电流，经一定时间后，热元件的发热量增大，足以使双金属片（由两种热膨胀系数不同的金属片压制而成）向热膨胀系数小的一边弯曲，推动导板，通过动作机构使动断触点断开，控制电路断开，接触器线圈断电，主触点断开电源，电动机停转，从而达到过载保护的目的。

使用热继电器时，要调整整定机构（凸轮旋钮），使热继电器的整定电流等于电动机的额定电流。这样，电动机额定运行时，热继电器不动作；当电动机过载，电流为整定电流的 1.2 倍时，热继电器将在 20min 内动作；当过载电流为整定电流的 1.5 倍时，热继电器在 2min 内动作。由于热惯性，热继电器不能作短路保护，而且电动机起动或短时过载时，热继电器不应动作，以保证电动机的正常运行。

目前，常用的热继电器有 JR15 和 JR16 系列。JR15 系列为两相结构，JR16 系列是三相结构（即热元件和双金属片是三相的），且有带或不带断相保护两种。

三、三相异步电动机常见控制电路

（一）三相异步电动机点动控制电路

在生产实际中，有的生产机械需要点动控制。所谓点动控制是指对电动机的动作进行短时间的操作调整。图 3.49 所示为最简单的典型点动控制电路原理图。

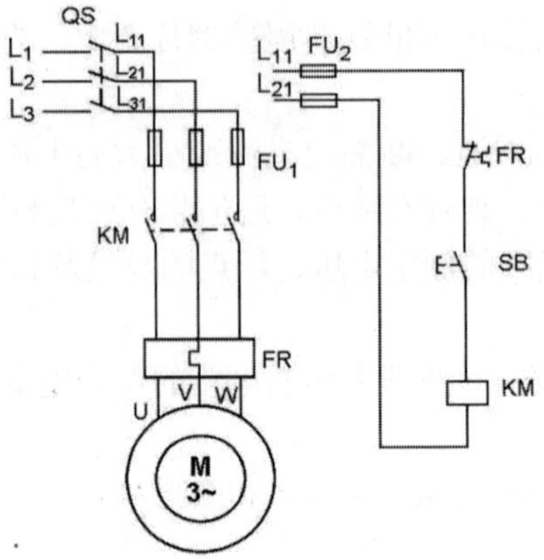

图 3.49 三相异步电动机点动控制电路原理图

该电路的功能是实现对电动机的点动控制，即按下按钮 SB，电动机起动运转，撤去对 SB 的按压，电动机将失电停转。电路中的 QS 为电源开关，用于对该电路的电源进行控制；电路中的 FU_1 和 FU_2 分别为主电路和辅助电路的熔断器，用于对电路进行短路保护和过流保护；电路中的 FR 为热继电器，用于对三相异步电动机进行过载保护，部分热断电器还具有断相保护功能；电路中的 KM 是电路控制的执行主体，用于对电动机的起动运行和停车进行控制，它同时还具有失压、欠压保护功能。工作过程如下：

按下SB ⟶ KM线圈得电 ⟶ KM主触点闭合 ⟶ 电动机得电运行

释放SB ⟶ KM线圈失电 ⟶ KM主触点断开 ⟶ 电动机失电停转

（二）三相异步电动机单向连续运行控制电路

三相异步电动机单向连续运行控制电路可在点动控制电路基础之上加一个接触器常开辅助触头及停止按钮来实现，其关键在于多了一个自锁环节，具体电路如图 3.50 所示。

自锁环节是由接触器的常开辅助触点完成的，该触点与起动按钮 SB_2 并联，KM 得电后该触点即刻闭合，从而保证 SB_2 释放后 KM 线圈能继续保持得电状态，实现自锁的目的。其起动的工作过程如下：

按下SB_2 ⟶ KM线圈得电 ⟶ KM常开辅助触点闭合 ⟶ 实现自锁
　　　　　　　　　　　　 ⟶ KM主触点闭合 ⟶ 电动机得电起动

电动机处于连续运行状态，要停车必须按下停车按钮 SB_1，其工作过程如下：

按下SB_1 ⟶ KM线圈失电 ⟶ KM常开辅助触点释放 ⟶ 解除自锁
　　　　　　　　　　　　 ⟶ KM主触点释放 ⟶ 电动机失电停转

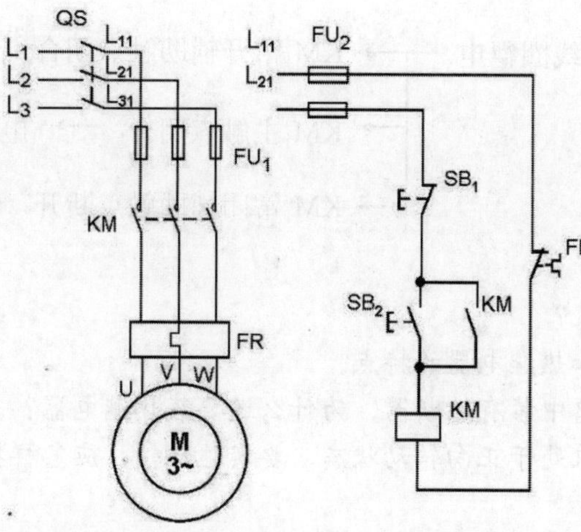

图 3.50　三相异步电动机单向连续运行控制电路原理图

（三）三相异步电动机联锁控制电路

在生产机械的工作中常会要求三相异步电动机既能正向转动也能反向转动。而实现电动机的正向、反向转动只需改变电动机三相电源的相序即可做到，但电动机在某一时刻只能正转或反转，在正转时不能接通反转电路，否则将会导致短路。为了保证电路安全运行，必须在电路中增加一个互锁环节，也叫联锁环节。

在电动机控制电路中常用的联锁环节有两种：一种是按钮联锁，另一种是接触器辅助触点联锁，我们以后一种方式为例来分析三相异步电动机联锁控制电路的原理。

辅助触点联锁就是将正向起动接触器 KM_1 的常闭辅助触点串联到反转电路中，当电动机处于正向转动状态时，KM_1 吸合，其串联于反转电路中的常闭辅助触点 KM_1 断开，若此时按压反向起动按钮，反转接触器 KM_2 线圈将无法得电，从而达到联锁的目的。

辅助触点联锁电气控制电路的原理图如图 3.51 所示。

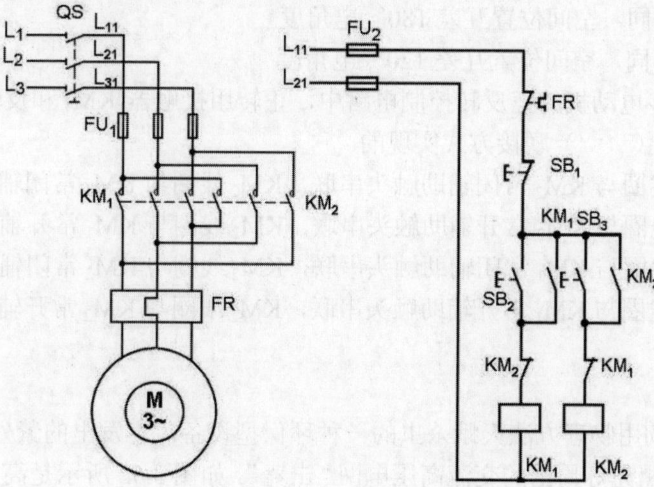

图 3.51　辅助触点联锁电气控制电路原理图

闭合电源开关后按压正向起动按钮 SB_2，其工作过程如下：

按下SB_2 → KM_1线圈得电 → KM_1常开辅助触点闭合 → 实现自锁
→ KM_1主触点闭合 → 电动机得电正转
→ KM_1常闭辅助触点断开 → 实现联锁

课堂互动

1. 刀开关应如何安装？
2. 简述交流继电器和热继电器的特点。
3. 在电动机的主电路中装有熔断器，为什么还要装热继电器？
4. 若三相异步电动机处于正向转动状态，要实施反转，应怎样操作？写出其操作过程和动作过程。

思考与练习三

一、选择题

1．在相同的线电压作用下，同一台三相异步电动机为星形连接所消耗的功率是三角形连接所消耗功率的（　　）倍。

A．$\sqrt{3}$　　B．3　　C．$\frac{1}{3}$　　D．$\frac{1}{\sqrt{3}}$

2．在三相交流异步电动机的定子上布置有（　　）三相绕组。
A．结构相同，空间位置互差90°电角度
B．结构相同，空间位置互差120°电角度
C．结构不同，空间位置互差180°电角度
D．结构不同，空间位置互差120°电角度

3．在三相异步电动机的正反转控制电路中，正转用接触器KM_1和反转用接触器KM_2之间的互锁作用是由（　　）联接方式实现的。
A．KM_1线圈与KM_2常闭辅助触头串联，KM_2线圈与KM_1常闭辅助触头串联
B．KM_1线圈与KM_2常开辅助触头串联，KM_2线圈与KM_1常开辅助触头串联
C．KM_1线圈与KM_1常闭辅助触头串联，KM_2线圈与KM_2常闭辅助触头串联
D．KM_1线圈与KM_1常开辅助触头串联，KM_2线圈与KM_2常开辅助触头串联

二、综合题

1．黑光灯是利用物理方法灭蛾杀虫的一种环保型设备，它发出的紫外线能够引诱害虫飞近黑光灯，然后被黑光灯周围的交流高压电网“击毙”。如图3.52所示是高压电网的工作电路，高压电网是利用变压器将有效值为220V的交流电压变成高压，高压电网相邻两极间的距离为0.5cm，已知空气在常温常压下的击穿电压为6220V/cm，为防止空气被击穿而造成短路，变压器的一次、二次线圈匝数比不得超过多少？

2. 如图 3.53 所示理想变压器输入的交流电压 $U_1 = 220\,\text{V}$，有两组副线圈，其中 N_2=36 匝，标有“6V 9W”“12V 12W”的电灯分别接在两副线圈上均正常发光，求：

（1）原线圈的匝数 N_1 和另一副线圈的匝数 N_3。

（2）原线圈中的电流 I_1。

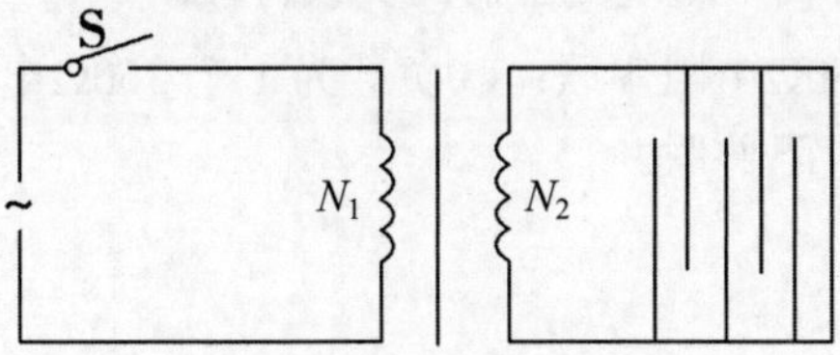

图 3.52 习题 3 图

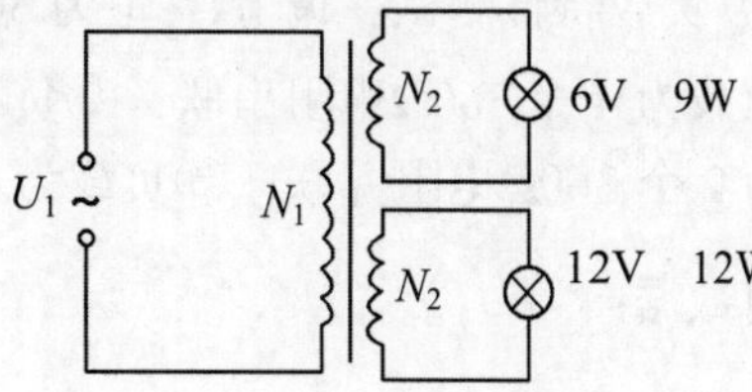

图 3.53 习题 4 图

3. 将三相异步电动机接三相电源的三根引线中的两根对调，此电动机是否会反转？为什么？

4. 三相异步电动机带动一定的负载运行时，若电源电压降低了，此时电动机的转矩、电流及转速有无变化？如何变化？

5. 有一台三相异步电动机，其铭牌数据见表 3.6。当负载转矩为 250N·m 时，试问在 $U=U_N$ 和 $U'=0.8U_N$ 两种情况下电动机能否起动？

表 3.6 三相异步电动机的铭牌数据

P_N/kW	n_N/r·min^{-1}	U_N/V	$\eta_N\times100$	$\cos\varphi_N$	I_{st}/I_N	T_{st}/T_N	T_{max}/T_N	接法
40	1470	380	90	0.9	6.5	1.2	2.0	△

6. 异步电动机有哪几种调速方法？各种调速方法有何优缺点？

7. 什么是直流电机的可逆原理？如何判断直流电机是作为发电机运行还是作为电动机运行？

8. 并励直流发电机的外特性和他励直流发电机有何不同？说明影响曲线形状的因素。

9. 简述三相异步电动机的转动原理，并说明为什么异步电动机转子的转速达不到同点转速？

10. 为什么电源电压过高或过低都可能损坏电动机？

11. 异步电动机的起动电流为什么比正常工作电流大？

项目化任务（一）——小型变压器的特性测试

项目目的：

（1）测试空载电流 I_{10}。

（2）测试空载电压 U_{20}。

（3）测试负载特性。

仪器设备：

小型变压器实验板、综合试验台。

项目实施步骤：

（1）空载电流 I_{10} 的测试。

（2）空载电压 U_{20} 的测试。

（3）负载特性测试。调节 U_2 恒为 36V，改变负载，测量变压器的负载特性。

①负载为 4 个 360Ω电阻串联；②负载为 2 个 360Ω电阻串联；③负载为 1 个 360Ω电阻；④负载为 2 个 360Ω电阻并联；⑤负载为 4 个 360Ω电阻并联。

项目数据：

测试结果填入表 1 和表 2 中。

表 1　空载特性测试

负载	1	2

表 2　负载特性测试

负载	①	②	③	④	⑤
I_2					
U_2					
P_2					
P_1					
I_1					

项目结论：

（1）从表 1 中可以看出一次电流有________________特点。

（2）从表 2 中可以看出一次电流与________________因素有关。

项目化任务（二）——三相异步电动机的控制

项目目的：

最终目标：掌握由电气原理图到安装接线实际操作的方法。

促成目标：

（1）了解三相异步电动机一些基本的控制原理。

（2）安装接线三相异步电动机点动控制电路、单向连续运行控制电路、联锁控制电路。

仪器设备：

（1）综合实验台；
（2）三相异步电动机 1 台；
（3）控制电路实验板 3 块。

项目实施步骤：

（1）识读本章第六节图 3.49、图 3.50、图 3.51 的电气控制电路原理图。
（2）根据电路图，选取并检查各电器元件。
（3）固定各电器元件，安装接线。
（4）用万用表检查线路是否正确，并检查工艺是否美观。
（5）经教师检查后，通电调试。

项目结论：

三相异步电动机点动控制、单向连续运行控制、辅助触点联锁电气控制的特点及优缺点总结。

第二篇　模拟电子

第四章　半导体器件

学习目标

知识目标

- 理解半导体的概念和 PN 结的基本特性。
- 掌握二极管和三极管的基本结构、分类、电路符号及工作原理。
- 熟悉二极管、三极管的特性。
- 熟悉晶闸管的基本结构、电路符号及工作原理等。
- 了解场效应管的分类、结构及工作原理。

能力目标

- 在实际应用中，能正确选用半导体器件。

半导体是一种导电能力介于导体和绝缘体之间的，或者说电阻率介于导体和绝缘体之间的物质，其电阻率在 1mΩ·cm～1GΩ·cm 范围内。如锗、硅、硒及大多数金属的氧化物都是半导体。半导体的独特性能不只是在于它的电阻率大小，而且它的电阻率因温度、掺杂和光照会产生显著变化。利用半导体的特性可制成二极管、三极管等多种半导体器件。

第一节　半导体材料及 PN 结

在日常生活中，经常看到或用到各种各样的物体，它们的性质是各不相同的。有些物体，如钢、银、铝、铁等，具有良好的导电性能，我们称它们为导体。相反，有些物体如玻璃、橡皮和塑料等不易导电，我们称它们为绝缘体（或非导体）。还有一些物体，如锗（Ge）、硅（Si）、砷化镓（GaAs）及大多数的金属氧化物和金属硫化物，它们既不像导体那样容易导电，也不像绝缘体那样不易导电，导电能力介于导体和绝缘体之间，我们把它们称为半导体。绝大多数半导体都是晶体，它们内部的原子都按照一定的规律排列着。因此，人们往往又把半导体材料称为晶体，这也就是晶体管名称的由来。

一、本征半导体

纯净的、晶体结构完整的半导体称为本征半导体，常温下其电阻率很高，是电的不良导体。

本征半导体在绝对温度为零度和没有外界其他因素影响时，价电子不能挣脱共价键的束缚，也就不能自由移动，此时半导体不导电。当温度升高或受到外界其他因素影响时，少数价电子获得能量从而挣脱共价键的束缚，成为自由电子，在原来的共价键的相应位置留下一个空位，称为“空穴”。如图 4.1 所示，其中 A 处为空穴，B 处为自由电子。因为自由电子与空穴是成对出现的，所以称为电子－空穴对，此时整个原子对外仍然呈现电中性，这种现象就称为本征激发。

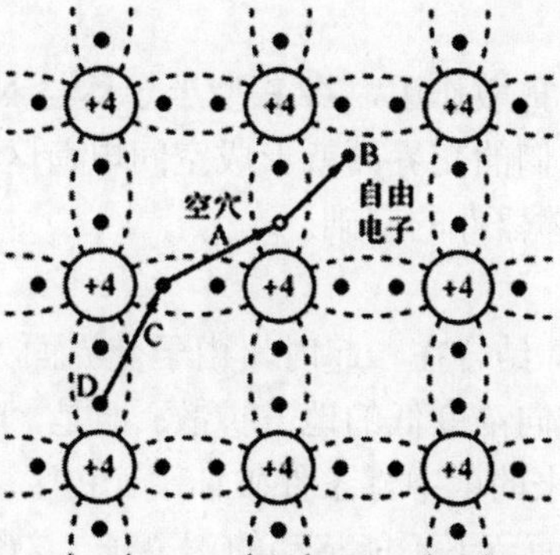

图 4.1　本征激发示意图

由于共价键 A 处出现了空穴，在外加电场或其他能源的作用下，邻近的价电子就容易填补到这个空穴中，使该价电子原来所在共价键的位置形成一个空穴，如图 4.1 中的 C 处，这样空穴便从 A 处移至 C 处；同样，邻近的价电子（图 4.1 中的 D 处）又填补到这个新的空穴，空穴又从 C 处移到 D 处。因此，空穴可以在半导体中自由移动，实质上是价电子填补空穴的运动（二者运动方向相反）。从自由电子的角度来看，其定向移动会形成电流；从空穴的角度来看，其可看成是一种带正电荷的载流子，所带的电量与电子相等，符号相反，其定向移动也会形成电流。

可见，在本征半导体中存在两种载流子：带负电荷的电子载流子和带正电荷的空穴载流子。理论和实验都表明，本征半导体中的电子－空穴对数目随温度的升高而迅速增多，基本按指数规律上升。因此，本征半导体的导电能力受温度影响很显著，随温度升高其电阻率急剧减小。

二、杂质半导体

在本征半导体中掺入微量的有用杂质，就可以形成导电能力大大增强的杂质半导体。杂质半导体是制造各种半导体器件的基本材料，按掺入杂质的不同，杂质半导体可以分为 N 型半导体和 P 型半导体。

（一）N 型半导体

在纯净的硅晶体中掺入五价元素（如磷），使之取代晶格中硅原子的位置，就形成了 N 型半导体。在 N 型半导体中，主要靠自由电子导电，自由电子数目远大于空穴数。一般将自由电子称为多数载流子即多子，空穴称为少数载流子即少子。自由电子主要由杂质原子提供，空穴由热激发形成。掺入的杂质越多，多子（自由电子）的浓度就越高，导电性能就越强。N 型半导体也称为电子型半导体。

（二）P 型半导体

在纯净的硅晶体中掺入三价元素（如硼），使之取代晶格中硅原子的位置，就形成了 P 型半导体。在 P 型半导体中，主要靠空穴导电，空穴为多子，自由电子为少子。空穴主要由杂质原子提供，自由电子由热激发形成。掺入的杂质越多，多子（空穴）的浓度就越高，导电性能就越强。P 型半导体也称为空穴型半导体。

三、PN 结

采用不同的掺杂工艺，通过扩散作用，将 P 型半导体与 N 型半导体制作在同一块半导体（通常是硅或锗）基片上，在它们的交界面就形成空间电荷区，称为 PN 结。PN 结具有单向导电性。PN 结是构成各种半导体器件的基础。

（一）PN 结的形成

当 P 型半导体和 N 型半导体结合在一起时，由于交界面处存在载流子浓度的差异，这样电子和空穴都要从浓度高的地方向浓度低的地方扩散。但是，电子和空穴都是带电的，它们扩散的结果就使 P 区和 N 区中原来的电中性条件破坏了。P 区一侧因失去空穴而留下不能移动的负离子，N 区一侧因失去电子而留下不能移动的正离子。这些不能移动的带电粒子通常称为空间电荷，它们集中在 P 区和 N 区交界面附近，形成了一个很薄的空间电荷区，这就是我们所说的 PN 结。如图 4.2 所示，在这个区域内，多数载流子或已扩散到对方，或被对方扩散过来的多数载流子（到了本区域后即成为少数载流子）复合掉了，即多数载流子被消耗尽了，所以又称此区域为耗尽层，它的电阻率很高，为高电阻区。

P 区一侧呈现负电荷，N 区一侧呈现正电荷，因此空间电荷区出现了方向由 N 区指向 P 区的电场，由于这个电场是载流子扩散运动形成的，而不是外加电压形成的，故称为内电场，如图 4.3 所示。

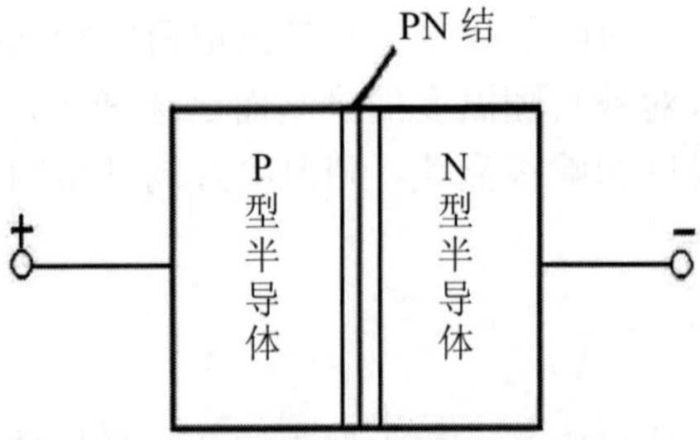

图 4.2 PN 结

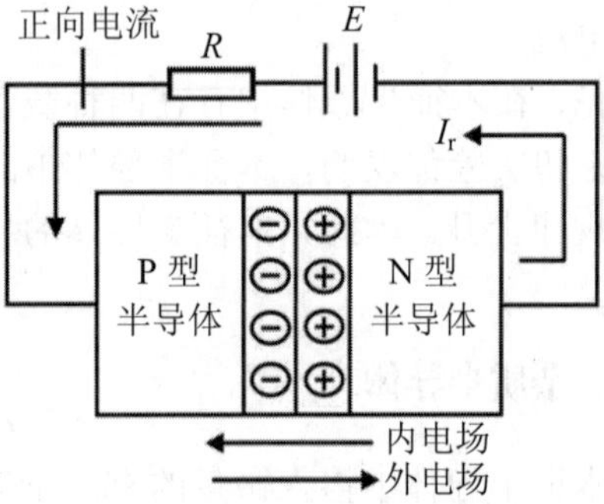

图 4.3 内电场

内电场是由多子的扩散运动引起的，伴随着它的建立将带来两种影响：一是内电场将阻碍多子的扩散；二是 P 区和 N 区的少子一旦靠近 PN 结，便在内电场的作用下漂移，使空间电荷区变窄。因此，扩散运动使空间电荷区加宽，内电场增强，有利于少子的漂移而不利于多子的扩散；而漂移运动使空间电荷区变窄，内电场减弱，有利于多子的扩散而不利于少子的漂移。当扩散运动和漂移运动达到动态平衡时，交界面形成稳定的空间电荷区，即 PN 结处于动态平衡。PN 结的宽度一般为 0.5μm。

（二）PN 结的单向导电性

PN 结在未加外加电压时，扩散运动与漂移运动处于动态平衡，通过 PN 结的电流为零。

（1）外加正向电压（正偏）。当电源正极接 P 区，负极接 N 区时，称为给 PN 结加正向电压或正向偏置。由于 PN 结是高阻区，而 P 区和 N 区的电阻很小，所以正向电压几乎全部加在 PN 结两端。在 PN 结上产生一个外电场，其方向与内电场相反，在它的推动下，N 区的电子要向左边扩散，并与原来空间电荷区的正离子中和，使空间电荷区变窄。同样，P 区的空穴也要向右边扩散，并与原来空间电荷区的负离子中和，使空间电荷区变窄。结果使内电场减弱，破坏了 PN 结原有的动态平衡。于是扩散运动超过了漂移运动，扩散又继续进行。与此同时，电源不断向 P 区补充正电荷，向 N 区补充负电荷，结果在电路中形成了较大的正向电流 I_F，而且 I_F 随着正向电压的增大而增大。

（2）外加反向电压（反偏）。当电源正极接 N 区，负极接 P 区时，称为给 PN 结加反向电压或反向偏置。反向电压产生的外加电场的方向与内电场的方向相同，使 PN 结内电场加强，它把 P 区的多子（空穴）和 N 区的多子（自由电子）从 PN 结附近拉走，使 PN 结进一步加宽，PN 结的电阻增大，打破了 PN 结原来的平衡，在电场作用下的漂移运动大于扩散运动。这时通过 PN 结的电流主要是少子形成的漂移电流，称为反向电流 I_R。由于在常温下，少数载流子的数量不多，故反向电流很小，而且当外加电压在一定范围内变化时，它几乎不随外加电压的变化而变化，因此反向电流又称为反向饱和电流。当反向电流可以忽略时，就可认为 PN 结处于截止状态。

综上所述，PN 结正偏时，正向电流较大，相当于 PN 结导通；反偏时，反向电流很小，相当于 PN 结截止。这就是 PN 结的单向导电性，PN 结正向电流的数量级是毫安，PN 结反向电流的数量级是微安。

（3）PN 结的击穿特性。当 PN 结上加的反向电压增大到一定数值时，反向电流突然剧增，这种现象称为 PN 结的反向击穿。PN 结出现击穿时的反向电压称为反向击穿电压，用 U_B 表示。反向击穿可分为雪崩击穿和齐纳击穿两类：雪崩击穿不可逆，会导致 PN 结损坏；齐纳击穿是可逆的。

课堂互动

1. 当晶体二极管的 PN 结正偏导通后参加导电的是（　　）。
   A. 少数载流子
   B. 多数载流子
   C. 既有少数载流子又有多数载流子
2. 半导体中的空穴和自由电子数目相等，这样的半导体称为（　　）。
   A. P 型半导体
   B. 本征半导体
   C. N 型半导体
3. PN 结具有________的性能，即加________电压时 PN 结导通，加________电压时 PN 结截止。

第二节 半导体二极管

一、半导体二极管的结构

半导体二极管简称二极管。它是由一个 PN 结组成的器件，具有单向导电的性能，因此，常用它作为整流或检波的器件。二极管有两个电极，接 P 型半导体的引线叫阳极，接 N 型半导体的引线叫阴极，如图 4.4 所示。

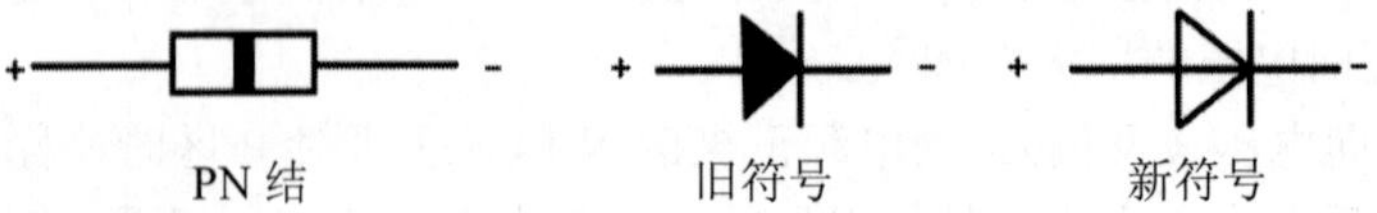

图 4.4 二极管符号

二极管在电路中常用 VD 加数字表示，如 VD_5 表示编号为 5 的二极管。二极管按材料分，有锗二极管、硅二极管和砷化镓二极管，前两种应用最广泛。其中锗管正向压降为 0.2～0.4V，硅管正向压降为 0.6～0.8V，硅管的反向饱和漏电电流比锗管小，锗管一般为数十至数百微安，而硅管为一微安或更小。锗管耐高温性能比硅管差，锗管的最高工作温度不超过 100℃，而硅管工作温度可达 200℃。按用途分有整流二极管、检波二极管、开关二极管、稳压二极管、变容二极管、发光二极管等。按结构不同分为点接触型二极管和面接触型二极管，如图 4.5 所示。

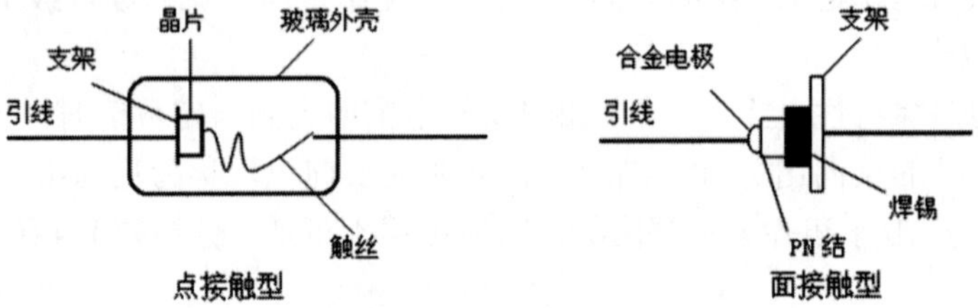

图 4.5 二极管示意图

二、二极管的特性和主要参数

（一）二极管的伏安特性

二极管的伏安特性曲线如图 4.6 所示。从图中可知，二极管端电压 $U_D = 0$ 时，$I_D = 0$；当 $U_D > 0$ 后，出现 I_D 但起始值很小。当 U_D 超过门坎电压（锗管为 0.2～0.4V，硅管为 0.6～0.8V）时，二极管导电，I_D 便显著增加；当 $U_D < 0$ 时，二极管截止，但仍然有微弱的反向电流 I_R，因为反向电流大小仅与热激发产生的少数载流子数量有关，而与反向电压的大小几乎无关。考虑到表面漏电流的影响，I_R 随反向电压的增加而略有增加。而当反向电压继续增加到等于二极管的反向击穿电压 U_{RM} 时，反向电流就激增，表现为曲线的急剧弯曲。普通二极管的工作电压应远离这个击穿电压，确保二极管的安全工作。而稳压管却工作在击穿区，是利用其反向电流随反压增加而激增的原理进行稳压作用的。

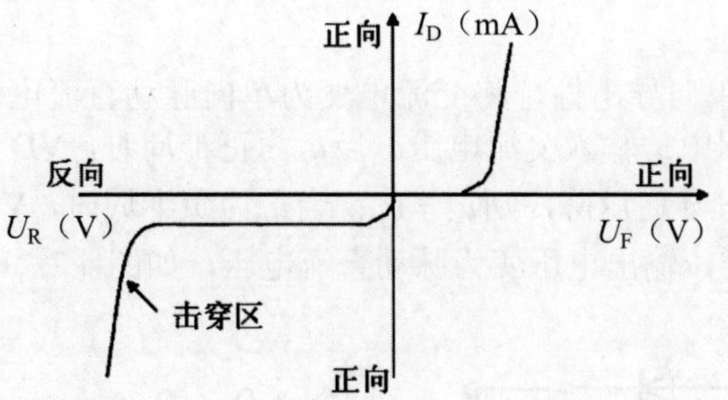

图 4.6 二极管静态特征曲线

（二）二极管的主要参数

一般的检波、整流二极管主要有以下 4 个参数：

（1）最大整流电流 I_{FM}。最大整流电流是指半波整流连续工作的情况下，为使 PN 结的温度不超过额定值（锗管约为 80℃，硅管约为 150℃），二极管中能允许通过的最大直流电流。

因为电流流过二极管时要发热，电流过大二极管就会因过热而烧毁，所以应用二极管时要特别注意最大电流不得超过 I_{FM} 值。大电流整流二极管应用时要加散热片。

（2）最大反向电压 U_{RM}。最大反向电压是指不致引起二极管击穿的反向电压。工作电压的峰值不能超过 U_{RM}，否则反向电流增大，整流特性变坏，甚至烧毁二极管。

二极管的反向工作电压一般为击穿电压的 1/2，而有些小容量二极管，其最高反向工作电压定为反向击穿电压的 2/3。晶体管，一般说来对电压比电流更敏锐，也就是说，电压容易引起二极管的损坏，故应用中一定要保证不超过最大反向工作电压。

（3）最大反向电流 I_{RM}。在给定的反向偏压下，通过二极管的直流电流称为二极管的反向电流 I_S。这一电流在反向击穿前大致不变，故又称为反向饱和电流。实际的二极管，反向电流往往随反向电压的增大而缓慢增大。在最大反向电压 U_{RM} 时，二极管中的反向电流就是最大反向电流 I_{RM}。通常在室温下的 I_S，硅管为 1μA 或更小，锗管为几十至几百微安。反向电流的大小反映了二极管单向导电性能的好坏，反向电流的数值越小越好。

（4）最高工作频率 f_M。二极管的材料、制造工艺和结构不同，其使用频率也不相同，有的可以工作在高频电路中，如 2AP 系列、2AK 系列等；有的只能在低频电路中使用，如 2CP 系列、2CZ 系列等。晶体二极管保持原来良好工作特性的最高频率称为最高工作频率。

课堂互动

1. 晶体二极管的正极电位是−10V，负极电位是−5V，则该二极管处于（ ）。

   A. 零偏　　B. 反偏　　C. 正偏

2. 晶体二极管因所加________电压过大而________，并出现________的现象，称为热击穿。

三、二极管的基本应用

我们运用二极管主要是利用它的单向导电性。将二极管应用于检波、整流、限幅和钳位电路中时，如果二极管正向导通，通常将其看作短接导线或导通电压一定；如果二极管反向截止，则认为断路。

（一）整流

整流是利用二极管的单向导电性，将交流电变为单向脉动直流电的过程。最简单的整流电路如图 4.7（a）所示。图中 u_i 输入交流电压。当 u_i 为正半周时，VD 正向导通，电阻中有电流流过，如果不考虑二极管导通压降，则 $u_o = u_i$；当 u_i 为负半周时，VD 反向截止，电阻中没有电流流过，$u_o = 0$。这样，输出电压变为脉动直流电压，如图 4.7（b）所示。

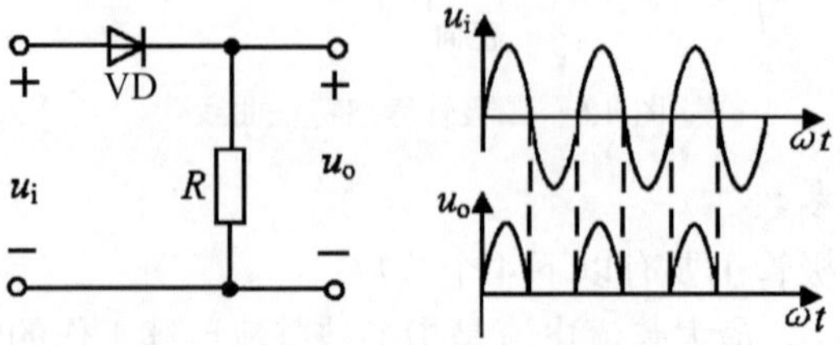

（a）整流电路　　（b）波形图

图 4.7　简单整流电路及其波形图

（二）限幅

限幅电路是用来限制输入信号电压范围的电路。它利用二极管的单向导电性和导通后两端电压基本不变的特点，在电路中作为限幅元件，从而把信号幅度限制在一定范围内，最简单的限幅电路如图 4.8（a）所示。

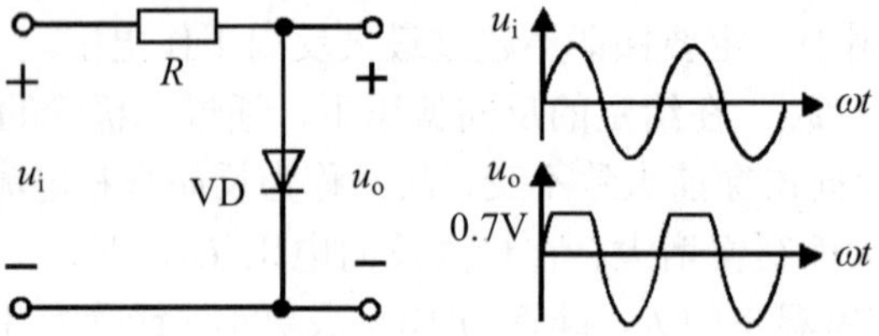

（a）限幅电路　　（b）波形图

图 4.8　限幅电路及其波形图

当输入电压 u_i 小于二极管开启电压时，由于二极管不导通，输出电压 u_o 随着输入电压作相应变化；当 u_i 大于二极管开启电压时，二极管导通，输出电压 u_o 等于管压降，图 4.8（b）所示为管压降等于 0.7V 时的限幅电路波形图。

四、几种常见的二极管

最常见、最普通的二极管是整流二极管、检波二极管、开关二极管和发光二极管。

（一）整流二极管

整流二极管是面接触型的，多采用硅材料构成。由于 PN 结面较大，能承受较大的正向电流和高反向电压，性能比较稳定，但因结电容较大，不宜在高频电路中应用，故不能用于检波。整流二极管有金属封装和塑料封装两种。

（二）检波二极管

检波的作用是把调制在高频电磁波上的低频信号检取出来。检波二极管要求结电容小，反向电流也小，所以检波二极管常采用点接触型二极管，常见的检波二极管有 2AP1～2AP7

及 2AP9～2AP17 等型号。除一般二极管参数外，检波二极管还有一个特殊参数——检波效率。它的定义是：在检波二极管输出电阻负载上产生的直流输出电压与加在输入端的正弦交流信号电压峰值之比的百分数，即：

检波效率=（直流输出电压/输入信号电压峰值）×100%

检波二极管的检波效率会随工作频率的增高而降低。检波二极管的封装多采用玻璃或陶瓷外壳，以保证良好的高频特性。检波二极管也可用于小电流整流。

（三）开关二极管

由于晶体二极管具有单向导电特性，在正偏压下，即导通状态下其电阻很小，约几十至几百欧姆；在反偏压下呈截止状态，其电阻很大，硅管在 10MΩ 以上，锗管也有几十千欧至几百千欧。利用二极管的这一特性，在电路中对电流进行控制，可起到“接通”或“关断”的开关作用。开关二极管就是为在电路中进行“开”和“关”而设计制造的一类二极管。开关二极管从截止（高阻）到导通（低阻）的时间叫“开通时间”，从导通到截止的时间叫“反向恢复时间”，两个时间加在一起统称“开关时间”。一般反向恢复时间远大于开通时间，故手册上常只给出反向恢复时间。一般开关二极管的开关速度是很快的。硅开关二极管反向恢复时间只有几纳秒（ns），锗二极管反向恢复时间要长一点，也只有几百纳秒（ns）。开关二极管有开关速度快、体积小、寿命长、可靠性高等优点，广泛应用于自动控制电路中。开关二极管多以玻璃及陶瓷外壳封装，以减小管壳电容。

（四）发光二极管

半导体发光二极管是用 PN 结把电能转换成光能的一种器件，它可用作光电传感器、测试装置、遥测遥控设备等。按其发光波长，可分为激光二极管、红外发光二极管和可见光发光二极管。可见光发光二极管常简称为发光二极管。

当给这种二极管加 2～3V 的正向电压，只要有正向电流流过时，它就会发出可见光，通常有红光、黄光、绿光几种，有的还能根据所加电压高低发出不同颜色的光，即变色发光二极管。发光二极管工作电压低、电流小、发光稳定、体积小，广泛用于收音机、音响设备及仪器仪表等工业产品中。

小电流发光二极管体积小，根据需要，外形可以做成圆形、方形、圆柱形、矩阵形等多种，发光二极管在电路中的符号如图 4.9 所示。

图 4.9 发光二极管的符号

常用的型号有 BT101、BT201、BT301（红色），BT103、BT203、BT303（绿色），BT104、BT204、BT304（黄色）。

第三节 半导体三极管

放大是电子学最基本的内容之一，而半导体三极管就具有放大作用，它构成的基本放大电路是组成各种复杂电路的单元和基础。

一、半导体三极管的类型

半导体三极管的结构示意图如图 4.10 所示。它有两种类型：NPN 型和 PNP 型。包含三层半导体。

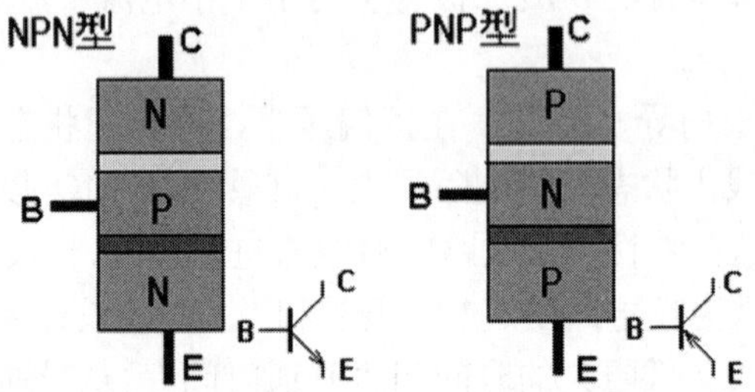

图 4.10　两类三极管示意图及图形符号

半导体三极管有两大类型：双极型半导体三极管和场效应半导体三极管。

双极型半导体三极管是由两种载流子参与导电的半导体器件，它由两个 PN 结组合而成，是一种 CCCS，即电流控制型器件。场效应型半导体三极管仅由一种载流子参与导电，是一种 VCCS，即电压控制型器件。

课堂互动

晶体三极管有两个 PN 结，其中一个 PN 结叫作________，另一个叫作________。

二、双极型半导体三极管

（一）双极型半导体三极管的结构

半导体三极管中间部分称为基区，相连电极称为基极，用 B 或 b 表示；一侧称为发射区，相连电极称为发射极，用 E 或 e 表示；另一侧称为集电区，相连电极称为集电极，用 C 或 c 表示。

E-B 间的 PN 结称为发射结（Je），C-B 间的 PN 结称为集电结（Jc）。

双极型三极管的符号在图 4.10 的右下方给出，发射极的箭头代表发射极电流的实际方向。从外表上看两个 N 区（或两个 P 区）是对称的，实际上发射区的掺杂浓度大，集电区掺杂浓度低，且集电结面积大。基区要制造得很薄，其厚度一般在几个至几十个微米。

（二）双极型半导体三极管的电流分配与控制

双极型半导体三极管在工作时一定要加上适当的直流偏置电压。若在放大工作状态：发射结加正向电压，集电结加反向电压。现以 NPN 型三极管的放大状态为例来说明三极管内部的电流关系，如图 4.11 所示。

发射结加正偏时，从发射区将有大量的电子向基区扩散，形成的电流为 I_{EN}。与 PN 结中的情况相同，从基区向发射区也有空穴的扩散运动，但其数量小，形成的电流为 I_{EP}。这是因为发射区的掺杂浓度远大于基区的掺杂浓度。

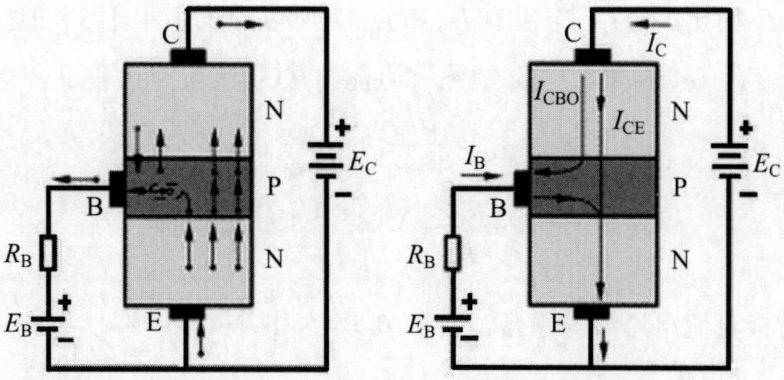

（a）载流子运动　　　　（b）电流分配

图 4.11　双极型三极管的电流传输关系

进入基区的电子流因基区的空穴浓度低被复合的机会较少。又因基区很薄，在集电结反偏电压的作用下，电子在基区停留的时间很短，很快就运动到了集电结的边上，进入集电结的结电场区域，被集电极所收集，形成集电极电流 I_{CN}。在基区被复合的电子形成的电流是 I_{BN}。

另外，因集电结反偏，使集电结区的少子形成漂移电流 I_{CBO}。于是分析可得如下电流关系式：

$$I_E = I_C + I_B \tag{4-1}$$

由以上分析可知，发射区掺杂浓度高，基区很薄，是保证三极管能够实现电流放大的关键。若两个 PN 结对接，相当于基区很厚，所以没有电流放大作用，基区从厚变薄，两个 PN 结演变为三极管。

（三）双极型半导体三极管的电流关系

（1）三种组态。双极型三极管有三个电极，其中两个可以作为输入，两个可以作为输出，这样必然有一个电极是公共电极。三种接法也称三种组态，如图 4.12 所示。

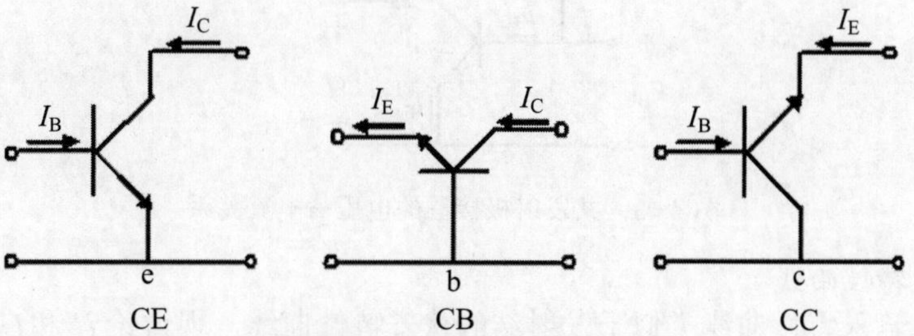

图 4.12　三极管的三种组态

共发射极接法：发射极作为公共电极，用 CE 表示。

共集电极接法：集电极作为公共电极，用 CC 表示。

共基极接法：基极作为公共电极，用 CB 表示。

（2）三极管的电流放大系数。对于集电极电流 I_C 和发射极电流 I_E 之间的关系可以用系数来说明，定义：

$$\alpha = \frac{I_{CN}}{I_E} \tag{4-2}$$

α 称为共基极直流电流放大系数，它表示最后达到集电极的电子电流 I_{CN} 与总发射极电流

I_E的比值。I_{CN}与I_E相比，因I_{CN}中没有I_{EP}和I_{BN}，所以α的值小于1，但接近1。由此可得：

$$I_C = I_{CN} + I_{CBO} = \alpha I_E + I_{CBO} = \alpha(I_C + I_B) + I_{CBO}$$

$$I_C = \frac{\alpha I_B}{1-\alpha} + \frac{I_{CBO}}{1-\alpha}$$

定义：
$$\beta = \frac{I_C}{I_B} = \frac{(I_{CN} + I_{CBO})}{I_B} \quad (4\text{-}3)$$

β称为共发射极直流电流放大系数，有：$\beta = \frac{I_C}{I_B} = \left(\frac{\alpha I_B}{1-\alpha} + \frac{I_{CBO}}{1-\alpha}\right)\frac{1}{I_B} \approx \left(\frac{\alpha I_B}{1-\alpha}\right)\frac{1}{I_B} = \frac{\alpha}{1-\alpha}$，因为$\alpha \approx 1$，所以$\beta >> 1$。

三、双极型半导体三极管的特性曲线

共发射极接法三极管的特性曲线为：

$$\text{输入特性曲线——} I_B = f(U_{BE})\big|_{U_{CE}=\text{常数}} \quad (U_{CE}\text{是参变量}) \quad (4\text{-}4)$$

$$\text{输出特性曲线——} I_C = f(U_{BE})\big|_{I_B=\text{常数}} \quad (I_B\text{是参变量}) \quad (4\text{-}5)$$

式中，B为输入电极，C为输出电极，E为公共电极。

所以这两条曲线是共发射极接法的特性曲线。

I_B是输入电流，U_{BE}是输入电压，加在B、E两电极之间。

I_C是输出电流，U_{CE}是输出电压，从C、E两电极取出。

共发射极接法的供电电路和电压－电流关系如图4.13所示。

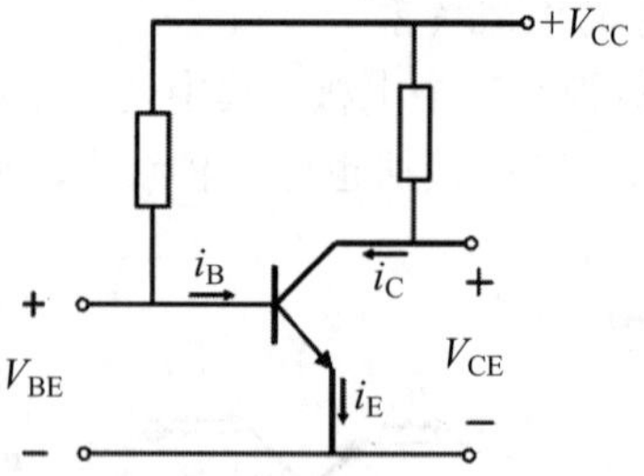

图4.13 共发射极接法的电压－电流关系

（一）输入特性曲线

简单地看，输入特性曲线类似于发射结的伏安特性曲线，现讨论I_B和U_{BE}之间的函数关系。因为有集电结电压的影响，它与一个单独的PN结的伏安特性曲线不同。为了排除U_{CE}的影响，在讨论输入特性曲线时，应使U_{CE}=const（常数）。U_{CE}的影响可以用三极管内部的反馈作用解释，即U_{CE}对I_B的影响。

共发射极接法的输入特性曲线如图4.14所示。其中$U_{CE} = 0\text{V}$的那一条相当于发射结的正向特性曲线。当$U_{CE} \geqslant 1\text{V}$时，$U_{CB} = U_{CE} - U_{BE} > 0$，集电结已进入反偏状态，开始收集电子，且基区复合减少，$\frac{I_C}{I_B}$增大，特性曲线将向右稍微移动一些。但U_{CE}再增加时，曲线右移很不明显。曲线的右移是三极管内部反馈所致，右移不明显说明内部反馈很小。输入特性曲线分为死区、非线性区、线性区。

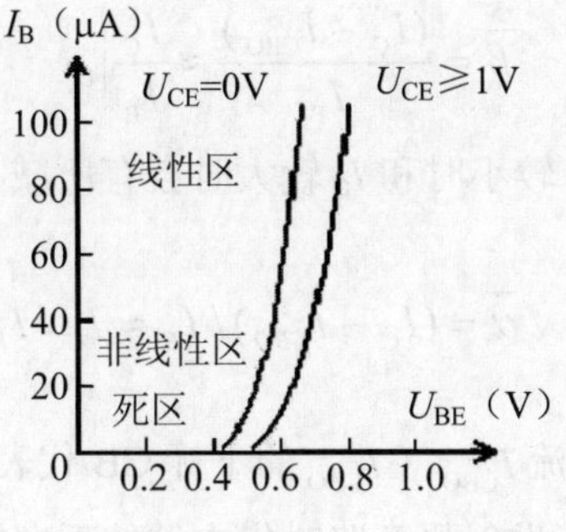

图 4.14　共发射极接法的输入特性曲线

（二）输出特性曲线

共发射极接法的输出特性曲线如图 4.15 所示，它是以 I_B 为参变量的一簇特性曲线，现以其中任何一条加以说明。当 $U_{CE}=0V$ 时，因集电极无收集作用，$I_C=0$。当 U_{CE} 微微增大时，发射结虽处于正向电压之下，但集电结反偏电压很小，如 $U_{CE}<1V$，$U_{BE}=0.7V$，$U_{CB}=U_{CE}-U_{BE}\leqslant 0.7V$，集电区收集电子的能力很弱，$I_C$ 主要由 U_{CE} 决定。当 U_{CE} 增加到使集电结反偏电压较大时，如 $U_{CE}\geqslant 1V$，$U_{BE}\geqslant 0.7V$，运动到集电结的电子基本上都可以被集电区收集，此后 U_{CE} 再增加，电流也没有明显的增加，特性曲线进入与 U_{CE} 轴基本平行的区域（这与输入特性曲线随 U_{CE} 增大而右移的原因是一致的）。

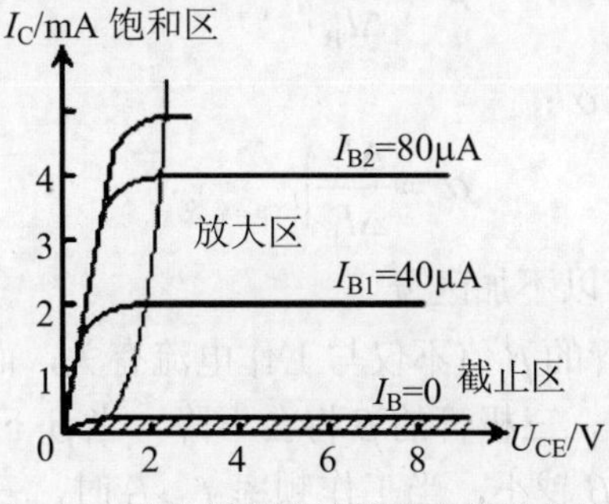

图 4.15　共发射极接法的输出特性曲线

输出特性曲线可以分为三个区域：

- 饱和区：I_C 受 U_{CE} 显著控制的区域，该区域内 U_{CE} 的数值较小，一般 $U_{CE}<0.7V$（硅管）。此时发射结正偏，集电结正偏或反偏电压很小。
- 截止区：I_C 接近零的区域，相当于 $I_B=0$ 的曲线的下方。此时，发射结反偏，集电结反偏。
- 放大区：I_C 平行于 U_{CE} 轴的区域，曲线基本平行等距。此时，发射结正偏，集电结反偏，电压大于 0.7V 左右（硅管）。

四、半导体三极管的参数

半导体三极管的参数分为直流参数、交流参数和极限参数三大类。

（一）直流参数

（1）直流电流放大系数。

$$\overline{\beta}=\frac{(I_{\rm C}-I_{\rm CEO})}{I_{\rm B}}\approx\frac{I_{\rm C}}{I_{\rm B}}\bigg|_{U_{\rm CE}=常数} \tag{4-6}$$

$\overline{\beta}$ 在放大区基本不变，在 $I_{\rm C}$ 较小时和 $I_{\rm C}$ 较大时会有所减小。

共基极直流电流放大系数：

$$\overline{\alpha}=(I_C-I_{CBO})/I_E\approx I_C/I_E \tag{4-7}$$

（2）极间反向电流。

集电极－基极间反向饱和电流 $I_{\rm CBO}$（$I_{\rm CBO}$ 的下标 CB 代表集电极和基极，O 是 Open 的字头，代表第三个电极 E 开路，指发射极开路时集电结的反向饱和电流）和集电极－发射极间的反向饱和电流 $I_{\rm CEO}$。

$I_{\rm CEO}$ 和 $I_{\rm CBO}$ 有如下关系：

$$I_{\rm CEO}=(1+\overline{\beta})I_{\rm CBO} \tag{4-8}$$

当基极开路时，集电极和发射极间的反向饱和电流 $I_{\rm CBO}$ 越小，集电结质量越好，$I_{\rm CEO}$ 小的管子热稳定性好。

（二）交流参数

（1）交流电流放大系数。

共发射极交流电流放大系数 β：

$$\beta=\frac{\Delta I_{\rm C}}{\Delta I_{\rm B}}\bigg|_{U_{\rm CE}=常数} \tag{4-9}$$

共基极交流电流放大系数 α：

$$\alpha=\frac{\Delta I_{\rm C}}{\Delta I_{\rm E}}\bigg|_{U_{\rm CB}=常数} \tag{4-10}$$

当 $I_{\rm CBO}$ 和 $I_{\rm CEO}$ 很小时，可以不加区分。

（2）特征频率 $f_{\rm T}$。三极管的 β 值不仅与工作电流有关，而且与工作频率有关。由于结电容的影响，当信号频率增加时，三极管的 β 将会下降。当 β 下降到 1 时所对应的频率称为特征频率，用 $f_{\rm T}$ 表示。f 越高，β 越小，当工作频率 $f>f_{\rm T}$ 时，三极管便失去了放大能力。

（三）极限参数

（1）集电极最大允许电流 $I_{\rm CM}$。当集电极电流增加时，β 就要下降，当 β 值下降到线性放大区 β 值的 70%～30%时，所对应的集电极电流称为集电极最大允许电流 $I_{\rm CM}$。至于 β 值下降多少，不同型号的三极管、不同的厂家的规定有所差别。可见，当 $I_{\rm C}>I_{\rm CM}$ 时，并不表示三极管会损坏。

（2）集电极最大允许功率损耗 $P_{\rm CM}$。集电极最大允许功率损耗是集电极电流通过集电结时所产生的功耗，$P_{\rm CM}=I_{\rm C}U_{\rm CB}\approx I_{\rm C}U_{\rm CE}$，因发射结正偏，呈低阻，所以功耗主要集中在集电结上。在计算时往往用 $U_{\rm CE}$ 取代 $U_{\rm CB}$。

（3）反向击穿电压。反向击穿电压表示三极管电极间承受反向电压的能力。

- $U_{\rm (BR)CBO}$：发射极开路时的集电结反向击穿电压。下标 BR 代表击穿之意，是 Breakdown

的字头，C、B 代表集电极和基极，O 代表第三个电极 E 开路。

- $U_{(BR)EBO}$：集电极开路时发射结的反向击穿电压。
- $U_{(BR)CEO}$：基极开路时集电极和发射极间的反向击穿电压。

由最大集电极功率损耗 P_{CM}、I_{CM} 和击穿电压 $U_{(BR)CEO}$，在输出特性曲线上还可以确定过损耗区、过流区和击穿区，如图 4.16 所示。

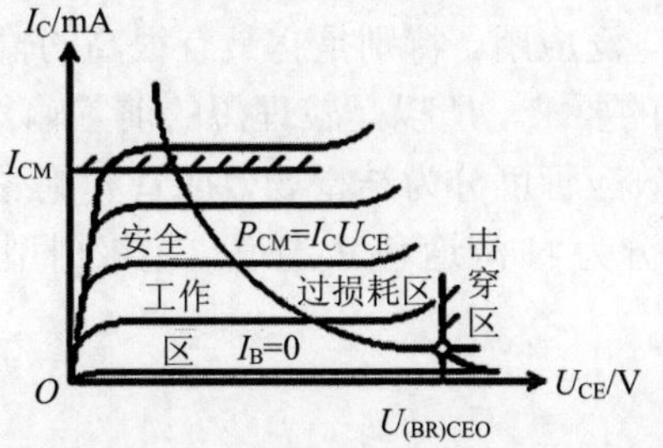

图 4.16　输出特性曲线上的过损耗区和击穿区

五、半导体三极管的型号

国家标准对半导体三极管的命名如下：

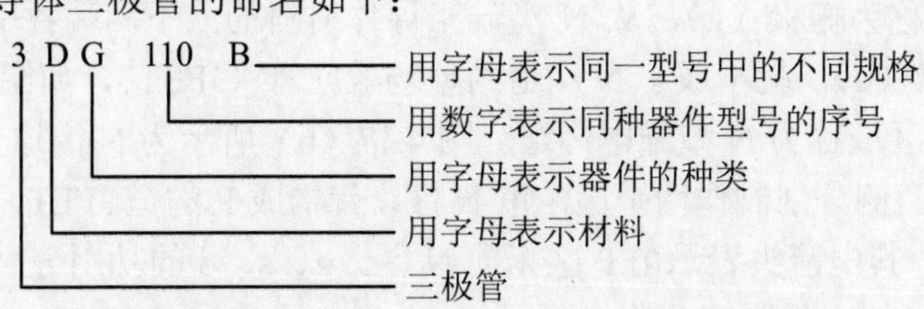

第二位：A 表示锗 PNP 管；B 表示锗 NPN 管；C 表示硅 PNP 管；D 表示硅 NPN 管。

第三位：X 表示低频小功率管；D 表示低频大功率管；G 表示高频小功率管；A 表示高频大功率管；K 表示开关管。

课堂互动

1. 用万用表测得 NPN 型晶体三极管各电极对地电位是：$U_B = 4.7V$，$U_C = 4.3V$，$U_E = 4V$，则该晶体三极管的工作状态是________。
2. 晶体三极管的发射极正偏，集电极反偏时，晶体三极管所处的状态是（　　）。
   A. 放大状态
   B. 饱和状态
   C. 截止状态
3. 晶体三极管工作在饱和状态时，它的 I_C 将（　　）。
   A. 随 I_B 的增加而增加
   B. 随 I_B 的减小而减小
   C. 与 I_B 无关，只决定于 R_C
4. 某锗三极管，$\beta = 30$，$I_B = 10\mu A$，试求 $I_C = ?$
5. 三极管的电流放大系数 $\beta = 30$，当基极电流变化 50μA 时，集电极电流的变化量是多少？

第四节　场效应管

场效应管（Field Effect Transistor，FET）是利用输入电压产生的电场效应来控制输出电流大小的半导体三极管，所以又称为电压控制型器件。场效应管仅由多数载流子参与导电，因此又称为单极型半导体三极管。场效应管的特点是输入阻抗高、噪声低、热稳定性好、制造工艺简单、便于集成，因而得到了广泛应用。特别是它具有很高的输入电阻，可达 10^8～$10^{15}\Omega$，能满足高内阻信号源对放大电路的要求，所以是较理想的前置输入级器件。

根据结构特点的不同，场效应管可分为结型场效应管和绝缘栅型场效应管两大类。每种类型的场效应管按导电沟道又可分为 N 沟道和 P 沟道，绝缘栅型场效应管按工作方式又可分为增强型和耗尽型。

一、结型场效应管

（一）结型场效应管的结构和工作原理

以 N 沟道结型场效应管为例进行说明。

在 N 型半导体材料的两侧分别制作两个高浓度 P 区，形成两个 PN 结。将两个 P 区用导线连接并引出的电极称为栅极（g），从 N 型硅半导体材料的上下两端各引出一个电极分别称为源极（s）和漏电极（d），就构成了 N 沟道结型场效应管（JFET），如图 4.17（a）所示。两个 PN 结中间的 N 型区域称为 N 型导电沟道。图 4.17（b）所示为 N 沟道 JFET 的符号，如在 P 型硅半导体材料的两侧分别制作两个高浓度 N 区，就构成 P 沟道 JFET，图 4.17（c）所示为 P 沟道 JFET 的符号。其中箭头表示由 P 区指向 N 区。g、s、d 的功用分别与三极管的 b、e、c 相对应，但两种管子的工作原理是截然不同的。

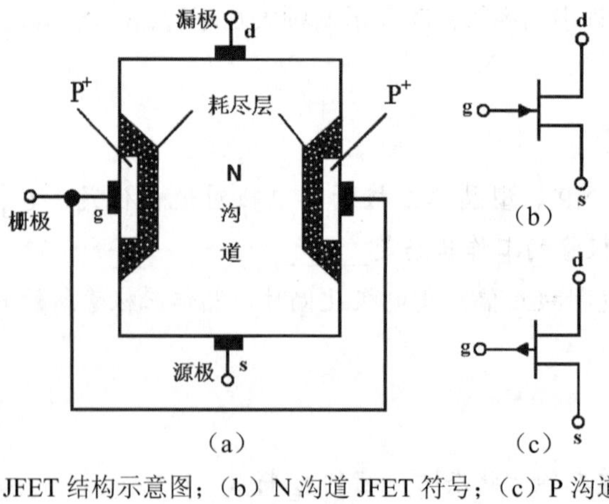

（a）N 沟道 JFET 结构示意图；（b）N 沟道 JFET 符号；（c）P 沟道 JFET 符号

图 4.17　结型场效应管的结构示意图和符号

两个 PN 结构成的空间电荷区大多是不能移动的正负离子，可移动的载流子很少，故又称为耗尽区。根据 PN 结理论，耗尽区的宽窄除受半导体中杂质浓度的影响外，还受反向偏置电压大小的控制。下面以 N 沟道 JFET 为例来分析 JFET 的工作原理。

（1）u_{GS} 对 i_D 的控制作用。电路如图 4.18 所示，为了方便讨论，假设 $u_{DS}=0$。在栅源极之间加一负偏压u_{GS}，当u_{GS}由零向负值增大时，耗尽层将加宽，导电沟道变窄，沟道电阻变大，I_d减小，如图 4.18（a）所示。当u_{GS}增大到某一值时，两侧耗尽层在中间合拢，沟道被全部夹断，如图 4.18（b）所示。此时漏源极之间电阻趋于无穷大，相应的栅源电压称为夹断电压U_P。因此，只要保证正常工作时 PN 结处于反偏状态，就可以通过改变V_{GS}的大小来达到控制I_d的目的。

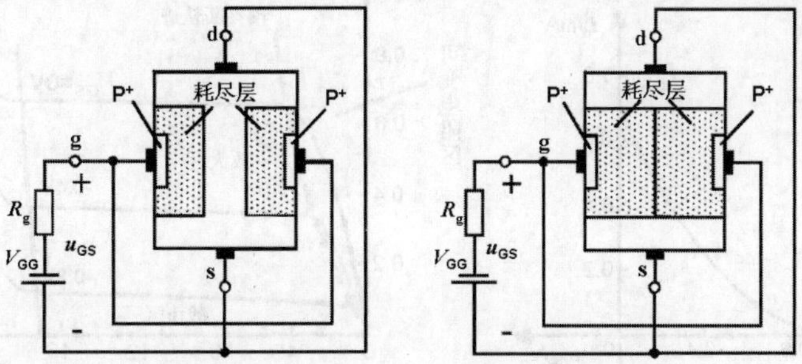

（a）$u_P < u_{GS} < 0$　　（b）$u_{GS} \leqslant u_P$

图 4.18　$u_{DS} = 0$ 时栅源电压u_{GS}对导电沟道的影响

（2）u_{DS}对i_D的控制作用。假设$u_{GS} = 0$，当u_{DS}从零开始增大时，沟道电场增大，漏极电流i_D增加。同时由于漏极和源极之间存在一个电场梯度，因此栅极与沟道之间的电位差是从漏极到源极逐渐减小的，因而导致耗尽层向中心呈楔形扩散，如图 4.19（a）所示。此时i_D随u_{DS}增大而增大。当u_{DS}增大到一定的时候，沟道两边耗尽层在中心 A 点相遇，如图 4.19（b）所示，称为预夹断，此时耗尽层两边的电位差为夹断电压U_P，此时的漏极电流称为饱和漏电流I_{DSS}。

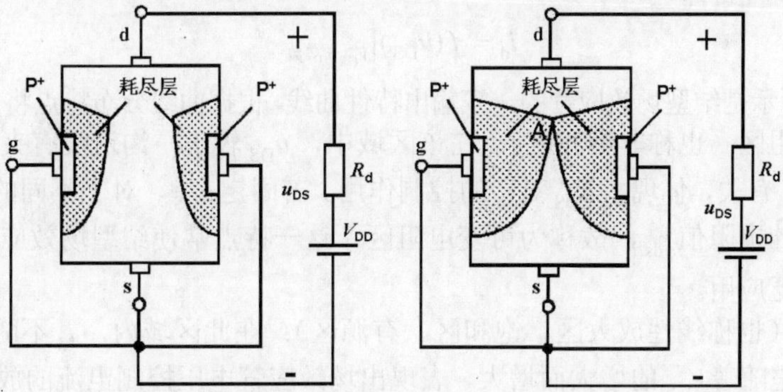

（a）$u_{DS} < u_P$　　（b）$u_{DS} > u_P$

图 4.19　$u_{GS} = 0$ 时u_{DS}对导电沟道的影响

如果u_{DS}继续增大，夹断长度会有所增加，但由于夹断处场强也增大，仍能将电子拉到夹断区，形成漏极电流。但增大的电压基本上都降在夹断处，而沟道其他位置电场强度基本不变，故预夹断后i_D基本不随u_{DS}增大而增大。漏极电流趋于饱和。当在栅源之间再加一负电压u_{GS}时，则通过改变u_{GS}就可以控制沟道电阻的大小，即控制漏极电流i_D。

（二）结型场效应管的特性曲线

结型场效应管的特性曲线包括转移特性曲线和输出特性曲线。

（1）转移特性曲线。转移特性曲线是描述在漏源电压V_{DS}一定的情况下，栅源电压u_{GS}对

漏极电流i_D的控制作用的，即

$$i_D = f(u_{GS})\big|_{V_{DS}=常数}$$

图 4.20（a）所示是某个结型场效应管在$V_{DS}=10\text{ V}$时的转移特性曲线。$u_{GS}=0$时的漏极电流称为饱和电流，用I_{DSS}表示。使i_d接近于零的栅源电压u_{GS}称为夹断电压，用U_P表示。

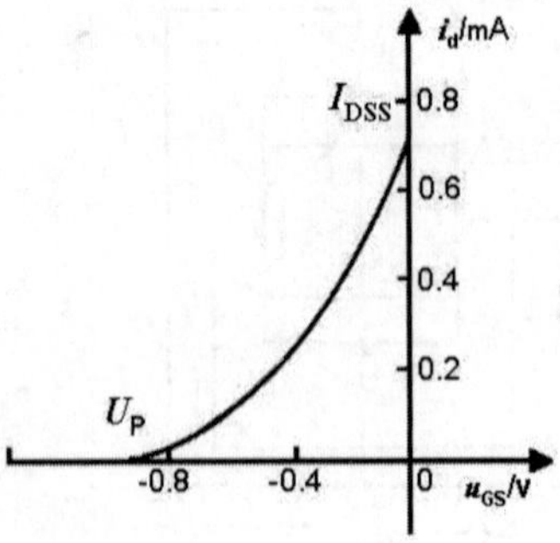

（a）转移特性曲线

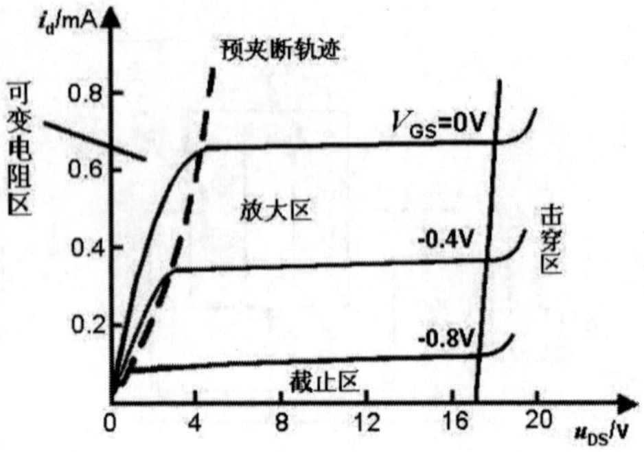

（b）输出特性曲线

图 4.20 结型场效应管的特性曲线

在饱和区内，即$U_P \leqslant U_{GS} \leqslant 0$的范围内，$i_D$和$u_{GS}$符合下列关系：

$$i_D = I_{DSS}\left(1-\frac{u_{GS}}{U_P}\right)^2 \tag{4-11}$$

（2）输出特性曲线。在栅源电压V_{GS}一定的情况下，漏极电流i_d与漏极电压u_{DS}中间的关系通常称为漏极特性，即

$$i_d = f(u_{DS})\big|_{V_{GS}=常数}$$

图 4.20（b）所示是结型场效应管的一簇输出特性曲线，根据曲线分布特点将其划分为 4 个区：

- 可变电阻区（也称非饱和区）：在该区域中，u_{DS}较小，沟道没有夹断，沟道电阻大小与u_{DS}有关，体现了u_{DS}对i_d的控制作用。若固定u_{DS}，对于不同的栅源电压V_{GS}则有不同的电阻值r_{ds}，故称为可变电阻区。这一特点常使结型场效应管被作为压控电阻而广泛应用。
- 恒流区（也称线性放大区、饱和区、有源区）：在此区域内，i_d不随u_{DS}的增加而增加，而是随着V_{GS}的增大而增大，表现出场效应管电压控制电流的放大作用。输出特性曲线近乎平行线，场效应管用作线性放大器件时就工作在该区域。
- 夹断区（也称截止区）：当V_{GS}负值增加到夹断电压U_P后，$i_d \approx 0$，场效应管截止。
- 击穿区：管子预夹断后，如果继续增大u_{DS}到一定值后，漏源极之间会发生击穿，靠近漏极的 PN 结被击穿，漏极电流i_d急剧上升，管子不能正常工作，甚至很快被烧坏。

二、绝缘栅型场效应管

尽管结型场效应管栅源间的输入电阻可以达到 10^6～$10^9\Omega$，但在高温条件下工作时，PN 结反向电流增大，反偏电阻的阻值会明显下降，因此在要求输入电阻更高的场合，还是不能满足要求。由金属、氧化物、半导体（Metal-Oxide-Semiconductor，MOS）组成的场效应管的栅

极与半导体之间采用二氧化硅绝缘介质相隔离，使栅极处于绝缘状态，因而称为绝缘栅型场效应管，根据其结构特点，绝缘栅型场效应管常简记为 MOSFET 或简称 MOS 管，它的输入电阻可高达 $10^{15}\Omega$。由于 MOSFET 的制造工艺简单，因此适于制造大规模及超大规模集成电路。根据前面介绍的分类方法，下面来学习增强型和耗尽型绝缘栅型场效应管的相关知识。

（一）增强型 MOS 场效应管

为讨论方便起见，下面以 N 沟道增强型 MOS 场效应管为例介绍相关内容。

（1）结构和标识符号。图 4.21（a）所示是 N 沟道增强型 MOS 场效应管结构示意图，它以掺杂浓度较低的 P 型硅为衬底，在衬底上采用扩散工艺制作两个高掺杂浓度的 N+区，从 N+区分别引出来的两个电极，一个作为漏极 d，另一个作为源极 s，同时从衬底的另一侧引出一个衬底引线 B，然后在半导体表面覆盖一薄层二氧化硅作为绝缘层，再在漏－源极之间的绝缘层上制作一个铝电极作为栅极 g。这样构成的增强型 MOS 场效应管的栅极 g 与漏极 d、源极 s 及电极 B 之间是绝缘的。图 4.21（b）所示是 N 沟道增强型 MOS 场效应管的符号，图中的箭头方向表示 P（衬底）指向 N（沟道）。

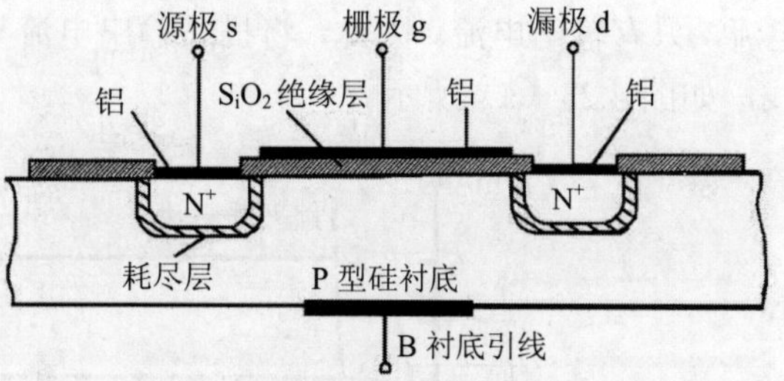

（a）N 沟道结构示意图

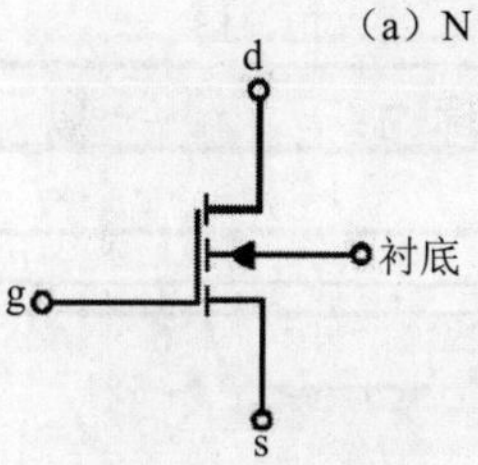

（b）N 沟道符号

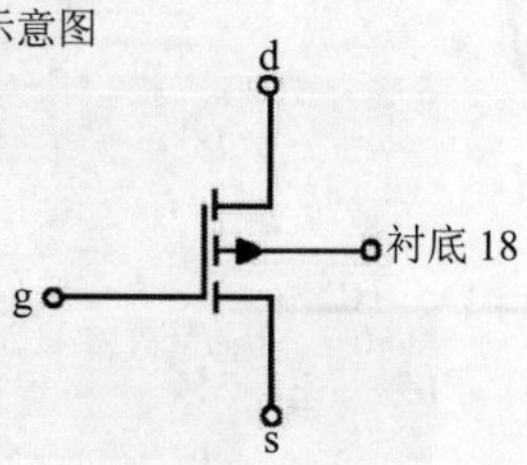

（c）P 沟道符号

图 4.21　增强型 MOS 场效应管

（2）N 沟道增强型 MOS 场效应管的工作原理。按图 4.22 所示连接电路，漏源之间加正向电压 V_{DS}，源极与衬底相连作为参考电位。

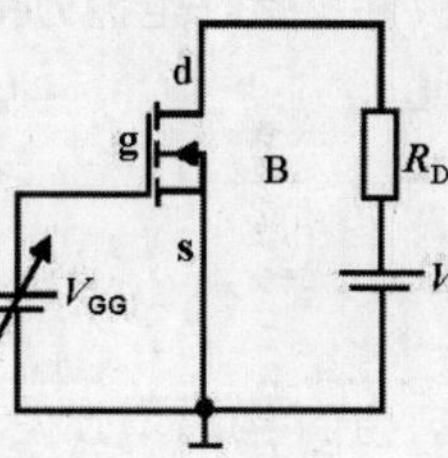

（a）电路图

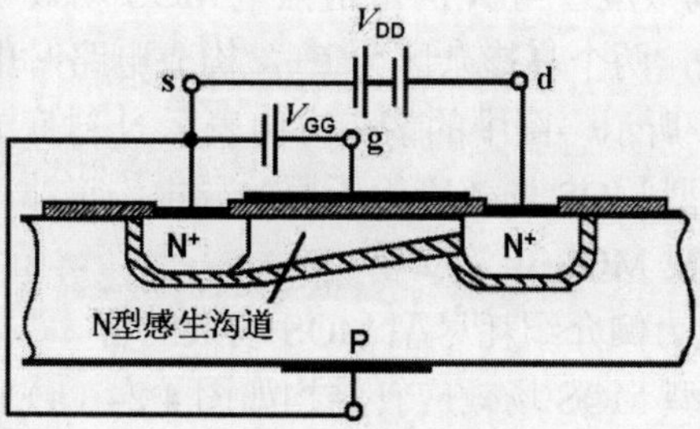

（b）感生沟道的产生

图 4.22　N 沟道增强型 MOS 场效应管工作原理图

当栅极之间电压$V_{GS}=0$时，栅极和衬底之间没有电场，漏源之间没有沟道，虽然加了漏源电压u_{DS}，也不会产生漏极电流I_d。

当$u_{GS}>0$时，栅极与衬底之间产生了一个垂直于半导体表面、由栅极 g 指向衬底的电场。当u_{GS}足够大时，被吸引到 P 衬底表面层的电子在栅极附近的 P 衬底表面形成一个 N 型薄层，并与两个 N+区相连通，在漏一源极间形成 N 型导电沟道，其导电类型与 P 衬底相反，故又称为反型层。把开始形成沟道时的栅一源极电压称为开启电压，用U_T表示。此时，在漏源电压u_{DS}的作用下就会产生漏极电流i_d并随着u_{GS}的增加而增加。

这种当$u_{GS}=0$时，$i_d=0$，只有当$u_{GS}>U_T$后才会出现漏极电流的 MOS 场效应管称为增强型 MOS 场效应管。它利用u_{GS}控制导电沟道的形成，以达到控制漏极电流的目的。

（3）转移特性。栅源电压u_{GS}对漏极电流i_d的控制关系可用转移特性曲线来描述。转移特性曲线描述为

$$i_d=f(u_{GS})\big|_{V_{DS}=\text{常数}}$$

与三极管的输入特性曲线所描述的输入电流与输入电压之间的关系不同，因为 MOSFET 的栅极绝缘，没有输入电流，只有输出电流。因此，将描述输出电流与输出电压之间关系的特性曲线称为转移特性曲线，如图 4.23（a）所示。

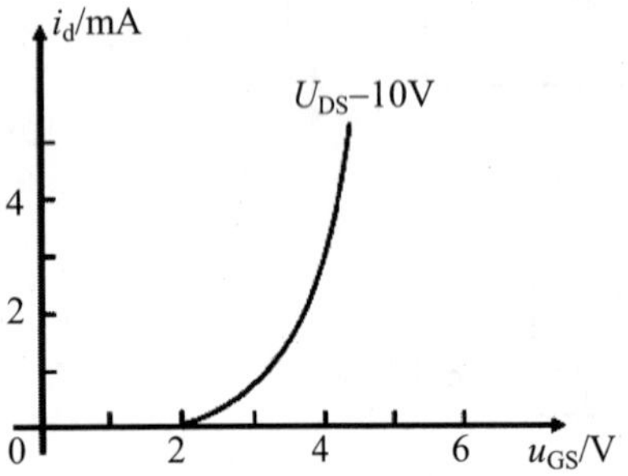

（a）转移特性曲线

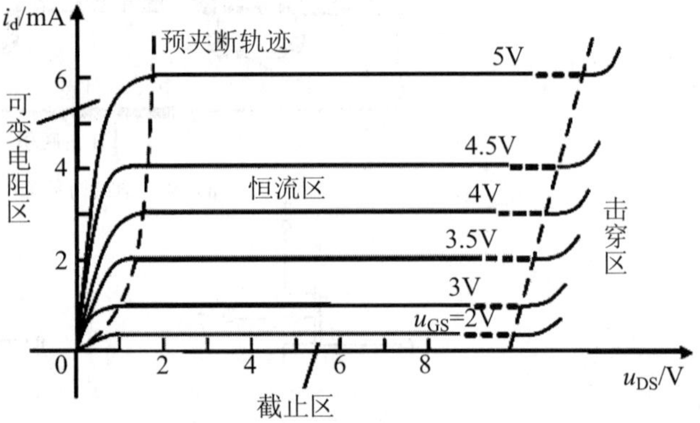

（b）输出特性曲线

图 4.23 N 沟道增强型 MOS 场效应管的特性曲线

（4）输出特性。描述当U_{GS}（$U_{GS}>U_T$）一定时，漏源电压U_{DS}对i_d的控制作用，如图 4.23（b）所示。

P 型 MOS 场效应管与 N 沟道增强型 MOS 场效应管的工作原理及特性相似，只是结构上用 N 型硅作衬底，两个高掺杂区为 P+，构成电路时电源极性反接，电流方向也相反，表示符号如图 4.21（c）所示，图中的箭头方向表示 N 衬底 P 沟道。

总之，增强型 MOS 场效应管无原始导电沟道。

（二）耗尽型 MOS 场效应管

仍以 N 沟道为例介绍耗尽型 MOS 场效应管。

N 沟道耗尽型 MOS 场效应管结构如图 4.24（a）所示，与 N 沟道增强型 MOS 场效应管基本相似，其区别仅在于栅一源极间电压$V_{GS}=0$时，耗尽型 MOS 场效应管中的漏一源极间已有导电沟道产生。原因是制造 N 沟道耗尽型 MOS 场效应管时，在 SiO_2 绝缘层中掺入了大量的

正离子，因此即使$V_{GS}=0$，也有垂直电场进入半导体，并吸引自由电子到半导体的表层面形成 N 型导电沟道（称为初始沟道）。只要加上正向电压u_{DS}，就有电流i_d。如果在栅源之间加上正的u_{GS}，栅极与 N 沟道间的电场将在沟道中吸引来更多的电子，沟道加宽，i_d增加；如果在栅源之间加上负的u_{GS}，外加电场会削弱正离子所产生的电场，使得沟道变窄，电流i_d减小。因此，通过改变u_{GS}控制沟道的宽窄从而控制漏极电流i_d。耗尽型绝缘栅型场效应管，由于存在原始沟道，不论栅源电压为零、为正或为负均可工作，而且没有栅流，这是该管的重要特点。耗尽型 MOS 场效应管的符号如图 4.24 所示。

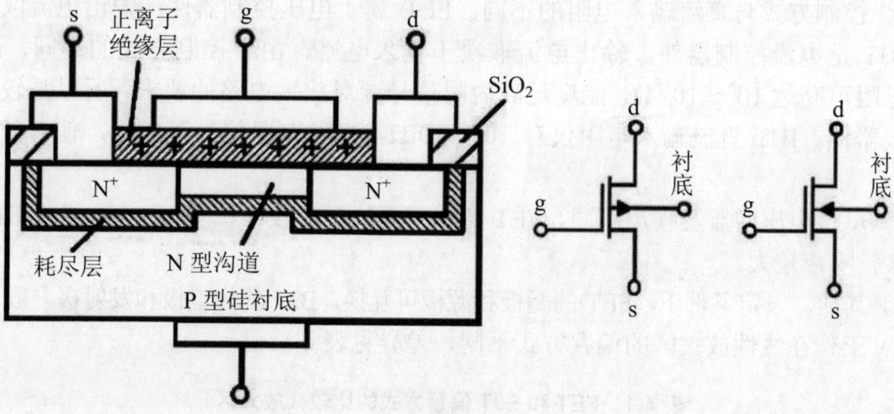

（a）结构　　（b）N 沟道符号　　（c）P 沟道符号

图 4.24　N 沟道耗尽型 MOS 管结构及符号

P 沟道耗尽型 MOS 场效应管的工作原理与 N 沟道耗尽型 MOS 场效应管一致，所不同的是导电的载流子、工作电压极性接法相反。

（三）场效应管的主要参数

（1）开启电压U_T，只适用于增强型场效应管，u_{DS}为某一定值，使i_d等于微小值时的栅源电压。

（2）夹断电压U_P，适用于耗尽型场效应管和结型场效应管，数值上也等于u_{DS}由某一定值，使i_d等于微小值的栅源电压。

（3）饱和漏电流i_{DSS}，指工作于饱和区时，耗尽型场效应管在$u_{GS}=0$时的漏极电流。

（4）低频跨导g_m，u_{DS}一定时，漏极电流的微变量和引起这个变化的栅源电压微变量之比，即

$$g_m=\frac{\Delta i_d}{\Delta u_{GS}}\bigg|_{u_{DS}=\text{常数}}$$

g_m反映u_{GS}对i_d的控制能力，是表征场效应管放大能力的重要参数，单位为西门子（S）。g_m一般为几毫西门子（mS）。g_m也就是转移特性曲线上工作点处切线的斜率。

（5）最大耗散功率P_{DM}，最大耗散功率与半导体三极管的P_{CM}类似，受管子最高工作温度的限制。

使用 FET 时要注意各极间电压的极性应正确接入，JFET 的栅－源电压u_{GS}的极性不能接反；源极和漏极能否互换要看具体结构；注意漏源电压、漏源电流、栅源电压及耗散功率等值不能超过最大允许值；JFET 的栅源不能加正向电压；绝缘栅型 FET 的栅源两极绝不允许悬空。

三、场效应管与晶体管的比较

（1）相似之处。FET 和 BJT 都属于半导体器件，都具有三个极，并且三个极的作用相似。FET 的栅极 g、源极 s、漏极 d 分别对应于 BJT 的基极 b、发射板 e 和集电极 c。

（2）导电机制与稳定性的差异。场效应管利用多子导电，而晶体管利用多子导电的同时，少子也参与导电，并且少子数目受温度、辐射影响较大。因此，相比较而言，FET 的温度稳定性和抗辐射能力优于 BJT。

（3）控制方式与直流输入电阻的不同。FET 属于电压控制器件，输出电流取决于输入电压；BJT 是电流控制器件，输出电流取决于输入电流。由于控制方式的不同，FET 的直流输入电阻可高达 $10^8 \sim 10^{15}\Omega$，能满足高内阻信号源对放大电路的要求，所以是较理想的前置输入级器件。BJT 直流输入电阻仅有 $10^2 \sim 10^4\Omega$，必然取用信号源电流，使有效输入信号降低。

（4）单极电压增益及噪声不同。FET 的单极电压增益较小、噪声中等，BJT 的单极电压增益较大、噪声较大。

（5）其他。一定条件下，FET 的漏极和源极可互换，BJT 的集电极和发射极一般不可互换。

（6）工作在线性放大区的偏置方式不同，差异见表 4.1。

表 4.1　FET 和 BJT 偏置方式的比较（放大区）

名称	N 沟道	P 沟道
结型场效应管（JFET）	$u_{DS} > 0$ $0 \geqslant u_{GS} \geqslant U_P$	$u_{DS} < 0$ $0 \leqslant u_{GS} \leqslant U_P$
增强型 MOS 场效应管	$u_{DS} > 0$ $u_{GS} \geqslant 0$	$u_{DS} < 0$ $0 \leqslant u_{GS} \leqslant U_{ON}$
耗尽型 MOS 场效应管	$u_{DS} > 0$	$u_{DS} < 0$
晶体管（BJT）	发射结正偏，集电结反偏 NPN 型：$U_C > U_B > U_E$ PNP 型：$U_E > U_B > U_C$	

课堂互动

1. 结型场效应管中，由同一块半导体两端引出的两个电极是（　　）。

   A. 源极和栅极　　B. 源极和漏极

   C. 漏极和栅极　　D. 栅极和发射极

2. 结型场效应管在工作时两个 PN 结的状态是（　　）。

   A. 两个 PN 结都反偏　　B. 两个 PN 结都正偏

   C. 一个 PN 结正偏另一个反偏

3. 结型场效应管的输出特性曲线中也称为放大区的是（　　）。

   A. 可调电阻区　　B. 恒流区

   C. 击穿区　　D. 截止区

4. 饱和电流指的是（　　）。

A. $V_{GS}=0$时的漏极电流　　B. $V_{DS}=0$时的漏极电流

C. $I_D=0$时的栅－源电压　　D. $I_D=0$时的漏－源电压

5. 下面不是场效应管特点的是（　　）。

A. 单极型器件　　B. 输入电阻很大

C. 热稳定性好　　D. 电流放大系数β很高

第五节　晶闸管

一、晶闸管的结构及工作原理

（一）晶闸管的结构

晶闸管外部有三个电极，内部是由 PNPN 四层半导体构成，最外层的 P 层和 N 层分别引出阳极 A 和阴极 K，中间引出控制极 G，内部有三个 PN 结。图 4.25 所示为晶闸管的结构示意图和电路图符号。

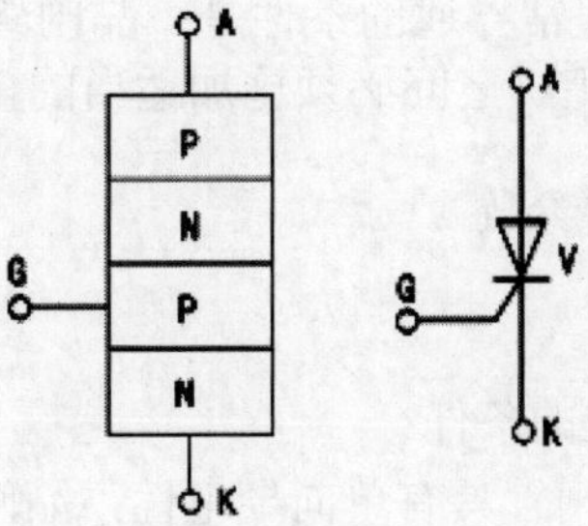

图 4.25　晶闸管的结构和符号

（二）晶闸管的工作原理

晶闸管按图 4.26（a）构成工作电路，图 4.26（b）表示其工作原理。

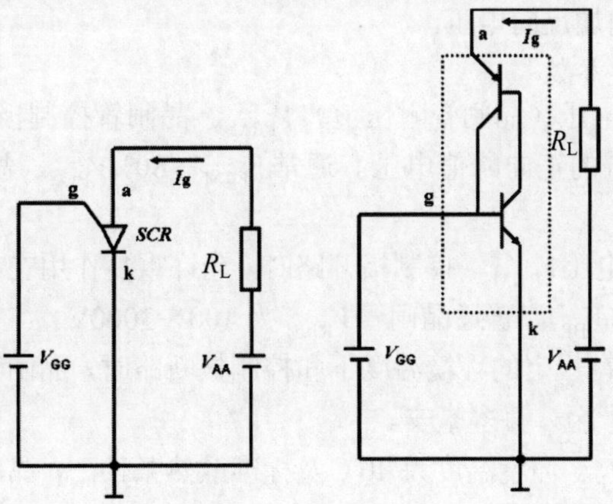

（a）　　（b）

图 4.26　晶闸管工作原理

晶闸管有以下几种工作方式：

（1）晶闸管的正向阻断。不加控制极电压时 VT_1 没有输入基极电流，$I_g = 0$，则 VT_2 和 VT_1 中只有比较小的漏电流，晶闸管处于阻断状态。

（2）晶闸管的导通。晶闸管阳极和阴极之间加正向电压 V_{AK}，控制栅极和阴极之间加正向电压 V_{GK} 后形成控制电流 I_g，并且 $I_{b2} = I_g$，$I_{c2} = \beta_2 I_{b2} = I_{b1}$，$I_{c1} = \beta_1 I_{b1} = \beta_1 \beta_2 I_g$，$I_{c1}$ 又正反馈 VT_2 基极，使得两个三极管在极短时间内饱和导通。

（3）控制极的控制作用。晶闸管导通后，V_{GG} 不起作用，即控制极失去了控制作用。因此，在晶闸管阳极加正向电压时，控制极只需施加短暂的正脉冲电压便可一触即发而使晶闸管导通。

晶闸管导通后，其管压降仅 1V 左右，电源电压几乎全部加在负载 R_L 上，所以晶闸管中就流过负载电流 I_a，即

$$I_a = V_{AA} / R_L \tag{4-12}$$

而不会无限增大。

（4）晶闸管导通后的关断。令正向导通后的晶闸管截止，必须减小 V_{AK} 或使其反向，或加大回路电阻 R_L，使晶闸管中电流的正反馈效应不能维持，呈阻断状态。

通过以上分析可知，晶闸管正常导通的条件是：晶闸管阳极和阴极之间施加正向阳极电压，$V_{AK} > 0$；晶闸管控制栅极和阳极之间必须施加适当的正向脉冲电压和电流，$V_{GK} > 0$。

二、晶闸管的工作特性和主要参数

（一）晶闸管的工作特性

晶闸管的导通和关断具有一定的条件：

（1）晶闸管的导通特点。晶闸管具有单向导电性，晶闸管的导通受门极的控制。

（2）晶闸管导通的条件。阳极与阴极之间加正向电压，门极与阴极之间加正向电压。

（3）导通后的晶闸管关断的条件。以下条件满足一个即可使导通的晶闸管关断：

- 降低阳极与阴极之间的电压，使通过晶闸管的电流小于维持电流。
- 阳极与阴极之间的电压减小为零。
- 阳极与阴极之间加反向电压。

（二）晶闸管的主要参数

（1）正向重复峰值电压（晶闸管耐压值）V_{FRM}。晶闸管控制极开路且正向阻断情况下，允许重复加在晶闸管两端的正向峰值电压。通常 $V_{FRM} = 80\% V_{BO}$。普通晶闸管 V_{FRM} 为 100～3000V。

（2）反向重复峰值电压 V_{RRM}。控制极开路时，允许重复作用在晶闸管元件上的反向峰值电压。一般取 $V_{RRM} = 80\% V_{BR}$，普通晶闸管 V_{RRM} 为 100～3000V。

（3）维持电流 I_H。在规定的环境温度下和控制极断路时，晶闸管维持导通状态所必需的最小电流。一般 I_H 为几十至一百多毫安。

（4）正向平均电流 I_F。环境温度为 40℃及标准散热条件下，晶闸管处于全导通时可以连续通过的工频（50Hz 的交流电）正弦半波电流的平均值。普通晶闸管 I_F 为 1～1000A。

（5）通态平均电压（管降压）V_F。在规定的条件下，通过正弦半波平均电流时，晶闸管

阳极与阴极间的电压平均值，一般为 1V 左右。

三、晶闸管的选择和保护

（一）晶闸管的选择

晶闸管的性能参数很多，在实际安装与维修时主要考虑的是晶闸管的额定电压和额定电流，即U_{RRM}和I_T。

（1）电压等级的选择。晶闸管承受的正、反向电压与电源电压、控制角 α 及电路的形式有关。一般可按以下经验公式估算：

$$U_{RRM} \geqslant (1.5\sim2)U_{RM} \tag{4-13}$$

式中，U_{RM}为晶闸管在工作中可能承受的反向峰值电压。

（2）电流等级的选择。晶闸管的过载能力差，一般管子的额定电流大于其所在电路中可能流过的最大电流的有效值，同时取 1.5～2 倍的余量。

（二）晶闸管的保护

普通晶闸管承受过流和过电压的能力很差，在使用中，除了要使它的工作条件留有充分的余地外，还要采取一定的措施。

（1）过电压保护。晶闸管电路中含有电感元件如变压器、电抗线圈等，在变压器一次侧拉闸、整流装置直流侧切断开关、晶闸管由导通转变为阻断等，电感中都会产生很高的电动势，使晶闸管承受很高的电压，过电压虽然持续的时间极短，但也可能使晶闸管误导通，甚至被击穿损坏。通常采用阻容吸收电路或压敏电阻等进行过电压保护。

阻容吸收保护是利用阻容元件来吸收过电压，其实质是当电路切断瞬间，电感回路产生的磁场能量被电容吸收转换为电场能，然后电容又通过电阻放电，将电场能释放出来，从而抑制了过电压，保护了晶闸管。阻容吸收元件在电路中的接入方法有 3 种，如图 4.27 所示。

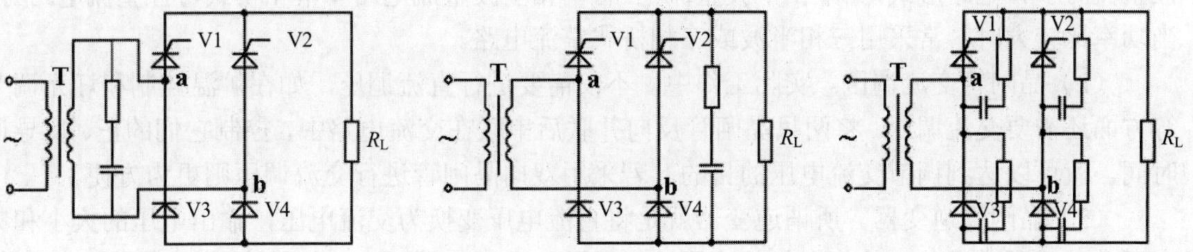

图 4.27 阻容吸收元件在电路中的接入方法

压敏电阻在电路中的接入方法如图 4.28 所示，R_U为压敏电阻。

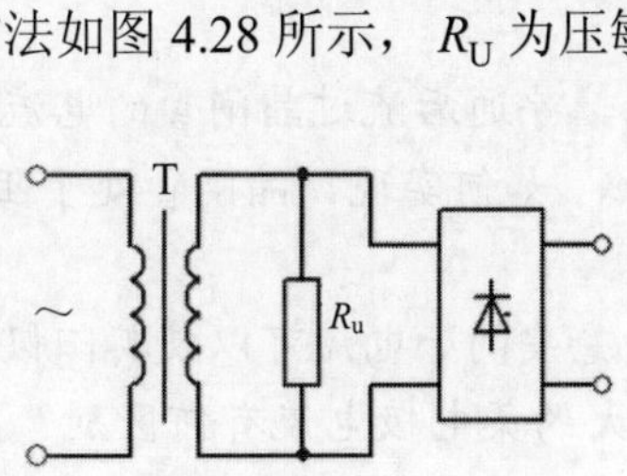

图 4.28 压敏电阻在电路中的接入方法

（2）过电流保护。由于晶闸管的热容量很小，在大功率条件下，当产生过电流时，温度会急剧升高，若超过允许值，晶闸管就会损坏。产生过电流的原因主要有负载过载、短路、其他晶闸管击穿或触发电路使晶闸管误触发等。

过电流保护的作用是，一旦有过电流产生威胁晶闸管时，能在允许的时间内快速地将过电流切断，以防止晶闸管损坏。在实际电路中，常采用快速熔断器进行过电流保护，快速熔断器保护电路有 3 种，如图 4.29 所示。

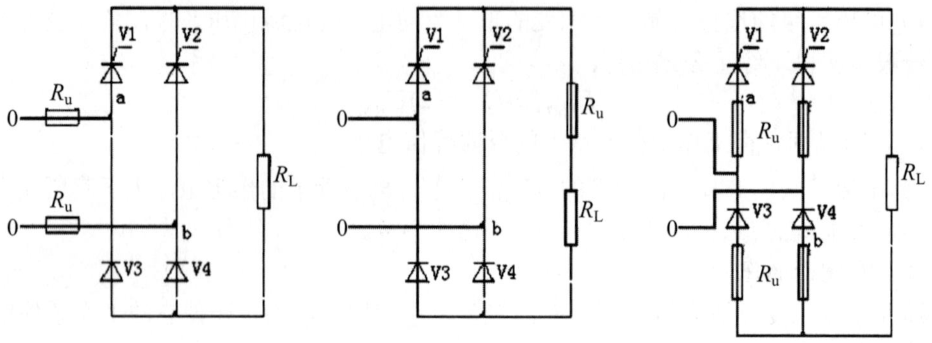

图 4.29　快速熔断器保护电路

四、晶闸管的应用

晶闸管也像半导体二极管那样具有单向导电性，但它的导通时间是可控的，主要用于整流、逆变、调压等大功率电子电路中。

（1）可控硅整流电路。可控整流电路的作用是把交流电变换成电压大小可以根据需要进行调节的直流电，即直流调压电路。与二极管整流电路的最大区别是输出电压可随意调节。可控整流有多种电路形式，如单相半波整流电路、单相全波整流电路和单相桥式可控整流电路等。当功率比较大时，常采用三相半波或三相桥式整流电路。

（2）晶闸管交流调压。实际工作中，不仅需要进行直流调压，如在炉温控制和灯光调节等方面还需要交流调压。将两只晶闸管反向并联后串联在交流电路中，控制它们的正、反导通时间，就可以达到调节交流电压的目的。若采用双向晶闸管进行交流调压则更为方便。

（3）晶闸管逆变器。所谓逆变器就是将直流电压变换为交流电压，输出电压的大小和频率可单独或同时调节。其作用与整流器恰好相反，主要应用于电动机的变频调速。

课堂互动

1. 晶闸管导通的条件是什么，导通后流过晶闸管的电流由什么决定，负载上的电压由什么决定？晶闸管关断的条件是什么，如何实现？晶闸管处于阻断状态时，其两端的电压由什么决定？

2. 在晶闸管的门极送入几十毫安的小电流可以使其阳极流过几十、几百安的大电流，与晶体管用较小的基极电流控制较大的集电极电流有何区别？晶闸管能否像晶体管一样构成放大器？

思考与练习四

一、填空题

1．在杂质半导体中，多数载流子的浓度主要取决于掺入的________，而少数载流子的浓度则与________有很大关系。

2．当 PN 结外加正向电压时，扩散电流________漂移电流，耗尽层________。当外加反向电压时，扩散电流________漂移电流，耗尽层________。

3．在 N 型半导体中，________为多数载流子，________为少数载流子。

4．半导体二极管当正偏时，势垒区________，扩散电流________漂移电流。

5．利用硅 PN 结在某种掺杂条件下反向击穿特性陡直的特点而制成的二极管称为________二极管。请写出这种管子的 4 种主要参数，分别是________、________、________和________。

6．三极管处在放大区时，其________电压小于零，________电压大于零。

7．三极管的发射区________浓度很高，而基区很薄。

8．三极管实现放大作用的内部条件是：________；外部条件是：________。

9．工作在放大区的某三极管，如果当 I_B 从 12μA 增大到 22μA 时，I_C 从 1mA 变为 2mA，那么它的 β 约为________。

10．三极管的三个工作区域分别是________、________和________。

11．放大电路必须加上合适的直流________才能正常工作。

12．场效应管利用外加电压产生的________来控制漏极电流的大小，因此它是________控制器件。

13．为了使结型场效应管正常工作，栅源间两 PN 结必须加________电压来改变导电沟道的宽度，它的输入电阻比 MOS 管的输入电阻________。结型场效应管外加的栅－源电压应使栅源间的耗尽层承受________向电压，才能保证其 R_{GS} 大的特点。

14．场效应管漏极电流由________载流子的漂移运动形成。N 沟道场效应管的漏极电流由载流子的漂移运动形成。JFET 管中的漏极电流________（能/不能）穿过 PN 结。

15．对于耗尽型 MOS 管，V_{GS} 可以为________。

16．由于晶体三极管是________两种载流子同时参与导电，所以将它称为双极型的，由于场效应管只有________参与导电，所以将其称为单极型的。

二、综合题

1．温度对二极管的正向特性影响小，对其反向特性影响大，这是为什么？

2．能否将 1.5V 的干电池以正向接法接到二极管两端？为什么？

3．有 A、B 两个二极管。它们的反向饱和电流分别为 5mA 和 0.2μA，在外加相同的正向电压时的电流分别为 20mA 和 8mA，你认为哪一个管的性能较好？

4．写出图 4.30 所示各电路的输出电压值，设二极管均为理想二极管。

5．现有两只稳压管，它们的稳定电压分别为 5V 和 8V，正向导通电压为 0.7V。试问：

（1）若将它们串联相接，可得到几种稳压值？各为多少？

（2）若将它们并联相接，又可得到几种稳压值？各为多少？

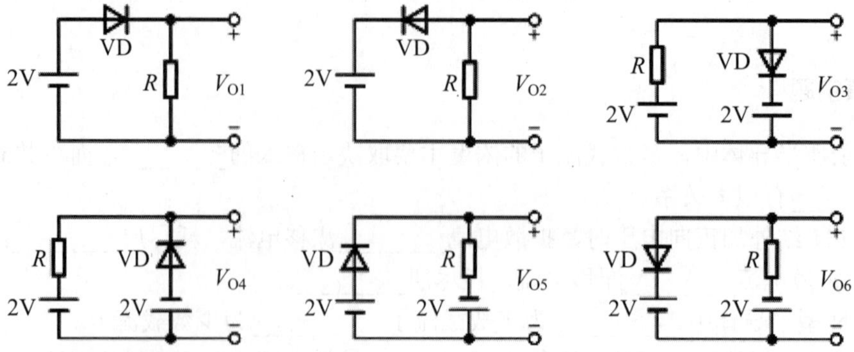

图 4.30　综合题 4 图

6．测得电路中几个三极管的各极对地电压如图 4.31 所示，试判断各三极管的工作状态。

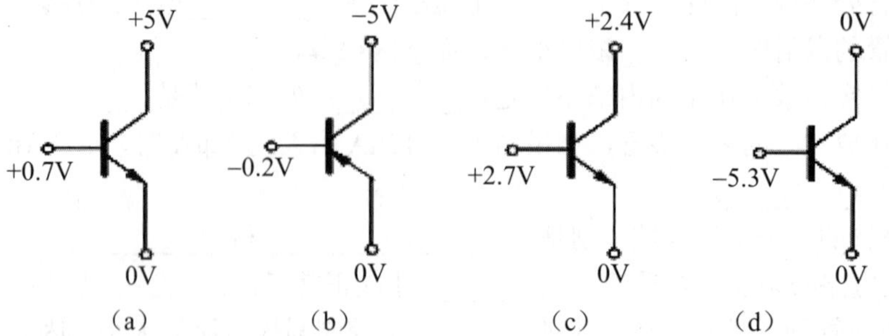

图 4.31　综合题 6 图

7．分别判断图 4.32 所示各电路中的场效应管是否有可能工作在放大区。

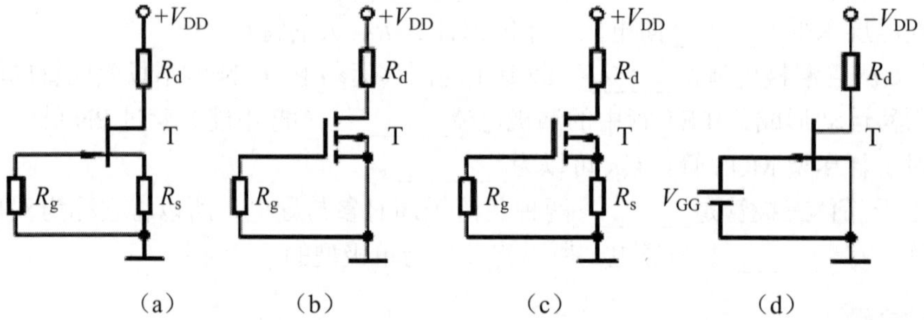

图 4.32　综合题 7 图

项目化任务（三）——调温电热毯电路

项目目的：

利用半导体二极管设计简易电热毯调温电路。

仪器设备：

（1）综合实验台；

（2）交流电源 220V、保险丝、三刀开关、二极管、电热丝、交流电压表和电流表等。

项目实施步骤：

（1）根据项目目的，设计好电路图。

（2）根据电路参数选择二极管元件型号。

（3）根据电路图接好线路。

（4）电路测试：分别将开关拨到电路的高温档和低温档，测出两种情况下发热电阻两端的有效电压，算出加热元件的发热功率。

项目数据：

当开关拨到高温档时，发热元件 R 两端的电压 $U_{\mathrm{H}}=$________，$P_{\mathrm{H}}=\dfrac{U_{\mathrm{H}}^2}{R}=$________；当开关拨到低温档时，发热元件 R 两端的电压 $U_{\mathrm{L}}=$________，$P_{\mathrm{L}}=\dfrac{U_{\mathrm{L}}^2}{R}=$________。

项目结论：

当开关拨到接入整流二极管的低温档时，发热元件上发出的热功率是高温档的________，从而实现高低温调控。

项目化任务（四）——游泳池自动注水控制电路

项目目的：

利用场效应管设计并测试自动控制游泳池注水阀门的开关电路。

仪器设备：

（1）综合实验台；

（2）水盆一个，金属探头一个，接地材料一套，1kΩ电阻一个，水阀一个，N 沟道增强型 MOSFET 等。

项目实施步骤：

（1）利用 N 沟道增强型绝缘栅型场效应管偏置电压的特点，设计一个游泳池自动注水控制电路，将 N 沟道增强型 MOSFET 的栅极与水盆的标准水位金属片连接，水盆底部接地，在栅极和金属片连线中间引出一根导线与 1kΩ电阻串接接在 10V 电源上，漏极与水阀门开关串接后接在 10V 电源上，源极接地。

（2）电路测试，先向水盆加入低于金属片高度的水。栅极电压为 10V，MOSFET 导通，水阀打开，向水池注水，当水面上升到金属片位置时，水是导体，栅极电压变小为 0，MOSFET 断开。水阀关闭，停止加水，这样保持水位在金属片的位置上。

项目结论：

利用 N 沟道增强型场效应管的偏置电压关系，将游泳池水位控制金属探头和水位阀门控制开关连接，起到了控制水位的作用。

第五章　直流稳压电源

学习目标

知识目标

- 熟悉小功率直流稳压电源的组成及各部分的作用。
- 掌握整流电路、滤波电路、稳压电路的结构和工作原理。
- 熟悉整流电路、滤波电路参数的计算。
- 了解串联型稳压电源、开关电源的结构、工作原理及应用。
- 了解逆变电源的结构和工作原理。

能力目标

- 能根据需要自行设计制作小功率直流稳压电源。

由于电子电路的特性，电子设备对电源电路的要求就是能够提供持续稳定、满足负载要求的电能，而且通常情况下都要求提供稳定的直流电能。能提供这种稳定的直流电能的电源就是直流稳压电源。直流稳压电源在电源技术中占有十分重要的地位。另外，电子技术初学阶段首先遇到的就是要解决电源问题，否则电路无法工作、电子制作无法进行，学习就无从谈起。

直流电源获取的渠道主要有三种：一是直流发电机发电，因设备庞大，经济性、通用性差，小型设备上一般不采用；二是化学电源，如干电池、蓄电池等；三是直流稳压电源，它是把交流电网的电压降为所需要的数值，再通过整流、滤波和稳压电路得到稳定的直流电压。本章主要介绍了组成直流稳压电源的各个电路的结构和工作原理，以及集成稳压电源的应用，并对目前应用较广的开关电源和逆变电源进行介绍。

第一节　直流稳压电源的组成

一、直流稳压电源的组成

小功率稳压电源的组成可以用图 5.1 表示，它由电源变压器、整流电路、滤波电路和稳压电路四部分组成。

有些电源还设有保护电路，以防止输出电流过大使器件温度过高而损坏电路。

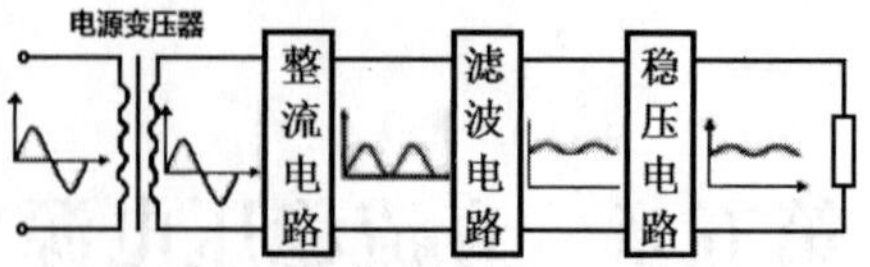

图 5.1 直流稳压电源结构图和稳压过程

二、直流稳压电源各部分的作用

（1）电源变压器。把电网提供的交流电压（一般为 AC220V 或 AC380V）变换为所需要的交流电压值。

（2）整流电路。利用整流元件，如二极管、晶闸管等，将交流电压变换为脉动的直流电压。

（3）滤波电路。利用电感、电容等储能元件，减小单向脉动程度，把单向脉动电压变为平滑的直流电压。

（4）稳压电路。当电网电压波动、负载和温度变化时，维持输出直流电压的稳定。

课堂互动

1. 说出直流稳压电源的组成及各部分的作用。
2. 直流稳压电源是唯一获得稳定直流电压的途径吗？

第二节 整流电路

将交流电转换成直流电的过程称为整流，实现整流功能的电路称为整流电路。整流电路按输入电源相数分为单相整流电路和三相整流电路。单相整流电路用于小功率场合，三相整流电路用于大功率场合。晶体管电路多采用单相整流电路作为电源。单相整流电路按电路结构可分为半波整流电路、全波整流电路、桥式全波整流电路和晶闸管整流电路；三相整流电路包括三相桥式整流电路、三相桥式可控整流电路。

下面介绍几种基本的、常见的整流电路。

一、单相半波整流电路

（一）电路组成

半波整流电路结构如图 5.2 所示。T 为电源变压器，将 220V 的电网电压变换为合适的交流电压。变压器初级电压用 u_1 表示，次级电压用 u_2 表示，VD 为整流二极管，R_L 为负载，U_2 为变压器二次侧的电压有效值。

（二）工作原理

变压器次级输出交流电压 u_2 的波形如图 5.3 所示。当 u_2 为正（$0 \leqslant \omega t < \pi$）时，加在二极管 VD 上的电压为正向电压，二极管导通且相当于短路，负载 R_L 上有电流通过；当 u_2 为负半周（$\pi \leqslant \omega t < 2\pi$）时，加在二极管 VD 上的电压为反向电压，二极管截止，负载 R_L 上无电流通过。可见，半波整流电路只在正半周时才有电流通过负载，负半周时无电流通过，输出电压为零。因此，在负载电阻 R_L 两端得到的电压 u_o 的极性是单方向的，如图 5.3 所示，从而达到整流的目的。

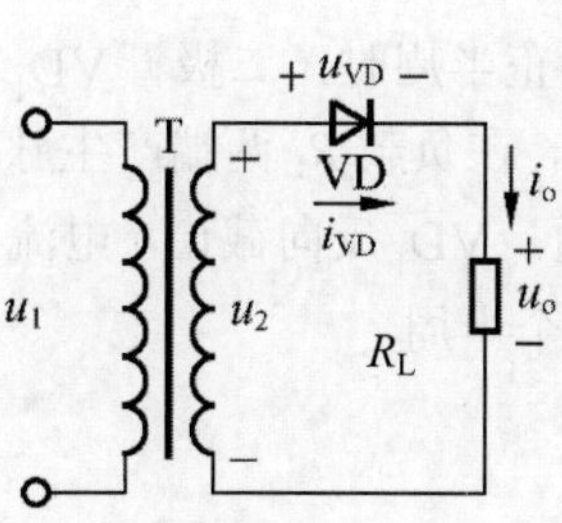

图 5.2　单相半波整流电路图

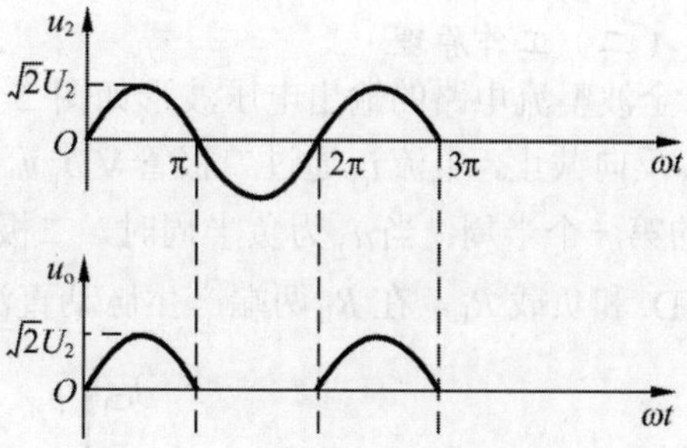

图 5.3　单相半波整流电路波形图

（三）基本参数

（1）整流输出直流电压和直流电流平均值。理论上可以证明，半波整流电路输出电压平均值为：

$$U_{O(AV)}=0.45U_2 \tag{5-1}$$

整流输出电流平均值为

$$I_{O(AV)}=\frac{U_{O(AV)}}{R_L}=0.45\frac{U_2}{R_L} \tag{5-2}$$

（2）整流二极管的参数。通过整流二极管 VD 的平均电流也就是通过负载 R_L 的整流电流平均值为：

$$I_{D(AV)}=I_{O(AV)} \tag{5-3}$$

整流二极管 VD 所承受的最大反向电压即为变压器次级电压的最大值：

$$U_{Rmax}=\sqrt{2}U_2 \tag{5-4}$$

经上述分析可以看出，单相半波整流电路具有结构简单的优点，但它的输出电压脉动大、整流效率低。

二、单相全波整流电路

（一）电路组成

全波整流电路结构如图 5.4 所示。电源变压器次级线圈的中心抽头为地电位，把交流电压正、负半周分成两部分。次级电压 u_{2a} 和 u_{2b} 大小相等都为 u_2，方向相反。VD_1 和 VD_2 为两只相同的整流二极管，电阻 R_L 为整流电路的负载，和半波整流电路相比，在交流电压的正、负半周上都有电流通过。

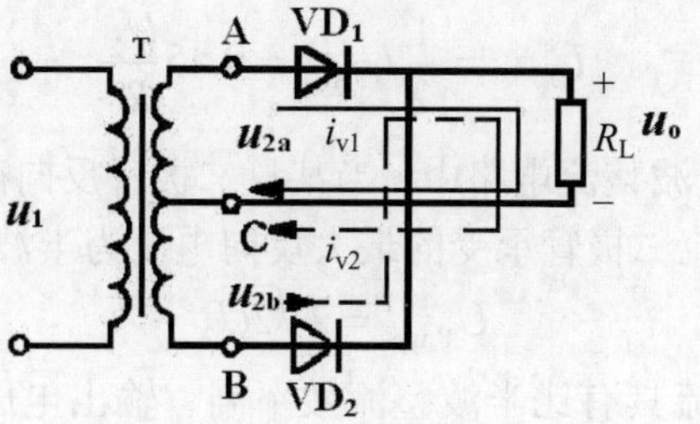

图 5.4　单相全波整流电路图

（二）工作原理

全波整流电路的输出电压波形如图 5.5 所示。当u_2为正半周时，二极管VD_1正向导通，VD_2反向截止，电流i_O通过二极管VD_1流回变压器中心点，在负载R_L两端产生脉动直流电压u_O的第一个半周；当u_2为负半周时，二极管VD_2正向导通，VD_1反向截止，电流i_O通过二极管VD_2和负载R_L，在R_L两端产生脉动直流电压u_O的第二个半周。

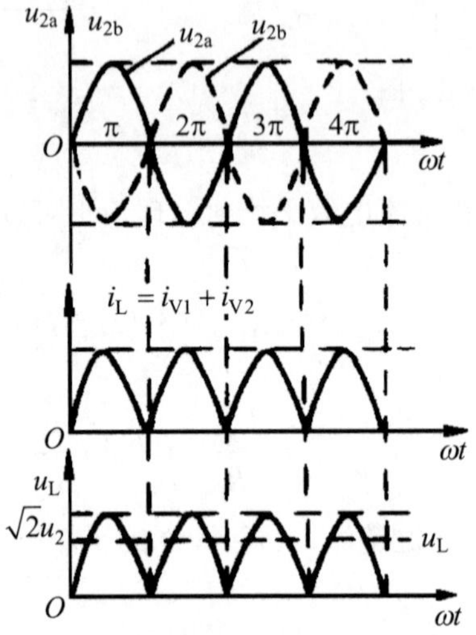

图 5.5　单相全波整流电路波形图

可见，单相全波整流电路能使交流电压u_2的正、负半周分别通过二极管VD_1和VD_2，整流输出全波脉动直流电压。

（三）基本参数

（1）整流输出直流电压和直流电流平均值。在全波整流电路中，一个周期内的两个半波均有电流通过负载，因此在负载上形成的直流电压平均值是半波整流电路的二倍，即

$$U_{O(AV)} = 2 \times 0.45U_2 = 0.9U_2 \tag{5-5}$$

整流输出的电流平均值为

$$I_{O(AV)} = \frac{U_{O(AV)}}{R_L} = 0.9\frac{U_2}{R_L} \tag{5-6}$$

（2）整流二极管的参数。由于两只二极管轮流导通，所以通过每只二极管的正向平均电流为流过负载整流电流平均值的一半，即

$$I_{D(AV)} = \frac{1}{2}I_{O(AV)} = 0.45\frac{U_2}{R_L} \tag{5-7}$$

由图 5.5 可以看出，在全波整流电路中，当某只二极管反向截止时变压器次级电压全部加在这只二极管两端，所以整流二极管承受的最大反向电压为半波整流的二倍，即

$$U_{Rmax} = 2\sqrt{2}U_2 \tag{5-8}$$

综上所述，单相全波整流具有比半波整流效率高、输出电压脉动小的特点。但全波整流要求电源变压器有两个次级绕组，这样不但增大了变压器的体积和重量，而且二极管所承受的最大反向电压是半波整流的二倍，这是该电路的缺陷。

三、单相全波桥式整流电路

（一）电路组成

桥式整流电路结构如图 5.6（a）所示。四个二极管接成电桥形式，称为整流桥。同极性接在一起的一对顶点连接负载 R_L，不同极性连接在一起的一对顶点连接变压器次级线圈。图 5.6（b）所示为整流桥简化图。

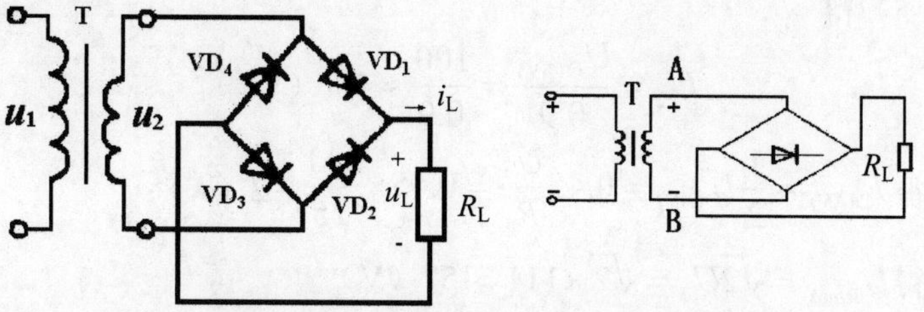

（a）桥式整流电路图　　（b）简化图

图 5.6　单相桥式全波整流电路及简化图

（二）工作原理

当变压器副边电压 u_2 为正半周时，二极管 VD_1、VD_3 导通，VD_2、VD_4 截止，电流 i_1 由 A 端通过 VD_1 流过负载 R_L，再通过 VD_3 回到 B 端，如图 5.6 中箭头所示，因此，负载上得到正半周电压。当 u_2 为负半周时，二极管 VD_2、VD_4 导通，VD_1、VD_3 截止，电流 i_2 由 B 端通过 VD_2 流过负载 R_L，再通过 VD_4 回到 A 端，负载上得到正半周电压。

可见，在交流电压 u_2 的一个周期内，四个二极管分两组轮流导通，使负载 R_L 上得到一个单向的全波脉动直流电压和电流，其波形如图 5.7 所示。

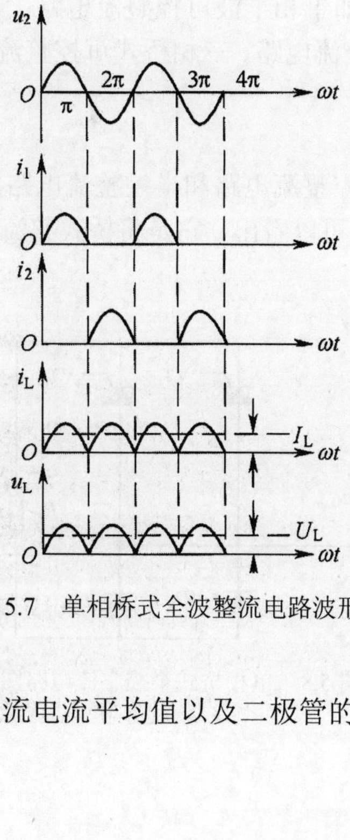

图 5.7　单相桥式全波整流电路波形图

（三）基本参数

桥式整流输出直流电压和直流电流平均值以及二极管的正向平均电流与全波整流电路相

同，每个二极管所承受的最大反向电压为全波整流电路的一半。

$$U_{Rmax}=\sqrt{2}U_2 \tag{5-9}$$

与全波整流电路和半波整流电路相比，桥式整流电路不仅保留了它们的优点，而且克服了它们的缺点。因此，单相桥式全波整流电路是目前一般电子电路优先选用的整流电路。

例 5-1 在图 5.6 所示的单相桥式全波整流电路中，要求直流输出电压平均值为 100V，负载为 $R_L=25\Omega$，试判断该电路中是否可以用 2CZ56E 作为整流元件。

解： 由式（5-5）得

$$U_2=\frac{U_{O(AV)}}{0.9}=\frac{100}{0.9}\approx 111\text{（V）}$$

由式（5-7）得 $I_{D(AV)}=\frac{1}{2}I_{O(AV)}=0.45\frac{U_2}{R_L}=0.45\times\frac{111}{25}\approx 2$（A）

由式（5-9）得 $U_{Rmax}=\sqrt{2}U_2=\sqrt{2}\times 111=157$（V）

经查整流二极管参数表可知，2CZ56E 的最大整流电流为 3A，最高反向工作电压为 300V，因此该电路可以用 2CZ56E 作为整流元件。

课堂互动

在桥式整流电路中，如果一只二极管接反会出现什么情况？请画图分析。

四、可控整流电路

将交流电变为大小可调的直流输出的过程称为可控整流。整流元件是晶闸管，由于晶闸管具有与二极管相似的单向导电性，所以可利用晶闸管进行整流，并且可以通过改变加在晶闸管控制极上触发脉冲的时刻对晶闸管进行控制，从而达到调节输出电压的目的，实现可控整流。

可控整流电路有多种形式，如单相半波可控整流电路、单相全波可控整流电路、单相桥式可控整流电路、三相半波可控整流电路、三相桥式可控整流电路等。下面介绍单相桥式可控整流电路。

（一）电路组成

单相桥式可控整流电路有全控整流电路和半控整流电路两种。这里只介绍单相桥式半控整流电路，其结构如图 5.8 所示。可以看出，它是将桥式整流电路中的两个整流二极管用晶闸管代替。

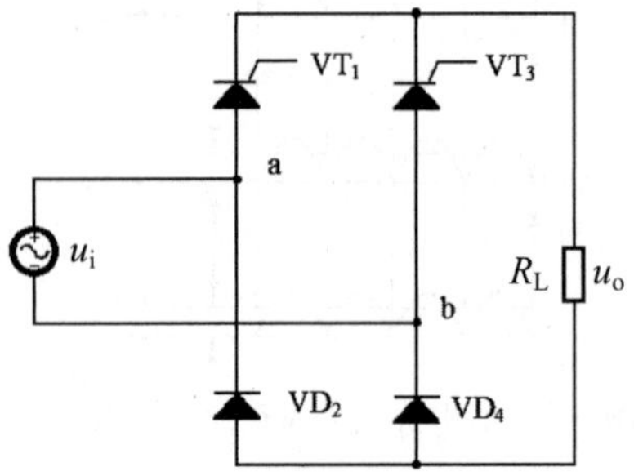

图 5.8 单相桥式半控整流电路图

（二）工作原理

在变压器副边电压u_2为正半周（a 端为正）时，VT_1和 VD_4承受正向电压，当$\omega t=\alpha$时，对 VT_1控制极上加触发脉冲u_G，则 VT_1导通，电路中电流的路径为 a→VT_1→R_L→VD_4→b，直到$\omega t=\pi$时，$u_2=0$，VT_1阻断。当u_2为负半周（b 端为正）时，VT_3和 VD_2承受正向电压，当$\omega t=\pi+\alpha$时，对 VT_3控制极上加触发脉冲u_G而使其导通，电路中电流的路径为 b→VT_3→R_L→VD_2→a，直到$\omega t=2\pi$时，VT_3阻断。电路波形图如图 5.9 所示，图中阴影部分有电压输出。

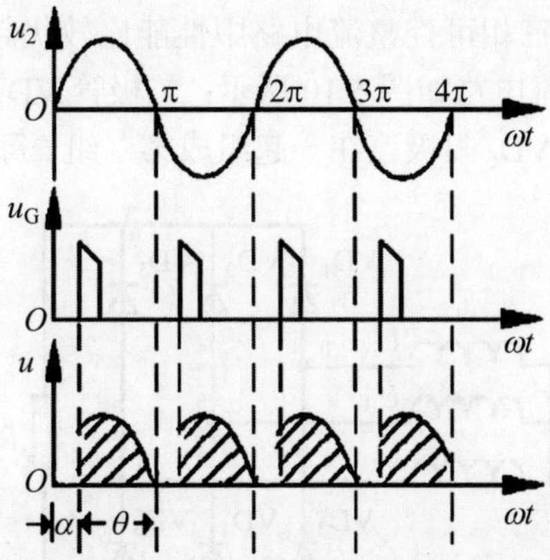

图 5.9　单相桥式半控整流电路波形图

控制级所加触发脉冲电压u_G使晶闸管开始导通的角度α称为控制角，而$\theta=\pi-\alpha$，称为导通角。改变加入触发脉冲的时刻以改变控制角α，称为触发脉冲的移相，控制角α的变化范围称为移相范围。

从波形可以看出，改变控制角α，则导通角θ发生相应变化，从而可以调整输出电压U_O。α越大，θ越小，U_O越小。

（三）基本参数

设$u_2=\sqrt{2}U_2\sin\omega t$，则输出电压平均值为

$$U_{O(AV)}=0.9U_2\frac{1+\cos\alpha}{2} \tag{5-10}$$

根据上式，当$\alpha=0$时，导通角$\theta=\pi$，$U_O=0.9U_2$，输出电压最高，相当于不可控二极管单相桥式整流电压；当$\alpha=\pi$时，导通角$\theta=0$，$U_O=0$，这时晶闸管完全关断。

由式（5-10）可得，输出电流平均值为

$$I_{O(AV)}=\frac{U_{O(AV)}}{R_L}=0.9\frac{U_2}{R_L}\cdot\frac{1+\cos\alpha}{2} \tag{5-11}$$

通过晶闸管和二极管上的平均电流为

$$I_{T(AV)}=I_{D(AV)}=\frac{1}{2}I_{O(AV)}$$

晶闸管和二极管所承受的最高反向电压为

$$U_{Rmax}=\sqrt{2}U_2$$

五、三相整流电路

前面学习了单相整流电路，它适用于小功率负载。当某些供电场合要求整流输出功率较大时，会造成三相电源系统的不平衡，从而影响系统其他用电设备的正常运行。因此，对于较大容量的设备应采用三相整流电路。

（一）电路组成

三相整流电路的类型很多，有三相半波、三相桥式全控、三相桥式半控等整流电路。其中三相桥式半控和全控电路是三相可控整流电路中性能比较优越，并普遍应用的两种典型电路。二极管组成的三相桥式整流电路如图 5.10 所示：二极管 VD_1、VD_3、VD_5 阴极连在一起组成第一组；二极管 VD_2、VD_4、VD_6 阳极连在一起组成第二组，每一组中三个二极管轮流导通。

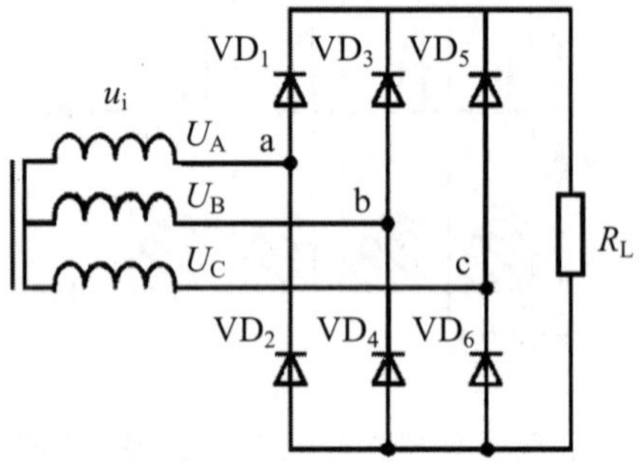

图 5.10　二极管组成的三相桥式整流电路图

（二）工作原理

三相桥式整流电路的工作原理：该电路中的任一时刻只有一个奇数二极管（VD_1、VD_3、VD_5）和一个偶数二极管（VD_2、VD_4、VD_6）导通，哪个二极管导通，则由加在二极管两端的电压方向决定。如图 5.11（c）中的 $t_1 \sim t_2$ 段，电压 U_a 为正且最高，如图 5.11（a）所示，电压 U_b 为负且最低，因此导通管为 VD_1 和 VD_4。由于 VD_1 导通，使 VD_1 的阴极电位将近似等于其阳极电位 U_a，此时 $U_a > U_b$，$U_a > U_c$，使 VD_3、VD_5 反偏截止。同时，由于 VD_4 导通，使 VD_4 的阳极电位近似等于其阴极电位 U_b，此时 $U_b < U_a$，$U_b > U_c$，使 VD_2、VD_6 反偏截止。因此，在 $t_1 \sim t_2$ 段的电流通路为：$a \rightarrow VD_1 \rightarrow R_L \rightarrow VD_4 \rightarrow b$。

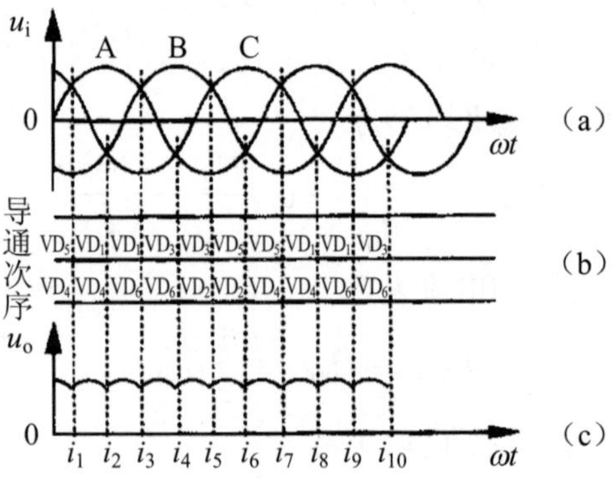

图 5.11　三相桥式整流电路电源电压及负载电压波形图

当忽略 VD_1 和 VD_4 管压降时，负载电阻上的电压为电源线电压 U_{ab}。

同理，可推导出在 $t_2 \sim t_3$ 段，a 点电位最高，c 点电位最低，电流通路为：a→VD_1→R_L→VD_6→c。

依此类推，可以得出如图 5.11（b）所示的二极管导通次序。

（三）基本参数

负载电压 U_O 的大小等于图 5.11（a）中交流电压的上下包络线在每一时刻的垂直距离，即每一时刻相应的线电压的数值。

经计算可得，负载 R_L 上的直流输出电压平均值为

$$U_{O(AV)} = 2.34U_2 \tag{5-12}$$

式中，U_2 为变压器副边相电压的有效值。

通过负载电阻 R_L 的平均电流为

$$I_{O(AV)} = \frac{U_{O(AV)}}{R_L} = 2.34\frac{U_2}{R_L} \tag{5-13}$$

第三节 滤波电路

整流电路将交流电转变成脉动直流电，这样的输出直流电压中含有交流成分，电压脉动大，仅适用于对直流电压脉动程度要求不高的场合，如电镀、电解等设备。而对于大多数电子仪器来说，要求电源的交流成分应该很小、直流电压非常稳定。为此，必须在整流电路之后加装滤波电路。滤波就是利用电容、电感等元件对直流电和交流电呈现不同阻抗的特点来消除脉动直流电中的交流成分。

常用的滤波电路有电容滤波电路、电感滤波电路等。

一、电容滤波电路

（一）电路组成

电容滤波电路是在负载两端并联一个电容，利用电容储存电能的特点实现滤波作用。桥式整流电容滤波电路如图 5.12（a）所示。由于电容“通交隔直”，即对直流电容抗较大，而对交流电容抗很小，所以，当在负载两端并联电容后，整流后的交流成分大部分被电容分流，从而使负载上的交流成分大大减少，电压波形变得基本平滑了。

（二）工作原理

当 u_2 由零逐渐上升时，整流二极管 VD_1、VD_3 导通，u_2 向负载供电，同时对电容 C 充电。因为二极管正向压降很小，可认为 u_C 与 u_2 变化同步，如图 5.12（b）中的 a 段所示。当 u_2 达到峰值时，电容 C 两端的电压也充至 $\sqrt{2}U_2$。随后 u_2 开始下降，$u_2 < u_C$ 时，二极管截止，于是电容 C 开始向负载 R_L 放电。

由于放电时间常数很大（$\tau = R_L C$），放电速度很慢，直到 u_2 的负半周，当 u_2 的绝对值大于 u_C 时，二极管 VD_2、VD_4 又导通，再次向电容 C 充电，重复上述过程。负载上得到较平稳的直流电压，波形如图 5.12（b）所示。

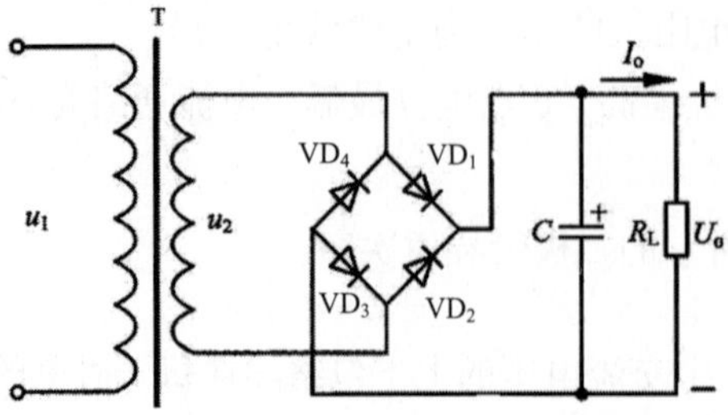

（a）电路

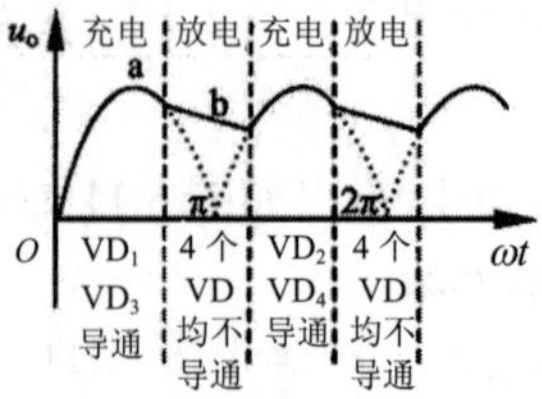

（b）u_O 波形

图 5.12 单相桥式全波整流电容滤波电路及输出波形

（三）基本参数

（1）滤波后直流电压平均值。滤波后的直流电压接近 u_2 的峰值，即 $U_O = \sqrt{2}U_2$。但考虑到由于电容放电所造成的电压下降及二极管的正向电阻、电源变压器的内阻等因素影响，都可使 u_O 下降。因此，滤波后的直流电压 U_O 可用式（5-14）估算。

桥式（全波）整流电容滤波：

$$U_O = 1.2U_2 \tag{5-14}$$

当负载开路时，因电容上的电荷无放电回路，故

$$U_O = 1.4U_2 \tag{5-15}$$

（2）电容参数。滤波电容 C 的大小选择取决于放电回路的时间常数，R_LC 越大，输出电压脉动就越小，通常取 R_LC 为脉动电压中最低次谐波周期的 3～5 倍，即

半波整流电容滤波：

$$R_LC \geqslant (3\sim5)T \tag{5-16}$$

桥式（全波）整流电容滤波：

$$R_LC \geqslant (3\sim5)T/2 \tag{5-17}$$

式中，T 为交流电的周期。

（3）电容滤波的特点。电路结构简单、输出电压较高且脉动小，但在接通电源的瞬间，将产生强大的充电电流，这种电流称为浪涌电流。如果负载电流太大，电容放电的速度加快，会使负载电压变得不够平稳，所以只适用于负载电流较小的场合。

例 5-2 在图 5.12 所示的单相桥式全波整流电容滤波电路中，若要求输出直流电压为 18V，电流为 100mA，试选择滤波电容和整流二极管。

解：①整流二极管的选择。

由式（5-7）可求出通过每只二极管的平均电流

$$I_D = \frac{1}{2}I_O = \frac{1}{2}\times100 = 50\text{（mA）}$$

由式（5-14）可得变压器次级电压有效值

$$U_2 = \frac{1}{1.2}U_O = \frac{1}{1.2}\times18 = 15\text{（V）}$$

由式（5-9）可得最大反向工作电压

$$U_{Rmax} = \sqrt{2}U_2 \approx 21\text{（V）}$$

经查整流二极管参数表可知，型号为 2CZ58C 的整流二极管最大整流电流为 0.10A，最高

反向工作电压为 25V，可以满足此电路的要求。

②选择滤波电容。

由式（5-17）可得

$$C \geqslant \frac{5T}{2R_L} = \frac{5 \times 0.02}{2 \times \frac{18}{0.1}} = 278\ (\mu F)$$

电容耐压为：$(1.5 \sim 2)U_2 = (1.5 \sim 2) \times 15 = 22.5 \sim 30$（V）

确定选用 330μF/35V 的电解电容。

二、电感滤波电路

电感滤波电路就是在整流输出的后面将一个电感线圈和负载串联，其结构如图 5.13 所示。对整流输出的直流成分，电感的电阻远小于负载 R_L，所以直流成分几乎完全落在负载 R_L 上；对于整流输出的交流成分，电感的感抗远大于负载 R_L，所以交流成分几乎全落在电感 L 上。这样负载上的交流成分大大减少，电压波形变得基本平稳了。

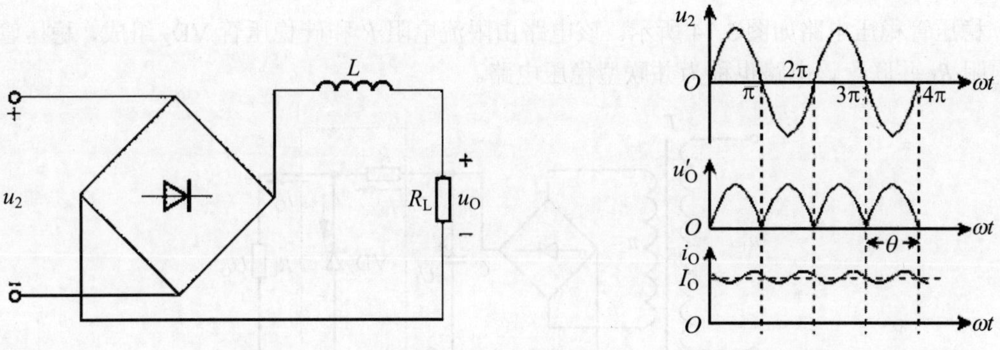

（a）电路　　（b）波形图

图 5.13　电感滤波电路

在桥式电感整流电路中，当 u_2 为正半周时，VD_1、VD_3 导电，电感中的电流将滞后 U_2 不到 90°。当 U_2 超过 90° 后开始下降，电感上的反电势有助于 VD_1、VD_3 继续导电。当 U_2 处于负半周时，VD_2、VD_4 导电，变压器副边电压全部加到 VD_1、VD_3 两端，致使 VD_1、VD_3 反偏而截止，此时，电感中的电流将经由 VD_2、VD_4 提供。由于桥式电路的对称性和电感中电流的连续性，四个二极管 VD_1、VD_3；VD_2、VD_4 的导电角 θ 都是 180°，这一点与电容滤波电路不同。如忽略电感的电阻，则负载上电压平均值为

$$U_O = 0.9U_2 \tag{5-18}$$

与电容滤波相比，电感滤波的特点是二极管的导通时间长、峰值电流较小。由于电感的直流电阻小，交流阻抗很大，因此直流分量经过电感后的损失很小，但是对于交流分量，在电感和负载电阻 R_L 上分压后，很大一部分交流分量降落在电感上，因而降低了负载电阻 R_L 输出电压中的脉动成分。电感 L 越大，R_L 越小，则滤波效果越好，所以电感滤波适用于负载电流比较大且变化比较大的场合，缺点是电感线圈体积大、笨重、成本较高。采用电感滤波以后，延长了整流管的导电角，从而避免了过大的冲击电流。

第四节　稳压电路

二极管整流电路附加滤波电路后，能把交流电换成较平滑的直流电输出。但是，在交流电网电压波动或整流电路负载变化时，仍会造成输出直流电压的不稳定，通常还要有稳定输出电压的电路。稳压电路是指：在输入电网电压波动或负载发生改变时仍能保持输出电压基本不变的电源电路。

一、稳压管稳压电路

对于小功率电源，常采用晶体管组成的线性稳压电路，主要有硅稳压管、三极管组成的分立元件稳压电路和集成稳压电路，最简单的是硅稳压二极管稳压电路。

稳压管稳压电路是利用稳压管在反向击穿时端电压基本恒定的特性来稳定输出电压的。稳压管的特性曲线在反向击穿区十分陡峭，尽管电流在很大的范围内变化，而二极管两端的电压却基本上稳定在击穿电压附近，从而实现了二极管的稳压功能。

（一）电路组成

稳压管稳压电路如图 5.14 所示。该电路由限流电阻 R 和硅稳压管 VD_Z 组成，稳压管与负载电阻 R_L 并联。该电路也称为并联型稳压电路。

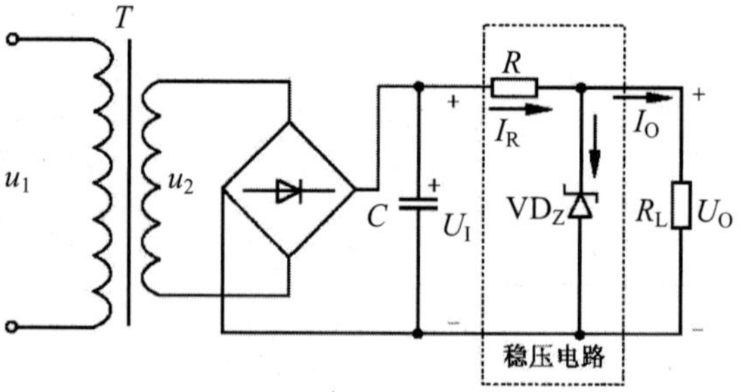

图 5.14　稳压管稳压电路

（二）工作原理

稳压原理：变压器次级电压经整流滤波后的直流电压为 U_I，限流电阻上的电压为 $U_R = I_R R = (I_Z + I_O)R$，稳压管和负载电阻的电压为 $U_Z = U_O = U_I - U_R$。

当交流电网电压升高时，变压器次级电压 u_2 会升高，引起 U_I 升高，将导致输出电压 U_O 升高，即稳压管 VD_Z 的端电压 U_Z 升高。U_Z 升高，则通过稳压管的电流 I_Z 显著增大，限流电阻 R 上的电压 U_R 将增加，而 U_R 的增加补偿了输入电压 U_I 的变化，从而使输出电压 U_O 基本保持不变。上述稳压过程可表示为

$$U_I\uparrow \rightarrow U_O\uparrow \rightarrow I_Z\uparrow \rightarrow U_R\uparrow \rightarrow U_O\downarrow$$

反之，当 U_I 下降时，电路也能基本维持输出电压不变，但稳压过程与上述相反。

若电网电压不变，当负载电阻增大时，将导致负载电流 I_O 减小，U_R 减小，引起 U_O 上升。同样导致 I_Z 增大，U_R 增大。因为 U_I 不变，所以 U_O 将保持稳定。当负载电流在一定范围内变化时，可由稳压管的电流来补偿，使限流电阻 R 上流过的总电流和电压降不变，从而使输出

电压U_O基本稳定。

由以上分析可见，在稳压管稳压电路中，主要是利用稳压管的电流调节作用和限流电阻的电压调节作用来稳定输出电压的。

例 5-3　有两只稳压管 VD_{Z1}、VD_{Z2}，其稳定电压分别为 8.5V 和 6.5V，其正向压降均为 0.5V，输入电压足够大。现欲获得 7V、15V 和 9V 的稳定输出电压 U_O，试画出并联型稳压电路。

解：电路图如图 5.15 所示，对两个稳压管采用不同的联接方式就可得到 7V、15V 和 9V 三个稳定的输出电压。

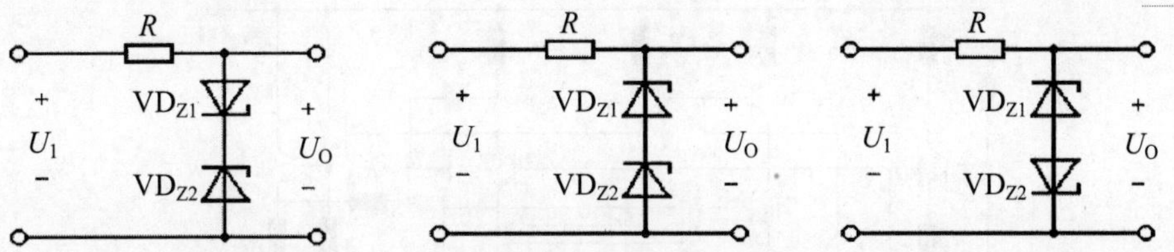

（a）输出电压为 7V 的电路　（b）输出电压为 15V 的电路　（c）输出电压为 9V 的电路

图 5.15　例 5-3 并联型稳压电路

（三）限流电阻的选取

正确选取限流电阻 R 的阻值，是稳压电路正常工作的前提。能够保证在负载电路空载时，使流过稳压二极管 VD_Z 的电流不超过其最大耐受值而损坏；在最大负载时，仍要保障流过 VD_Z 的电流超过最小击穿电流值，使其仍处于反向击穿工作区。从稳压二极管的安全出发，只要限制其流通电流不超过稳压二极管最大反向耐受电流，电路元件就不会有损坏的危险。此时在较大的电流变化区域内，其端电压变化值是较微小的，甚至可以忽略不计。总之，限流电阻 R 应该既保证稳压管工作在反向击穿区，又不能使稳压管电流过大而使稳压管损坏。

稳压管稳压电路的输出电压就是稳压管的反向击穿电压，称为稳压管的稳压值。不同型号的稳压管有不同的稳压值。目前有一点几伏到几十伏多个稳压值的稳压管。可根据需要选取合适稳压值的稳压管。稳压管稳压电路结构简单、价格低，适用于输出电压不需要调节、负载变动不大的小电流输出场合。

二、三端稳压器

三端稳压器是集成稳压器的一种，因其只有三个引出端子，具有外接元件少、使用方便、性能稳定、价格低廉等优点，应用最为普遍。三端稳压器主要有两种：一种输出电压是固定的，称为固定输出三端稳压器；另一种输出电压是可调的，称为可调输出三端稳压器。其电路结构和原理基本相同，下面以固定输出三端稳压器为例进行介绍。

（一）电路组成

固定输出三端稳压器的组成框图如图 5.16 所示，它由以下六部分组成。

1. 启动电路

启动电路由 R_4、VD_{Z1}、T_{12}、T_{13}、R_5、R_6、R_7 和 R_{18} 组成。上电后，R_4、VD_{Z1} 先导通，使得 T_{12} 和 T_{13} 导通，随后 T_8 和 T_9 也导通，整个电路进入正常工作状态。这时 R_1 上压降增加，使 T_{13} 处于截止状态，切断了输入回路与基准电源之间的联系。

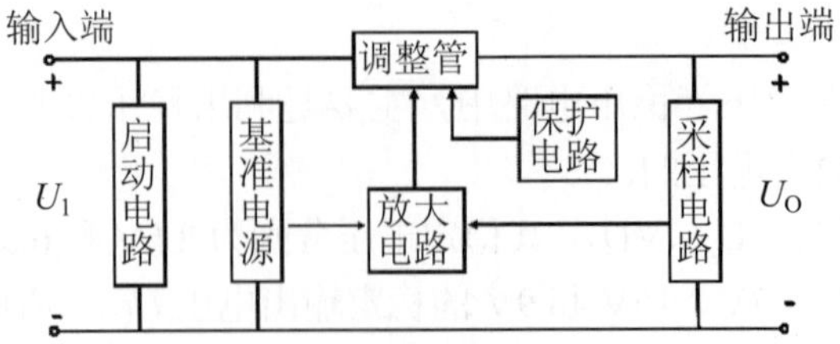

（a）结构框图

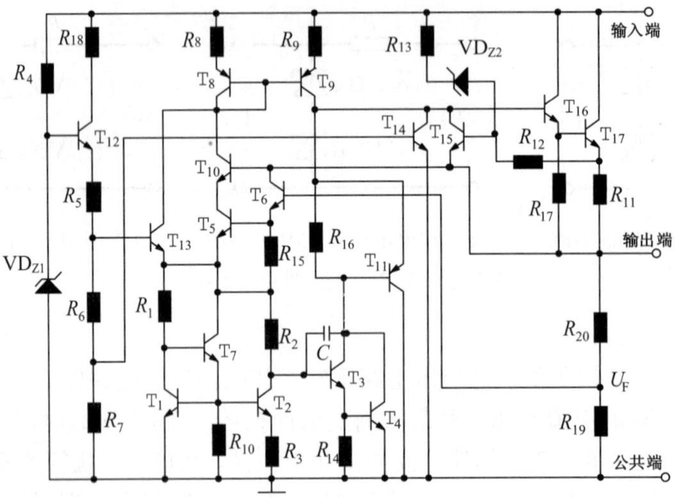

（b）内部电路图

图 5.16　固定输出三端稳压器结构框图和内部电路图

2. 基准电源

基准电源由 T_1～T_7 管和电阻 R_1～R_3 组成，具有低噪声、低温漂的特点。

3. 放大电路

放大电路由 T_3 和 T_4 管组成的复合管构成，电流源 T_9 作它的有源负载，取样电压 U_F 叠加在基准电压上。T_3 和 T_4 管既是基准电压电路的一部分，又是比较放大器的放大管。电路组态为共射接法，并采用有源负载，可以获得较高的电压放大倍数。

4. 调整电路

调整电路由 T_{16} 和 T_{17} 组成的复合管构成，是整个电路的调整管。其集电极接整流滤波电路的输出，其发射极通过 R_{11} 接负载电阻 R_L，可以输出较大的电流。这种结构要求放大电路用较小的电流即可驱动调整管发射极回路中较大的输出电流，而且提高了调整管的输入电阻。

5. 保护电路

（1）过流保护电路由 R_{11} 和 T_{15} 组成。

（2）调整管安全区保护电路由 R_{13}、VD_{Z2} 和 T_{15} 组成。

（3）过热保护电路由 VD_{Z1}、R_7 和 T_{14} 组成。

当芯片内部的温度超过允许的最大值时，R_7 的压降也增大，而 T_{14} 管的 U_{BE} 却减小，使 T_{14} 管导通。T_{14} 集电极电流 I_C 使得 T_{16} 管的基极电流分流，从而限制了 T_{16} 管和 T_{17} 管的电流，芯片功耗也会随之降低，起到过热保护的作用。

6. 采样电路

采样电路由两个分压电阻 R_{19} 和 R_{20} 组成，它对输出电压进行采样，并送到放大电路的输入端。

将上述电路全部集成在一块硅片上，加以封装后引出三端引脚，就构成了固定输出三端集成稳压电源。三个端子分别为：输入、输出和公共端。输入端接整流滤波电路；输出端接负载；公共端接输入、输出的公共点。各引脚见表 5.1。

表 5.1 W7800、W7900 系列三端稳压器的引脚

封装形式 / 引脚 / 系列	金属封装			塑料封装		
	IN	GND	OUT	IN	GND	OUT
W7800	1	3	2	1	2	3
W78M00	2	3	2	2	2	3
W78L00	3	3	3	3	2	1
W7900	3	1	2	2	1	3
W79M00	3	1	2	2	1	3
W79L00	3	1	2	2	1	3

（二）工作原理

电源接通后，启动电路工作，为基准电压、比较放大电路建立工作点，当正常工作后启动电路不起作用。调整管与负载相串联，且调整管工作在线性状态，输出电压的变化量由反馈网络取样，并经放大电路放大后去控制调整管的基极电压，从而改变调整管 U_{CE} 的大小。当输入电压增加（或负载电流减小）时，导致输出电压增加，反馈电压U_F也随之增加。U_F与基准电压相比较，其差值电压经比较放大电路放大后使调整管的基极电流自动地改变调整管的 U_{CE} 电压，补偿输出电压 U_O 的变化，从而维持输出电压 U_O 基本恒定。

（三）应用电路

由于固定输出三端稳压器输出电压是固定的，所以必须生产各种输出电压、电流规格的系列产品。通常可分为七个等级：±5V、±6V、±8V、±12V、±15V、±18V、±24V。

正电压输出的是 78××系列，负电压输出的是 79××系列。由 7800 稳压器构成的输出固定电压的电路如图 5.17 所示。

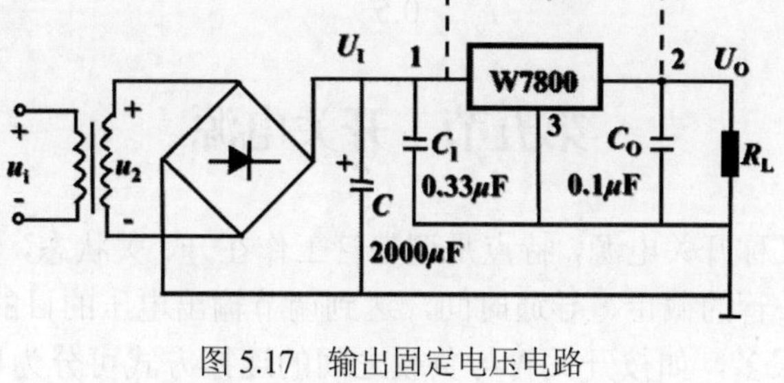

图 5.17 输出固定电压电路

U_1应至少比U_O高 2V；二极管 VD 保护内部调整管，防止短路；电容C_1用来抵消输入端接线较长时的电感效应，防止产生自激振荡，改善波形；电容C_O用来改善负载的瞬时响应，当瞬时增减负载电流时，不致引起输出电压有较大的波动。

例 5-4 如图 5.18 所示直流稳压电源，其输入为 220V、50Hz 交流电源，输出直流电压为+12V，最大输出电流为 500mA，试采用桥式整流电路和三端集成稳压器构成加有电容的滤波电路（设三端稳压器的压差为 5V）。

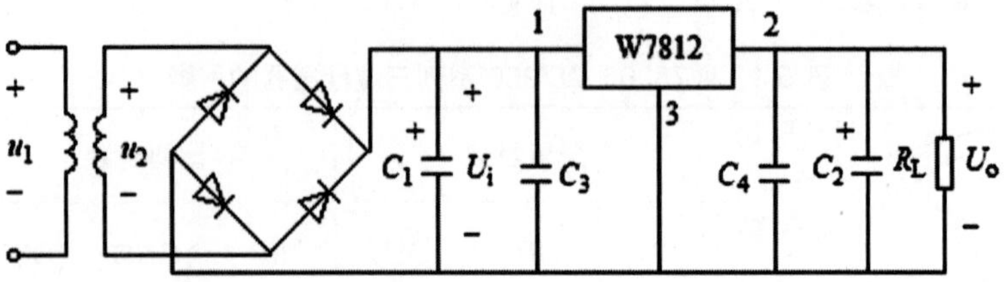

图 5.18 三端稳压器构成的直流稳压电源

要求：确定电源变压器的变比，整流二极管的参数，三端稳压器的型号及负载电阻。

分析：单相桥式整流电容滤波电路输出电压平均值$U_o = 1.2U_2$，每个二极管承受的最高反向电压$U_{DRM} = \sqrt{2}U_2$，通过每个二极管的电流平均值$I_D = 0.5I_o$。

解：由于输出直流电压为+12V，所以三端集成稳压器选用 W7812 型。

由于三端稳压器的压差为 5V，所以桥式整流并经电容滤波的电压为

$$U_i = U_o + 5 = 17 \text{（V）}$$

变压器副边电压有效值为

$$U_2 = \frac{U_i}{1.2} = \frac{17}{1.2} = 14.17 \text{（V）}$$

变压器的变比为

$$k = \frac{U_1}{U_2} = \frac{220}{14.17} = 15.5$$

流过整流二极管的平均电流为

$$I_D = \frac{1}{2}I_o = \frac{1}{2} \times 500 = 250 \text{（mA）}$$

整流二极管承受的最高反向电压为

$$U_{RDM} = \sqrt{2}U_2 = \sqrt{2} \times 14.17 = 20 \text{（V）}$$

负载电阻R_L为

$$R_L = \frac{U_o}{I_o} = \frac{12}{0.5} = 24 \text{（Ω）}$$

第五节 开关电源

开关式稳压电路又称开关电源，特点是调整管工作在开、关状态，即工作在饱和或截止两种状态。通过控制开关管的截止、导通时间，达到调节输出电压的目的。

开关电源的种类很多，如按开关管与负载之间的连接方式可分为串联型和并联型；按启

动开关管的方式可分为自激型和他激型；按稳压的控制方式可分为脉冲宽度调制型（PWM）、脉冲频率调制型（PFW）和混合调制型；按输出性能可分为恒压恒频型和变压变频型；按电路结构可分为单管型、推挽型、半桥型和全桥型等。

一、开关电源

（一）电路组成

开关电源的组成框图如图 5.19（a）所示。它由六部分组成，其中取样电路、比较电路和基准电路在组成与功能上与普通的串联型稳压电路相同。所不同的是增加了开关控制器、开关调整管及续流滤波等电路。

（1）开关调整管。它采用大功率管，在开关脉冲的作用下，使调整管工作在饱和或截止状态，输出断续的脉冲电压，其波形如图 5.19（b）所示。

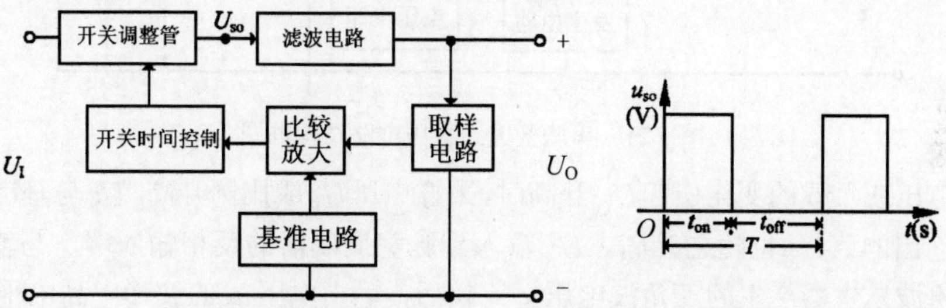

（a）结构框图　　（b）脉冲输出电压 u_{SO} 波形

图 5.19　开关电源的结构框图及脉冲电压波形

如果设闭合时间为 t_{on}，断开时间为 t_{off}，则工作周期为 $T = t_{on} + t_{off}$，负载上的输出电压为

$$U_O = (U_I \times t_{on} + 0 \times t_{off})/(t_{on} + t_{off}) = (t_{on}/T) \times U_I \tag{5-19}$$

式中，t_{on}/T 为占空比，改变其大小即可改变输出电压 U_O 的大小。

（2）滤波器。它用于把矩形脉冲变成连续的平滑直流电压 U_O。

（3）开关时间控制器。它用于控制开关导通时间的长短，从而改变输出电压的高低。下面以串联型开关电源为例介绍开关电源的工作原理。

（二）工作原理

串联型开关电路如图 5.20 所示。该电路由开关管 VT、储能电路（包括电感 L、电容 C 和续流二极管 VD）和控制器组成。控制器可使开关管 VT 处于开关状态，并可稳定输出电压。

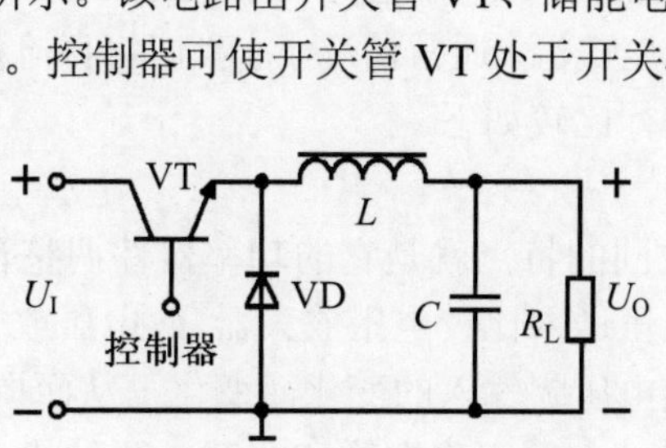

图 5.20　串联型开关电路

当三极管 VT 饱和导通时，因为电感 L 的作用，三极管 VT 中的电流线性增加，其为负载 R_L 供电及给电感 L 储能，二极管 VD 截止。当三极管 VT 截止时，二极管 VD 导通，存储在

电感 L 中的能量逐渐释放并提供给负载，使负载继续有电流流过，因此，将二极管 VD 称为续流二极管。电容 C 起滤波作用。当电感 L 中的电流发生变化时，电容存储过剩的电荷或补充缺少的电荷，从而减少输出电压 U_O 的纹波。

（三）串联开关式稳压电源

最简单的串联开关式稳压电路结构框图如图 5.21 所示。

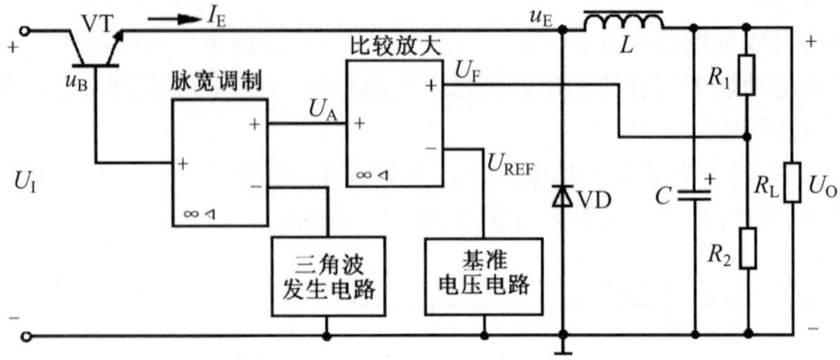

图 5.21　串联开关式稳压电路结构框图

当电网电压或负载的变化引起 U_O 升高时，采样电压 U_F 成比例升高。U_P 与基准电压 U_{REF} 比较后，放大输出的值 U_A 也随之升高。U_A 输入到脉宽调制器的反相输入端，与输入到同相输入端的由三角波发生器产生的三角波电压 u_i 比较后，输出电压 u_B 的波形中高电平的时间 t_{on} 缩短，低电平的时间增长。发射极电压 u_E 脉冲波形的占空比减小，输出的平均电压 U_O 减小，最终保持了 U_O 的基本不变，即

$$U_O\uparrow\rightarrow U_F\uparrow\rightarrow U_A\uparrow\rightarrow t_{on}\uparrow\rightarrow u_E\text{ 脉宽}\downarrow\rightarrow U_O\downarrow$$

由以上分析可知，开关稳压电源通过调整脉冲占空比来实现输出电压 U_O 的稳定。一般开关稳压电源的开关频率在 10～100kHz，产生的脉冲频率越高，所需要的滤波电容和电感的值就相对减小，因此可以降低开关稳压电源的成本并减小体积。

二、开关电源与线性电源的比较

直流稳压电源的分类方法繁多，按稳压电路与负载直流稳压电源的连接方式分为串联稳压电源和并联稳压电源；按调整管的工作状态分为线性稳压电源和开关稳压电源；按电路类型分为简单稳压电源和反馈型稳压电源。通常情况下，我们将直流稳压电源分为线性稳压电源和开关式稳压电源两类。两者进行比较如下。

（一）工作原理

线性稳定电源有一个共同的特点就是它的功率器件调整管工作在线性（放大）状态。将输出电压取样然后与参考电压送入比较电压放大器，此电压放大器的输出作为电压调整管的输入，用以控制调整管使其结电压随输入的变化而变化，从而调整其输出电压。

开关电源的共同特点是调整管工作在饱和或截止两种状态。通过控制开关管的截止、导通时间，即改变占空比，达到调节输出电压的目的。

（二）主要特点

线性电源技术很成熟，制作成本较低，可以达到很高的稳定度，波纹较小，自身的干扰

和噪声都比较小，但因为工作在工频（50Hz），变压器的体积比较大，效率偏低（一般满载工作的效率只有 80%左右），整体体积较大，显得较笨重，且输入电压范围要求高。

而开关电源是工作在高频状态（50～150kHz），变压器的体积比较小，相对比较轻便，但是输出纹波较线性电源要大，但因结构简单、成本低、效率高（市面上的开关电源的效率也可达 90%以上），在很多场合已经替代了线性电源，是未来电源发展的趋势。

（三）工作精度

线性电源精度好，优于开关电源或可控硅电源 1～3 个数量级。

（四）应用范围

线性电源因其精度高、性能优越的优点被广泛应用。开关电源因省去了笨重的工频变压器而使体积和重量都有不同程度的减少、减轻，也被广泛地应用在许多输出电压、输出电流较为稳定的场合。

第六节　逆变电源

一、逆变电源概述

（一）逆变技术的概念和分类

在已有的各种电源中，蓄电池、干电池、太阳能电池等都是直流电源，当需要这些电源向交流负载供电时，就需要逆变电路。如计算机等使用的不间断电源，将电池的直流电转变为交流电。随着控制技术的发展和应用，为了提高性能，有些用电设备需要不同幅值、频率的交流电源供电，如通信电源、电动机变频调速器等，它们使用的电能是通过整流和逆变组合电路对原始电能进行变换而得到的。

把直流电变成交流电的过程称为逆变，完成逆变功能的电路称为逆变电路，实现逆变过程的装置称为逆变设备或逆变器。

现代逆变技术种类很多，按逆变器输出的交流频率可分为工频逆变、中频逆变和高频逆变；按逆变器输出的相数可分为单相逆变、三相逆变和多相逆变；按逆变主电路的形式可分为单端式逆变、推挽式逆变、半桥式逆变和全桥式逆变；按逆变主开关器件的类型可分为晶闸管逆变、晶体管逆变、场效应管逆变等；按控制方式可分为调频式（PFM）逆变和调脉宽式（PWM）逆变等。

（二）工作原理

逆变电源工作框图如图 5.22 所示。

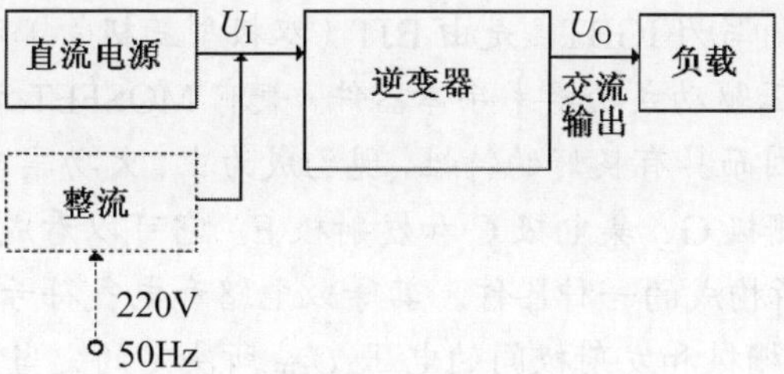

图 5.22　逆变电源工作框图

图 5.23 所示是桥式逆变的工作原理。U_I是直流电源，当开关K_1～K_4都断开时，负载上的电流为 0；当开关K_1、K_3闭合，K_2、K_4断开时，电流经K_1、K_3流经负载R_L，电流为图中的I_{13}；当开关K_2、K_4闭合，K_1、K_3断开时，电流经K_2、K_4流经负载R_L，电流为图中的I_{24}。只要保证K_1、K_3和K_2、K_4轮流闭合与断开，负载上就可得到交变的电流。改变开关导通、断开的时间，就可改变负载上得到的电压的频率及幅度。

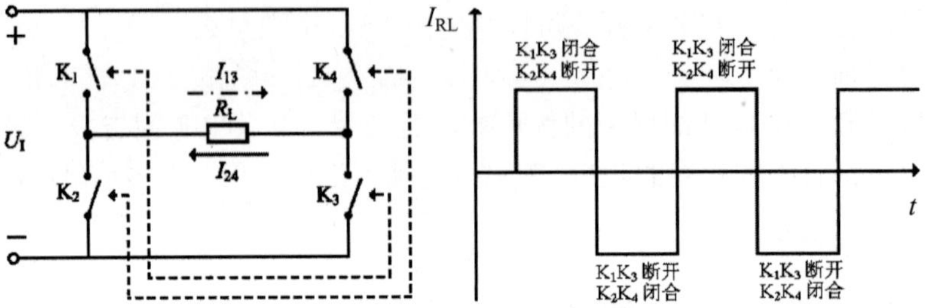

图 5.23　桥式逆变电源工作原理

二、晶闸管逆变电源

图 5.24 所示是由晶闸管组成的单相桥式逆变电路。图中 4 个晶闸管 VT_1～VT_4的作用就相当于图 5.23 中的 4 个开关。只要控制 4 个晶闸管两两轮流导通与截止，就可在负载上得到交变的电压。当负载为电感性负载时，电流滞后于电压，4 个二极管为电流提供通路。

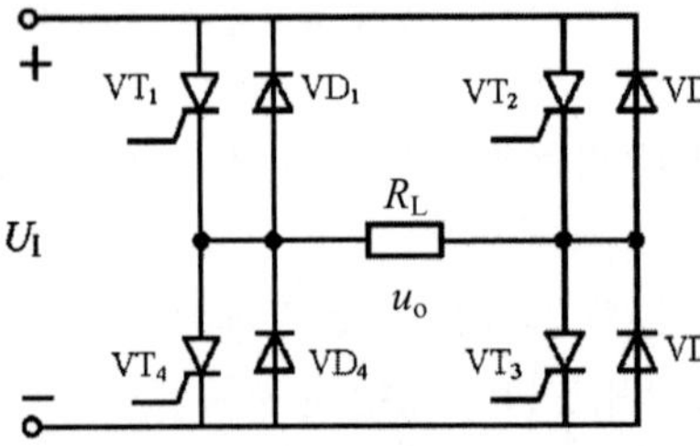

图 5.24　晶闸管单相桥式逆变电路

知识链接

单相全桥逆变电路

在讲单相全桥逆变电路前先来了解下什么是 IGBT。绝缘栅双极晶体管（Insulated-gate Bipolar Transistor），英文简写为 IGBT，是由 BJT（双极型三极管）和 MOS（绝缘栅型场效应管）组成的复合全控型电压驱动式功率半导体器件，兼有 MOSFET 的高输入阻抗和 GTR 的低导通压降两方面的优点，因而具有良好的特性，现已成为中、大功率电力电子设备的主导器件。IGBT 是三端器件，具有栅极 G、集电极 C 和发射极 E。它可以看成是一个晶体管的基极通过电阻与 MOSFET 相连接所构成的一种器件。其等效电路和电气符号如图 5.25 所示。

它的开通和关断是由栅极和发射极间的电压 U_{GE} 所决定的。当 U_{GE} 为正且大于开启电压 U_T 时，MOSFET 内形成沟道，并为晶体管提供基极电流进而使 IGBT 导通。当栅极与发射极间施加反向电压或不加信号时，MOSFET 内的沟道消失，晶体管的基极电流被切断，使得 IGBT 关断。

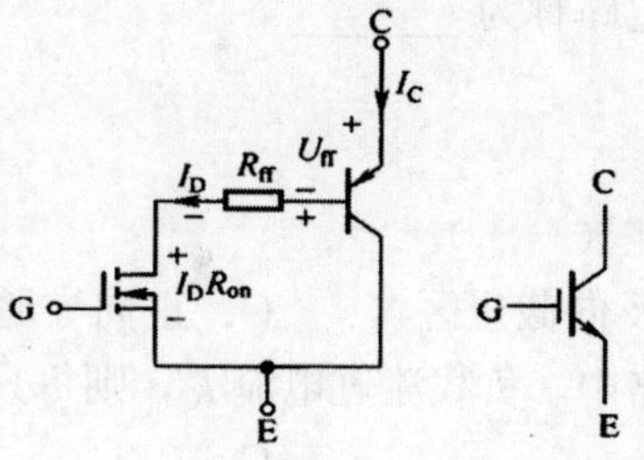

（a）　（b）

图 5.25　IGBT 等效电路和电气图形符号

单相全桥逆变电路结构和工作原理：

图 5.26 所示电路由两对桥臂组成，V_1 和 V_4 与 V_2 和 V_3 两对桥臂各导通 180 度。同一桥臂两个开关器件不能同时导通；V_3 的基极信号与 V_1 相差θ（$0<\theta<180°$）；V_3、V_4 的栅极信号分别比 V_2、V_1 的前移 $180°-\theta$；输出电压是正负各为θ宽度的脉冲；改变θ就可调节输出电压。电感中贮能向直流侧反馈，VD_1–VD_4 称为反馈二极管，还使 i_o 连续，又称续流二极管。各 IGBT 的栅极信号 V_1–V_4 及输出电压 u_o、输出电流 i_o 的波形如图 5.26（b）所示。

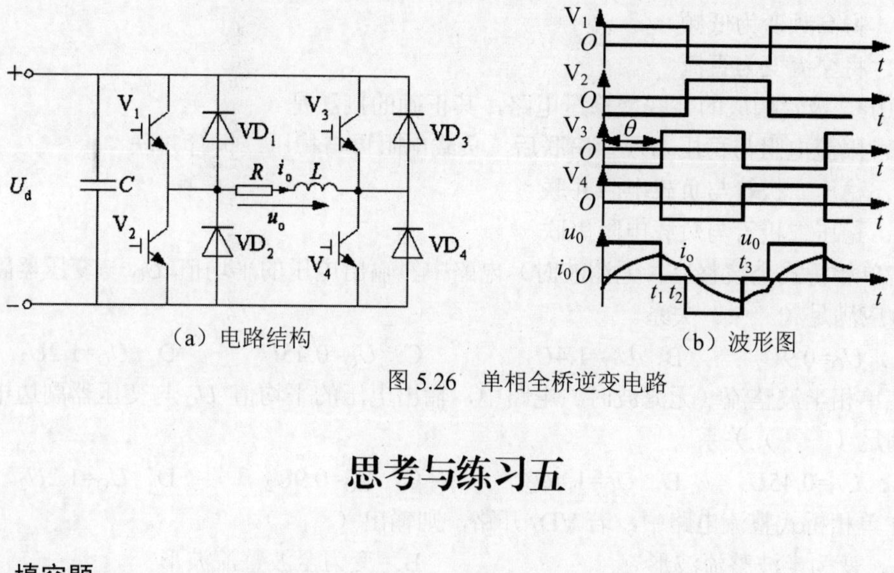

（a）电路结构　（b）波形图

图 5.26　单相全桥逆变电路

思考与练习五

一、填空题

1．在变压器副边电压相同的条件下，单相桥式全波整流电路的输出电压平均值是单相半波整流电路的________倍；若输出电流相同，每一整流二极管的整流平均电流，单相桥式全波整流是单相半波整流的________倍。

2．在电容滤波和电感滤波中，________滤波适用于大电流负载。

3．稳压二极管需要串入________才能正常工作。

4．单相桥式全波整流电路中，负载电阻为 100Ω，输出电压平均值为 10V，则流过每个整流二极管的平均电流为________A。

5．由理想二极管组成的单相桥式全波整流电路（无滤波电路），其输出电压的平均值为9V，则输入正弦电压有效值应为________。

6．将交流电变为直流电的电路称为________。

二、选择题

1．稳压管的稳压区是工作在（　　）。

A．反向击穿区　B．反向截止区　C．正向导通区

2．在单相桥式全波整流电路中，负载流过电流 I_O，则每只整流管中的电流 I_D 为（　　）。

A．$I_O/2$　B．I_O　C．$I_O/4$　D．U_2

3．稳压管的正常工作区域就是它的反向击穿区，在这个区域里电流幅度变化很大，而电压变化（　　）。

A．很小　B．很大　C．不会变　D．不定

4．整流目的是（　　）。

A．将交流变为直流　B．将高频变为低频

C．将正弦波变为方波

5．直流稳压电源中滤波电路的目的是（　　）。

A．将交直流混合量中的交流成分滤掉

B．将高频变为低频

C．将交流变为直流

6．稳压二极管构成的并联型稳压电路，其正确的接法是（　　）。

A．限流电阻与稳压二极管串联后，负载电阻再与稳压二极管并联

B．稳压二极管与负载电阻并联

C．稳压二极管与负载电阻串联

7．在单相桥式全波整流（无滤波时）电路中，输出电压的平均值 U_O 与变压器副边电压有效值 U_2 应满足（　　）关系。

A．$U_O=0.9U_2$　B．$U_O=1.4U_2$　C．$U_O=0.45U_2$　D．$U_O=1.2U_2$

8．在单相半波整流（无滤波时）电路中，输出电压的平均值 U_O 与变压器副边电压有效值 U_2 应满足（　　）关系。

A．$U_O=0.45U_2$　B．$U_O=1.4U_2$　C．$U_O=0.9U_2$　D．$U_O=1.2U_2$

9．在单相桥式整流电路中，若 VD_1 开路，则输出（　　）。

A．变为半波整流波形　B．变为全波整流波形

C．无波形且变压器损坏　D．波形不变

10．欲测单相桥式全波整流电路的输入电压 U_I 及输出电压 U_O，应采用的方法是（　　）。

A．用交流电压表测 U_I，用直流电压表测 U_O

B．用交流电压表分别测 U_I 及 U_O

C．用直流电压表测 U_I，用交流电压表测 U_O

D．用直流电压表分别测 U_I 及 U_O

11．在单相桥式全波整流（有滤波时）电路中，输出电压的平均值 U_O 与变压器副边电压有效值 U_2 应满足（　　）关系。

A．U_O=1.2U_2　　B．U_O=1.4U_2

C．U_O=0.9U_2　　D．U_O=0.45U_2

12．在单相半波整流（有滤波时）电路中，输出电压的平均值 U_O 与变压器副边电压有效值 U_2 应满足（　　）关系。

A．U_O=1.2U_2　　B．U_O=1.4U_2　　C．U_O=0.9U_2　　D．U_O=0.45U_2

13．在图 5.27 所示电路中，U_{Z1}=2V，U_{Z2}=5V，正向导通时 U_D＝0.7V，其输出电压为（　　）V。

A．7　　B．5.7　　C．5.7　　D．3.7

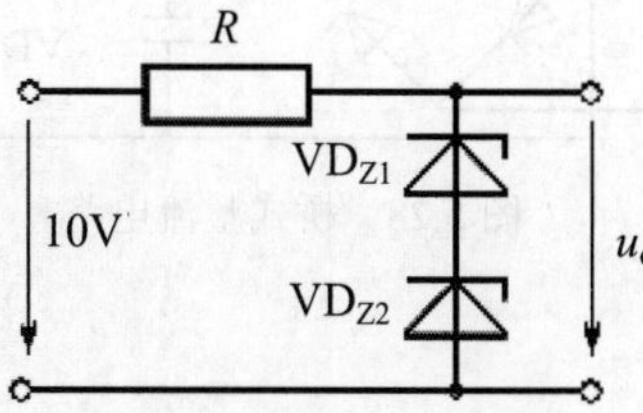

图 5.27　稳压管电路

三、计算题

1．已知负载电阻 $R_L = 80\Omega$，负载电压 $U_O = 110$ V。采用单相桥式全波整流电路，交流电源电压为 220V。试计算变压器副边电压 U_2、负载电流和二极管电流 I_D 及最高反向电压 U_{DRM}。

2．有一电压为 110V、负载电阻为 55Ω 的直流负载，采用单相桥式全波整流电路（不带滤波器）供电。试求变压器副边电压和输出电流的平均值，并计算二极管的电流 I_D 和最高反向电压 U_{DMR}。

3．在图 5.6 单相桥式全波整流电路中，不带滤波器，已知负载电阻 $R = 360\Omega$，负载电压 $U_O = 90V$。试计算变压器副边的电压有效值 U_2 和输出电流的平均值，并计算二极管的电流 I_D 和最高反向电压 U_{DMR}。

4．已知单相桥式全波整流电路，负载电阻 $R_L = 360\Omega$，变压器副边电压 $U_2 = 220V$。试求输出电压 U_O、电流的平均值 I_O、二极管的电流 I_D、二极管截止的最高反向电压 U_{DMR}。

5．在图 5.12 所示的单相桥式全波整流电容滤波电路中，若发生下列情况之一时，对电路正常工作有什么影响？

①负载开路；②滤波电容短路；③滤波电容断路；④整流桥中一只二极管断路；⑤整流桥中一只二极管极性接反。

6．在图 5.12 所示的单相桥式全波整流滤波电路中，$R_L = 40\Omega$，$C = 1000\mu F$，$U_2 = 20V$。用直流电压表测两端电压时，出现下述情况，说明哪些是正常的，哪些是不正常的，并指出出现不正常情况的原因：①$U_O = 28V$；②$U_O = 18V$；③$U_O = 24V$；④$U_O = 9V$。

7．某一电阻性负载，它需要直流电压 $U_O = 0$～60V，电流 $I_O = 0$～10A。若采用单相半控桥式整流电路，试计算变压器副边电压 U_2，并选用整流元件。

8．如图 5.28 所示的桥式整流电路中，设 $u_2 = \sqrt{2}U_2 \sin(\omega t)$ V，试分别画出下列情况下输出电压 u_{AB} 的波形。

（1）S_1、S_2、S_3打开，S_4闭合。

（2）S_1、S_2闭合，S_3、S_4打开。

（3）S_1、S_4闭合，S_2、S_3打开。

（4）S_1、S_2、S_4闭合，S_3打开。

（5）S_1、S_2、S_3、S_4全部闭合。

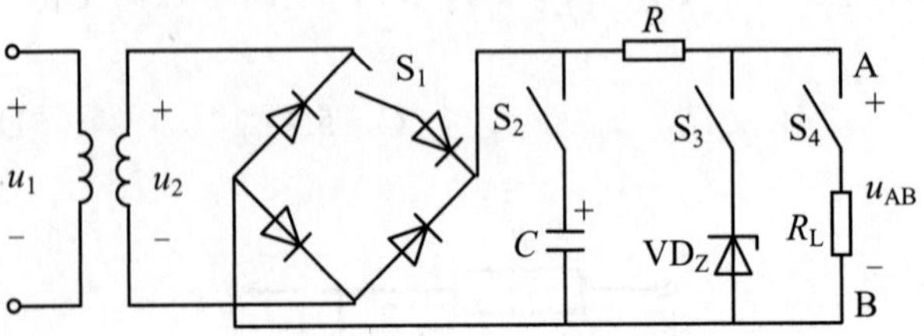

图 5.28　桥式整流电路

第六章　放大电路基础

学习目标

知识目标

- 掌握晶体三极管组成的放大电路的工作原理、分析方法及负反馈对放大电路性能的影响。
- 熟悉场效应管放大电路的分析方法以及各种互补对称功率放大电路的原理和特点。
- 了解功率放大电路的三类工作状态和多级放大电路的耦合方式及其特点。

能力目标

- 熟练计算各种放大电路的静态工作点和判别反馈的类型。
- 对各种类型的放大电路能画出其微变等效电路，能对电路的基本参数进行计算。

放大电路应用十分广泛，无论是日常用的收音机、电视机，还是精密的测量仪器和复杂的自动控制系统，其中都有各种各样的放大电路。这些电子设备中，放大电路的作用是将微弱电信号放大，以便人们测量和利用。对放大电路的研究是分析其他复杂电子电路的基础。本章将介绍各种常用放大电路的工作原理、基本分析方法、特点和应用。

第一节　放大电路的基本概念

所谓放大，表面上看是将信号的幅度由小增大，但是放大的本质是实现能量的控制。例如脑电图机的放大电路就是用电极获得微弱的脑电信号，通过放大电路将提取的波形充分放大并加以记录得到脑电图，如图 6.1 所示。

图 6.1　脑电放大器结构框图

脑电波经输入部分送到放大电路的输入端，由于脑电波属于低频（一般为 0.5～60Hz）、小幅值（5～100μV）的生物电信号，要想用描记笔把它记录下来，就要求放大电路要有足够高的电压放大倍数，因而脑电图机的放大器由前置放大电路、电压放大电路和功率放大电路组成。前置放大电路多采用结型场效应管构成的差分放大器，以提高电路的输入电阻和共模抑制比；前置级的输出信号送到电压放大电路进一步增幅；电压放大电路增幅后的电压，驱动末级功率放大电路输出足够大的功率，以推动记录器偏转。

由于输入信号的能量过于微弱，不足以推动负载工作，因此需要另外提供一个能量，由能量较小的输入信号去控制这个能量，使之输出较大的能量，然后推动负载工作。放大电路输出的能量实际上是由稳压电源提供的，经过三极管的控制，使之转换成信号能量，提供给负载，因此放大电路本质上是实现能量的控制和转换。

一、放大电路的组成

放大电路一般由三部分组成：前置级放大电路、中间级放大电路和功率放大电路。电压放大电路与信号源和负载之间的关系如图 6.2 所示。

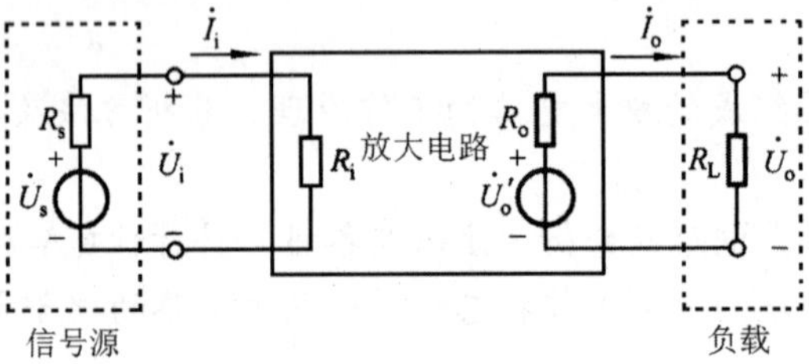

图 6.2　放大电路等效示意图

图中左边$\dot{U}_s$和R_s是信号源的等效电路，接在放大电路的输入端口；右边R_L是负载，接在放大电路的输出端口；R_i、R_o分别表示放大电路的等效输入电阻和等效输出电阻；$\dot{U}'_o$为负载开路时的输出电压；$\dot{U}_i$、$\dot{U}_o$分别是放大电路的输入电压和输出电压；$\dot{I}_i$、$\dot{I}_o$分别是放大电路的输入电流和输出电流。直流电源是放大电路的能源部分，由信号源输入的小信号控制，使之转换为大信号输出。

由于任何稳态信号都可分解为若干频率正弦信号的叠加，所以放大电路通常以正弦信号作为动态分析信号。

二、放大电路的基本参数

放大电路的基本参数是衡量其品质优劣的标准，并决定其适应范围。这里主要讨论放大电路的放大倍数、输入电阻、输出电阻、通频带、最大不失真输出电压、最大输出功率与效率。

（一）放大倍数

放大倍数是表示放大电路放大信号（电压、电流、功率）的能力，从数量上指出输出信号比输入信号提高的倍数。常用的表示方法有电压放大倍数、电流放大倍数和功率放大倍数等，其中电压放大倍数应用最多。

（1）电压放大倍数。放大电路的输出电压$\dot{U}_o$与输入电压$\dot{U}_i$之比，称为电压放大倍数，即

$$\dot{A}_u = \frac{\dot{U}_o}{\dot{U}_i} \tag{6-1}$$

（2）电流放大倍数。放大电路的输出电流$\dot{I}_o$与输入电流$\dot{I}_i$之比，称为电流放大倍数，即

$$\dot{A}_i = \frac{\dot{I}_o}{\dot{I}_i} \tag{6-2}$$

（3）互阻放大倍数。放大电路的输出电压$\dot{U}_o$与输入电流$\dot{I}_i$之比，称为互阻放大倍数，即

$$\dot{A}_r = \frac{\dot{U}_o}{\dot{I}_i} \tag{6-3}$$

（4）互导放大倍数。放大电路的输出电流$\dot{I}_o$与输入电压$\dot{U}_i$之比，称为互导放大倍数，即

$$\dot{A}_g = \frac{\dot{I}_o}{\dot{U}_i} \tag{6-4}$$

（二）输入电阻

放大电路的输入端是与信号源（或前级放大器）相连的，因此放大电路对信号源（或前级放大器）来说就相当于一个负载，可以用一个电阻来等效代替，称为放大电路的输入电阻R_i，如图6.3所示。输入电阻R_i的大小等于输入电压$\dot{U}_i$和输入电流$\dot{I}_i$的比值，用公式表示为

$$R_i = \frac{\dot{U}_i}{\dot{I}_i} \tag{6-5}$$

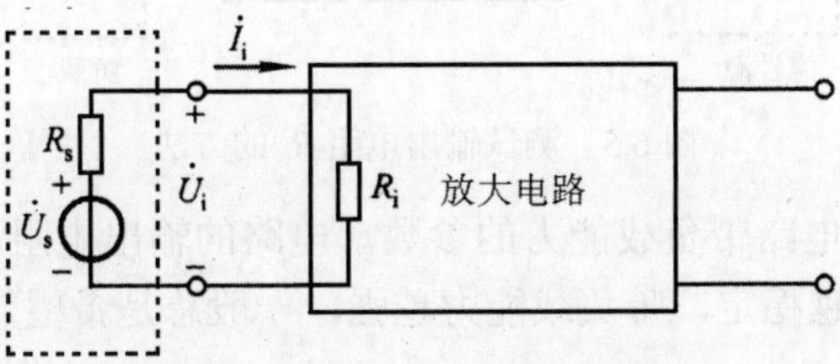

图6.3　求输入电阻R_i示意图

输入电阻是衡量放大电路从前级索取电流大小的参数，对电压放大器来说，输入电阻R_i越大，放大器输入端从信号源索取的电流$\dot{I}_i$就越小，输入电压$\dot{U}_i$就越接近信号源的电压$\dot{U}_s$，即放大器对电压源信号损失越小，即

$$\dot{U}_i = \frac{R_i}{R_i + R_s}\dot{U}_s \tag{6-6}$$

（三）输出电阻

放大电路输出端对其负载而言相当于信号源，根据戴维南定理可以等效为一个电压源，等效电源的内阻即为放大电路的输出电阻R_o，如图6.4所示。

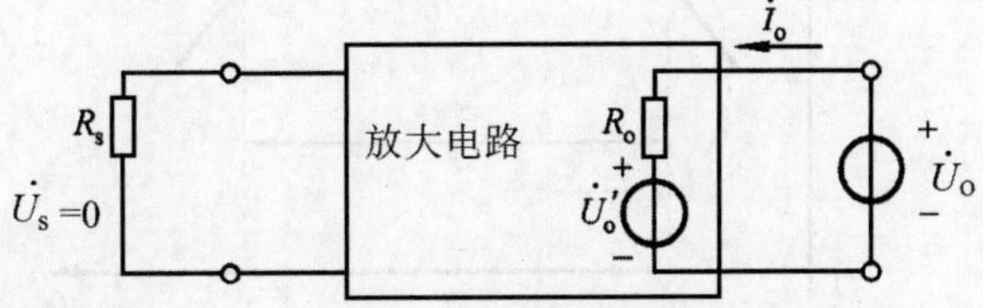

图6.4　求输出电阻R_o

输出电阻的求法有两种。第一种方法是将输入信号电压短路（令$\dot{U}_s = 0$，但保留信号源内阻R_s），在输出端将负载R_L取去，加一个交流电压$\dot{U}_o$，求出它所产生的电流$\dot{I}_o$，根据定义计算出输出电阻：

$$R_o = \frac{\dot{U}_o}{\dot{I}_o}\bigg|_{\substack{\dot{U}_s=0 \\ R_L=\infty}} \tag{6-7}$$

由式（6-7）求输出电阻的电路如图 6.4 所示。

第二种方法是在输入端加上一个固定的交流信号 $\dot{U}_i$，先测出负载开路时的输出电压 $\dot{U}'_o$，再测出接上阻值为已知的负载电阻 R_L 以后的输出电压 $\dot{U}_o$，根据式（6-8）可以计算出输出电阻：

$$R_o = \left(\frac{\dot{U}'_o}{\dot{U}_o} - 1\right) R_L \tag{6-8}$$

由式（6-8）求输出电阻的电路如图 6.5 所示。

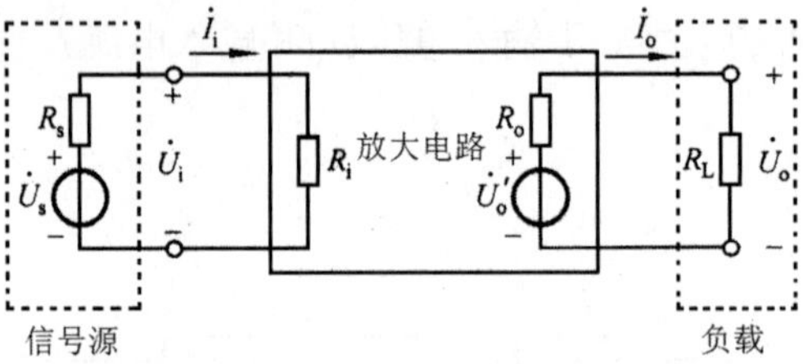

图 6.5　测试输出电阻 R_o 的方法

输出电阻是表明放大电路带负载能力的参数。电路的输出电阻越小，负载变化时输出电压的变化越小，输出电压越稳定，带负载能力越强，一般总是希望得到较小的输出电阻。

（四）通频带

放大电路的放大倍数会随信号频率的高低而改变，如图 6.6 所示。当频率太高或太低时，放大倍数都要下降，而中间一段频率范围内，放大倍数基本不变。通常把放大倍数在高频和低频段分别下降到中频段放大倍数的 0.707 倍的这一频率范围叫作放大电路的通频带，记作 f_{BW}，通频带宽度为上限截止频率 f_H 与下限截止频率 f_L 之差，即

$$f_{BW} = f_H - f_L \tag{6-9}$$

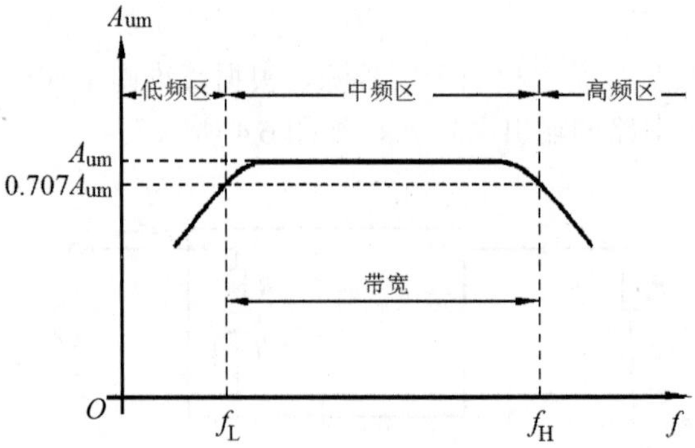

图 6.6　放大电路的通频带

通频带越宽，表明放大电路对不同频率信号有更强的适应力。

（五）最大不失真输出电压

由于晶体管是非线性元件，当输入信号过大时，晶体管会工作在非线性区，因此放大

后的波形产生非线性失真。最大不失真输出电压U_{om}定义为不产生非线性失真时的最大输出电压。

（六）最大输出功率与效率

放大电路的最大输出功率是指它向负载提供的最大交变功率，通常以P_{om}表示。放大电路的输出功率是指通过三极管的控制作用把电源的直流功率转化为随信号变化的交流功率，因此就存在着一个功率转换的效率问题。我们把最大输出功率P_{om}与直流电源消耗的功率P_U之比定义为放大电路的效率η，即

$$\eta = \frac{P_{om}}{P_U} \tag{6-10}$$

三、放大电路的组态

双极型三极管有三个电极，在放大电路中，两个电极作为输入回路的一部分，两个电极作为输出回路的一部分。根据输入回路和输出回路的公共端，放大电路有三种组态：共基极放大电路（基极作为输入回路和输出回路的公共端）、共发射极放大电路（发射极作为输入回路和输出回路的公共端）、共集电极放大电路（集电极作为输入回路和输出回路的公共端），分别对应于晶体管的三种接法，如图 6.7 所示。

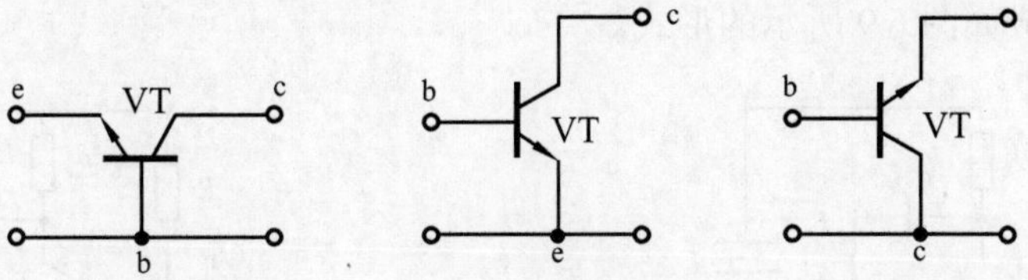

（a）共基极　（b）共发射极　（c）共集电极

图 6.7　放大电路中晶体管的 3 种接法

课堂互动

1. 放大电路的本质是什么？
2. 输入电阻R_i和输出电阻R_o是怎样定义的？

第二节　共发射极基本放大电路的组成及放大作用

一、共发射极基本放大电路的组成及各部分的作用

所谓基本放大电路，是指由一个三极管或场效应管所组成的简单放大电路。这里以应用最广泛的共发射极接法的电路为例来说明基本放大电路的组成原则和设置静态工作点的必要性。

（一）共发射极基本放大电路各部分的作用

我们知道，晶体三极管的基极电流对集电极电流有控制作用，可以实现电流放大。现在结合图 6.8 所示的共发射极基本放大电路来说明各个元件所起的作用。共发射极放大电路是以晶体管的发射极作为输入回路和输出回路的公共端构成的单级放大电路。

在图 6.8 所示的电路中，各元件的作用如下：

（1）晶体管 VT。晶体管是放大电路的核心器件，起电流控制作用，利用基极电流对集电极电流的控制作用在集电极获得被放大了的电流。

（2）基极电源U_{bb}与基极电阻R_b。它们的作用是保证发射结处于正向偏置，另外调节R_b可以为基极提供大小适当的偏置电流。R_b的值一般为几十千欧到几百千欧。

（3）集电极电源U_{cc}。它一方面作为放大电路的能源，另一方面与R_c共同确定集电结的反向偏置电压。U_{cc}一般为几伏到几十伏。

（4）集电极电阻R_c。它主要是把集电极电流的变化转换为电压的变化，从而实现电压放大。R_c一般为几千欧到几十千欧。

（5）耦合电容C_1、C_2。它们起隔直流通交流的作用。C_1隔断放大电路与信号源之间的通路，C_2隔断放大电路与负载之间的直流通路。耦合电容的容抗很小，在动态分析中可以忽略不计，即对交流信号可视为短路。

在图 6.8 所示的电路中用了两个电源，且一般U_{cc}大于U_{bb}。为了简化电路，输入回路和输出回路共用一个电源U_{cc}，增大R_b可以维持I_b不变。在放大电路中，通常把公共端接“地”，设其电位为“零”，作为电路中其他各点电位的参考点。在实际应用中往往不画出电源U_{cc}，只标出另一端对公共端的电压数值U_{cc}和极性（“+”或“-”）即可，这样图 6.8 所示的共射极基本放大电路可绘成如图 6.9 所示的形式。

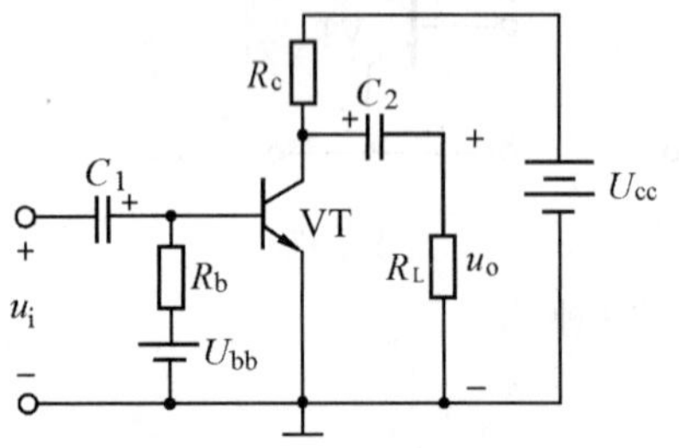

图 6.8 共发射极放大电路

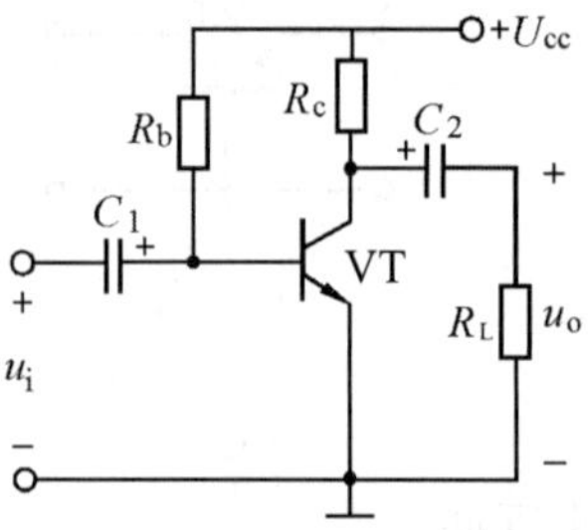

图 6.9 共发射极放大电路

（二）基本放大电路的组成原则

放大电路输入端未加信号电压时（即静态），电路中各处的电压、电流都是恒定的直流量，分别用I_{BQ}、I_{CQ}、U_{BEQ}、U_{CEQ}来表示。由于这组数字代表着输入和输出特性上的一个点，所以称为静态工作点，如图 6.10 所示。

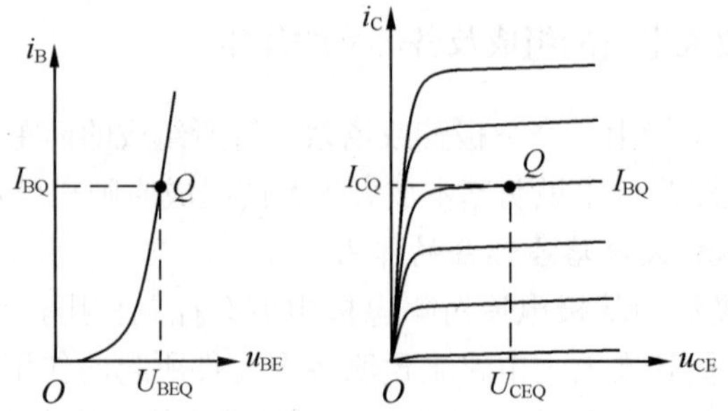

图 6.10 静态工作点

静态工作点设置合适的时候，放大器输入波形不失真，如图 6.11 所示。

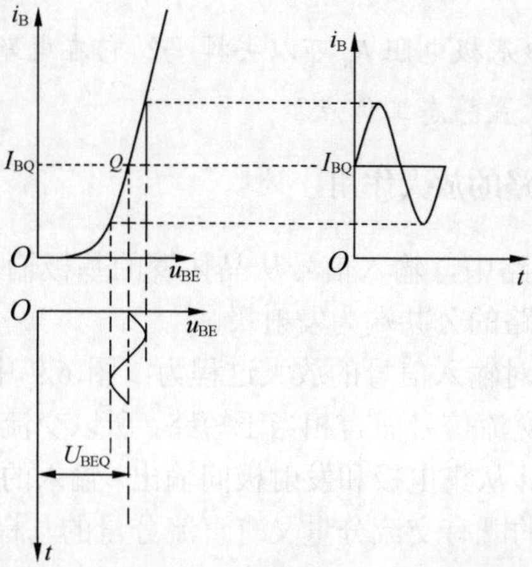

图 6.11 静态工作点合适的放大电路输出波形

静态工作点的 I_B 设置为零（即 $U_{BEQ}=0$）的时候，放大器输入波形失真了，如图 6.12 所示。由于三极管工作在输入特性的死区附近，在输入信号的一个周期内，大部分时间 $i_B=0$，而且输入特性的开始部分的非线性很严重，使得 i_b 不能按比例随着输入电压 u_i 的变化而变化，结果 i_b 的波形就不是正弦波了，这种现象称为放大电路的非线性失真。输入电流 i_b 波形的失真最终会导致输出电流 i_c、输出电压 u_o 的波形也失真。

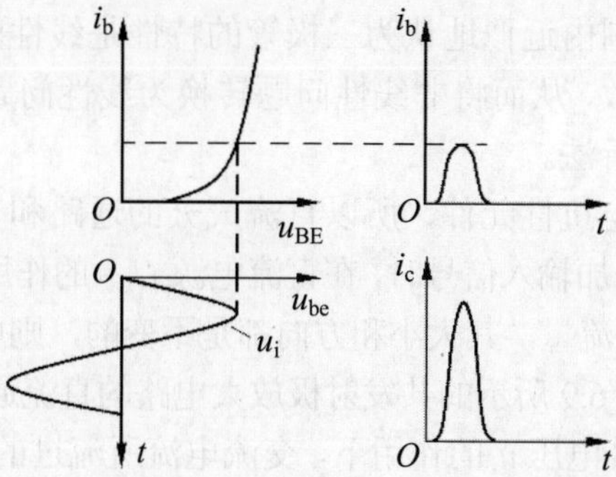

图 6.12 放大电路在零偏流时的波形失真情况

为了尽可能地减小非线性失真，i_B 应跟随输入电压 u_i 的变化而变化。为此，在没有加输入信号以前，i_B 的数值就不能为 0。

为使信号不失真地被放大，放大电路应满足以下几点要求：

（1）保证三极管处于放大状态。必须要合理地设置静态工作点，即没有外加信号时，各电极应有一个适当的直流电压和电流。因此，电源的极性必须使发射结处于正向偏置、集电结处于反向偏置。

（2）保证交流信号畅通。输入回路的接法应使输入信号能加到三极管的输入端，输出回路的接法应保证放大后的信号能够从输出端取出。

（3）元件参数选择合适，信号幅度不能过大，以免信号进入饱和区或截止区而产生失真。

课堂互动

1. 共发射极放大电路中基极电阻 R_b 可以去掉吗？它在电路中起什么作用？
2. 放大电路为什么要设置静态工作点？

二、共射极基本放大电路的放大作用

在共发射极基本放大电路中，输入信号从晶体管的基极输入，输出信号从晶体管的集电极输出，输入回路和输出回路的公共端为发射极。

共发射极基本放大电路对输入信号的放大过程为：图 6.9 中的 C_1、C_2 为输入信号耦合电容和输出信号耦合电容，对交流信号而言相当于短路，所以交流信号能够从基极和发射极间输入，而处理后的交流信号能够从集电极和发射极间输出。输入的交流信号的电流叠加在基极的静态直流电流上，形成变化的既有交流分量又有直流分量的基极电流，变化的基极电流又使集电极电流发生更大的变化（也既有直流分量又有交流分量），从而在 R_c 上的压降也发生较大的变化，而集电极对地电压 u_{CE}（等于 U_{CC} 减去 R_c 上的压降）同时往相反方向发生较大变化的交流电压信号从集电极输出，作为所需的较大的输出信号。

三、图解分析法

我们知道三极管的输入特性和输出特性都是非线性的，因此对放大电路进行定量分析时主要矛盾是解决三极管的非线性问题。对于这个问题常用的解决办法有两种：一种是图解法，就是在三极管特性曲线上用作图的方法求解；另一种是微变等效电路法，其实质是在静态工作点附近一个比较小的变化范围内近似地认为三极管的特性是线性的，由此导出三极管的等效电路以及一系列的微变等效参数，从而将非线性问题转换为线性问题，这样便可以对三极管电路进行求解。下面介绍图解分析法。

由于放大电路中存在着电抗性元件，所以直流成分的通路和交流成分的通路是不一样的。

直流通路是指放大电路未加输入信号时，在直流电源 U_{CC} 的作用下，直流分量所流过的路径。直流电路中的电流和电压是直流量，其大小和方向都是不变的，则电容可视为开路、电感可视为短路，根据这个原则可画出图 6.9 所示的共发射极放大电路的直流通路如图 6.13（a）所示。

交流通路是指在交流信号电压 u_i 的作用下，交流电流所流过的路径。对交流输入信号来说，电容和电感必须作为电抗来考虑，若基本上不产生压降，则可以近似地看作短路，电源 U_{CC} 对交流的内阻很小，可看作短路。图 6.9 所示的共发射极放大电路的交流通路如图 6.13（b）所示。

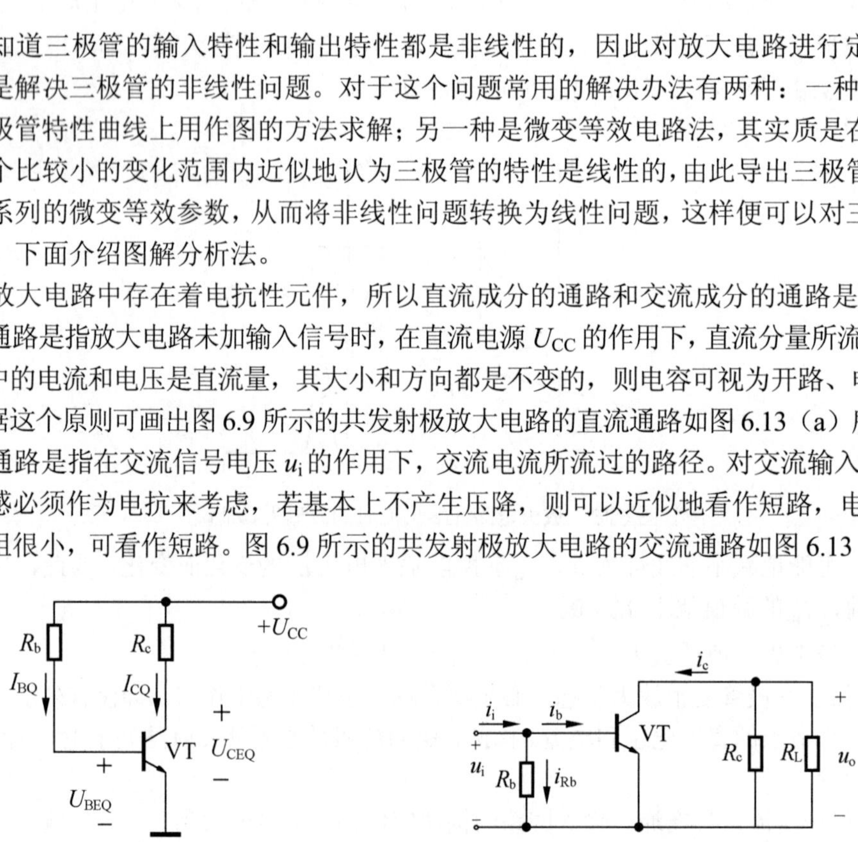

（a）直流通路　　　　（b）交流通路

图 6.13　共发射极放大电路的直流通路和交流通路

对一个放大电路进行定量分析时，需要做两方面的工作：第一，确定静态工作点；第二，计算放大电路的放大倍数、输入电阻、输出电阻和最大输出功率等。前者讨论的对象是直流成分，必须按直流通路来分析；后者讨论的对象是交流成分，必须按交流通路来分析。

（一）静态分析

（1）估算法确定静态工作点。根据直流通路可以估算出基本放大电路的静态工作点。由图 6.13（a）可知，静态时的基极电流为

$$I_B = \frac{U_{CC} - U_{BE}}{R_B} \tag{6-11}$$

由三极管的输入特性可以看出，u_{be} 的变化范围很小，可近似认为

硅管 u_{be}=(0.6～0.8)V

锗管 u_{be}= (0.1～0.3)V

这样，当U_{CC}、R_C已知时，设定U_{BEQ}，然后由式（6-11）求得I_{BQ}。

根据I_{BQ}值还可以近似估算出静态工作点的集电极电流I_{CQ}和管电压U_{CEQ}。从三极管的特性知道：

$$I_C = \overline{\beta}\, I_B + I_{CEO} \tag{6-12}$$

我们近似认为$\overline{\beta}$ 是一个常数，而且$\overline{\beta} \approx \beta$，又因为$I_{CEO}$很小，可以忽略，则式（6-12）可简化为

$$I_C \approx \beta I_B$$

因此，静态时集电极电流为

$$I_{CQ} \approx \beta I_{BQ} \tag{6-13}$$

从图 6.13（a）的直流通路求得

$$U_{CEQ}=U_{CC}-I_{CQ}R_C \tag{6-14}$$

至此，静态工作点I_{BQ}、I_{CQ}、U_{BEQ}和U_{CEQ}都已估算得到。

在图 6.13（a）所示的放大电路中，电源电压U_{CC}和集电极电阻R_C的大小确定以后，静态工作点的位置就取决于偏置电流I_{BQ}的大小。而$I_{BQ} \approx \frac{U_{CC}}{R_B}$，$R_B$一经选定，$I_{BQ}$就固定不变，该电路又称为固定偏置电路。

例 6-1 试估算图 6.9 所示放大电路的静态工作点。设U_{CC}= 12V，R_C= 4kΩ，R_b= 300kΩ，β=50。

解：根据式（6-11）、式（6-13）和式（6-14）得

$$I_{BQ} = \frac{U_{CC} - U_{BEQ}}{R_B} \approx \frac{U_{CC}}{300} \approx \frac{12}{300} = 0.04\ \text{mA} = 40\mu\text{A}$$

$$I_{CQ} \approx \beta I_{BQ} = 50 \times 0.04\text{mA} = 2\text{mA}$$

$$U_{CEQ} = U_{CC} - I_{CQ}R_C = 12 - 2 \times 4 = 4\text{V}$$

所以，静态工作点 Q 值为 $I_{BQ} = 40\mu\text{A}$，$I_{CQ} = 2\text{mA}$，$U_{CEQ} = 4\text{V}$。

（2）图解法确定静态工作点。如前所述，三极管输入回路的电压和电流的关系可以用输入特性曲线来表示；输出回路的电压和电流之间的关系可以用输出特性曲线来表示。这样，我

们可以在输入输出特性曲线上直接用作图的方法（即图解法）来确定静态工作点。

仅仅根据三极管的特性曲线还不能确定静态工作点的位置，因此必须同时考虑外电路。在图 6.14（a）中，若以 A—B 两点为界把输出回路分成两部分，往左边看，i_C 与 u_{CE} 的关系就是这个三极管的输出特性，如图 6.14（b）所示；往右边看，是一个电阻和一个电源串联，而且必然满足 $u_{CE}=u_{CC}-i_C R_C$，u_{CE} 与 i_C 是线性关系。我们可以作出一条直线：令 $i_C=0$ 时，$u_{CE}=u_{CC}$；令 $u_{CE}=0$ 时，$i_C=\dfrac{U_{CC}}{R_C}$。将这两点连起来就得到了直线，如图 6.14（c）所示。这条线的斜率为 $k=-\dfrac{1}{R_C}$，是由直流通路定出的，因此我们把这条直线叫作输出回路的直流负载线。

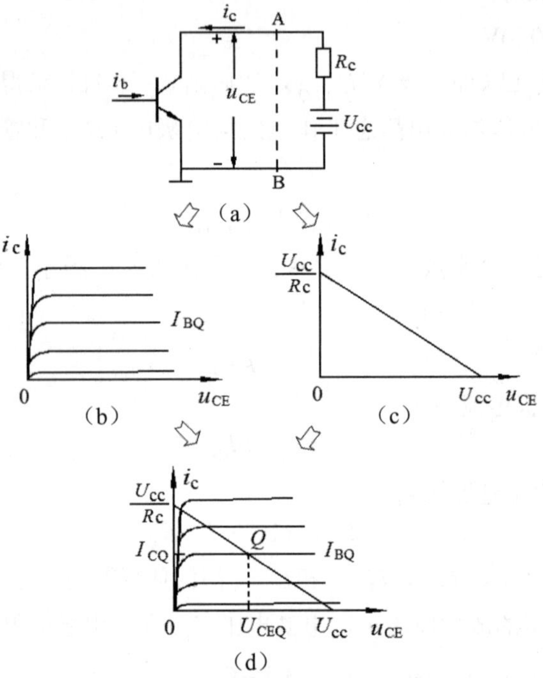

图 6.14　直流负载线和静态工作点的求法

由于输出回路里的两部分 A、B 是接在一起的，则回路里的 i_C 和 u_{CE} 只有一个，而且既要在三极管的输出特性曲线上又要在直流负载线上，因而只能工作在两者的交点上。我们确定了静态时基极电流 I_{BQ} 的值后，就可以在输出特性曲线上找出相对应 I_{BQ} 的一条特性曲线，这条曲线与直流负载线的交点就是静态工作点。

图解法求静态工作点的一般步骤为：

1）由直流通路的输入回路估算出 I_{BQ}。

2）在输出特性曲线上找到对应 I_{BQ} 值的那条曲线，即

$$I_C=f(U_{CE})\big|_{I_B=\text{常数}}$$

3）作出直流负载线，即

$$u_{CE}=u_{CC}-i_C R_C$$

4）找到两条线的交点就是静态工作点 Q，在坐标轴上找到对应的 I_{CQ} 和 U_{CEQ}。

例 6-2　在如图 6.15（a）所示的电路中，已知 $R_b = 600\text{k}\Omega$，$R_C = 3\text{k}\Omega$，电源电压 U_{CC}= 12V，三极管的输出特性曲线如图 6.15（b）所示，试用图解法确定静态工作点。

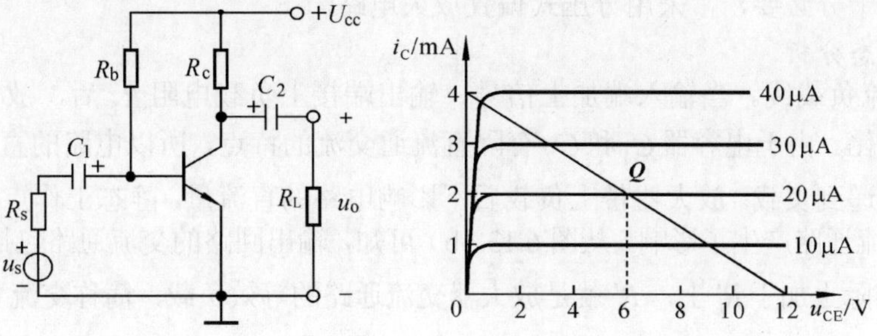

（a）共射放大电路　　　　（b）输出特性曲线

图 6.15　用图解法确定静态工作点

解：首先根据式（6-11）计算出静态工作点的 I_{BQ}：

$$I_{BQ} = \frac{U_{CC} - U_{BEQ}}{R_B} \approx \frac{U_{CC}}{R_B} \approx \frac{12}{600} = 0.02\ \text{mA} = 20\mu\text{A}$$

然后在输出特性曲线上作直流负载线：$u_{CE} = u_{CC} - i_C R_C$

令 $i_C = 0$ 时，$u_{CE} = 12\text{V}$；令 $u_{CE} = 0$ 时，$i_C = \dfrac{12}{3} = 4\ \text{mA}$。连接这两点便得到直流负载线，与 $i_B = 40\,\mu\text{A}$ 的特性曲线的交点就是静态工作点 Q。从曲线上查出 I_{CQ}= 2mA，U_{CEQ}= 6V。

固定偏置电路的不足之处是静态工作点不稳定，它会受温度变化、电源电压波动、晶体管老化等外部因素的影响。其中影响最大的是温度变化，当温度升高时，U_{BE} 减小，晶体管的 β、I_{CBO} 增大，最终导致集电极静态电流 I_{CQ} 增大，即

$$\text{T（}^{\circ}\text{C）}\uparrow \rightarrow \begin{cases} U_{BE}\downarrow \rightarrow\ I_B\left(= \dfrac{U_{CC} - U_{BE}}{R_B}\right)\uparrow \rightarrow I_C\uparrow \\ \beta\uparrow\ \rightarrow I_C[= \beta I_B + (1+\beta) I_{CBO}]\uparrow \\ I_{CBO}\ \uparrow \end{cases}$$

静态工作点 Q 将沿直流负载线上移，静态工作点上移到一定程度，便可能产生饱和失真。设在 20°C 时，放大电路的静态工作点为图 6.16 中的 Q 点（$I_{BQ} = 40\mu\text{A}$，$I_{CQ} = 1.5\text{mA}$，U_{CEQ}= 6V），当温度升到 50℃时，晶体管的输出特性曲线向上平移，如图 6.16 中的虚线所示。

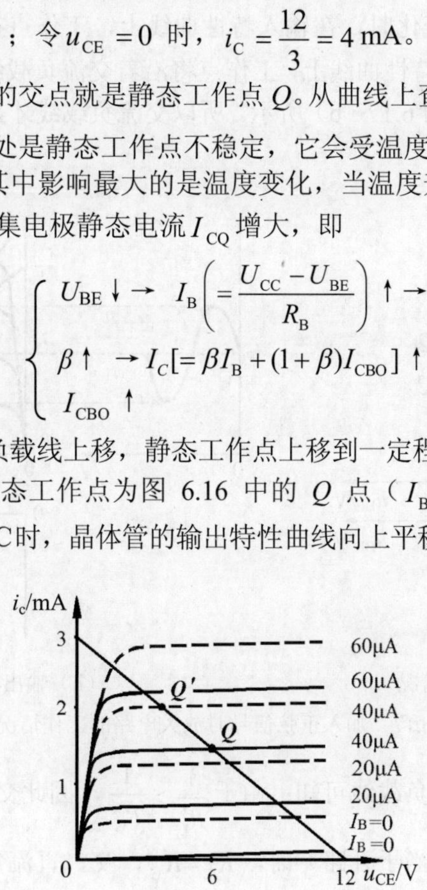

图 6.16　温度对静态工作点的影响

静态工作点Q将沿负载线向上移动，即由Q点移动到Q'点（$I_{BQ}=40\mu A$，$I_{CQ}=2mA$，$U_{CEQ}=3.7V$），Q'已接近饱和区，容易产生饱和失真，使放大电路不能正常工作。因此，稳定静态工作点十分必要，常采用分压式偏置放大电路。

（二）动态分析

（1）交流负载线。当输入端加上信号、输出端接上负载电阻R_L后，放大电路的工作状态就会发生变化。由于电容器C_1和C_2有隔直流通交流的特点，所以电路的直流被隔离，而交流则顺利地传递到负载。放大器带上负载后不影响电路的直流量，静态工作点和直流负载线均不变，但对交流通路产生了影响。从图6.13（b）可知，输出回路的交流通路包括R_C和R_L并联，输出电压u_o实际上加于R_L'上，R_L'就是放大器交流通路的等效负载，简称交流负载，其值为

$$R_L'=R_C\,/\!/\,R_L=\frac{R_C\cdot R_L}{R_C+R_L} \tag{6-15}$$

根据$\Delta i_C=-\frac{1}{R_L'}\Delta u_o$可知，这条负载线的斜率为$k'=-\frac{1}{R_L'}$，这条直线还应该通过静态工作点$Q$，因为交流量是叠加在直流量上的，当$u_i$的瞬时值为零时，这时的外界条件应该和静态时相同。因此，只要通过Q点作一条斜率为$-\frac{1}{R_L'}$的直线，这条直线就称交流通路的交流负载线。当i_b随着信号电压u_i变化时，在输入特性曲线上，工作点在Q_1和Q_2点之间上下移动，如图6.17（a）所示；在输出特性曲线上，工作点将沿着交流负载线（而不是直流负载线）在Q_1和Q_2点之间上下移动，如图6.17（b）所示。所以交流负载线才是放大电路动态工作点运动的轨迹。

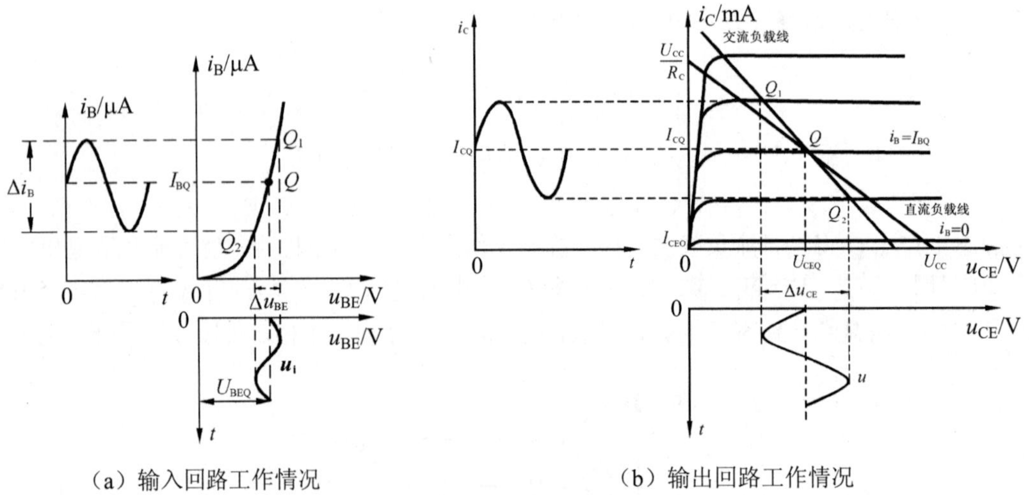

图6.17 加入正弦信号时放大电路的工作情况图解

比较放大器的直、交流负载线可知：由于$\frac{1}{R_L'}>\frac{1}{R_C}$，因此交流负载线比直流负载线更陡；当外接负载趋于无穷大（相当于开路）时，$R_L=R_C$，交、直流负载线重合为一条直线。

（2）电压放大倍数。电压放大倍数是指在不失真的条件下，输出电压变化量Δu_{CE}与输入

电压变化量Δu_{BE}之比。首先根据已知的Δu_{BE}在输入特性上找到对应的Δi_B，如图 6.17（a）所示，然后再根据Δi_B在输出特性的交流负载线上找到对应的Δu_{CE}，如图 6.17（b）所示，则电压放大倍数为A_u

$$A_u = \frac{u_o}{u_i} = \frac{\Delta u_{CE}}{\Delta u_{BE}} \tag{6-16}$$

从图 6.17 可整理出与输入电压u_i相对应的u_{BE}、i_B、i_C、u_{CE}和u_o的波形，如图 6.18 所示。我们可以总结出以下几个结论：

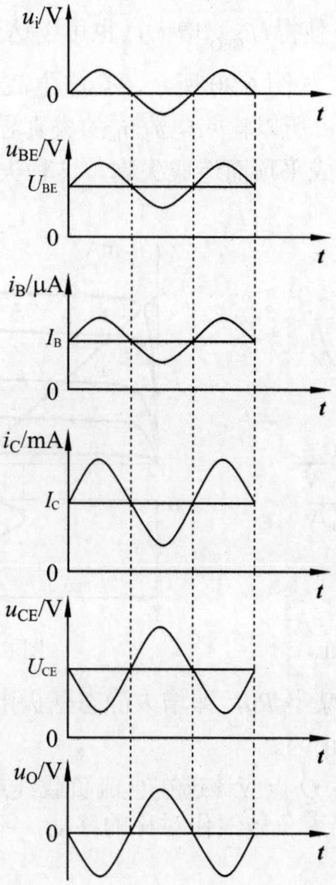

图 6.18　基本放大电路的波形图

- 放大电路输入端加入信号电压u_i后，电路中的电压、电流都是直流分量和交流分量的叠加，叠加后得到的电压和电流瞬时值是变化的，但方向始终不变，即

$$u_{BE} = U_{BEQ} + u_i$$
$$i_B = I_{BQ} + i_b$$
$$i_C = I_{CQ} + i_c$$
$$u_{CE} = U_{CEQ} + u_{ce}$$

- 输出电压与输入电压在相位上相差 180°，这种现象称为反相。
- 若参数选取得当，输出电压幅度比输入电压幅度大，即电路具有电压放大作用。

（3）放大电路的非线性失真。放大电路产生非线性失真是由于静态工作点 Q 的位置设置不合适，使得放大电路工作范围超出了晶体管特性曲线的线性范围，便导致了输出波形的失真。

1）静态工作点 Q 设置过高：从图 6.19 可见，Q 点过高会产生饱和失真。尽管 i_b 波形完好，但在输出特性上，工作点沿交流负载线上移至 Q_1 点进入饱和区，这使得 i_b 对 i_c 失去控制作用，结果使 i_c 的正半周和 u_o 的负半周被削成平顶造成失真，这种失真叫饱和失真。

解决饱和失真的方法：

①适当增大 R_B，即减小静态基本电流 I_{BQ}，使 Q 点下移，保证在输入信号变化时管子不至于进入饱和区。

②适当减小 R_C，Q 点右移，使得 U_{CEQ} 增大，也可以达到目的。

2）静态工作点 Q 设置过低：如图 6.20 所示，会产生截止失真。由于静态时的 I_{BQ} 太小，信号电流 i_b 的负半周进入截止区，所以输入电流 i_b 的失真导致输出电流 i_c 的下半周和输出电压 u_o 的上半周也有相应部分被削成平顶而造成失真，这种失真叫截止失真。

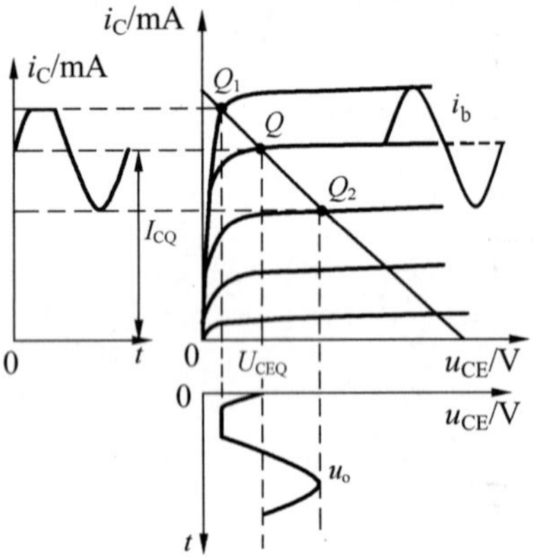

图 6.19　饱和失真的波形图

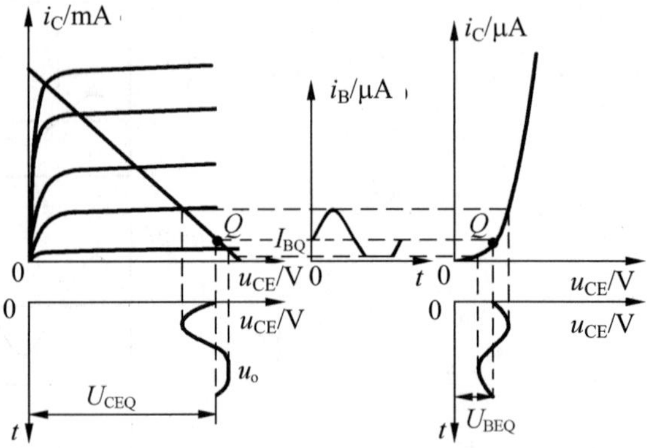

图 6.20　截止失真的波形图

解决截止失真的方法：适当减小 R_B，即增大静态基极电流 I_{BQ}，使 Q 点上移，保证在输入信号变化时管子不至于进入截止区。

设置静态工作点的一般原则：Q 点应该选在直流负载线或交流负载线的中点，动态时工作点随 i_b 的变化将以 Q 点为中心沿着负载线作对称的移动，不会出现一端首先进入饱和区或截止区的现象。

图解法求解放大倍数的步骤：

①根据直流通路写出输出回路电压方程，在输出特性曲线上作出直流负载线。

②估算出静态时的基极电流 I_{BQ} 值，与 I_{BQ} 值对应的输出特性曲线和直流负载线的交点即为静态工作点 Q，在图中查得 I_{CQ}、U_{CEQ} 值。

③由交流通路计算出等效的交流负载电阻 R_L'，并在输出特性曲线上过静态工作点作斜率为 $-\dfrac{1}{R_L'}$ 的交流负载线。

④根据已知的 Δu_{BE} 在输入特性上找到对应的 Δi_B，然后再根据 Δi_B 在输出特性的交流负载线上查出对应的 Δu_{CE}，则电压放大倍数为 $A_u = \dfrac{\Delta u_{CE}}{\Delta u_{BE}}$。

课堂互动

1. 放大电路工作在动态时各电极的电压和电流方向是否改变?
2. 饱和失真和截止失真产生的原因是什么? 如何消除这些失真?

四、微变等效电路分析法

微变等效电路法是动态分析的另一种基本方法。所谓微变等效电路法是将非线性的晶体管，在小信号（微变量）工作情况下，用一个线性电路来模拟晶体管电路，然后用线性电路的计算方法对放大电路进行分析和计算。

（一）晶体管的微变等效电路模型

下面从晶体管在共发射极接法下的输入特性和输出特性两个方面来分析。

由三极管的输入特性曲线求等效的输入电路。由于三极管是在小信号（微变量）情况下工作，因此，在静态工作点附近小范围内的特性曲线可用直线近似代替，如图 6.21（a）所示。在输入特性的 Q 点附近，基极加入一个很小的变化量 Δu_{BE}，便得到一个电流变化量 Δi_B，可以认为 Δi_B 随 Δu_{BE} 作线性变化，其晶体管的动态输入电阻可按欧姆定律求得，即

$$r_{be} = \frac{\Delta u_{BE}}{\Delta i_B} \tag{6-17}$$

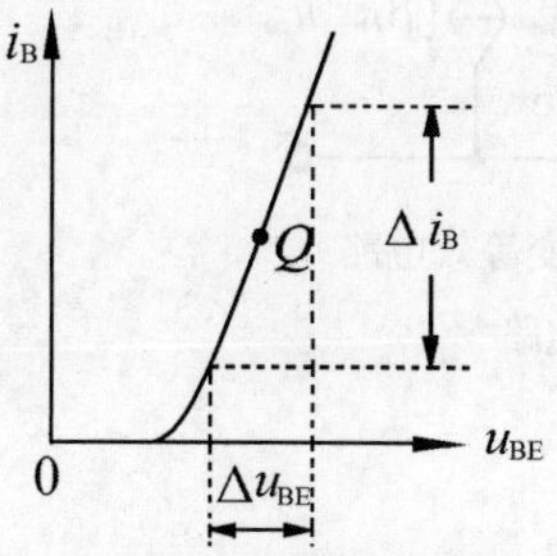

（a）三极管输入特性

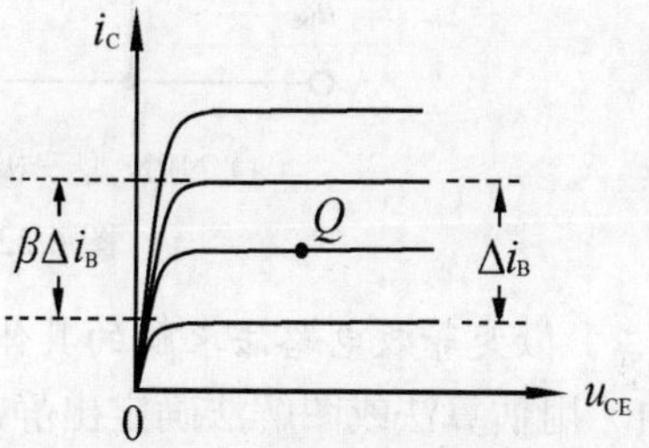

（b）三极管输出特性

图 6.21 三极管等效参数的求法

由 r_{be} 来确定 Δu_{BE} 和 Δi_B 之间的关系。三极管的输入电路可以用 r_{be} 等效代替，r_{be} 称为晶体管的动态输入电阻。对于小功率三极管，小信号时 r_{be} 为常数。低频小功率管的 r_{be} 常用下面的公式计算：

$$r_{be} = r_{bb'} + (1+\beta)\frac{26(\text{mV})}{I_{EQ}(\text{mA})} \tag{6-18}$$

式中，I_{EQ} 为静态时发射极电流。

$r_{bb'}$ 的数值对于不同类型的三极管相差是很大的。例如低频、小功率的三极管大约是几百欧姆，而高频、大功率三极管，一般只有几十欧姆，手册中常用 h_{ie} 表示。假如用 $r_{bb'}$ 等于 300Ω 带入式（6-17）中，则得到

$$r_{be} = 300 + (1+\beta)\frac{26(\text{mV})}{I_{EQ}(\text{mA})} \tag{6-19}$$

由式（6-19）可知，三极管的 β 值大，则 r_{be} 也大。对于同一个晶体管，当 I_{EQ} 不同时，r_{be}

值将不同。

从输出特性曲线求等效的输出电路。从图 6.21（b）来看，假定在Q点附近输出特性曲线是水平的，则Δi_C与Δu_{CE}无关，只取决于Δi_B，而数量关系上Δi_C比Δi_B大β倍。所以从输出端看进去，可以用一个大小为$\beta\Delta i_B$的恒流源来代替三极管。当i_B为常数时，Δu_{CE}与Δi_C之比为晶体管的输出电阻。

$$r_{ce}=\left.\frac{\Delta u_{CE}}{\Delta i_C}\right|_{I_B}=\left.\frac{u_{ce}}{i_c}\right|_{I_B} \tag{6-20}$$

小信号条件下，r_{ce}为常数。若把晶体管输出电路看作电流源，r_{ce}为电流源内阻，在等效电路中与恒流源βi_b并联。r_{ce}阻值很高，约为几十千欧到几百千欧，微变等效电路中都把它忽略不计。这样图 6.22（a）所示的三极管可以用图 6.22（b）所示的电路去等效。在这个等效电路中，忽略了u_{CE}对i_C的影响和u_{CE}对输入特性的影响，所以称为简化的微变等效电路。当$i_B=0$时，$i_C=\beta i_b$也为零，所以不是独立电源，而是受输入电流控制的受控电源。β值一般在200～300之间，手册中用h_{fe}表示。

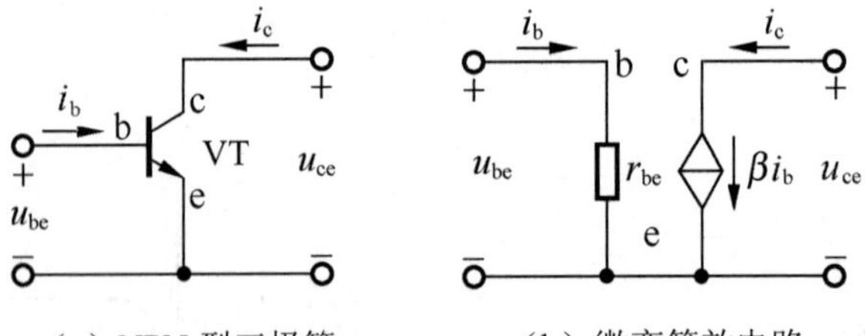

（a）NPN 型三极管　　（b）微变等效电路

图 6.22　简化的三极管等效电路

（二）微变等效电路法求解的具体步骤

（1）用估算法或图解法确定出静态工作点。

（2）求出静态工作点附近的微变参数。

（3）根据放大电路画出交流通路。

（4）用简化的微变等效电路替换交流通路中的三极管。

（5）计算电路参数（A_u、R_i、R_o等）。

我们将图 6.13（b）所示的交流通路等效为图 6.23 所示的微变等效电路。

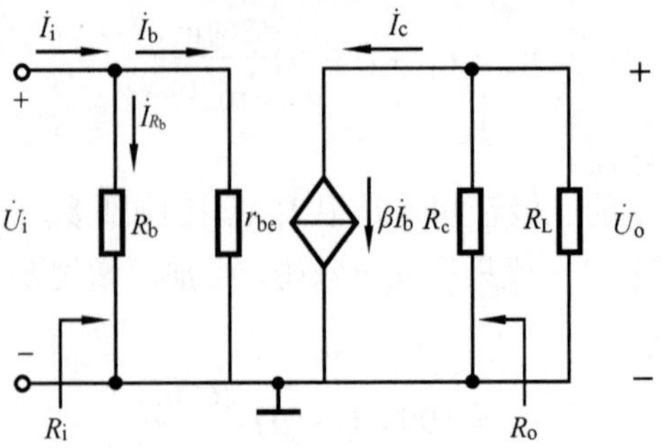

图 6.23　图 6.13（b）电路的微变等效电路

（三）计算放大电路的电压放大倍数 A_u、输入电阻 R_i 和输出电阻 R_o

（1）电压放大倍数。由图 6.23 所示的微变等效电路可以看出：

$$\dot{U}_i = \dot{I}_b r_{be}, \quad \dot{U}_o = -\dot{I}_c R'_L = -\beta \dot{I}_b R'_L$$

式中，$R'_L = R_C // R_L$（放大器的交流负载电阻），负号表示 $\dot{I}_c$ 与 $\dot{U}_o$ 的参考方向相反，故放大电路的电压放大倍数为

$$\dot{A}_u = \frac{\dot{U}_o}{\dot{U}_i} = \frac{-\beta \dot{I}_b (R_c // R_L)}{\dot{I}_b r_{be}} = -\beta \frac{R'_L}{r_{be}} \tag{6-21}$$

式（6-21）表示增加三极管的电流放大系数 β 和输出端的总负载电阻 R'_L、减小三极管的输入电阻 r_{be}，都可以在一定程度上提高放大器的电压放大倍数。当输出端开路，即空载时，电压放大倍数为

$$\dot{A}_u = -\beta \frac{R_C}{r_{be}} \tag{6-22}$$

此时的电压放大倍数比接上负载 R_L 时高，可见负载电阻 R_L 越小，则电压放大倍数越低。

（2）输入电阻。是从输入端看进去的等效电阻，它是对交流信号而言的一个动态电阻。

$$\dot{I}_i = \dot{I}_{Rb} + \dot{I}_b = \frac{\dot{U}_i}{R_b} + \frac{\dot{U}_i}{r_{be}}$$

$$R_i = \frac{\dot{U}_i}{\dot{I}_i} = \frac{1}{\dfrac{1}{R_b} + \dfrac{1}{r_{be}}} = R_b // r_{be} \tag{6-23}$$

当 $R_b \gg r_{be}$ 时，$R_i \approx r_{be}$。

（3）输出电阻。是从输出端看进去的等效电阻，它也是一个动态电阻。

$$R_o = \frac{\dot{U}_o}{\dot{I}_o} \approx R_C \tag{6-24}$$

五、放大器工作点的稳定问题

（一）温度对工作点的影响

如前所述，静态工作点不但决定了放大电路是否会产生失真，而且还影响电压放大倍数、输入电阻等动态参数。实际上，电源电压的波动、元件的老化以及因温度变化所引起的晶体管参数的变化，都会造成静态工作点的不稳定，从而使动态参数不稳定，有时放大电路甚至无法工作。在引起 Q 点不稳定的各因素中，温度对晶体管参数的影响是最主要的。

当温度升高时，发射结导通电压降减小，且 β 增大。对于共射基本电路，当温度升高时其基极电流 I_B 将增大，集电极电流 I_C 也将迅速增大，静态工作点 Q 将向上移动。

所谓稳定 Q 点，通常是指在环境温度变化时，确保静态集电极电流 I_{CQ} 和管压降 U_{CEQ} 基本不变，即 Q 点在晶体管输出特性坐标平面中的位置基本不变，而且，必须依靠 I_{BQ} 的变化来抵消 I_{CQ} 和 U_{CEQ} 的变化。常用引入直流负反馈或温度补偿的方法使 I_{BQ} 在温度变化时产生与 I_{CQ} 相反的变化。

（二）分压式射极偏置电路

分压式射极偏置电路是典型的共发射极放大电路，它可以稳定静态工作点。其电路如图6.24（a）所示。

分压式偏置放大电路具有以下特点：

（1）R_{b1} 和 R_{b2} 构成偏置电路，通过 R_{b1} 和 R_{b2} 分压，使晶体管基极电位固定不变。通常选取 $I_2=(5\sim10)I_B$，且 $V_B=(5\sim10)V_{BE}$。由图 6.24（b）所示的直流通路可以列出：

$$I_1 = I_2 + I_{BQ} \tag{6-25}$$

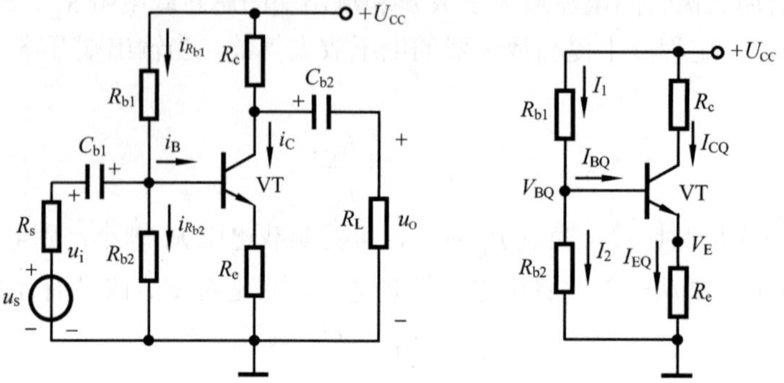

（a）放大电路　　　　（b）直流通路

图 6.24　分压式偏置放大电路

若使 $I_2>>I_B$，即 I_B 忽略不计，则有：

$$I_1 \approx I_2 \approx \frac{U_{CC}}{R_{b1}+R_{b2}} \tag{6-26}$$

$$V_B = I_2 R_{b2} \tag{6-27}$$

$$V_{BQ} \approx \frac{R_{b2}}{R_{b1}+R_{b2}} \cdot U_{CC} \tag{6-28}$$

（2）发射极与公共地端接有电阻 R_e，因此可以固定 I_C，从而稳定放大器的静态工作点。当 $V_B>>U_{BE}$ 时，则有

$$I_C \approx I_E = \frac{V_B - U_{BE}}{R_e} \approx \frac{V_B}{R_e} \approx \frac{R_{b2}}{R_{b1}+R_{b2}} \cdot \frac{U_{CC}}{R_e} \tag{6-29}$$

可见 I_C 是由 R_{b1}、R_{b2}、R_e、U_{CC} 决定的，是恒定不变的，它与晶体管的 I_{CBO}、β 无关，不受温度变化的影响，静态工作点基本上是稳定的。静态工作点的稳定过程如下：

$$T（℃）\uparrow \rightarrow I_C \uparrow \rightarrow I_E \uparrow \rightarrow V_E \uparrow (=I_E R_e) \rightarrow U_{BE} (=V_B - V_E) \downarrow \rightarrow I_B \downarrow \rightarrow I_C \downarrow$$

调节过程与 R_e 有关，R_e 越大，调节效果越明显。但是 R_e 不能过大，一方面因为电源 U_{CC} 选定后，R_e 越大，U_{CEQ} 越小，限制了晶体管的动态工作范围；另一方面 R_e 会降低放大倍数。若用电容 C_e 与 R_e 并联，则可消除射极电阻 R_e 对电压放大倍数的影响。

静态工作点的稳定原理是采用了电流负反馈，通过 I_E 的负反馈作用牵制了 I_C 的变化，使静态工作点保持稳定。

静态工作点的计算如下式：

$$\left.\begin{aligned}
V_{BQ} &\approx \frac{R_{b2}}{R_{b1}+R_{b2}}\cdot U_{CC}\\
I_{CQ} \approx I_{EQ} &= \frac{V_{BQ}-U_{BEQ}}{R_e}\\
U_{CEQ} &\approx U_{CC}-I_{CQ}(R_c+R_e)\\
I_{BQ} &= \frac{I_{CQ}}{\beta}
\end{aligned}\right\} \tag{6.30}$$

动态分析如下：

根据图 6.24（a）画出分压式偏置放大电路的微变等效电路，如图 6.25 所示。

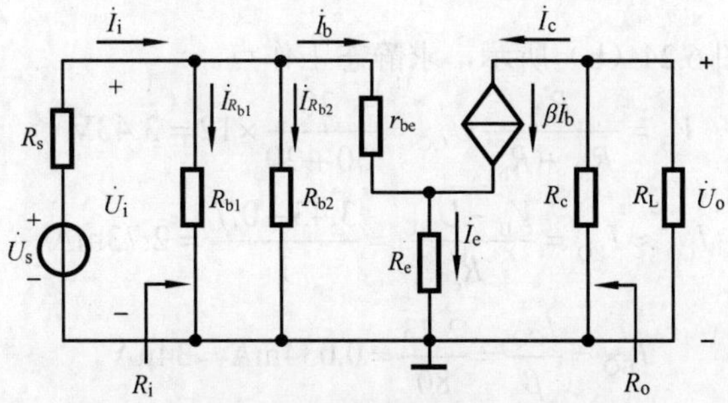

图 6.25 共发射极偏置电路的微变等效电路

（1）计算放大电路的电压放大倍数。

$$\dot{U}_o = -\beta\dot{I}_b(R_C // R_L)$$

$$\dot{U}_i = \dot{I}_b r_{be} + \dot{I}_e R_e = \dot{I}_b[r_{be}+(1+\beta)R_e]$$

$$\dot{A}_u = \frac{\dot{U}_o}{\dot{U}_i} = -\frac{\beta(R_C // R_L)}{r_{be}+(1+\beta)R_e} \tag{6-31}$$

式中 $R_L' = R_c // R_L$。

（2）计算输入电阻。

$$R_i = \frac{\dot{U}_i}{\dot{I}_i} = R_{b1} // R_{b2} // \left[\frac{\dot{I}_b r_{be}+(1+\beta)\dot{I}_b R_e}{\dot{I}_b}\right]$$

$$= R_{b1} // R_{b2} // \left[r_{be}+(1+\beta)R_e\right] \tag{6-32}$$

由此可知，加入 R_e 后输入电阻提高了，这是由于流过 R_e 的电流 i_e 是基极电流 i_b 的 $(1+\beta)$ 倍，故把 R_e 折合到基极回路后相当于一个 $(1+\beta)R_e$ 的电阻。

（3）计算输出电阻。

$$R_o = \left.\frac{\dot{U}_o}{\dot{I}_o}\right|_{\substack{R_L=\infty\\ U_s=0}} \approx R_C \tag{6-33}$$

例 6-3 在图 6.26 所示的电路中，已知 $U_{CC}=12\text{V}$，$R_s=200\Omega$，$R_c=2\text{k}\Omega$，$R_{b1}=50\text{k}\Omega$，$R_{b2}=20\text{k}\Omega$，$R_e=1\text{k}\Omega$，$R_L=8\text{k}\Omega$，$\beta=80$，$U_{BE}=0.7\text{V}$。试求：①静态工作点 Q；② R_i、R_o、$\dot{A}_u$ 和 $\dot{A}_{us}$；③如果去掉射极旁路电容 C_e，再计算 R_i、R_o、$\dot{A}_u$ 和 A_{us}。

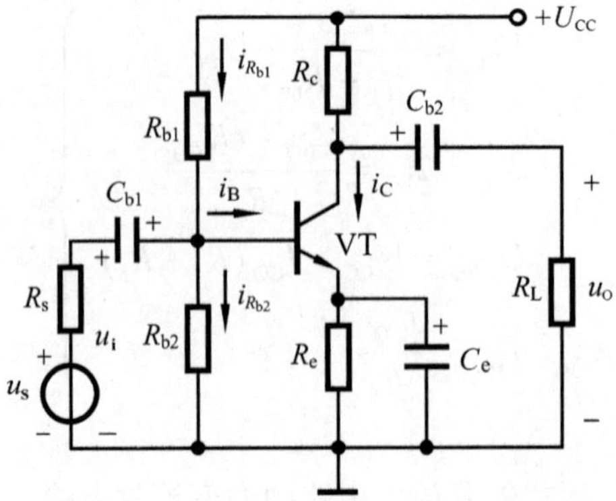

图 6.26　例 6-3 图

解：①直流通路如图 6.24（b）所示，求静态工作点。

$$V_B = \frac{R_{b2}}{R_{b1}+R_{b2}}U_{CC} = \frac{20}{50+20}\times 12 = 3.43\text{V}$$

$$I_{CQ} \approx I_{EQ} = \frac{V_B - U_{BE}}{R_e} = \frac{3.43-0.7}{1} = 2.73\text{mA}$$

$$I_{BQ} = \frac{I_{CQ}}{\beta} = \frac{2.73}{80} = 0.034\text{mA} = 34\mu\text{A}$$

$$U_{CEQ} = U_{CC} - I_{CQ}(R_c + R_e) = 12 - 2.73\times(2+1) = 3.81\text{V}$$

②画微变等效电路，如图 6.27 所示。

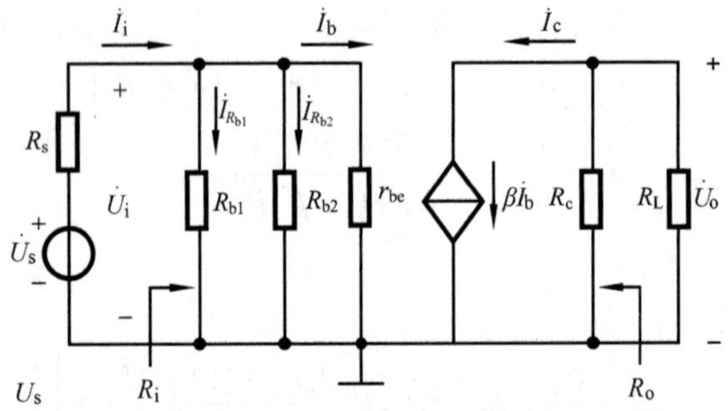

图 6.27　图 6.26 的微变等效电路

$$r_{be} = 300\Omega + (1+\beta)\frac{26}{I_{EQ}} = 300 + (1+80)\times\frac{26}{2.73} = 1.07\text{k}\Omega$$

$$R'_L = R_C // R_L = 2 // 8 = 1.6\text{k}\Omega$$

$$R_i = R_{b1} // R_{b2} // r_{be} = 50 // 20 // 1.07 \approx 1\text{k}\Omega$$

$$R_o \approx R_c = 2\text{k}\Omega$$

$$\dot{A}_u = -\frac{\beta R'_L}{r_{be}} = -\frac{80\times 1.6}{1.07} \approx -120$$

$$\dot{A}_{us} = \frac{R_i}{R_s + R_i}\dot{A}_u = \frac{1}{0.2+1}\times(-120) = -100$$

③去掉射极旁路电容 C_e 后的微变等效电路如图 6.25 所示。

$$R_i = R_{b1} // R_{b2} // [r_{be} + (1+\beta)R_e]$$
$$= 50 // 20 // [1.07 + 81 \times 1] \approx 12\text{k}\Omega$$
$$R_o = R_C = 2\text{k}\Omega$$
$$\dot{A}_u = \frac{\dot{U}_o}{\dot{U}_i} = -\frac{\beta(R_c // R_L)}{r_{be} + (1+\beta)R_e} = -\frac{80 \times 1.6}{1.07 + 81 \times 1} \approx -1.6$$
$$\dot{A}_{us} = \frac{\dot{U}_o}{\dot{U}_o} = \frac{R_i}{R_s + R_i} A_u = \frac{1}{0.2+1} \times (-1.6) = -1.3$$

（三）集电极－基极偏置电路

图 6.28 所示为集电极－基极偏置电路，它是利用电压负反馈作用来稳定静态工作点的，称为电压负反馈偏置电路。

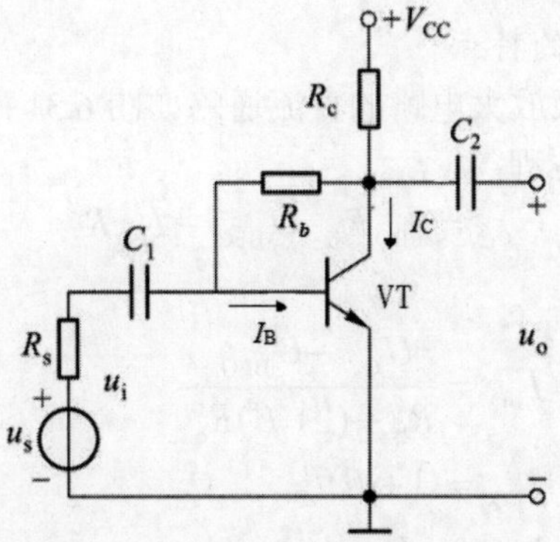

图 6.28 集电极－基极偏置电路

稳定静态工作点原理如下：

当温度上升时，由于三极管参数的影响，使 I_{CQ} 增大，集电极负载电阻 R_c 上的电压降随之增大，导致 U_{CEQ} 减小，I_{BQ} 减小，促使 I_{CQ} 减小，这样就牵制了 I_{CQ} 的增大，从而使 I_{CQ} 基本不随温度变化，稳定了静态工作点。这种调节过程称为直流电压负反馈。集电极－基极偏置电路不适合 R_c 值很小的放大电路。

课堂互动

1. 微变等效电路法求解的具体步骤是什么？
2. 放大电路所带的负载与放大倍数是什么关系？

第三节 共集电极电路和共基极电路

一、共集电极放大电路

（一）电路组成

共集电极放大电路如图 6.29 所示，其交流通路如图 6.30 所示。由交流通路可见，输入信号是加在基极和集电极之间的，输出信号是从发射极和集电极两端取出的，因此集电极是输入、输出电路的公共端点，所以称为共集电极放大电路。因为输出信号取自发射极，所以共集电极放大电路又称为射极输出器。

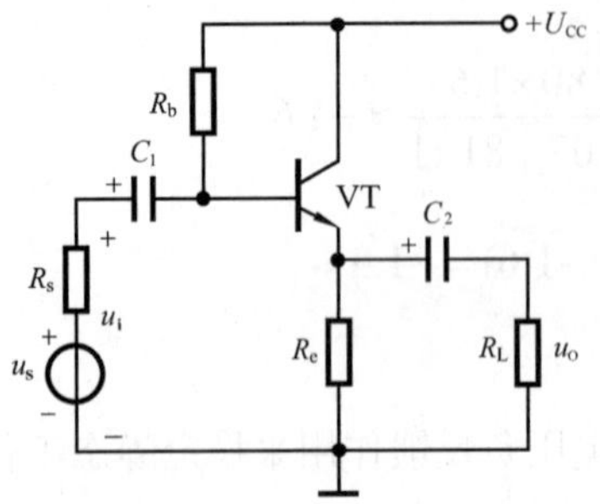

图 6.29 共集电极放大电路

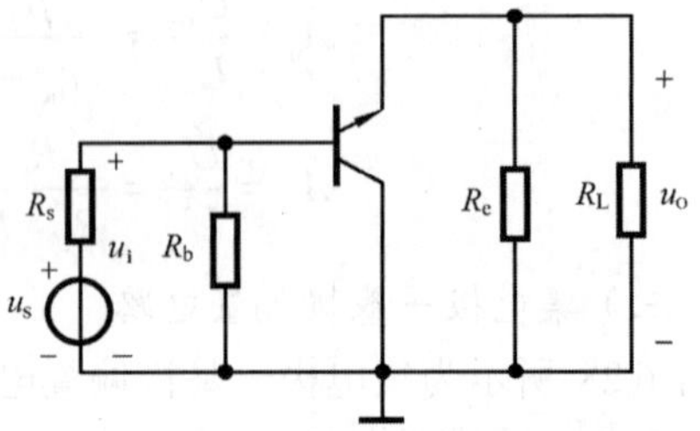

图 6.30 图 6.29 的交流通路

（二）共集电极放大电路的特点

（1）静态分析。共集电极放大电路的直流通路如图 6.31 所示。

按照 KVL 列出输入回路方程：

$$U_{CC} = I_{BQ}R_b + U_{BEQ} + I_{EQ}R_e$$

故有

$$I_{BQ} = \frac{U_{CC} - U_{BEQ}}{R_b + (1+\beta)R_e} \qquad (6\text{-}34)$$

$$I_{EQ} = (1+\beta)I_{BQ} \qquad (6\text{-}35)$$

$$U_{CEQ} = U_{CC} - I_{EQ}R_e \qquad (6\text{-}36)$$

（2）动态分析。共集电极放大电路的微变等效电路如图 6.32 所示。

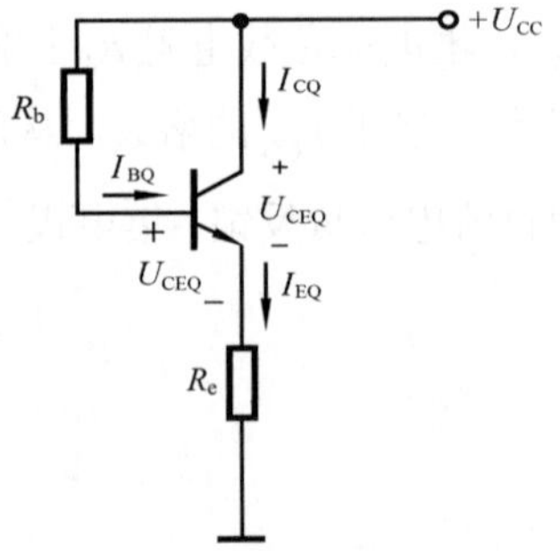

图 6.31 图 6.29 的直流通路

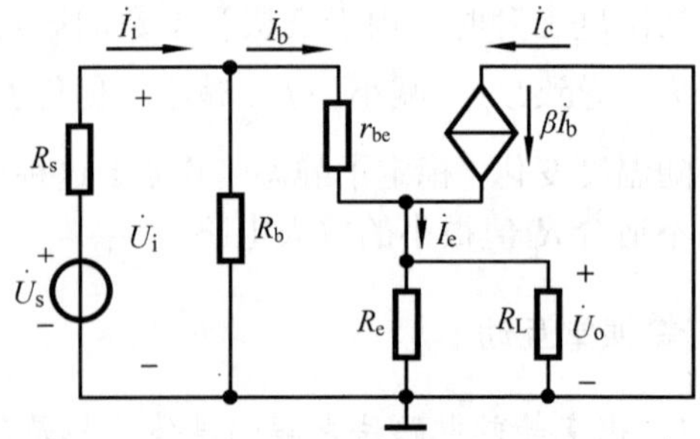

图 6.32 图 6.29 的微变等效电路

1）电压放大倍数。

$$\dot{U}_i = \dot{I}_b r_{be} + \dot{I}_e(R_e // R_L) = \dot{I}_b[r_{be} + (1+\beta)(R_e // R_L)]$$

$$\dot{U}_o = \dot{I}_e(R_e // R_L) = (1+\beta)\dot{I}_b(R_e // R_L)$$

$$\dot{A}_u = \frac{\dot{U}_o}{\dot{U}_i} = \frac{(1+\beta)R'_L}{r_{be} + (1+\beta)R'_L} \qquad (6\text{-}37)$$

式中，$R'_L = R_e // R_L$。通常 $\beta R' >> r_{be}$，故电压放大倍数 $\dot{A}_u$ 接近于 1 而略小于 1，电路没有电

压放大能力。由于输出电压与输入电压同相且略小于输入电压，通常将这种输出电压跟随输入电压变化的电路叫作电压跟随器。该电路虽然没有电压放大能力，但有电流放大能力和功率放大能力。

2）输入电阻。由图 6.33 可知

$$R_{\mathrm{i}}=\frac{\dot{U}_{\mathrm{i}}}{\dot{I}_{\mathrm{i}}}=\frac{\dot{U}_{\mathrm{i}}}{\dot{I}_{Rb}+\dot{I}_{\mathrm{b}}}=\frac{\dot{U}_{\mathrm{i}}}{\dfrac{\dot{U}_{\mathrm{i}}}{R_{\mathrm{b}}}+\dfrac{\dot{U}_{\mathrm{i}}}{r_{\mathrm{be}}+(1+\beta)(R_{\mathrm{e}}/\!/R_{\mathrm{L}})}}=R_{\mathrm{b}}/\!/[r_{\mathrm{be}}+(1+\beta)R_{\mathrm{L}}'] \qquad (6\text{-}38)$$

由式（6-38）可知，射极输出器的输入电阻与负载电阻有关，其值很大，可达几十到几百千欧。

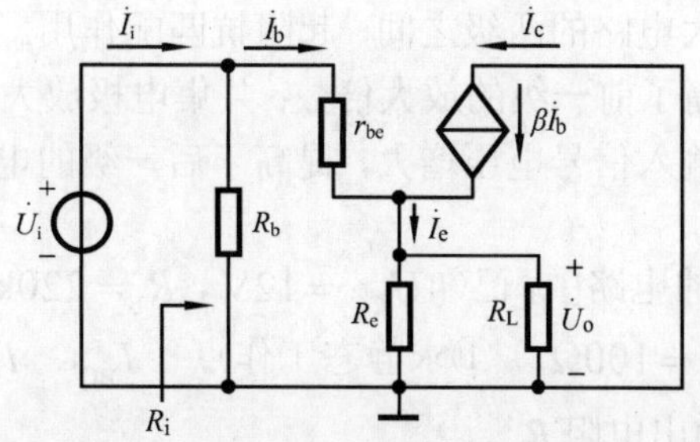

图 6.33 计算电压跟随器输入电阻的微变等效电路

3）输出电阻。将图 6.32 中的信号源置零$\dot{U}_{\mathrm{s}}=0$，负载开路，输出端口加测试电压$\dot{U}_{\mathrm{o}}$时成为图 6.34。

$$\dot{I}_{\mathrm{o}}=\dot{I}_{\mathrm{b}}+\beta\dot{I}_{\mathrm{b}}+\dot{I}_{\mathrm{Re}}=\frac{\dot{U}_{\mathrm{o}}}{r_{\mathrm{be}}+R_{\mathrm{b}}/\!/R_{\mathrm{S}}}+\frac{\beta\dot{U}_{\mathrm{o}}}{r_{\mathrm{be}}+R_{\mathrm{b}}/\!/R_{\mathrm{S}}}+\frac{\dot{U}_{\mathrm{o}}}{R_{\mathrm{e}}}$$

$$R_{\mathrm{o}}=\frac{\dot{U}_{\mathrm{o}}}{\dot{I}_{\mathrm{o}}}=\frac{1}{\dfrac{1+\beta}{r_{\mathrm{be}}+(R_{\mathrm{s}}/\!/R_{\mathrm{b}})}+\dfrac{1}{R_{\mathrm{e}}}}$$

$$R_{\mathrm{o}}=R_{\mathrm{e}}/\!/\frac{r_{\mathrm{be}}+(R_{\mathrm{s}}/\!/R_{\mathrm{b}})}{1+\beta} \qquad (6\text{-}39)$$

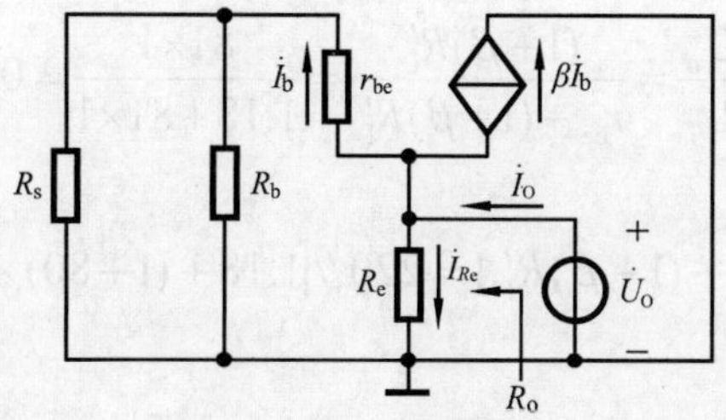

图 6.34 计算共集电极放大电路输出电阻的等效电路

当信号源内阻很小时，可以认为

$$R_{\mathrm{o}}\approx\frac{r_{\mathrm{be}}}{1+\beta} \qquad (6\text{-}40)$$

可见，射极输出器的输出电阻很小，一般为几十到几百欧。

（三）共集电极放大电路的应用

共集电极放大电路的特点是输入电阻高、输出电阻低，在多级放大电路中它可以用作输入级、中间级或输出级，借以提高放大电路的性能。

（1）作输入级。共集电极放大电路的输入电阻大，它常被用作多级放大电路的输入级，使之在与信号源内阻对信号源电压的分压中能获得较高的信号电压；另外，输入电阻大则输入电流小，减轻了信号源的负担。在测量仪器中应用，测量精度会提高。

（2）作输出级。共集电极放大电路的输出电阻小，它常被用作多级放大电路的输出级。当负载电阻波动时，对输出电压的影响不大，所以射极输出器有很强的带负载能力。

（3）作中间级。利用共集电极放大电路输入电阻大、输出电阻小、电压放大倍数近似为 1 的特点，也可将它放在放大电路的两级之间，起阻抗匹配作用。共集电极放大电路的高输入电阻作为前一级的负载，提高了前一级的放大倍数；共集电极放大电路的低输出电阻作为后一级的信号源内阻，使后一级输入信号电压增大，提高了后一级的电压放大倍数。这一级称为缓冲级或中间隔离级。

例 6-4 在图 6.29 所示的电路中，已知$U_{CC}=12V$，$R_b=220k\Omega$，$R_e=2k\Omega$，$R_L=2k\Omega$，$\beta=80$，$U_s=200mV$，$R_s=100\Omega$。①求静态工作点（I_{BQ}、I_{CQ}、U_{CEQ}）；②计算电压放大倍数$\dot{A}_u$、输入电阻R_i、输出电阻R_o。

解：（1）直流通路如图 6.31 所示。

$$I_{BQ}=\frac{U_{CC}-U_{BE}}{R_b+(1+\beta)R_e}=\frac{12-0.7}{220+81\times2}\approx0.03mA$$

$$I_{CQ}=\beta I_{BQ}=80\times0.03=2.40mA$$

$$U_{CEQ}=U_{CC}-I_{EQ}R_e=7.20V$$

（2）微变等效电路如图 6.32 所示。

$$r_{be}=300+(1+\beta)\frac{26}{I_{EQ}}=300+81\times\frac{26}{2.4}\Omega\approx1.18\ k\Omega$$

$$R_L'=R_e//R_L=2//2=1k\Omega$$

由式（6-37）可知

$$\dot{A}_u=\frac{\dot{U}_o}{\dot{U}_i}=\frac{(1+\beta)R_L'}{r_{be}+(1+\beta)R_L'}=\frac{81\times1}{1.18+81\times1}=0.99$$

由式（6-38）可知

$$R_i=R_b//[r_{be}+(1+\beta)R_L']=220//\left[1.18+(1+80)\times1\right]\approx60k\Omega$$

$$R_S'=R_s//R_b$$

由式（6-39）可知

$$R_o=R_e//\frac{r_{be}+R_S'}{1+\beta}=2//\frac{1.18+0.1//220}{1+80}\approx0.016k\Omega$$

二、共基极放大电路

（一）电路结构

图 6.35（a）所示的放大电路，R_{b1}、R_{b2} 为基极偏置电阻，用来为电路设置合适的静态工作点；R_c、R_e 分别为集电极电阻和发射极电阻。图 6.35（b）所示是它的交流通路。由交流通路可见，输入电压从发射极和基极之间加入，输出电压从集电极和基极之间取出。可见，基极是输入回路和输出回路的公共端点，故称为共基极放大电路。

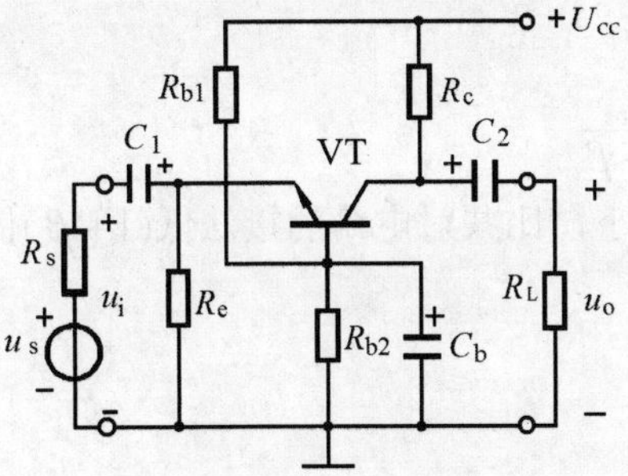

（a）原理电路

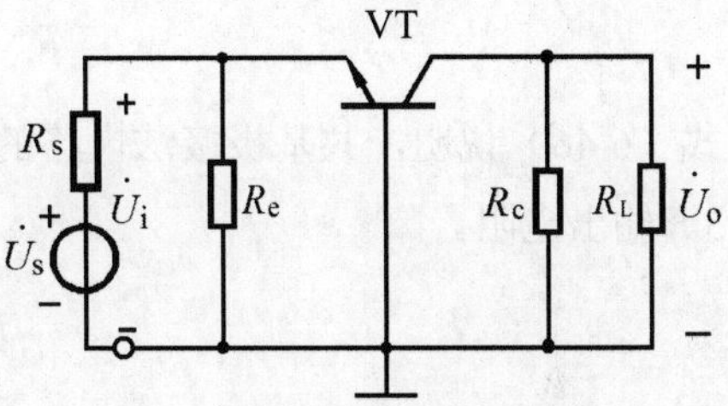

（b）交流通路

图 6.35　共基极放大电路

（二）共基极放大电路的特点

（1）静态分析。共基极放大电路的直流通路如图 6.36 所示。如果满足 $V_B >> U_{BEQ}$，且 I_B 对于 R_{b1}、R_{b2} 分压回路中的电流可以忽略不计，则由图 6.36 可得

$$I_{EQ}=\frac{U_B-U_{BEQ}}{R_e}\approx\frac{U_B}{R_e}\approx\frac{R_{b2}}{R_e(R_{b1}+R_{b2})}U_{CC}\approx I_{CQ} \tag{6-41}$$

$$I_{BQ}=\frac{I_{EQ}}{1+\beta} \tag{6-42}$$

$$U_{CEQ}=U_{CC}-I_{CQ}R_C-I_{EQ}R_e\approx U_{CC}-I_{CQ}(R_c+R_e) \tag{6-43}$$

（2）动态分析。共基极放大电路的微变等效电路如图 6.37 所示。

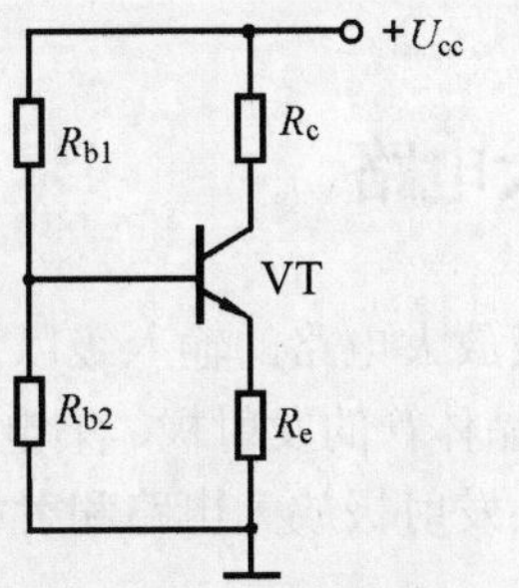

图 6.36　图 6.35（a）的直流通路

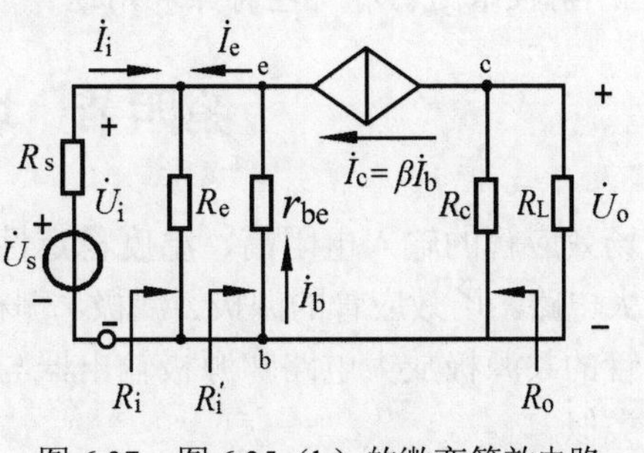

图 6.37　图 6.35（b）的微变等效电路

1）电压放大倍数。由图 6.37 可得

$$\dot{U}_i=-\dot{I}_b r_{be}$$

$$\dot{U}_o=-\beta\dot{I}_b R'_L$$

式中，$R'_L = R_c // R_L$，则

$$\dot{A}_u = \frac{\dot{U}_o}{\dot{U}_i} = \frac{\beta R'_L}{r_{be}} \tag{6-44}$$

从式（6-44）可知，共基极放大电路有电压放大作用，放大电路的输出电压和输入电压同相位。

2）输入电阻。

$$R'_i = \frac{\dot{U}_i}{\dot{I}_i} = \frac{-\dot{I}_b r_{be}}{-(1+\beta)\dot{I}_b} = \frac{r_{be}}{1+\beta} \tag{6-45}$$

$$R_i = R_e // R'_i \approx \frac{r_{be}}{1+\beta} \tag{6-46}$$

式（6-46）说明，共基极接法电路的输入电阻很小，比共射电路的接法低$(1+\beta)$倍。

3）输出电阻。

$$R_o = \left.\frac{\dot{U}_o}{\dot{I}_o}\right|_{\substack{R_L=\infty \\ \dot{U}_s=0}}$$

从共基放大电路的输出端看

$$R_o \approx R_c \tag{6-47}$$

三种基本放大电路的比较：

- 共射电路不仅对电压有放大能力，对电流也有放大能力，输入电阻和输出电阻都比较适中，频带较宽，常作为低频电压放大电路的中间级，使用广泛。
- 共集电极电路具有电压跟随的特点，电压放大倍数接近于 1 而小于 1，输入电阻高、输出电阻低，多用于放大电路的输入级、输出级和中间级。
- 共基放大电路的特点是有很低的输入电阻，使晶体管结电容的影响小，所以这种接法常用在宽频带或高频放大器中。另外，由于输出电阻高，共基放大电路还可以作为恒流源。

课堂互动

1. 晶体三极管组成的放大电路正常工作时必备的条件有哪些？
2. 射极跟随器有哪些特点和用途？

第四节　场效应管放大电路

场效应管的输入电阻高、温度稳定性好，常用于多级放大电路的输入级以及要求噪声低的放大电路。场效应管的源极、漏极、栅极相当于双极型晶体管的发射极、集电极、基极；场效应管的共源极放大电路和源极输出器与晶体三极管的共发射极放大电路和射极输出器在结构上类似。

一、直流偏置电路

场效应管放大电路和三极管放大电路一样，必须先建立合适的静态工作点，然后才有可能对交流输入信号进行不失真放大。所不同的是，场效应管是电压控制器件，因此它需要设置

合适的偏置电压。通常偏置的方式有两种，现以N沟道耗尽型结型场效应管为例进行阐述。

（一）自偏压式电路

图6.38所示为自偏压式电路。

通常设置偏置电压的方法是：在源极接入电阻R_s，R_s决定静态工作点的位置。当有源极电流I_s流过R_s时，必然在R_s上产生压降U_s，而由于栅极几乎不取电流，$U_{R_g}=0$，因此R_s上的压降是加在管子的源极和栅极之间，即

$$U_{GSQ}=-I_sR_s=-I_{DQ}R_s \tag{6-48}$$

可见，栅源静态电压U_{GS}是由场效应管自身的电流I_D提供的，所以称这种接法为自偏压电路。

$$U_{DSQ}=U_{DD}-I_{DQ}(R_D+R_s) \tag{6-49}$$

图6.38中R_s两端并联了一个电容C_s，目的是为了减小R_s对交流放大倍数的影响，C_s称为源极旁路电容。

增强型FET不能用于图6.38所示的自偏压式电路，因为栅源电压必须达到某个开启电压时才有漏极电流产生。

（二）分压式偏置电路

分压式偏置电路如图6.39所示。在这个电路中，漏源电压U_{DD}经分压电阻R_{g1}和R_{g2}分压后，通过R_g给栅极接了一个固定的正电位，因此场效应管栅极的电位为

$$U_G=\frac{R_{g2}}{R_{g1}+R_{g2}}U_{DD} \tag{6-50}$$

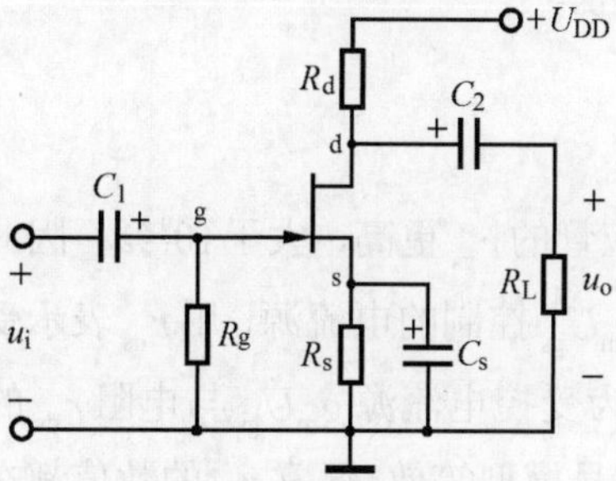

图6.38 自偏压共源极电路

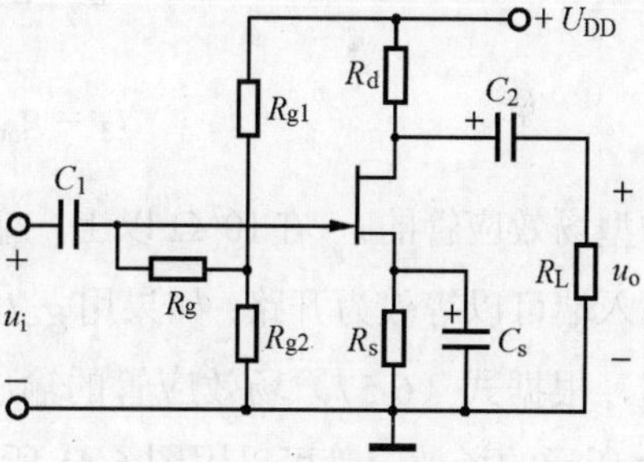

图6.39 分压式偏置共源电路

场效应管的源极电位U_s为

$$U_s=I_DR_s \tag{6-51}$$

静态时加在FET上的栅源电压为

$$U_{GS}=U_G-U_s=\frac{R_{g2}}{R_{g1}+R_{g2}}\cdot U_{DD}-I_D\cdot R_s \tag{6-52}$$

$$U_{DSQ}=U_{DD}-I_{DQ}(R_D+R_s) \tag{6-53}$$

二、静态工作点的确定

对场效应管放大电路的静态分析可以采用图解法或计算法。以下讨论用计算法确定静态

工作点。

FET 的电流方程为

$$I_{DQ} = I_{DSS}\left(1 - \frac{U_{GSQ}}{U_{GS(off)}}\right)^2 \tag{6-54}$$

求图 6.38 自偏压式电路的静态工作点可将式（6-48）、式（6-49）和式（6-54）联立求解；求图 6.39 分压式偏置电路的静态工作点可将式（6-52）、式（6-53）和式（6-54）联立求解。

三、动态分析

（一）场效应管的微变等效电路

由于场效应管是一种非线性器件，在交流小信号情况下，它的线性等效电路可以由交流小信号模型来代替，分析步骤和晶体管电路相同。

根据场效应管工作原理可知： $i_g = 0$

$$i_D = f(u_{gs}, u_{DS})$$

对 i_D 全微分

$$di_D = \frac{\partial i_D}{\partial u_{GS}}\bigg|_{u_{DS}} du_{GS} + \frac{\partial i_D}{\partial u_{DS}}\bigg|_{u_{GS}} du_{DS} \tag{6-55}$$

式中，$g_m = \frac{\partial i_D}{\partial u_{GS}}\Big|_{u_{DS}}$ 为场效应管低频跨导，$g_{ds} = \frac{1}{r_{ds}} = \frac{\partial i_D}{\partial u_{DS}}\Big|_{u_{GS}}$ 为场效应管漏极电导，则式（6-55）可变为

$$di_D = g_m du_{GS} + \frac{1}{r_{ds}} du_{DS} \tag{6-56}$$

或

$$i_d = g_m u_{gs} + \frac{1}{r_{ds}} u_{ds} \tag{6-57}$$

结型场效应管的 r_{gs} 在 $10^7\Omega$ 以上，绝缘栅型场效应管的 r_{gs} 更高，大于 $10^9\Omega$，因此场效应管的输入端可以等效为开路；如果用 $g_m\dot{U}_{gs}$ 来表示受 $g_m\dot{U}_{gs}$ 控制的电流源，用 r_{ds} 表示受控电流源内阻，根据式（6-57）场效应管的输出端可以等效为受控电流源 $g_m\dot{U}_{gs}$ 与电阻 r_{ds} 的并联。图 6.40 所示的场效应管可以用图 6.41 所示的交流小信号模型等效。通常 r_{ds} 的数值都在几百千欧的数量级，所以当负载电阻比 r_{ds} 小很多时，可以认为 r_{ds} 为开路。图 6.41 所示的电路可以简化为如图 6.42 所示。

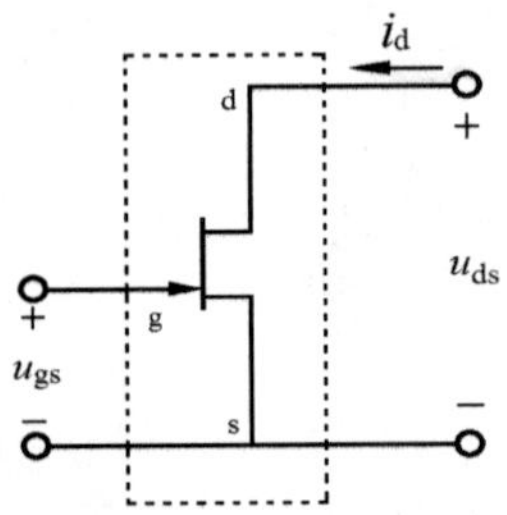

图 6.40 N 沟道结型场效应管

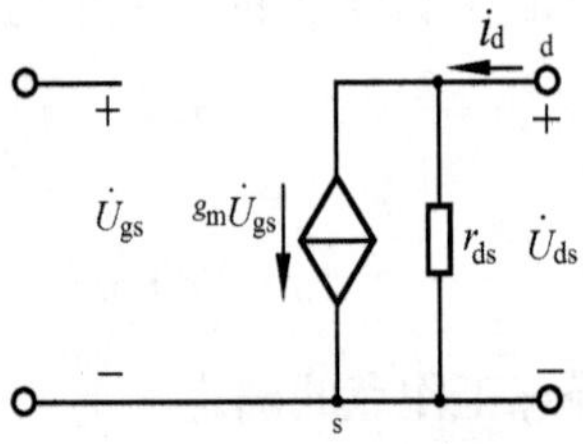

图 6.41 场效应管完整的低频模型

（二）共源极放大电路

图 6.39 所示为分压式偏置共源极放大电路，其微变等效电路如图 6.43 所示。

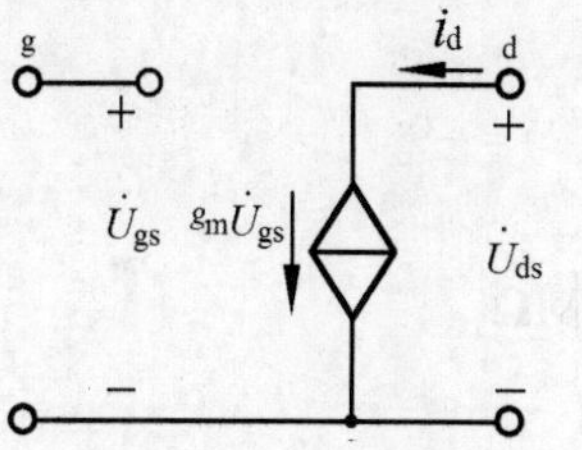

图 6.42　图 6.41 的简化模型

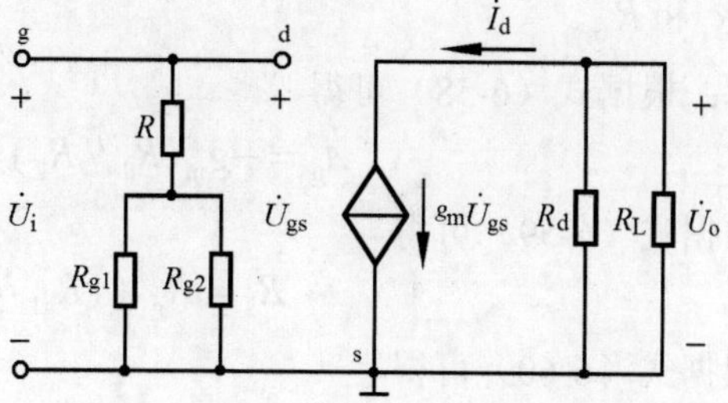

图 6.43　共源极放大电路的微变等效电路

（1）电压放大倍数。

$$\dot{A}_u=\frac{\dot{U}_o}{\dot{U}_i}=\frac{-\dot{I}_d R'_L}{\dot{U}_{gs}}=\frac{-g_m\dot{U}_{gs}R'_L}{\dot{U}_{gs}}=-g_m R'_L \tag{6-58}$$

式中，$R'_L=R_d//R_L$。

（2）输入电阻。

$$R_i\approx R_g+(R_{g1}//R_{g2}) \tag{6-59}$$

（3）输出电阻。

$$R_o\approx R_d \tag{6-60}$$

共源极放大电路的输出电压与输入电压反相；输入电阻高，输出电阻主要由 R_d 决定。

（三）共漏极放大电路

图 6.44 所示的共漏极放大电路又称为源极输出器，其微变等效电路如图 6.45 所示。

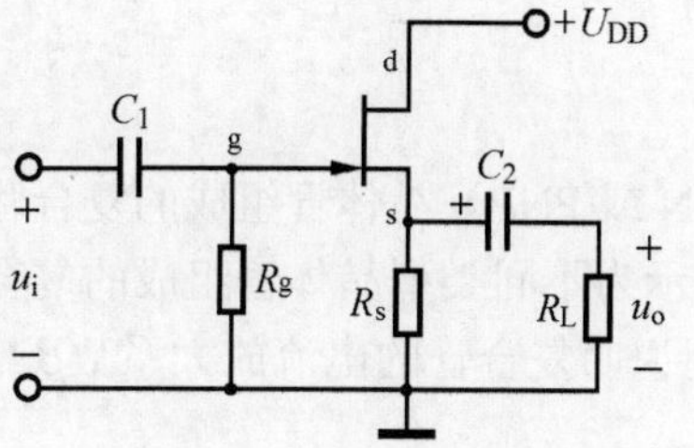

图 6.44　共漏极放大电路

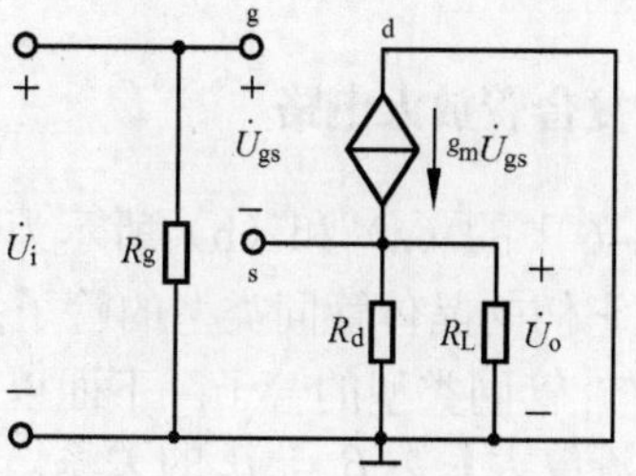

图 6.45　图 6.44 所示电路的微变等效电路

（1）电压放大倍数。

$$\dot{A}_u=\frac{\dot{U}_o}{\dot{U}_i}=\frac{g_m\dot{U}_{gs}(R_S//R_L)}{\dot{U}_{gs}+g_m\dot{U}_{gs}(R_S//R_L)}=\frac{g_m R'_L}{1+g_m R'_L} \tag{6-61}$$

（2）输入电阻。

$$R_i=R_g \tag{6-62}$$

（3）输出电阻。根据求输出电阻的方法可以求得输出电阻为

$$R_o=R_d//\frac{1}{g_m} \tag{6-63}$$

例 6-5 在图 6.39 所示的放大电路中，已知U_{DD}= 20V，R_d=R_L=12kΩ，R_s=10kΩ，R_{g1}= 200kΩ，R_{g2}= 80kΩ，R_g= 1MΩ，场效应管为 N 沟道耗尽型，g_m =1.5mA/V。试求：$\dot{A}_u$、R_i和R_o。

解：根据式（6-58）可得

$$\dot{A}_u = -g_m(R_d // R_L) = -1.5\times(12//12) = -9$$

根据式（6-59）可得

$$R_i = R_g + (R_{g1} // R_{g2}) \approx R_g = 1M\Omega$$

根据式（6-60）可得

$$R_o \approx R_d = 12k\Omega$$

场效应管还可以接成共栅极放大电路，但由于共栅极电路的输入电阻小，所以很少用。由于场效应管放大电路有输入电阻高、热稳定性好、噪声低等优点，因此它常作为多级放大电路的输入级，广泛应用于集成电路中。

课堂互动

1. 场效应管放大电路有几种组态？场效应管的直流偏置有哪些形式？
2. 场效应管放大电路与晶体三极管放大电路相比有哪些异同？

第五节 组合放大单元电路

在实际应用中，为了进一步改善放大电路的性能，可用多只晶体管构成复合管来取代基本电路中的一只晶体管；也可根据需要将两种基本接法组合起来，以得到多方面性能俱佳的放大电路。

一、复合管放大电路

图 6.46 中的（a）和（b）所示为两只同类型（NPN 或 PNP）晶体管组成的复合管，等效成与组成它们的晶体管同类型的管子；（c）和（d）所示为不同类型晶体管组成的复合管，等效成与 VT_1 管同类型的管子。下面以图 6.46（a）为例说明复合管的电流放大系数β与 VT_1、VT_2 的电流放大系数 β_1、β_2的关系。

图 6.46（a）中，复合管的基极电流i_B等于 VT_1 管的基极电流i_{B1}，集电极电流i_C等于 VT_2 管的集电极电流i_{C2}与 VT_1 管的集电极电流i_{C1}之和，而 VT_2 管的基极电流i_{B2}等于 VT_1 管的发射极电流i_{E1}，所以

$$i_C = i_{C1} + i_{C2} = \beta_1 i_{B1} + \beta_2(1+\beta_1)i_{B1} = (\beta_1 + \beta_2 + \beta_1\beta_2)i_{B1}$$

因为β_1和β_2至少为几十，因而$\beta_1\beta_2 \gg (\beta_1 + \beta_2)$，所以可以认为复合管的电流放大系数

$$\beta \approx \beta_1\beta_2 \tag{6-64}$$

用上述方法可以推导出图 6.46（b）（c）（d）所示复合管的β均约为$\beta_1\beta_2$。

复合管的组成原则如下：

（1）在正确的外加电压下，每只管子的各极电流均有合适的通路，且均工作在放大区或恒流区。

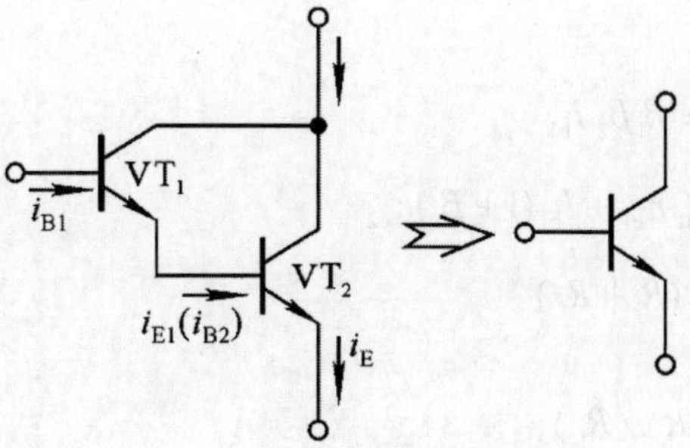

（a）由两只 NPN 型管组成

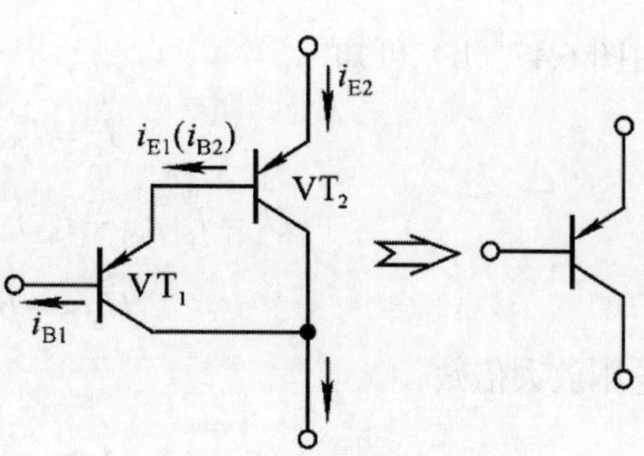

（b）由两只 PNP 型管组成

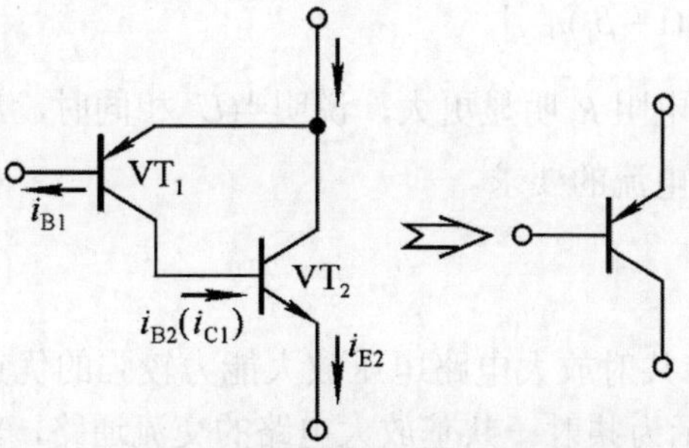

（c）由 PNP 型管和 NPN 型管组成

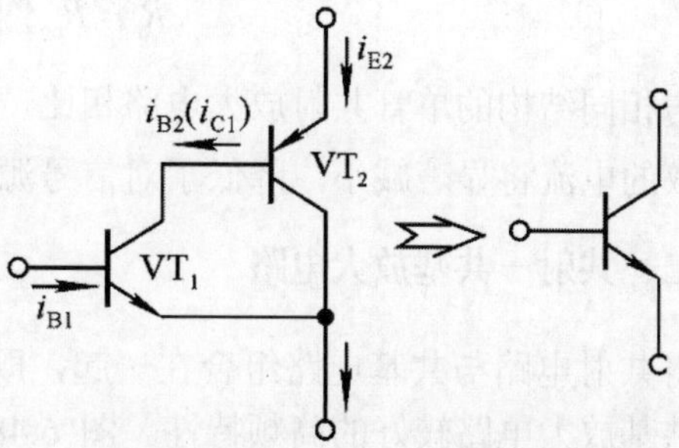

（d）由 NPN 型管和 PNP 型管组成

图 6.46　复合管

（2）为了实现电流放大，应将第一只管的集电极（漏极）或发射极（源极）电流作为第二只管子的基极电流。

由于晶体管构成的复合管有很高的电流放大系数，所以只需很小的输入驱动电流 i_B，便可获得很大的集电极（或发射极）电流 i_C（或 i_E）。在一些场合下，还可将三只晶体管接成复合管。应当指出，使用三只以上管子构成复合管的情况比较少，因为管子数目太多时，会因结电容的作用使高频特性变坏；复合管的穿透电流会很大，温度稳定性变差；而且为保证复合管中每一只管子都工作在放大区，必然要求复合管的直流管压降足够大，这就需要提高电源电压。

图 6.47（a）所示为复合管共射放大电路，图 6.47（b）是它的交流等效电路。

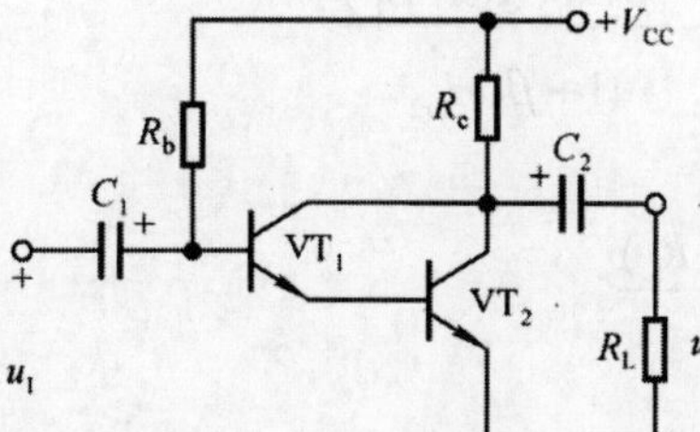

（a）电路

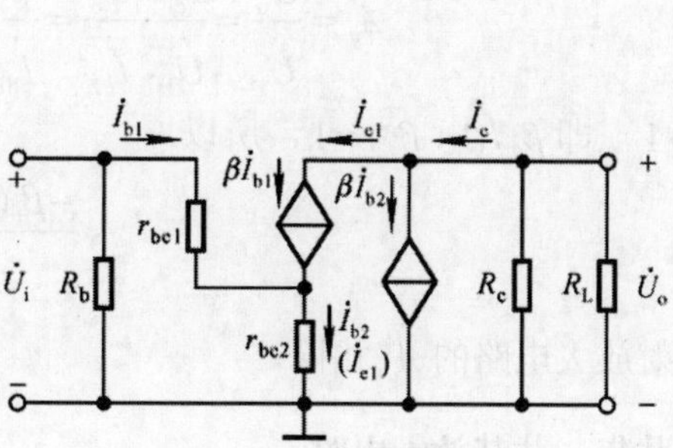

（b）交流等效电路

图 6.47　阻容耦合复合管共射放大电路

由图 6.47（b）可知

$$\dot{I}_{c}=\dot{I}_{c1}+\dot{I}_{c2}\approx\beta_1\beta_2\dot{I}_{b1}$$

$$\dot{U}_{i}=\dot{I}_{b1}r_{be1}+\dot{I}_{b2}r_{be2}=\dot{I}_{b1}r_{be1}+\dot{I}_{b1}(1+\beta_1)r_{be2}$$

$$\dot{U}_{o}\approx-\beta_1\beta_2\dot{I}_{b1}(R_c\parallel R_L)$$

电压放大倍数

$$\dot{A}_{u}\approx-\frac{\beta_1\beta_2(R_c/\!/R_L)}{r_{be1}+(1+\beta_1)r_{be2}}$$

输入电阻

$$R_i=R_b/\!/[r_{be1}+(1+\beta_1)r_{be2}]$$

与相同结构的单管共射放大电路相比，输入电阻 R_i 明显更大，说明当 $\dot{U}_i$ 相同时，从信号源索取的电流将显著减小，降低了对信号源输出电流的要求。

二、共射－共基放大电路

将共射电路与共基电路组合在一起，既保持共射放大电路电压放大能力较强的优点，又获得共基放大电路较好的高频特性。图 6.48 所示为共射－共基放大电路的交流通路，VT_1 组成共射电路，VT_2 组成共基电路，由于 VT_1 管以输入电阻小的共基电路为负载，使 VT_1 管集电结电容对输入回路的影响减小，从而使共射电路高频特性得到改善。

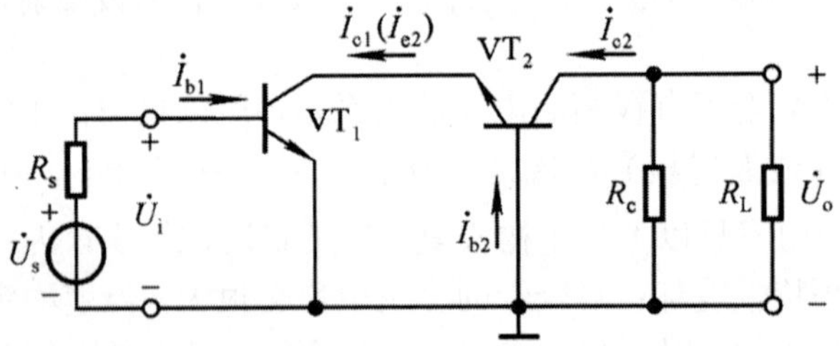

图 6.48　共射－共基放大电路的交流通路

设 VT_1 的电流放大系数为 β_1，b-e 间动态电阻为 r_{be1}；VT_2 的电流放大系数为 β_1，则

$$\dot{A}_{u}=\frac{\dot{U}_o}{\dot{U}_i}=\frac{\dot{I}_{c1}}{\dot{U}_i}\cdot\frac{\dot{U}_o}{\dot{I}_{e2}}=\frac{\beta_1\dot{I}_{b1}}{\dot{I}_{b1}r_{be1}}\cdot\frac{-\beta_2\dot{I}_{b2}(R_c/\!/R_L)}{(1+\beta_2)\dot{I}_{b2}}$$

因为 $\beta_2\gg1$，即 $\beta_2/(1+\beta_2)\approx1$，所以

$$\dot{A}_{u}\approx\frac{-\beta_1(R_c/\!/R_L)}{r_{be1}}$$

与单管共射放大电路的 $\dot{A}_u$ 相同。

三、共集－共基放大电路

图 6.49 所示为共集－共基放大电路的交流通路，它以 VT_1 管组成的共集电路作为输入端，

故输入电阻较大；以 VT_2 管组成的共基电路作为输出端，故具有一定电压放大能力；由于共集电路和共基电路均有较高的上限截止频率，故电路有较宽的通频带。

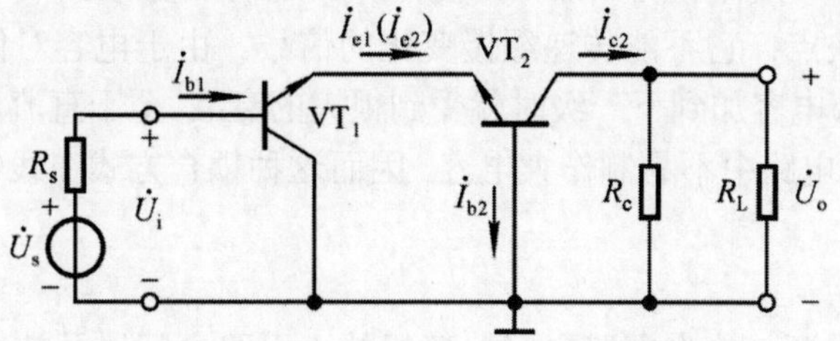

图 6.49　共集－共基放大电路的交流通路

根据具体需要，还可以组成其他电路，如共漏－共射放大电路，既保持高输入电阻，又具有高的电压放大倍数。可见，利用两种基本接法组合，可以同时获得两种接法的优点。

第六节　多级放大电路

电子设备对放大电路有多方面的要求，如放大电路要具有很高的放大倍数、能输出一定的功率及输入电阻大、输出电阻小等。单级放大电路不可能同时满足多种要求，为此可选择将几种基本放大电路进行适当的组合，从而构成多级放大电路，其方框图如图 6.50 所示。多级放大电路中的每一个基本放大电路称为一级，级与级之间的连接称为级间耦合。

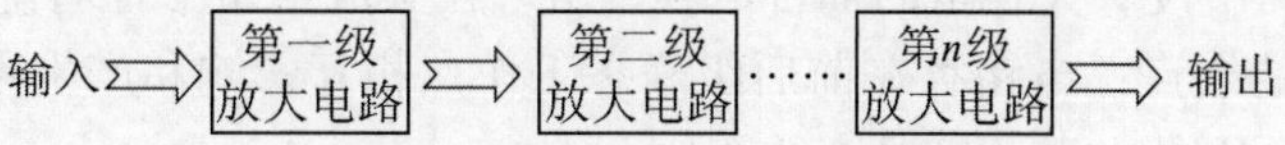

图 6.50　多级放大电路方框图

一、多级放大电路的耦合方式

常用的耦合方式有直接耦合、阻容耦合、变压器耦合。对耦合电路的要求是既要保证各级有合适的静态工作点，又要让信号不失真地传递和尽量减小压降的损失。

（一）阻容耦合

阻容耦合是指信号源与放大电路之间、多级放大电路之间以及放大电路与负载电阻之间采用通过电阻和电容连接的方式，电路如图 6.51 所示。

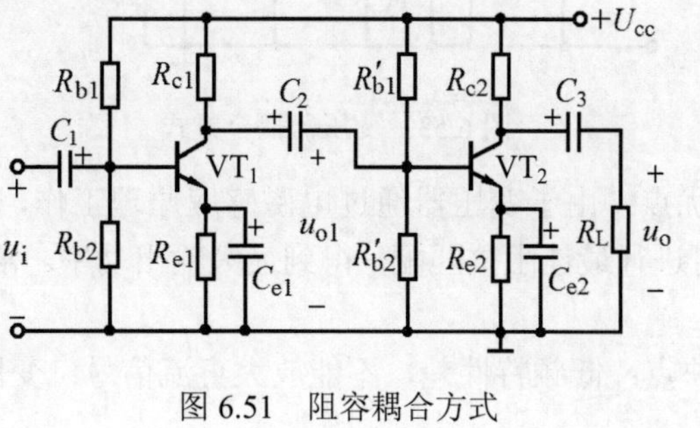

图 6.51　阻容耦合方式

阻容耦合方式的优点：由于电容具有隔离直流和通过交流的特点，它既可使前后级的静态工作点彼此不影响而互相独立，又能使一定频率范围内的交流信号方便地传递过去。这种耦合方式对电路进行分析、设计和调试都很方便，所以是最常用的级间耦合方式。

阻容耦合方式的缺点：它不能传递缓慢变化的信号。由于电容对低频信号的容抗大，所以这类信号在通过耦合电容加到下一级时就受到很大的衰减。至于直流成分的变化则根本不能反映出来，另外在集成电路中不易制作大电容，因而这种耦合方式在线性集成电路中几乎无法采用。

（二）直接耦合

直接耦合是指信号源与放大电路之间、多级放大电路之间以及放大电路与负载电阻之间采用直接连接的方式，电路如图 6.52 所示。

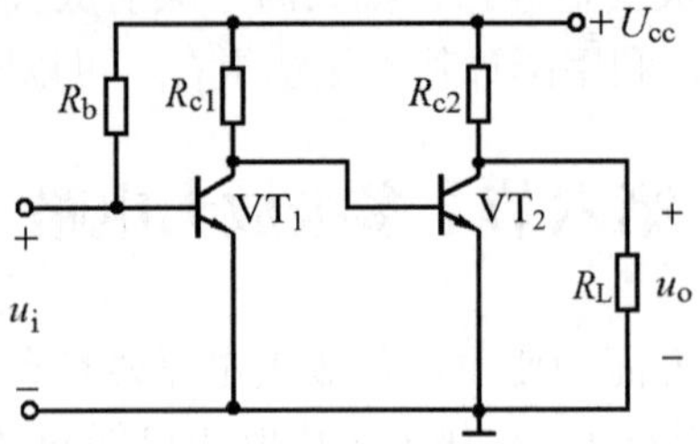

图 6.52 直接耦合方式

直接耦合方式的优点：这种耦合不仅能放大交流信号，还能用来放大缓慢变化的信号或直流信号。由于电路中没有大容量的耦合电容，所以在集成电路中普遍使用。

直接耦合方式的缺点：电路存在前后级静态工作点相互影响和产生零点漂移的问题。零点漂移产生的主要原因是由于环境温度的变化。

（三）变压器耦合

变压器耦合是指多级放大电路之间以及放大电路与负载电阻之间采用变压器连接的方式，电路如图 6.53 所示。

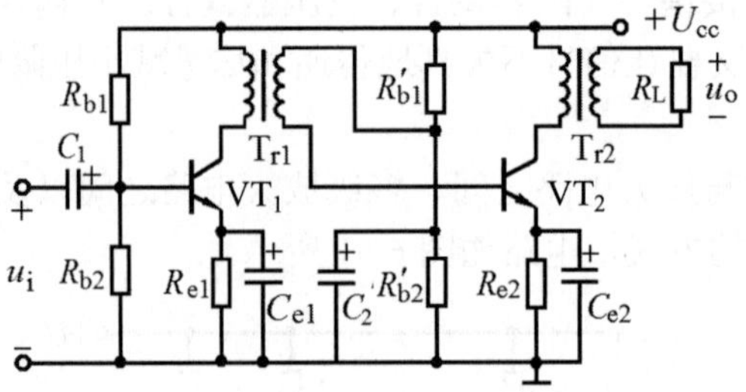

图 6.53 变压器耦合方式

变压器耦合方式的优点：由于变压器通过电磁感应原理工作，因此各级的静态工作点彼此独立；改变匝数比，可进行最佳阻抗匹配，得到最大输出功率。常用在功率放大的场合，如功率放大器。

变压器耦合方式的缺点：低频特性差，不能放大直流信号；变压器体积大，不易集成化。

二、多级放大电路的分析

（一）静态分析

以阻容耦合放大电路为例对多级放大电路进行分析。由于各级之间电容的隔直作用，所以每级放大电路的直流通路互不相通，每级的静态工作点互相独立、互不影响，可以单独计算。两级放大电路静态工作点的算法请参照本章前述内容。

（二）动态分析

图 6.51 所示电路的微变等效电路如图 6.54 所示。多级放大电路的性能指标与单级放大电路相同，包括输入电阻、输出电阻和电压放大倍数等。

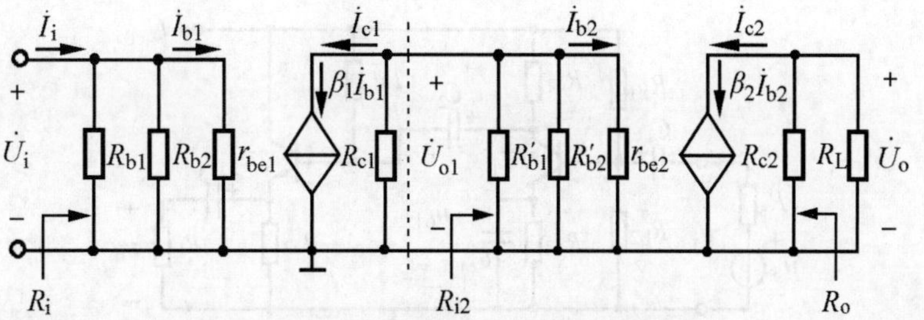

图 6.54 图 6.51 所示电路的微变等效电路

（1）电压放大倍数。由图 6.54 可见第一级的输出电压便是作为第二级的输入电压，第一级所带的交流负载 R'_{L1} 就是第二级的输入电阻 R_{i2}，因此可用单级放大电路的计算方法分别求出各级的电压放大倍数，最后求出总的电压放大倍数。两级放大电路的总电压放大倍数 $\dot{A}_u$ 为

$$\dot{A}_u = \frac{\dot{U}_o}{\dot{U}_i} = \frac{\dot{U}_{o1}}{\dot{U}_i} \cdot \frac{\dot{U}_o}{\dot{U}_{i2}} = \dot{A}_{u1} \cdot \dot{A}_{u2} \tag{6-65}$$

式中 $\dot{A}_{u1}$、$\dot{A}_{u2}$ 分别是第一级、第二级的单级电压放大倍数。

将式（6-65）推广到一般情况，若有 n 级电路，则总电压放大倍数为

$$\dot{A}_u = \frac{\dot{U}_{o1}}{\dot{U}_i} \cdot \frac{\dot{U}_{o2}}{\dot{U}_{i2}} \cdots\cdots \frac{\dot{U}_o}{\dot{U}_{in}} = \dot{A}_{u1} \cdot \dot{A}_{u2} \cdots\cdots \dot{A}_{un} \tag{6-66}$$

图 6.54 所示电路的电压放大倍数分析可得

$$\dot{A}_{u1} = \frac{\dot{U}_{o1}}{\dot{U}_i} = -\beta_1 \frac{R'_{L1}}{r_{be1}} \tag{6-67}$$

$$\dot{A}_{u2} = \frac{\dot{U}_o}{\dot{U}_{i2}} = -\beta_2 \frac{R'_{L2}}{r_{be2}} \tag{6-68}$$

式中，$R'_{L1} = R_{C1} // R_{i2} = R_{C1} // R'_{b1} // R'_{b2} // r_{be2}$，$R'_{L2} = R_{C2} // R_L$。

总电压放大倍数为

$$\dot{A}_u = \dot{A}_{u1} \cdot \dot{A}_{u2} = (-\beta_1 \frac{R'_{L1}}{r_{be1}}) \cdot (-\beta_2 \frac{R'_{L2}}{r_{be2}}) = \frac{\beta_1 R'_{L1}}{r_{be1}} \cdot \frac{\beta_2 R'_{L2}}{r_{be2}} \tag{6-69}$$

（2）输入电阻 R_i 和输出电阻 R_o。多级放大电路的输入电阻 R_i 就是从输入端看进去的等效电阻，而多级放大电路的输出电阻就是从输出端看进去的等效电阻 R_o。对于图 6.54 所示的

电路，其输入电阻和输出电阻分别为

$$R_i = R_{i1} = \frac{\dot{U}_i}{\dot{I}_i} = R_{b1}//R_{b2}//r_{be1} \tag{6-70}$$

$$R_o = R_{o2} = R_{c2} \tag{6-71}$$

例 6-6 在图 6.55 所示的两级阻容耦合放大电路中，已知信号源内阻 $R_s = 3\text{k}\Omega$，$R_{b1} = 47\text{k}\Omega$，$R_{b2} = 20\text{k}\Omega$，$R_{c1} = 3\text{k}\Omega$，$R_{e1} = 1.5\text{k}\Omega$，$R_b = 300\text{k}\Omega$，$R_{e2} = 5\text{k}\Omega$，$R_L = 5\text{k}\Omega$，电容的容抗可忽略不计，晶体管为硅管，$\beta_1 = \beta_2 = 80$，$U_{BE1} = U_{BE2} = 0.7\text{V}$，$U_{cc} = 12\text{V}$。求：①各级的静态值；②两级放大电路总的电压放大倍数 $\dot{A}_u$ 和对信号源的放大倍数 $\dot{A}_{us}$；③两级放大电路的输入电阻 R_i 和输出电阻 R_o。

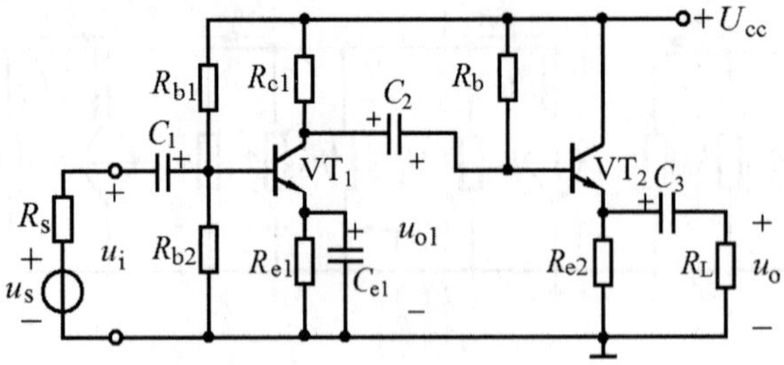

图 6.55 例 6-6 的电路

解：①各级的静态值。

第一级：

$$U_{B1} = \frac{U_{CC}}{R_{b1} + R_{b2}} R_{b2} = \frac{12}{47 + 20} \times 20 = 3.58\text{V}$$

$$I_{C1} \approx I_{E1} = \frac{U_{B1} - U_{BE1}}{R_{e1}} = \frac{3.58 - 0.7}{1.5} = 1.92\,\text{mA}$$

$$I_{B1} = \frac{I_{C1}}{\beta_1} = \frac{1.92}{80}\text{mA} = 24\,\mu\text{A}$$

$$U_{CE1} = U_{cc} - I_{c1}(R_{c1} + R_{e1}) = 12 - 1.92 \times (3 + 1.5) = 3.36\text{V}$$

第二级：

$$I_{B2} = \frac{U_{CC} - U_{BE2}}{R_b + (1+\beta_2)R_{e2}} = \frac{12 - 0.7}{300 + (1+80) \times 5}\text{mA} = 16\mu\text{A}$$

$$I_{E2} = (1+\beta_2)I_{B2} = (1+80) \times 0.016\,\text{mA} = 1.30\text{mA}$$

$$U_{CE2} = U_{CC} - I_{E2}R_{e2} = 12 - 1.30 \times 5\text{V} = 5.5\text{V}$$

②总电压放大倍数 $\dot{A}_u$ 和源电压放大倍数 $\dot{A}_{us}$。

图 6.55 所示电路的微变等效电路如图 6.56 所示。

晶体管 VT_1 的输入电阻 r_{be1}：

$$r_{be1} = 300 + (1+\beta_1)\frac{26}{I_{E1}} = \left[300 + (1+80) \times \frac{26}{1.92}\right]\Omega = 1.4\text{k}\Omega$$

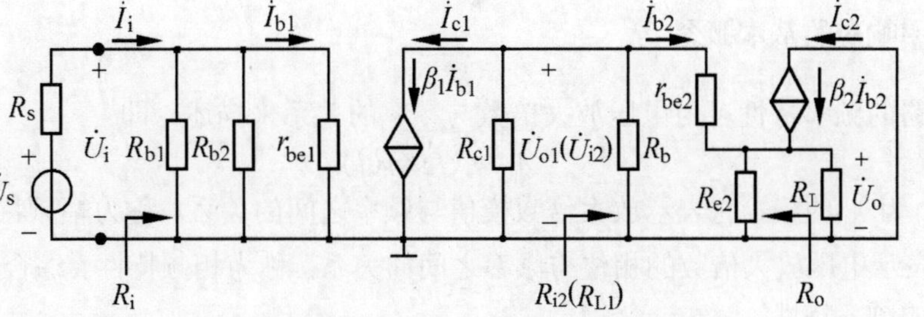

图 6.56　图 6.55 所示电路的微变等效电路

晶体管 VT_2 的输入电阻 r_{be2}：

$$r_{be2}=300+(1+\beta_2)\frac{26}{I_{E2}}=\left[300+(1+80)\times\frac{26}{1.3}\right]\Omega=1.92k\Omega$$

晶体管 VT_1 的交流负载：

$$R_{L1}=R_{i2}=R_b//[r_{be2}+(1+\beta_2)(R_{e2}//R_L)]$$
$$=300//[1.92+(1+80)\times(5//5)]k\Omega=121.58k\Omega$$

$$\dot{A}_{u1}=-\frac{\beta_1(R_{C1}//R_{i2})}{r_{be1}}=-\frac{80\times(3//121.58)}{1.4}=-167.3$$

$$\dot{A}_{u2}=\frac{(1+\beta_2)(R_{e2}//R_L)}{r_{be2}+(1+\beta_2)(R_{e2}//R_L)}=\frac{(1+80)\times(5//5)}{1.92+(1+80)(5//5)}=0.99$$

$$\dot{A}_u=\dot{A}_{u1}\times\dot{A}_{u2}=(-167.3)\times0.99\approx-166$$

$$\dot{A}_{us}=\frac{R_i}{R_s+R_i}\dot{A}_u=\frac{1.3}{3+1.3}\times(-166)\approx-50$$

③求两级放大电路的输入电阻 R_i 和输出电阻 R_o。

$$R_i=R_{b1}//R_{b2}//r_{be1}=20//47//1.4\approx1.3k\Omega$$

$$R_o=R_{e2}//\frac{r_{be2}+R_{c1}//R_b}{1+\beta_2}=5//\frac{1.92+3//300}{1+80}$$
$$=0.059k\Omega\approx59\Omega$$

课堂互动

1. 多级放大电路的耦合方式有哪几种？各有哪些优缺点？
2. 多级放大电路中输入电阻和输出电阻如何计算？

第七节　放大电路的频率特性

前面在分析放大电路的性能指标时，都设定信号频率在中频范围，忽略了耦合电容、旁路电容和晶体管极间电容及分布电容等因素的影响。但实际上，这些因素会使得输入信号的频率改变时，电路的放大倍数和输出波形的相位发生变化。放大电路中信号的放大倍数或相位与频率之间的关系，称为放大电路的频率特性或频率响应。

一、频率响应的基本概念

放大电路的频率特性可用电压放大倍数与频率的关系来描述，即

$$\dot{A}_u = A_u(f)\angle\varphi(f) \tag{6-72}$$

式中，$A_u(f)$ 为 $\dot{A}_u$ 的模，它表示放大倍数模值与频率之间的关系，称为幅频特性。$\varphi(f)$ 为 $\dot{A}_u$ 的相角，它表示电压放大倍数的相位与频率之间的关系，称为相频特性。综合两者，可全面表征放大电路的频率特性。

共射放大电路的典型频率特性曲线如图 6.57 所示。图 6.57（a）为幅频特性曲线，图 6.57（b）为相频特性曲线。

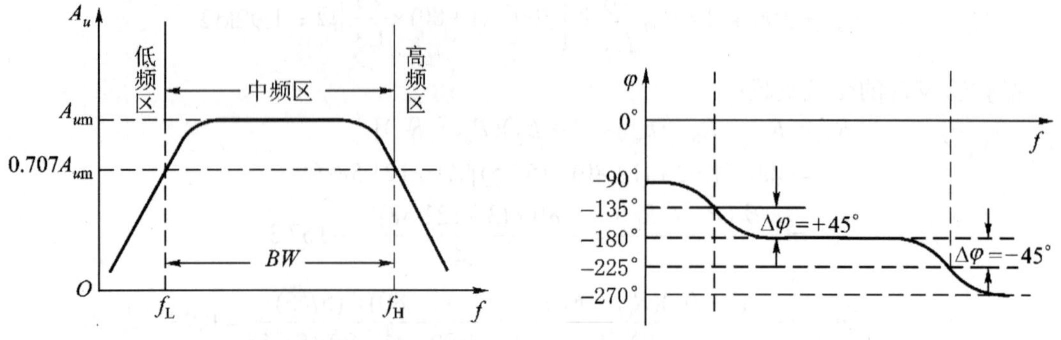

（a）幅频特性　　（b）相频特性

图 6.57　共射放大电路的典型频率特性曲线

当输入信号的频率改变时，放大电路的放大倍数会发生变化，输出波形的相位也会发生变化。将信号频率下降或上升而使电压放大倍数下降到中频区的 0.707 倍时所对应的频率分别称为下限截止频率 f_L 和上限截止频率 f_H。这时相应的附加相移 $\Delta\varphi$ 分别为+45°和–45°。f_L 与 f_H 之间的频率范围称为通频带，用 f_{BW} 表示，即

$$f_{BW} = f_H - f_L \tag{6-73}$$

为了在有限的坐标空间内完整地描述频率特性曲线，工程上将幅频特性和相频特性曲线的横坐标用对数作为刻度，以扩展频率范围；而纵坐标的电压放大倍数用电压增益分贝数（$20\lg|\dot{A}_u|$）表示，相位差 φ 仍用线性刻度。这种对数频率特性曲线称为波特图。

如果放大电路的通频带 BW 不够宽，则信号中各种频率成分的放大倍数和附加相移将发生变化，使输出信号的波形失真，统称为频率失真。它包括两种情况：由于放大电路对不同频率分量的放大倍数不同而引起输出信号的波形失真，称为幅度失真；由于放大电路对不同频率分量的相移不同而造成输出信号的波形失真，称为相位失真。

设某输入信号由基波和二次谐波组成，若输出的二次谐波的放大倍数小于基波的放大倍数，则输出波形产生了幅度失真。若输出的二次谐波产生了附加相移 $\Delta\varphi$，则输出波形会产生相位失真。

应当指出，频率失真与晶体管特性非线性而产生的非线性失真是不同的。非线性失真是在输出波形中产生新的频率成分，而频率失真是由于不同频率成分有不同的放大倍数和相移而造成的失真，它不产生新的频率分量，故属于线性失真。为避免频率失真，应使放大电路的上限

截止频率 f_H 高于输入信号中的最高频率成分，下限截止频率 f_L 低于信号中的最低频率成分。

二、多级放大电路的频率特性

由式（6-66）可得多级放大电路的幅频特性为

$$|\dot{A}_u| = |\dot{A}_{u1}| \cdot |\dot{A}_{u2}| \cdots\cdots |\dot{A}_{un}| \tag{6-74}$$

相频特性为

$$\varphi = \varphi_1 + \varphi_2 + \cdots + \varphi_n \tag{6-75}$$

由以上两式可知，多级放大电路的幅频特性为各级幅频特性的积，相频特性为各级相频特性的代数和。

设有两级放大电路，每级具有相同的频率特性，则可求得两级放大电路总的幅频特性和相频特性。在每级放大电路的下、上限截止率 f_{L1} 和 f_{H1} 处，两级放大器的电压放大倍数为中频区的 0.5 倍，所以总的下限截止频率 f_L 高于 f_{L1}，总的上限截止频率 f_H 低于 f_{H1}。因此，多级放大电路与单级放大电路相比，放大倍数虽然提高了，但总的频带宽度则变窄了。

第八节　功率放大电路

实际应用的电子仪器都是由多级放大电路组成，通常要求放大电路的最后一级应具有带动负载工作的能力。例如驱动扩音机的音圈震动发出声音；驱动电视机的扫描偏转线圈或自动控制系统中的执行机构等，这就要求放大电路能够输出足够大的信号功率，这种放大电路称为功率放大电路。

一、对功率放大电路的要求

（一）提供尽可能大的输出功率满足负载要求

为了获得大的输出功率，要求功率放大电路的输出电压、电流幅度都比较大。因此，功率放大管的动态工作范围很大，功率放大管中的电压、电流信号都是大信号状态，一般以不超过晶体管的极限参数为限度。其最大输出功率是指最大输出电压和最大输出电流有效值的乘积。在共发射极接法下：

$$P_o = U_o I_o = \frac{U_{om}}{\sqrt{2}} \frac{I_{om}}{\sqrt{2}} = \frac{1}{2} U_{om} I_{om}$$

式中，U_{om} 和 I_{om} 分别为输出电压和输出电流的峰值。

（二）应具有较高的效率

电源提供的能量尽可能地转换给负载，以减少晶体管及线路上的损失，即注意提高电路的效率。

功率放大电路直流电源提供的功率一部分在交流输入信号的控制下转换成输出的功率，另一部分主要是以热量的形式损耗在电路内部的功率放大管和电阻上，并且主要是功率放大管的损耗。从能量转换的角度来看，对于同样功率的直流电能，转换成的交流输出能量越多，损耗就越小，功率放大电路的效率就越高。放大电路的效率定义为放大电路输出给负载的交流功率 P_o 与直流电源提供的功率 P_U 之比，即

$$\eta = \frac{P_o}{P_u} \times 100\%$$

（三）尽可能小的非线性失真

由于功率放大电路在大信号状态下工作，必然导致工作过程中会产生较大的非线性失真。输出功率越大，电压和电流的幅度就越大，信号的非线性失真就越严重，因而如何减小非线性失真是功率放大电路的一个重要问题。

（四）晶体管的散热和保护

由于管子承受的电压高、通过的电流大，晶体管的集电结要消耗很大的功率，使得结温和管壳温度升高，热量的积累会使管子加速老化和损坏。因此，在充分利用管子输出足够大的功率的同时又要考虑管子的使用寿命。通常对晶体管加装一定面积的散热片。

二、功率放大电路的工作状态与效率的关系

在功率放大电路中，通常根据晶体管静态工作点选择的不同分为甲类、乙类和甲乙类三种工作状态。我们针对这三种工作状态进行分析。

（一）甲类工作状态

在电压放大电路中，静态工作点大致设置在交流负载线的中间，在输入信号的整个周期内都有电流流过晶体管，即晶体管的导通角为 360°，这类工作状态称为甲类工作状态。如图 6.58（a）所示，甲类电路无论是否有信号输入，电压供给的功率 $P_U = U_{CC} I_C$ 总是不变的。当无信号输入时，电路中有直流分量存在，所以电源功率全部消耗在管子和电阻上；当有信号输入时，电源功率一部分转化为有用的输出功率，另一部分消耗在管子和电阻上。即使在理想情况下，甲类的输出效率也只有 50%。

（二）乙类工作状态

由于静态电流是造成管耗的主要原因，如果设置晶体管零偏置，则输入信号等于零时，电源输出功率也等于零。将静态工作点设置在截止区，在输入信号的一个周期内，只有正半周信号能使晶体管导通，在半个周期内有电流流过晶体管，而负半周晶体管将截止，其导通角为 180°，这类工作状态称为乙类工作状态。如图 6.58（b）所示，电源供给的功率随输入信号的增大而增大。乙类的失真程度较大，静态功耗很小，效率最高，最大理想效率为 78.5% 。

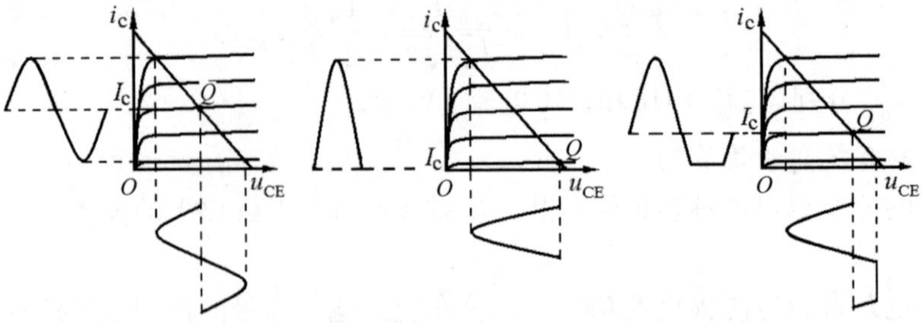

（a）甲类工作状态　　（b）乙类工作状态　　（c）甲乙类工作状态

图 6.58 低频功率放大电路的三种工作状态

（三）甲乙类工作状态

将静态工作点设置在靠近截止区，即晶体管导通角大于 180°，即导通时间大于半个周期，

这类工作状态称为甲乙类工作状态。如图 6.58（c）所示，甲乙类工作状态的失真程度较乙类工作状态小，静态功耗较低，效率较高，最大理想效率为 66%。

从以上分析可知：甲类电路虽然能不失真地放大信号，但是损耗大、效率低；乙类和甲乙类电路，虽然损耗低、效率高，但是都出现了严重的波形失真。对于功率放大电路来说，怎样才能做到低损耗、高效率和不失真呢？就要在设计电路的结构时，既保证输出信号不失真，又将静态工作点设置得尽可能低，以降低静态功率损耗，提高电路的效率。用两只性能相同的晶体管分别放大正负半周的波形，然后将输出波形组合在一起，这样便能较好地解决放大电路的效率与输出波形失真的矛盾。

三、乙类双电源互补对称功率放大电路

（一）电路组成

如图 6.59（a）所示为乙类双电源互补对称功率放大电路。电路中的两个三极管 VT_1 和 VT_2 分别为 NPN 型管和 PNP 型管，两个管子的基极和发射极分别连接在一起，信号从两管的基极输入，从两管的发射极输出，组成了互补对称的射极输出器形式，所以叫作互补对称功率放大电路。这种电路采用了正、负两个直流电源供电，所以称为双电源电路。

（二）工作原理

（1）静态分析。图 6.59（a）所示的电路可以分解成由图 6.59（b）（c）两个射极输出器组成。静态时，两管基极偏置处于截止状态，集电极静态电流约为零（只有很小的穿透电流 I_{CEO}），即 VT_1 和 VT_2 的静态工作点为 $I_{CQ1}=I_{CQ2}=0$，$U_{CEQ1}=-U_{CEQ2}=U_{CC}$，$Q$ 处在截止区内，两功率放大管属于乙类工作状态，两管均不工作，故两管的静态损耗近似为零。

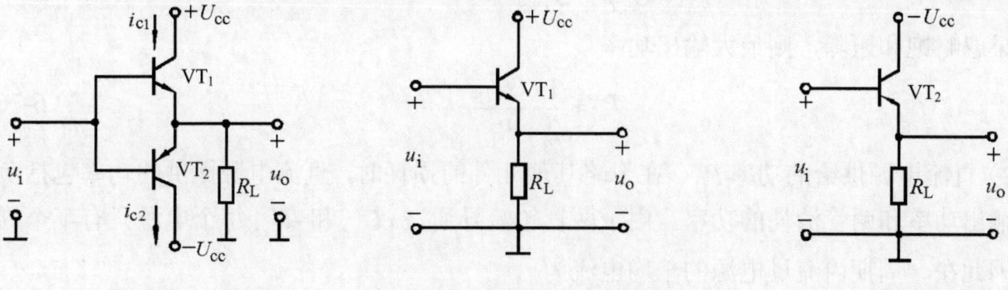

（a）乙类互补对称电路　　（b）由 NPN 型管组成射极输出器　　（c）由 PNP 型管组成射极输出器

图 6.59　两个射极输出器组成的乙类双电源互补对称电路

（2）动态分析。VT_1 和 VT_2 两个管子均处在乙类工作状态，在交流电的一个周期内，两个管子轮流导通。在交流电的正半周，VT_1 管处于正向偏置而导通，VT_2 管处于反向偏置而截至；在交流电的负半周，VT_1 管处于反向偏置而截至，VT_2 管处于正向偏置而导通。两管的导通角均为半个周期，而两管分别输出大小相同、极性相反的半波电压，在负载上则形成完整的交流波形输出。输入信号在正、负半周内 VT_1、VT_2 的工作情况如图 6.60 所示。

如图 6.60 所示为将 VT_1、VT_2 管的输出特性曲线相互倒置起来得到的复合特性曲线。两管的特性曲线在 $I_B=0$ 处重合，交点为 Q 点，可见 $U_{CE}=U_{cc}$。交流负载线过 Q 点，斜率为 $-1/R_L$。从图中可见，i_c 的动态变化范围为 $2I_{cm}$，u_{ce} 的动态变化范围为 $2U_{cem}$。若忽略管子的饱和压降 U_{CES}，则 $U_{cem}=I_{cm}R_L\approx U_{cc}$。

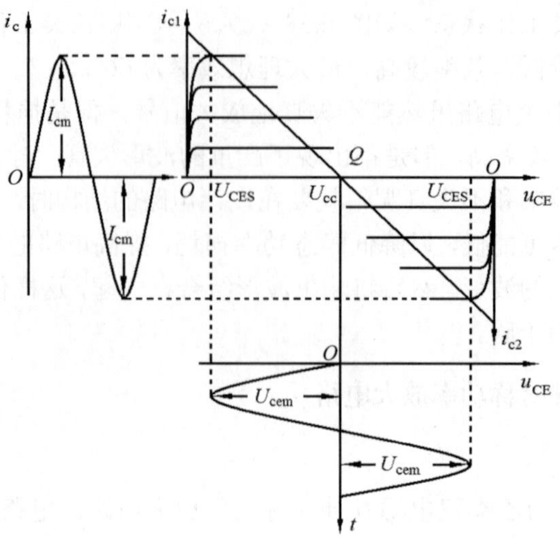

图 6.60　互补对称电路图解分析

（三）分析计算

（1）输出功率 P_o。输出功率是功率放大电路的重要指标之一，其大小为输出电压有效值 U_o 和输出电流有效值 I_o 的乘积。设输出电压的幅值为 $U_{om}=U_{cem1}=U_{cem2}$，输出电流的幅值为 $I_{om}=I_{cm1}=I_{cm2}$，则输出功率为

$$P_o=I_oU_o=\frac{1}{2}I_{om}U_{om}=\frac{1}{2}\cdot\frac{U_{om}^2}{R_L}$$

$$U_{om}=U_{CC}-U_{CES}$$

如果忽略饱和压降，则最大输出功率

$$P_o\approx\frac{1}{2}\cdot\frac{U_{CC}^2}{R_L} \tag{6-76}$$

（2）直流电源供给的功率 P_U。在忽略其他元件的损耗时，直流电源提供的功率包括负载得到的输出功率和两管消耗的功率。由于两管轮流导通，$+U_{cc}$ 和 $-U_{cc}$ 每个电源只有半个周期供电，因此在一周期内流过电源的平均电流为

$$I_{C1}=I_{C2}=\frac{1}{2\pi}\int_0^{\pi}I_{cm}\sin(\omega t)\mathrm{d}(\omega t)=\frac{I_{cm}}{\pi} \tag{6-77}$$

两个电源提供的总功率为

$$P_U=2I_{C1}U_{CC}=2\frac{I_{cm}}{\pi}U_{CC}=2\frac{U_{om}}{\pi R_L}U_{CC} \tag{6-78}$$

所以，电源供给的功率与输出信号电压的振幅成正比，输入信号越强，输出功率越大。

直流电源供给的最大不失真输出功率为

$$P_{Umax}=\frac{2}{\pi}\cdot\frac{{U_{CC}}^2}{R_L} \tag{6-79}$$

（3）功率放大电路的效率。根据功率放大电路效率的定义，最大效率为最大输出功率与电源提供的功率之比，即

$$\eta = \frac{P_{\rm om}}{P_{\rm U}} \times 100\% = \frac{\pi}{4} \times 100\% \approx 78.5\% \qquad (6\text{-}80)$$

以上结论是在最大不失真输出功率条件下推出的。然而在实际电路中，由于有饱和压降的存在，功率放大电路的转换效率达不到78.5%。

四、甲乙类互补对称功率放大电路

乙类互补对称功率放大电路的输出波形并不能很好地跟随输入信号的变化而变化，这是由于电路没有直流偏置，输入信号电压必须大于 VT_1、VT_2 管的死区电压（硅管为 0.6V，锗管为 0.2V）时，晶体管才能导通，电路中才会有显著变化的信号产生，负载上才能得到信号电压；若输入信号小于晶体管的死区电压时，VT_1、VT_2 管截止，输出电压为零。因此，当输入电压为正弦波时，在两管轮流工作的交界处输出电压会产生失真，这种失真称为交越失真，如图 6.61（b）所示。

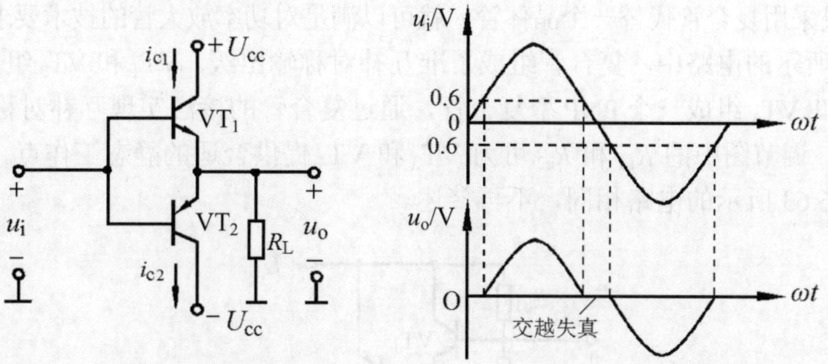

（a）乙类互补对称电路　　（b）交越失真波形

图 6.61　乙类互补对称电路及波形

（一）甲乙类双电源互补对称功率放大电路

为了克服交越失真，在晶体管的基极应设置偏置电路，为 VT_1 和 VT_2 加上较低的偏置电压（硅管大于0.6V，锗管大于0.2V），如图 6.62 所示。静态时，由 $U_{\rm cc}$ 经 R_1、R、VD_1、VD_2、R_2、$-U_{\rm cc}$ 到地的电流中，有一部分电流经过 VT_1 和 VT_2 的基极成为 $I_{\rm B1}$ 和 $I_{\rm B2}$，为 VT_1 和 VT_2 提供了适当的静态偏压，使两管处于微导通状态。由于电路对称，$I_{\rm C1}=-I_{\rm C2}$，$I_{\rm L}=0$，$U_{\rm o}=0$。有信号时，由于 VT_1 和 VT_2 的导通角大于 180°，即在甲乙类状态下工作，因此躲过死区，克服了交越失真，可以线性地放大交流信号。

（二）甲乙类单电源互补对称电路

图 6.63 所示为采用一个电源的互补对称功率放大电路，输出端与负载之间通过一个大电容耦合。由于设置了偏置电路，静态时给 VT_1 和 VT_2 提供了适当的偏压，使发射极电位 $U_{\rm K}=U_{\rm cc}/2$，则隔直电容 C 两端的电压也基本上充到这个数值。当输入端有信号 $u_{\rm i}$ 时，在信号的正半周 VT_1 将导通，VT_2 将截止，VT_1 以射极输出的形式将正方向变化的信号传给负载，同时向电容器 C_2 充电；当信号在负半周时，VT_2 将导通，VT_1 将截止，电容器 C_2 充当负电源，VT_2 以射极输出的形式将负方向变化的信号传给负载。只要选择时间常数 $R_{\rm L}C >> T$（T 为交流信号的周期），便可以保持 $U_{\rm C2}=U_{\rm cc}/2$ 基本不变。

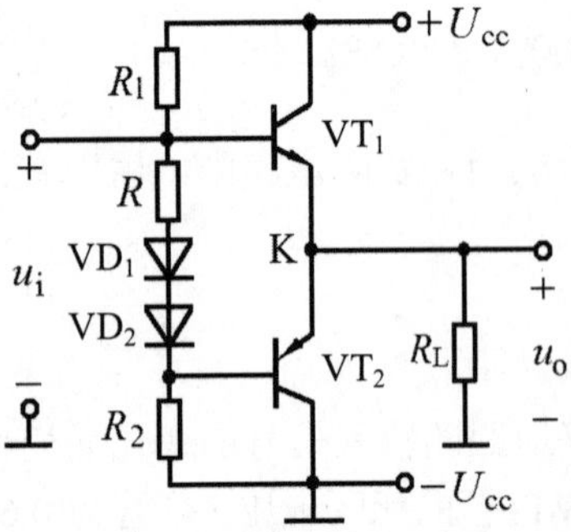

图 6.62 甲乙类双电源互补对称功率放大电路

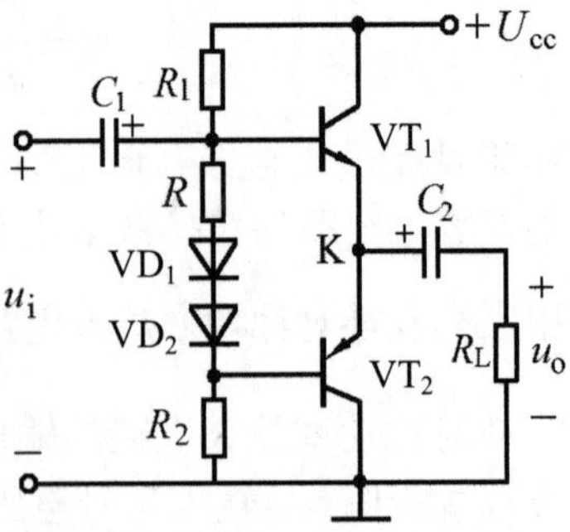

图 6.63 甲乙类单电源互补对称功率放大电路

（三）复合管组成的准互补对称电路

在图 6.63 所示的互补电路中，通常技术上要求功率放大管 VT_1 和 VT_2 电流放大系数β更大一些，输出功率更高一些；或者要求类型不同的两管性能对称。这对于采用一只大功率管来说一般很难实现。如果采用复合管代替一个晶体管，就可以满足对功率放大管的技术要求。

在图 6.64 所示的电路中，复合管组成了准互补对称输出级。VT_1 和 VT_3 组成一个 NPN 型复合管，VT_2 和 VT_4 组成一个 PNP 型复合管，通过复合管的接法实现互补对称，称为准互补功率放大电路。调节图中的 R_{e1} 和 R_{e2} 可为 VT_3 和 VT_4 提供合适的静态工作点。VT_1 和 VT_2 的工作情况与图 6.63 所示的电路相同，不再赘述。

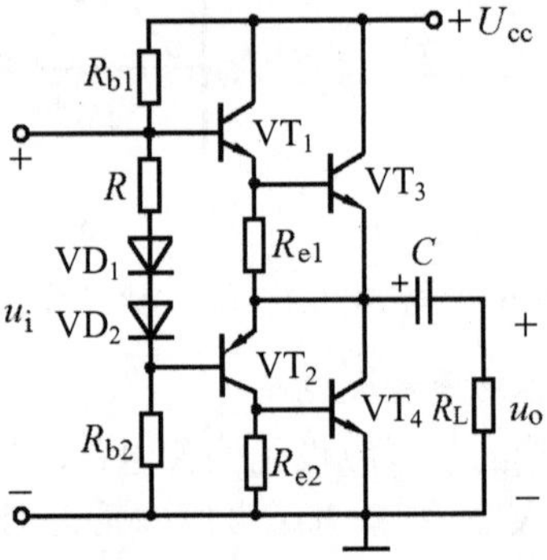

图 6.64 复合管组成的准互补对称输出级

五、集成功率放大器

将功率放大电路的晶体管、电阻、电容等电路元件和它们之间的连线通过特殊工艺全部集成在一块很小的半导体芯片上，最后进行封装，做成一个完整的电路，称为集成功率放大器。集成功率放大器不仅具有体积小、功耗小、稳定性好等优点，而且其内部常设有过电流、过电压以及过热保护措施，使用更加方便安全。集成功率放大器的种类繁多，产品型号多种多样，额定输出功率从几瓦到几百瓦不等，集成功率放大器被日益广泛地应用于各种电子电气设备中。下面以 LM386 集成功率放大器为例说明其外部性能和外部电路的连接。

LM386 是一种音频质量好的集成电路，图 6.65 所示是它的外引线排列图，封装形式为双列直插，其电源电压范围为 4～24V，静态消耗电流为 4mA，电压放大倍数为 20～200，输出功率为 0.3～2W，频带宽度为 300kHz，输入阻抗为 50kΩ。

LM386的内电路由三级组成，输入级为差分放大电路，中间级为共射放大电路，输出级为准互补功率放大电路。0.3～2W的应用电路如图6.66所示。引脚2为反相输入端，引脚3为同相输入端，引脚5为输出端，引脚6和4分别接电源和地，引脚1和8为电压增益设定端，调节电阻R_W便可将电压增益调为任意值，直至200；使用时在引脚7和地之间接一旁路电容，通常取10μF。

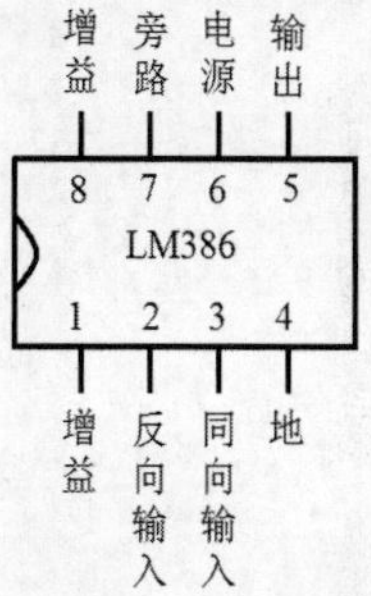

图6.65　LM386的外形及引脚

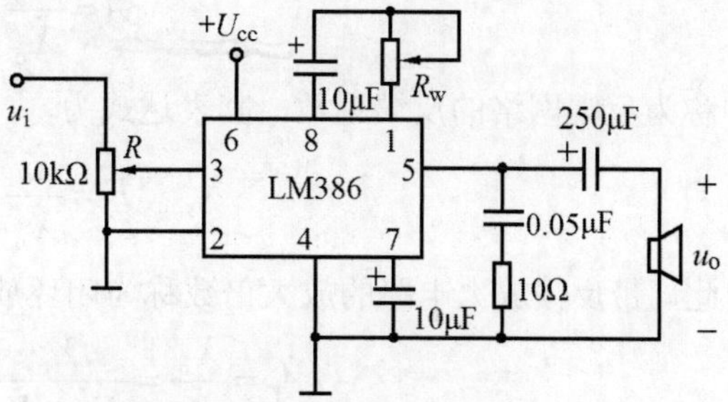

图6.66　LM386应用电路

课堂互动

1. 放大电路的甲类工作状态、乙类工作状态、甲乙类工作状态有何不同？
2. 如何消除交越失真？

第九节　负反馈放大电路

反馈在电子技术中应用十分广泛。若在放大电路中引入负反馈，则可以改善放大电路的性能，以达到预定的指标；若在放大电路中引入适当的正反馈，则可以构成各种振荡电路。

一、反馈的基本概念和分类

（一）反馈的基本概念

所谓反馈，就是将放大电路输出端的信号取出一部分或全部送回到放大电路的输入回路，并与原输入信号相加或相减后再作用到放大电路的输入端的过程。完成这个功能的电路称为反馈电路，又称为反馈网络。反馈电路的方框图如图6.67所示。

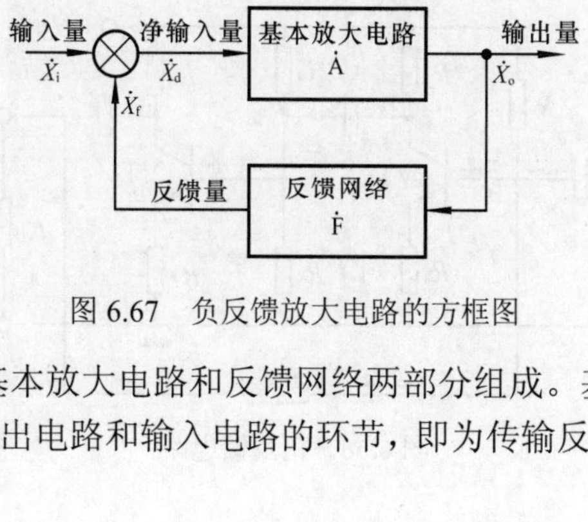

图6.67　负反馈放大电路的方框图

反馈电路的方框图由基本放大电路和反馈网络两部分组成。基本放大电路是无反馈的放大电路，反馈网络是联系输出电路和输入电路的环节，即为传输反馈信号的电路。反馈电路一般由电阻或电容元件构成。图中 $\dot{X}$ 可以是电压也可以是电流，带箭头的连线表示信号沿箭头方向传输。$\dot{X}_i$ 为输入信号，$\dot{X}_d$ 为净输入信号，$\dot{X}_f$ 为反馈信号，$\dot{X}_o$ 为输出信号，符号⊗表示比较环节。在输入端，输入信号 $\dot{X}_i$ 与反馈信号 $\dot{X}_f$ 进行比较后得到净输入信号 $\dot{X}_d$ 为

$$\dot{X}_d = \dot{X}_i - \dot{X}_f \tag{6-81}$$

基本放大电路的电压放大倍数 $\dot{A}$ 称为开环放大倍数，为

$$\dot{A} = \frac{\dot{X}_o}{\dot{X}_d} \tag{6-82}$$

$\dot{F}$ 称为反馈网络的反馈系数，其表达式为

$$\dot{F} = \frac{\dot{X}_f}{\dot{X}_o} \tag{6-83}$$

因此，带反馈放大电路的放大倍数称为闭环放大倍数：

$$\dot{A}_f = \frac{\dot{X}_o}{\dot{X}_i} = \frac{\dot{X}_o}{\dot{X}_d + \dot{X}_f} = \frac{\dot{A}}{1+\dot{A}\dot{F}} \tag{6-84}$$

上式分三种情况进行讨论：

- 当 $\left|1+\dot{A}\dot{F}\right| > 1$ 时，$\left|\dot{A}_f\right| < \left|\dot{A}\right|$，闭环放大倍数小于开环放大倍数，即为负反馈。
- 当 $\left|1+\dot{A}\dot{F}\right| < 1$ 时，$\left|\dot{A}_f\right| > \left|\dot{A}\right|$，闭环放大倍数大于开环放大倍数，即为正反馈。
- 当 $\left|1+\dot{A}\dot{F}\right| = 0$ 时，$\left|\dot{A}_f\right| \to \infty$，即放大电路在没有输入信号时也有输出信号，称为放大电路的自激振荡。

（二）反馈的分类

（1）正反馈和负反馈。判断正、负反馈通常可以采用瞬时极性法，具体方法如下：

1）假设在放大电路输入端加一正弦交流信号，电路中各点的交流电处于正半周时瞬时极性为正，处于负半周时瞬时极性为负。

2）根据晶体管集电极相位与基极相位反向，发射极相位与基极相位同相的原则，用“(+)”或“(-)”标出电路中相关各点电位的瞬时极性。

3）判断反馈到输入端的瞬时极性对原输入信号的作用是增强还是削弱，如果从输出端反馈到输入端的信号是增强了输入信号，使电路的放大倍数提高，这样的反馈称为正反馈；反之，如果反馈信号削弱了原输入信号，使电路的放大倍数降低，则称为负反馈。

如图 6.68 所示为正反馈，图 6.70 至图 6.73 所示均为负反馈。

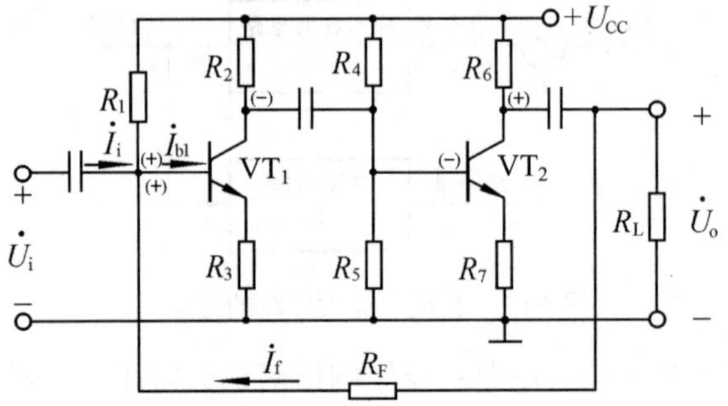

图 6.68 正反馈电路

应用瞬时极性法应该注意以下两点：

- 瞬时极性是在输入端任意假定的一个交流输入信号的瞬时极性，它与该点的直流电位无关。
- 信号经耦合电容、电阻等元件传递时，一般只产生衰减而瞬时极性不变。

（2）直流反馈和交流反馈。根据反馈信号本身的交、直流性质，可以分为直流反馈和交流反馈。

如果反馈信号中仅有直流成分，则称为直流反馈；如果反馈信号中仅有交流成分，则称为交流反馈。直流反馈可以稳定放大电路的静态工作点，而交流反馈可以改善放大电路的各项动态性能指标（如放大倍数、通频带、输入电阻和输出电阻等）。多数情况下，反馈信号中包含交、直流两种成分。若反馈元件串联了电容，电容将隔去直流，则只有交流反馈；若反馈元件并联了电容，那么交流信号将被旁路，则只有直流反馈。如图 6.72 所示的电路中，反馈元件 R_F 具有交、直流反馈，而反馈元件 R_e 并联了旁路电容，则只有直流反馈，而无交流反馈。

（3）电压反馈和电流反馈。根据反馈信号从放大电路的输出端采样方式的不同划分为电压反馈和电流反馈。

电压反馈：若反馈信号取自输出电压或其中的一部分，则称为电压反馈，其方框图如图 6.69（a）（d）所示。基本放大电路和反馈电路在输出端是并联的关系。

电流反馈：若反馈信号取自输出电流或其中的一部分，则称为电流反馈，其方框图如图 6.69（b）（c）所示，基本放大电路和反馈电路在输出端是串联的关系。

判断电压反馈、电流反馈的方法：设想将放大电路的负载两端短路，则 $\dot{U}_o=0$，如果反馈信号消失（$\dot{U}_f=0$ 或 $\dot{I}_f=0$），就是电压反馈，否则为电流反馈。

（4）串联反馈和并联反馈。根据反馈信号 $\dot{X}_f$ 与输入信号 $\dot{X}_i$ 在放大电路输入端的连接方式不同，可以分为串联反馈和并联反馈。

串联反馈：从放大电路的输入端看，反馈信号与净输入信号在输入回路是串联的关系，以电压方式进行比较（$\dot{U}_d=\dot{U}_i-\dot{U}_f$），称为串联反馈，如图 6.69（a）（c）所示。

并联反馈：从放大电路的输入端看，反馈信号与输入信号在输入端是并联的关系，以电流方式进行比较（$\dot{I}_d=\dot{I}_i-\dot{I}_f$），称为并联反馈，如图 6.69（b）（d）所示。

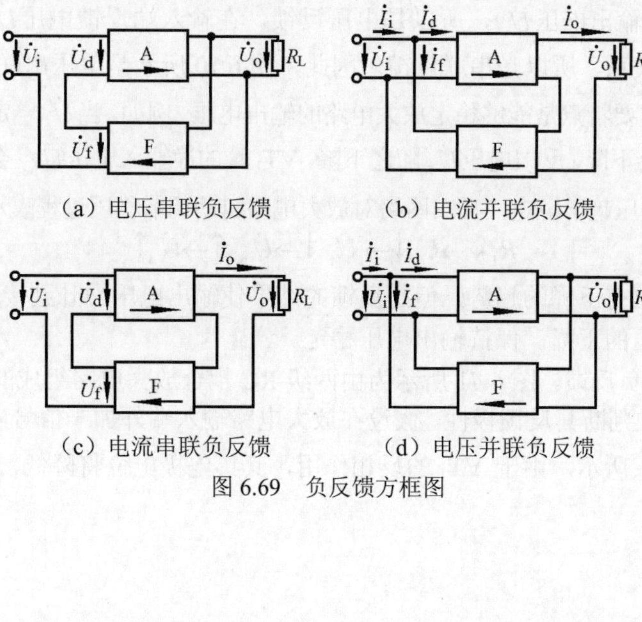

图 6.69　负反馈方框图

串联反馈和并联反馈可以根据电路结构判别：当反馈信号和输入信号接在输入回路的同一点时，一般可判定为并联反馈；而反馈信号和输入信号接在输入回路的不同点时，一般可判定为串联反馈。

此外，还可以用输入短路的方法判断：将输入回路的反馈节点对地短路，若输入信号$\dot{U}_i$能继续加到放大电路的输入端，则为串联反馈；若输入信号$\dot{U}_i$也被短接，不能再加到放大电路的输入端，则为并联反馈。

综上所述，放大电路的负反馈有四种基本类型：电压串联负反馈、电流串联负反馈、电压并联负反馈、电流并联负反馈。

（三）四种反馈类型的判别及特点

（1）电压串联负反馈。图 6.70 所示是一个两级 RC 耦合放大电路，输出电压$\dot{U}_o$经R_F和R_{e1}分压后送回到输入回路。现在用瞬时极性法判断其反馈极性。假设在放大电路的输入端加一个信号电压$\dot{U}_i$，其瞬时极性对地为正时，VT_1集电极为负，VT_2基极为负，VT_2集电极为正，经R_F和R_{e1}反馈到VT_1发射极的电压瞬时极性为正，使VT_1的发射极电位升高，则VT_1的净输入信号$\dot{U}_{be1}$比无反馈时减小（$\dot{U}_{be1}=\dot{U}_i-\dot{U}_f$），则电路的输出电压$\dot{U}_o$减小，整个放大电路的电压放大倍数将降低，因此这时引入的反馈是负反馈。

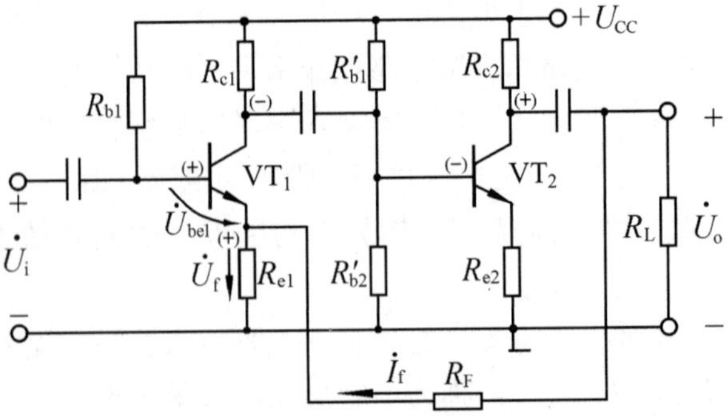

图 6.70 电压串联负反馈放大电路

再从电路的输出端来看，反馈电压从输出端取出，经R_F和R_{e1}分压后反馈到输入回路，反馈电压$\dot{U}_f$正比于输出电压$\dot{U}_o$，所以是电压反馈。在输入端反馈电压$\dot{U}_f$与净输入电压$\dot{U}_d$（$\dot{U}_{be1}$）是串联的关系，所以是串联反馈。因此，图 6.70 所示是电压串联负反馈电路。

电压负反馈的重要特点是能够稳定放大电路的输出电压。例如，当$\dot{U}_i$一定时，若负载电阻R_L减小，输出电压$\dot{U}_o$会下降，反馈电压$\dot{U}_f$随之下降，VT_1管的净输入电压$\dot{U}_{be1}$会升高，输出电压$\dot{U}_o$会升高，使得输出电压趋于恒定。反馈网络对放大电路自动调节稳压过程表示如下：

$$R_L\downarrow\rightarrow\dot{U}_o\downarrow\rightarrow\dot{U}_f\downarrow\rightarrow\dot{U}_{be1}\uparrow\rightarrow\dot{U}_o\uparrow$$

可见，输出电压有下降的趋势，但是反馈的结果使输出电压回升到接近原来的值，因此，反馈牵制了输出电压的下降，保持输出电压稳定。

（2）电流并联负反馈。图 6.71 所示为由两级 RC 耦合放大电路组成的电流并联负反馈电路，采用瞬时极性法判断其反馈极性。假设在放大电路输入端外加一信号电流$\dot{I}_i$，瞬时极性为正，流向如图中箭头所示，由于VT_1的反相作用，其集电极电位将降低，导致VT_2的基极电位降低，则 VT_2 的发射极电位也降低，因此反馈电流 $\dot{I}_f$ 将增大，其流向如图中箭头所示，于是 VT_1 管的净输入电流 $\dot{I}_d$（$\dot{I}_{b1}$）将减小，可见引入反馈后削弱了输入信号的作用，因此是负反馈。由于反馈电阻 R_F 将输出回路的电流引回到输入回路，反馈信号取自输出电流，所以是电流反馈；从输入回路可见，输入信号和反馈信号以电流形式相加减后（$\dot{I}_{b1}=\dot{I}_i-\dot{I}_f$）送至 VT_1 管的基极，因此属于并联反馈。总之图 6.71 所示是电流并联负反馈电路。

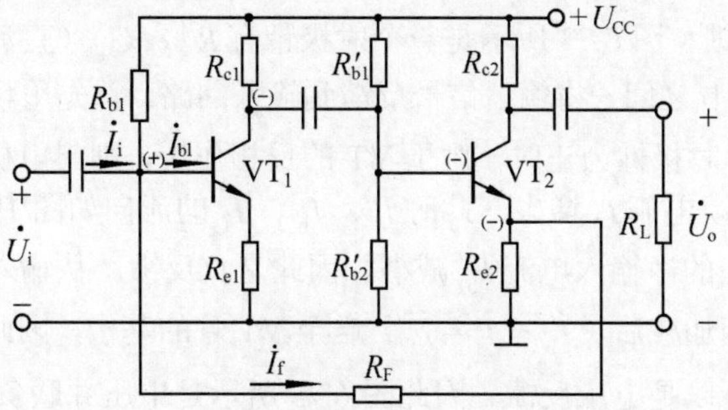

图 6.71　电流并联负反馈电路

电流负反馈的重要特点是稳定输出电流。例如当 $\dot{U}_i$ 一定时，不论何种原因（如 R_L 减小等），使输出电流 $\dot{I}_o$（$\dot{I}_{e2}$）增大，反馈电流 $\dot{I}_f$ 增加，净输入电流 $\dot{I}_d$（$\dot{I}_{b1}$）将减小，结果使输出电流减小，从而稳定了输出电流。反馈过程表示如下：

$$R_L\downarrow\rightarrow\dot{I}_o\uparrow\rightarrow\dot{I}_f\uparrow\rightarrow\dot{I}_{b1}\downarrow\rightarrow\dot{I}_o\downarrow$$

可见，电流负反馈的作用是牵制输出电流的变化，使输出电流趋于稳定。

（3）电流串联负反馈。图 6.72 所示是一个静态工作点稳定电路。VT 管发射极串联了两个电阻，R_F 引入了交、直流反馈；R_e 接有旁路电容，交流信号旁路，不产生反馈，所以 R_e 只有直流反馈。

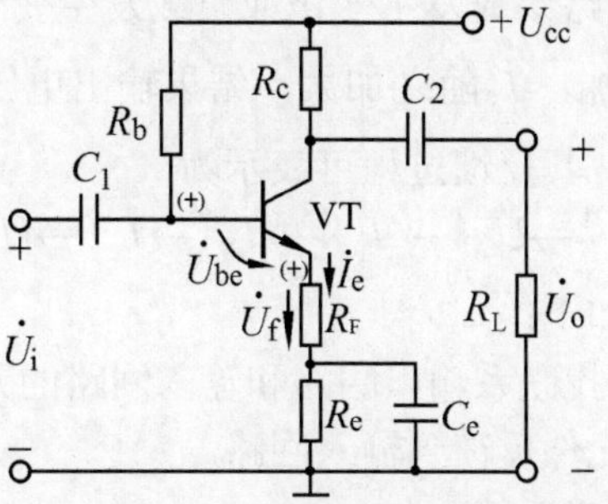

图 6.72　电流串联负反馈电路

采用瞬时极性法判断交流的反馈极性。假设在放大电路输入端外加一信号电压 $\dot{U}_i$，基极对地电位的瞬时极性为正，则 VT 发射极电流将增大，R_F 上的反馈电压 $\dot{U}_f$ 会升高，使得净输入电压 $\dot{U}_{be}$（$\dot{U}_{be}=\dot{U}_i-\dot{U}_f$）减小，因此是负反馈。由图可以看出，输出回路的电流 $\dot{I}_e$ 在电阻 R_F 上产生的反馈电压 $\dot{U}_f$（$\dot{U}_f=\dot{I}_eR_F$）被引回到输入回路，反馈电压和输出电流成正比，即使将输出端短路（即 $\dot{U}_o=0$），仍然有电流流过 R_F，反馈电压 $\dot{U}_f$ 依然存在，所以是电流反馈。而在输入回路中，输入电压和反馈电压串联后送到管子的 b、e 端，即$\dot{U}_{be}=\dot{U}_i-\dot{U}_f$，因此属于串联反馈。所以图 6.72 所示是电流串联负反馈电路。

如前所述，引入电流负反馈能够稳定输出电流。假如温度变化等原因使β增大，则输出电流$\dot{I}_c$随之增大，于是反馈电压$\dot{U}_f$也增大，结果使净输入电压$\dot{U}_{be}=\dot{U}_i-\dot{U}_f$减小，$\dot{I}_b$减小，$\dot{I}_c$要减小，因此牵制了输出电流的变化。上述过程表示如下：

$$\beta\uparrow\rightarrow\dot{I}_c\uparrow\rightarrow\dot{U}_f\uparrow\rightarrow\dot{U}_{be}\downarrow\rightarrow\dot{I}_b\downarrow\rightarrow\dot{I}_c\downarrow$$

（4）电压并联负反馈。图 6.73 所示是一个射极带有R_e、C_e（直流反馈）的共射单管放大电路。电阻R_F接在 c、b 之间，将输出信号反馈到输入回路。首先用瞬时极性法判断电路的反馈极性。当输入电压瞬时极性为正时，由于 VT 的反相作用，则集电极电位降低，瞬时极性为负，于是流过R_F的反馈电流$\dot{I}_f$增大，此时$\dot{I}_i$、$\dot{I}_b$、$\dot{I}_f$的流向如图中箭头所示，可见$\dot{I}_f$的分流而使流入 VT 管基极的净输入电流$\dot{I}_{b1}$减小，因此是负反馈。从输入回路可见，输入信号和反馈信号以电流形式相加减后（$\dot{I}_b=\dot{I}_i-\dot{I}_f$）送至 VT 管的基极，因此属于并联反馈。在输出端取样对象为电压，所以是电压反馈。因此图 6.73 所示是电压并联负反馈电路。

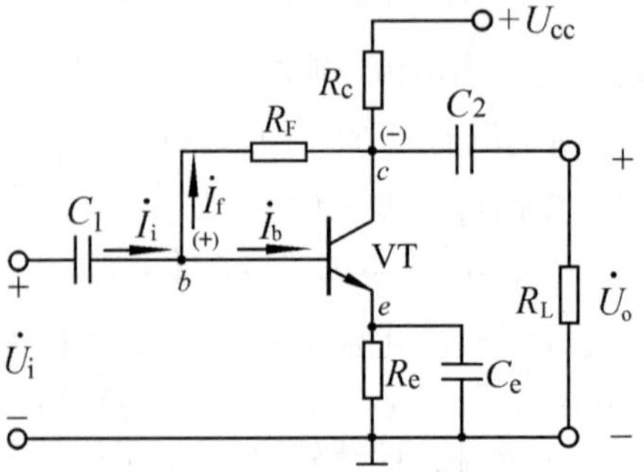

图 6.73　电压并联负反馈电路

当输入电压$\dot{U}_i$一定时，电路参数发生变化或负载发生变化导致输出电压$\dot{U}_o$减小，$\dot{I}_f$将随之减小，净输入电流$\dot{I}_b$将增加，$\dot{I}_c$随之加大，结果输出电压又会上升，从而输出电压趋于稳定，牵制了输出电压的变化，其反馈过程可表示为

$$R_L\downarrow\rightarrow\dot{U}_o\downarrow\rightarrow\dot{I}_f\downarrow\rightarrow\dot{I}_b\uparrow\rightarrow\dot{I}_c\uparrow\rightarrow\dot{U}_o\uparrow$$

判别反馈类型的一般步骤如下：

1）找出反馈网络：方法是找联系输出回路和输入回路的元件，一般是电阻、电容元件。若有，输出信号就可以通过该元件反馈到输入回路。

2）判别是交流反馈还是直流反馈。

3）判别是否为负反馈：采用瞬时极性法判别。

4）判断是何种类型的负反馈：用输出端短路法判断是电压反馈还是电流反馈；根据输入回路是以电流方式或电压方式的比较判断是串联反馈还是并联反馈。

课堂互动

1. 如何判断反馈是电流反馈还是电压反馈？

2. 如何判断反馈是串联反馈还是并联反馈？

3. 如何判断反馈是正反馈还是负反馈？

二、负反馈对放大电路性能的影响

（一）降低放大倍数

引入负反馈后的电压放大倍数为

$$\dot{A}_f=\frac{\dot{X}_o}{\dot{X}_i}=\frac{\dot{A}}{1+\dot{A}\dot{F}} \tag{6-85}$$

负反馈时，$\dot{X}_f$、$\dot{X}_d$同相位，$|1+\dot{A}\dot{F}|>1$，因此放大电路引入负反馈后增益减小了，闭环放大倍数为开环放大倍数的$1/(1+\dot{A}\dot{F})$倍。负反馈放大电路的$|1+\dot{A}\dot{F}|$称为反馈深度，其值越大，负反馈作用越强，$\dot{A}_f$也就越小。

（二）提高放大倍数的稳定性

由于放大电路的放大倍数会随着环境温度、元件参数等诸多因素的变化而变化，所以即使输入信号不变，输出信号也会发生变化，表现为放大倍数的变化。引入负反馈后，放大电路的放大倍数可以在一定程度上得到稳定，如引入电流负反馈可以稳定输出电流，引入电压负反馈可以稳定输出电压。

通常情况下，放大倍数的稳定程度可用有反馈与无反馈时的放大倍数的相对变化量来表示。在式（6-85）中，不考虑相位关系，$\dot{A}$和$\dot{F}$分别用正实数A和F表示，则式（6-85）变为

$$A_f=\frac{A}{1+AF} \tag{6-86}$$

式（6-86）对A取导数得

$$\frac{dA_f}{dA}=\frac{(1+AF)-AF}{(1+AF)^2}=\frac{1}{(1+AF)^2}$$

$$dA_f=\frac{dA}{(1+AF)^2}$$

上式除以式（6-86）得

$$\frac{dA_f}{A_f}=\frac{1}{1+AF}\cdot\frac{dA}{A} \tag{6-87}$$

式（6-87）表明，闭环放大倍数的相对变化量$\frac{dA_f}{A_f}$是开环放大倍数的相对变化量$\frac{dA}{A}$的$1/(1+\dot{A}\dot{F})$倍，故闭环放大倍数的稳定性是开环放大倍数稳定性的$(1+\dot{A}\dot{F})$倍。

当$|1+\dot{A}\dot{F}|>>1$时，则式（6-85）简化为

$$\dot{A}_f=\frac{\dot{A}}{1+\dot{A}\dot{F}}\approx\frac{1}{\dot{F}} \tag{6-88}$$

式（6-88）表明，引入深度负反馈后，放大电路的放大倍数由反馈网络决定，几乎与放大电路无关。反馈网络一般由性能比较稳定的电阻、电容元件组成，所以反馈系数$\dot{F}$恒定，放大倍数$\dot{A}_f$趋于稳定。

（三）减小非线性失真

由于放大电路中的三极管是非线性元件，输入特性和输出特性都存在非线性区域，因此信号在传输过程中可能会进入非线性区，使输出波形产生失真，即非线性失真。利用负反馈可以减小非线性失真。如图 6.74（a）所示，正弦信号 $\dot{X}_i$ 经过电路放大后输出，输出信号 $\dot{X}_o$ 产生了非线性失真，上半周大，下半周小。如果把失真的电压 $\dot{X}_o$ 反馈到输入回路，如图 6.74（b）所示，反馈电压 $\dot{X}_f$ 也是上半周大，下半周小，而净输入信号为 $\dot{X}_d = \dot{X}_i - \dot{X}_f$，则净输入信号波形是上半周小，下半周大，净输入信号也失真，其失真方向恰与放大电路的失真方向相反，所以输出信号的失真程度大为减小。

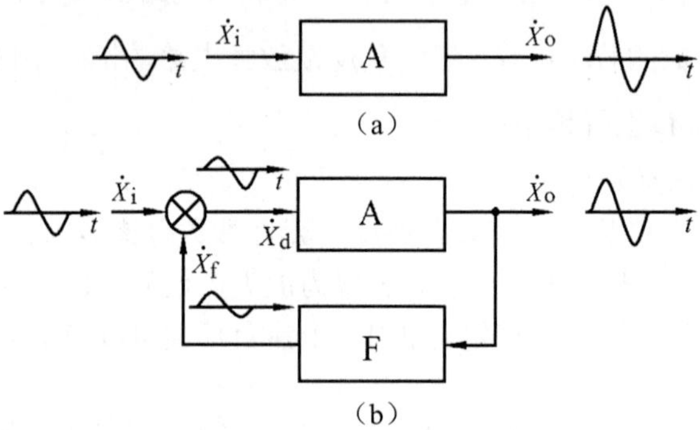

图 6.74　负反馈对非线性失真的改善

（四）展宽通频带

放大电路的输入信号是由许多不同频率、不同振幅的正弦波叠加而成的非正弦波，如音频信号、心电信号等。为了使放大后的输出波形不失真，放大电路应该对不同频率的信号具有同等大小的放大倍数。但是由于在阻容耦合放大电路中存在级间耦合电容、发射极旁路电容以及三极管的结电容等，它们的容抗随频率变化，因此放大电路对不同频率信号的放大倍数是不同的。电压放大倍数的模 $|A_u|$ 与频率 f 的关系称为幅频特性。如图 6.75 所示是阻容耦合放大电路的幅频特性。

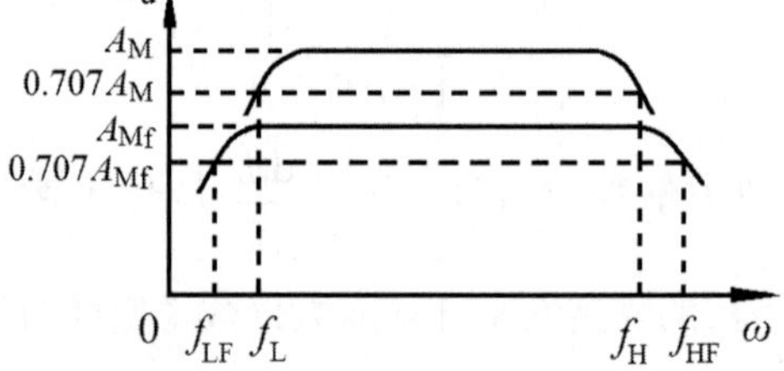

图 6.75　负反馈放大电路的幅频特性

放大电路的中频区，耦合电容和发射极旁路电容的容量较大，对中频信号容抗很小，可视为短路；晶体管极间电容和接线电容等都很小，它们在电路中与其他支路是并联的关系，对中频信号的容抗很大，可视为开路。所以在中频段，可认为电容不影响交流信号的传送，放大电路的放大倍数与信号频率无关。

在放大电路的高频区，级间电容和接线电容是影响放大倍数下降的主要因素。当频率过高时，容抗随频率增加而变小，故分流作用增加，从而降低了电压放大倍数。引入负反馈后上限截止频率 f_{HF} 增加，可以推导出负反馈放大电路的上限截止频率为

$$f_{HF}=(1+A_MF)f_H \tag{6-89}$$

式（6-89）说明，引入负反馈后，放大电路的上限频率比无反馈时提高了 $(1+A_MF)$ 倍。

放大电路的低频区内，耦合电容和旁路电容是影响放大倍数下降的主要因素。在低频段时，耦合电容和旁路电容的容抗随频率降低而增大。一方面，在耦合电容上电压的增加使输入到晶体管的信号及输出到负载的信号减小；另一方面，旁路电容减小了对交流信号的旁路作用，其结果表现为电压放大倍数的降低。可以推导出负反馈放大电路的下限截止频率为

$$f_{LF}=\frac{f_L}{1+A_MF} \tag{6-90}$$

式（6-90）说明，引入负反馈后，放大电路的下限频率比无反馈时降低了 $(1+A_MF)$ 倍。

（五）改变输入电阻和输出电阻

（1）输入电阻：在反馈电路中，如果是串联反馈，基本放大电路的开环输入电阻为

$$R_i=\frac{\dot{U}_d}{\dot{I}_i} \tag{6-91}$$

加负反馈后的闭环输入电阻为

$$R_{if}=\frac{\dot{U}_i}{\dot{I}_i}=\frac{\dot{U}_d+\dot{U}_f}{\dot{I}_i} \tag{6-92}$$

比较式（6-91）和式（6-92）可知

$$R_{if}>R_i$$

可以定量计算出串联负反馈时闭环输入电阻的表达式为

$$R_{if}=(1+\dot{A}\dot{F})R_i \tag{6-93}$$

式（6-93）说明，引入串联负反馈后，反馈放大电路的闭环输入电阻增大，并且为开环时输入电阻的 $(1+\dot{A}\dot{F})$ 倍，反馈越深，输入电阻变得越大。如果是并联反馈，基本放大电路的开环输入电阻为

$$R_i=\frac{\dot{U}_i}{\dot{I}_d} \tag{6-94}$$

引入并联负反馈后的闭环输入电阻为

$$R_{if}=\frac{\dot{U}_i}{\dot{I}_i}=\frac{\dot{U}_i}{\dot{I}_d+\dot{I}_f} \tag{6-95}$$

比较式（6-94）和式（6-95）可知

$$R_{if}<R_i$$

可以定量计算出并联负反馈时闭环输入电阻的表达式为

$$R_{if}=\frac{1}{(1+\dot{A}\dot{F})}R_i \tag{6-96}$$

式（6-96）说明，引入并联负反馈后，反馈放大电路的闭环输入电阻减小，并且为无反馈时输入电阻的 $1/(1+\dot{A}\dot{F})$ 倍，反馈越深，输入电阻变得越小。

（2）输出电阻：输出端采样方式决定了放大电路的输出电阻。如果是电流负反馈，则放

大电路具有稳定输出电流的能力，输出端可以等效为电流源。输出电流越恒定，意味着输出电阻越大，可以推导出电流负反馈时闭环输出电阻的表达式为

$$R_{of} = (1 + \dot{A}\dot{F})R_o \tag{6-97}$$

式（6-97）说明，引入电流负反馈后，反馈放大电路的闭环输出电阻增大，为开环时输出电阻的$(1 + \dot{A}\dot{F})$倍，反馈越深，输出电阻变得越大。如果是电压负反馈，则放大电路具有稳定输出电压的能力，则输出端可以等效为电压源。输出电压越恒定，输出电阻就越小，可以推导出负反馈时输出电阻的表达式为

$$R_{of} = \frac{1}{(1 + \dot{A}\dot{F})} R_o \tag{6-98}$$

式（6-98）说明，引入电压负反馈后，反馈放大电路的闭环输出电阻减小，为开环时输出电阻的$1/(1 + \dot{A}\dot{F})$倍，反馈越深，输出电阻变得越小。

综上所述，负反馈放大电路以牺牲放大倍数换取对电路各方面性能的改善，使放大电路的放大倍数稳定性提高、减小了非线性失真、扩展了通频带、改变了输入电阻和输出电阻。反馈越深，$|1 + \dot{A}\dot{F}|$越大时，对放大电路性能的改善也越为有利。

课堂互动

1. 若要稳定放大电路的输出电压或输出电流应分别采取什么反馈？
2. 要稳定静态工作点应采取什么类型的反馈？

思考与练习六

一、填空题

1．基本交流放大电路中，耦合电容的作用是________。

2．如果静态工作点设置过高，则可能引起________。

3．当信号频率等于放大电路的下限频率或上限频率时，放大倍数的值约下降到中频时的________。

4．已知某晶体管处于放大状态，测得其三个极的电位分别为 6V、9V 和 6.7V，则 6.7V 所对应的电极为________。

5．一个两级电压放大电路，工作时测得 $A_{u1} = -20$，$A_{u2} = -40$，则总电压放大倍数 A_u 为________。

6．结型场效应管改变导电沟道电阻的方法是靠改变栅源极间所加的________。

7．绝缘栅 N 沟道耗尽型场效应管的夹断电压 U_P 为________。

8．场效应管属于半导体器件，它的控制类型是________。

9．串联负反馈使放大器的输入电阻发生变化，输入电阻会________。

10．欲减小电路从信号源索取的电流，增大带负载能力，应在放大电路中引入________。

二、综合题

1．电压放大倍数是如何定义的？

2．放大电路的通频带是如何定义的？通频带的宽窄对放大电路有什么意义？

3．双极性三极管具有放大作用的外部条件是什么？

4．放大电路的静态工作点是指什么？为什么放大电路要设置静态工作点？

5．温度变化对静态工作点有什么影响？怎么解决？

6．试述分压式偏置放大电路稳定静态工作点的过程。

7．射极跟随器有哪些特点和用途？

8．负反馈改善了放大电路的哪些性能指标？

9．试估算图 6.76 所示放大电路的静态工作点。设 $U_{CC}=12V$，$R_C=3k\Omega$，$R_b=280k\Omega$，$\beta=50$。

10. 在图 6.77 所示的电路中，已知 $U_{CC}=12V$，$R_b=300k\Omega$，$R_e=4k\Omega$，$R_L=2k\Omega$，$\beta=60$，$U_s=200mV$。①求静态工作点（I_{BQ}、I_{CQ}、U_{CEQ}）；②计算电压放大倍数 $\dot{A}_u$ 和输入电阻 R_i。

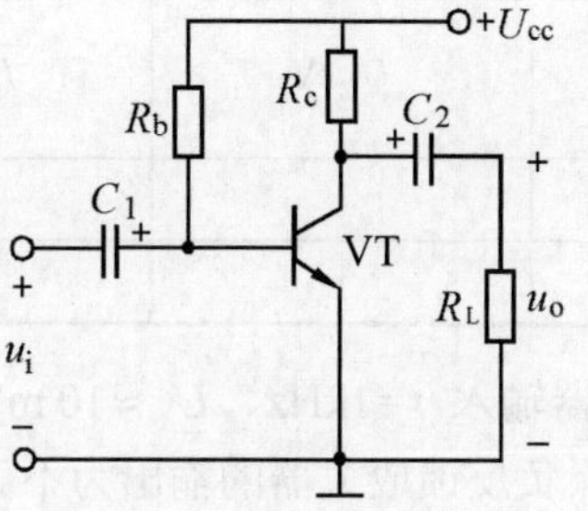

图 6.76　综合题 9 图

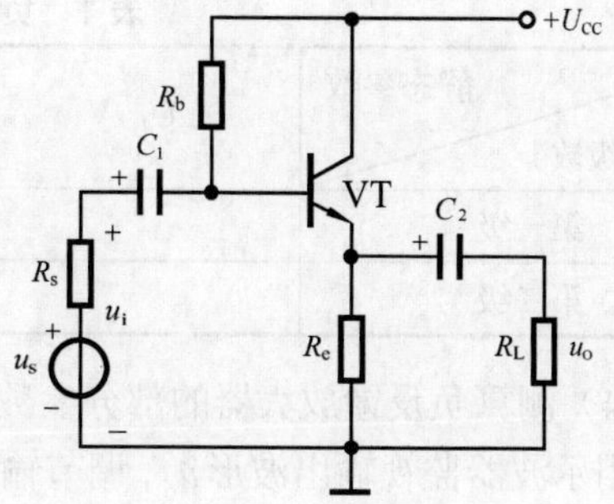

图 6.77　综合题 10 图

项目化任务（五）——负反馈放大器的特性测试

项目目的：

（1）了解负反馈放大器的实际电路。

（2）测算放大器的部分参数。

（3）测试负反馈对放大器性能的影响。

仪器设备：

综合实训台、示波器、万用表。

项目实施步骤：

（1）将实训台上的部分元件用导线连接成如图 6.78 所示的负反馈放大器。

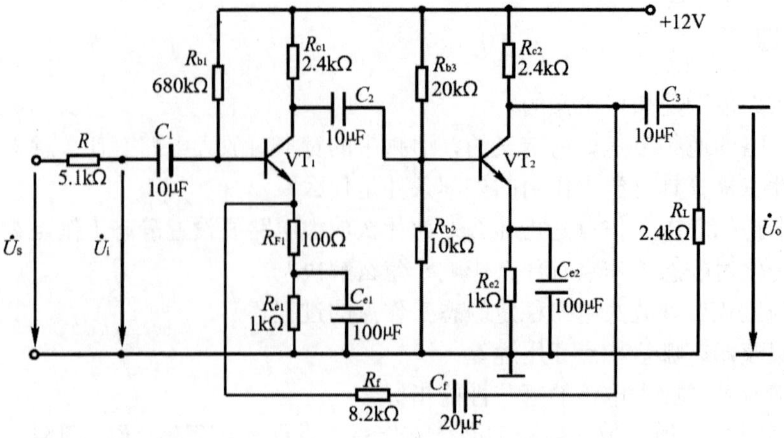

图 6.78　负反馈放大器

（2）将直流稳压电源+12V 接入电路。

（3）测量负反馈放大器的静态工作点，记入表 1。

表 1　负反馈放大器的静态工作点

静态参数 / 放大器级数	U_B/V	U_E/V	U_C/V	I_C/mA
第一级				
第二级				

（4）测算负反馈放大器的部分参数。给负反馈放大器输入 f=1kHz、$U_s \approx 10\text{ mV}$ 的正弦信号，用示波器监视输出波形 u_o，调节输入信号幅度，确保负反馈放大器的输出为不失真状态，测算 U_s、U_i、U_o、A_u、R_i 和 R_o，记入表 2。

表 2　负反馈放大器的部分参数

U_s/mV	U_i/mV	U_o/V	A_u	R_i/kΩ	R_o/kΩ

（5）断开 R_f 所在的支路，给放大器输入一适当的频率和幅度的正弦信号，用示波器监视输出波形 u_o，调节输入信号幅度，确保放大器的输出为不失真状态，测算此时的 U_s、U_i、U_o、A_{uf}、R_{if} 和 R_{of}，记入表 3。

表 3　断开 R_f 所在的支路后放大器的部分参数

U_s/mV	U_i/mV	U_o/V	A_{uf}	R_{if}/kΩ	R_{of}/kΩ

项目结论：

分析得出负反馈对放大器性能的影响情况。

第七章　差动放大电路和集成运算放大电路

学习目标

知识目标

- 掌握差动放大电路的结构和功能。
- 掌握集成运算放大电路的特点和功能。
- 掌握理想运放的“虚短”和“虚断”。
- 了解集成运算放大电路的应用。

能力目标

- 通过对集成运算放大电路的分析提高应用集成运放对信号进行检测的能力。

集成运算放大电路是一种高增益的多级直接耦合放大电路。在集成运算放大电路中，由于各级之间的工作点相互联系、相互影响，会产生零点漂移现象。抑制零点漂移的方法有多种，如采用温度补偿电路、稳压电源、精选电路元件等方法。最有效且广泛采用的方法是输入级采用差动放大电路。四级以上的集成运算放大电路，输入级和第二级一般采用差动放大电路。

第一节　差动放大电路

一、电路构成与特点

差动放大电路是一种具有两个输入端且电路结构对称的放大电路，其基本特点是只有两个输入端的输入信号之间有差值时才能进行放大，即差动放大电路放大的是两个输入信号的差，所以称为差动放大电路。图 7.1 所示为差动放大电路的基本形式，从电路结构上来看，它具有以下特点：由两个完全对称的共射电路组合而成；电路采用正负双电源供电。

二、差动放大电路抑制零点漂移的原理

零点漂移是指放大电路在没有输入信号时，由于温度变化、电源电压波动、元器件老化等原因，使放大电路的工作点发生变化，这个变化量会被直接耦合放大电路逐级加以放大并传送到输出端，使输出电压偏离原来的起始点而上下漂动。产生零点漂移的原因主要是晶体三极管的参数受温度的影响，所以零点漂移也称为温度漂移，简称温漂。

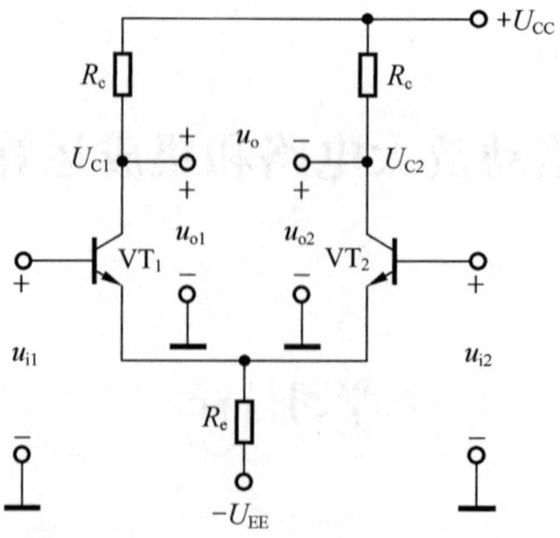

图 7.1　典型基本差动放大电路

由于电路的对称性，温度的变化对 VT_1、VT_2 两管组成的左右两个放大电路的影响是一致的，相当于给两个放大电路同时加入了大小和极性完全相同的输入信号。因此，在电路完全对称的情况下，两管的集电极电位始终相同，差动放大电路的输出为零，不会出现普通直接耦合放大电路中的漂移电压。可见，差动放大电路利用电路的对称性抑制了零点漂移现象。

三、静态分析

当 $u_{i1}=u_{i2}=0$ 时，由于电路完全对称，VT_1、VT_2 的静态参数也完全相同。以 VT_1 为例，其静态基极回路由 $-U_{EE}$、U_{BE} 和 R_e 构成，但是要注意，流过 R_e 的电流是 VT_1、VT_2 两管射极电流之和，如图 7.2 所示，则 VT_1 管的输入回路方程为

$$U_{EE}=U_{BE}+2I_{E1}R_e$$

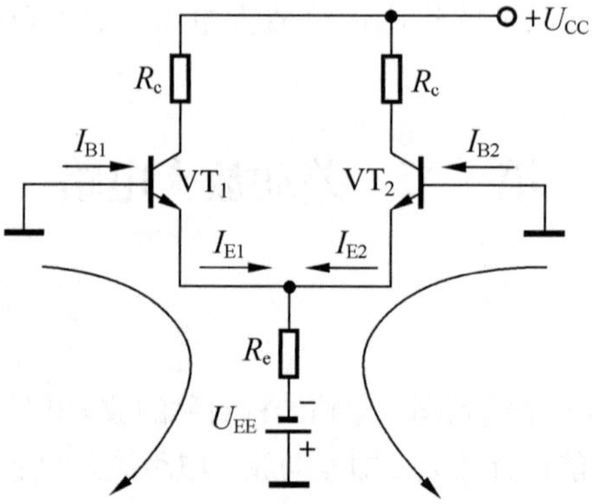

图 7.2　典型基本差动放大电路的直流通路

静态时，两管集电极对地电位相等，即

$$U_{C1}=U_{C2}$$

故两管集电极之间电位差为零，即

$$u_o=u_{o1}-u_{o2}=0$$

温度变化时，两管的集电极电流都会增大，集电极电位都会下降。由于电路是对称的，所以两管的变化量相等，即

$$\Delta I_{C1}=I_{C2}$$

输出电压为

$$u_o=(U_{C1}+\Delta U_{C1})-(U_{C2}+\Delta U_{C2})=0$$

即消除了零点漂移。

四、动态分析

当两个输入信号 u_{i1}、u_{i2} 大小和极性都相同时，称为共模信号，记为 u_{ic}，即 $u_{i1}=u_{i2}=u_{ic}$。当 u_{i1} 与 u_{i2} 大小相同但极性相反，即 $u_{i1}=-u_{i2}$ 时，称为差模信号，记为 u_{id}。下面分共模输入、差模输入和比较输入三种情况分别进行电路分析。

（一）共模信号输入

两输入端加的信号大小相等、极性相同。由此可知，有

$$u_{i1}=u_{i2}=u_i$$

$$u_{o1}=u_{o2}=A_u u_i$$

$$u_o=u_{o1}-u_{o2}=0$$

共模电压放大倍数：

$$A_c=\frac{u_o}{u_i}=0$$

说明电路对共模信号无放大作用，即完全抑制了共模信号。实际上，差动放大电路对零点漂移的抑制就是该电路抑制共模信号的一个特例。所以差动放大电路对共模信号抑制能力的大小，也就是反映了它对零点漂移的抑制能力。

（二）差模信号输入

两输入端加的信号大小相等、极性相反。

$$u_{i1}=-u_{i2}=\frac{1}{2}u_{id}$$

根据图 7.1 所示的典型基本差动放大电路，在输入差模信号时，双端输出的交流通路如图 7.3 所示。在电路完全对称的情况下，这两个交流电流之和在 R_e 两端产生的交流压降为零，因此，图 7.3 所示的差模输入交流通路中射极电阻 R_e 被短路。

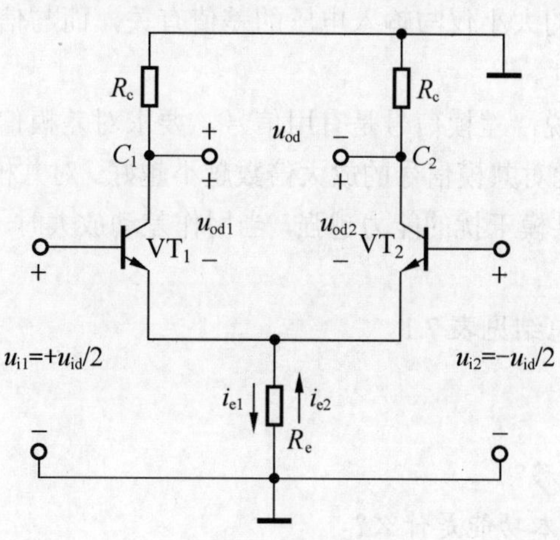

图 7.3　基本差动放大电路差模输入时的交流通路

因为两侧电路对称，放大倍数相等，电压放大倍数用 A_d 表示，则

$$u_{od1}=A_d u_{id1}$$
$$u_{od2}=A_d u_{id2}$$
$$u_{od}=u_{od1}-u_{od2}=A_d(u_{id1}-u_{id2})=A_d u_{id}$$

差模电压放大倍数：

$$A_d=\frac{u_{od}}{u_{id}}$$

可见差模电压放大倍数等于单管放大电路的电压放大倍数。差动放大电路用多一倍的元件为代价换来了对零点漂移的抑制能力。

理想情况下，差动放大电路对共模信号没有放大能力。输入信号 u_{i1}、u_{i2} 的大小和极性往往是任意的，既不是一对差模信号，也不是一对共模信号，我们称其为比较信号。

（三）比较信号输入

两个输入信号电压的大小和相对极性是任意的，既非共模，也非差模。

比较信号输入可以分解为一对共模信号和一对差模信号的组合，即

$$u_{i1}=u_{ic}+u_{id}$$
$$u_{i2}=u_{ic}-u_{id}$$

式中，u_{ic} 为共模信号，u_{id} 为差模信号。

由以上两式可解得

$$u_{ic}=\frac{1}{2}(u_{i1}+u_{i2})$$
$$u_{id}=\frac{1}{2}(u_{i1}-u_{i2})$$

对于线性差动放大电路，可用叠加定理求得输出电压：

$$u_{o1}=A_c u_{ic}+A_d u_{id}$$
$$u_{o2}=A_c u_{ic}-A_d u_{id}$$
$$u_o=u_{o1}-u_{o2}=2A_d u_{id}=A_d(u_{i1}-u_{i2})$$

上式表明，输出电压的大小仅与输入电压的差值有关，而与信号本身的大小无关，这就是差动放大电路的差值特性。

对于差动放大电路来说，差模信号是有用信号，要求对差模信号有较大的放大倍数；而共模信号是干扰信号，因此对共模信号的放大倍数越小越好。对共模信号的放大倍数越小，就意味着零点漂移越小，抗共模干扰的能力越强，当用作差动放大时，就越能准确、灵敏地反映出信号的偏差值。

差动放大电路的性能总结见表 7.1。

课堂互动

1. 什么现象是零点漂移？
2. 差动放大电路的基本功能是什么？

表 7.1　差动放大电路的性能

双端输出差动放大器		单端输出差动放大器	
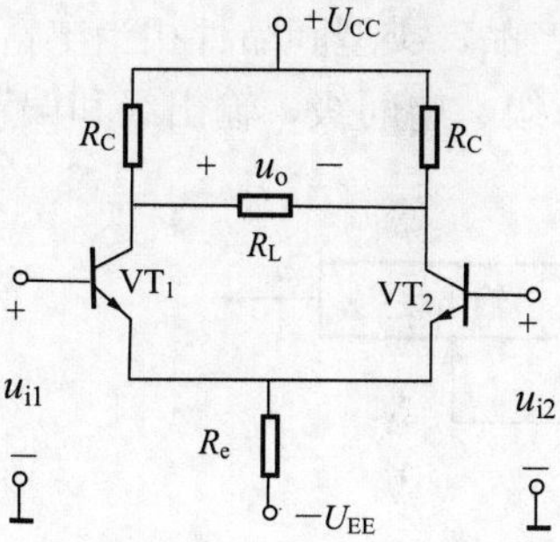		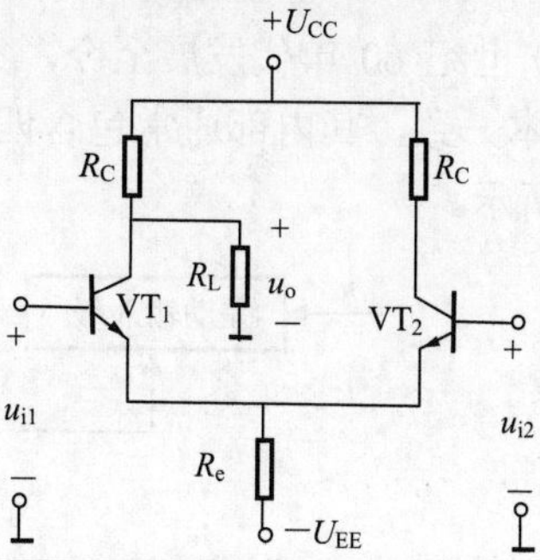	
$I_{EE}=\dfrac{U_{EE}-U_{BE(on)}}{R_e}$，$I_{CQ1}=I_{CQ2}\approx\dfrac{I_{EE}}{2}$			
差模性能	共模性能	差模性能	共模性能
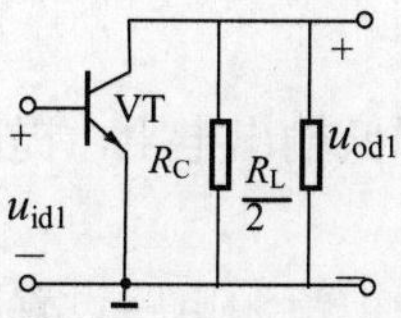	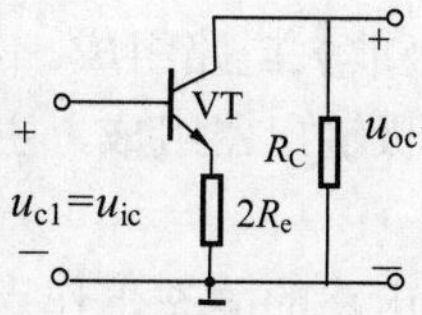	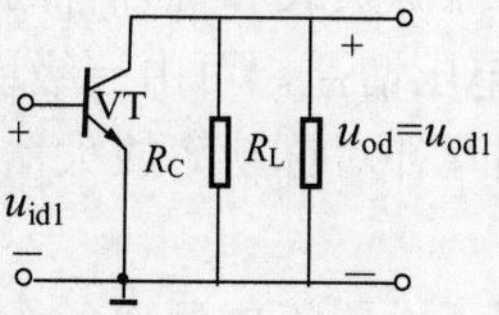	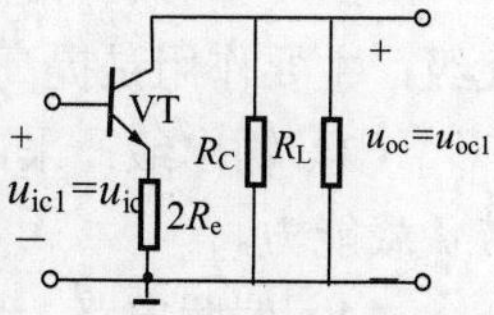
$R_{id}=2R_{i1}=2r_{be}$	$R_{ic}=\dfrac{1}{2}[r_{be}+2(1+\beta)R_e]$	$R_{id}=2R_{i1}=2r_{be}$	$R_{ic}=\dfrac{1}{2}[r_{be}+2(1+\beta)R_e]$
$R_{od}=2R_{o1}\approx 2R_C$	$R_{od}=2R_{o1}\approx 2R_C$	$R_{od1}=R_{o1}\approx R_C$	$R_{oc}=R_{o1}\approx R_C$
$A_{ud}=A_{u1}=-\dfrac{\beta(R_C \mathbin{//} \frac{R_L}{2})}{r_{be}}$	$A_{uc}\to 0$	$A_{ud1}=-A_{ud2}=\dfrac{1}{2}A_{u1}$ $=-\dfrac{\beta(R_C \mathbin{//} R_L)}{2r_{be}}$	$A_{uc1}=A_{uc2}=A_{u1}$ $\approx-\dfrac{R_C \mathbin{//} R_C}{2R_e}$
$K_{CMR}=\left\|\dfrac{A_{ud}}{A_{uc}}\right\|\to\infty$		$K_{CMR}=\dfrac{A_{ud1}}{A_{uc1}}\approx\dfrac{\beta R_e}{r_{be}}$	
$u_o=u_{o1}-u_{o2}=A_{ud}u_{id}$		$u_{o1}=u_{oc1}+u_{od1}=A_{uc1}u_{ic}+A_{ud1}u_{id}$ $u_{o2}=u_{oc2}+u_{od2}=A_{uc2}u_{ic}+A_{ud2}u_{id}$	
抑制零点漂移的原理： ·利用电路的对称性 ·利用 R_e 的共模负反馈作用		抑制零点漂移的原理：利用 R_e 的共模负反馈作用	

第二节　集成运放的基本放大电路

集成运放是集成运算放大器的简称。集成运算放大电路是一种高增益的多级直接耦合放大电路。它具有电压增益高、输入电阻大、输出电阻小的特点。集成运放性能优良，广泛地应用于运算、测量、控制以及信号的产生、处理和变换等领域。

一、集成运算放大电路的组成及各部分的作用

从 20 世纪 60 年代发展至今，集成运放已经历了四代产品，类型和品种相当丰富，但在结构上基本一致，其内部通常包含四个基本组成部分：输入级、中间级、输出级和偏置电路，如图 7.4 所示。

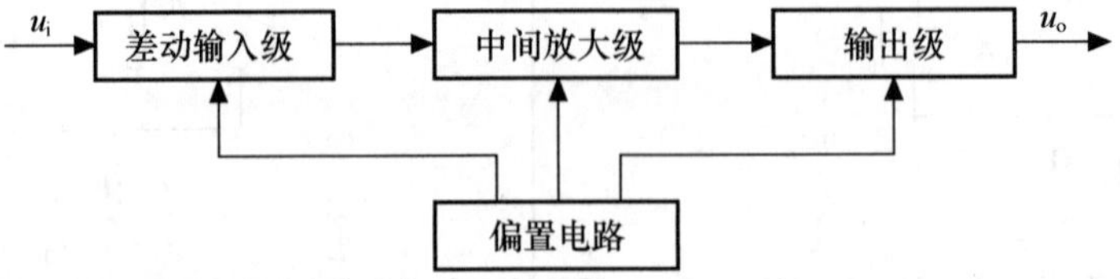

图 7.4 集成运放的基本组成部分

（1）输入级：通常由双输入差动放大电路构成。要求是输入电阻大、噪声低、零点漂移小，主要作用是提高抑制共模信号能力，提高输入电阻。

（2）中间级：带恒流源负载和复合管的差动放大电路和共射电路组成的高增益的电压放大级，主要作用是提高电压增益，可由一级或多级放大电路组成。

（3）输出级：采用互补对称功率放大器或射极输出器组成，主要是降低输出电阻，提高带负载能力。

（4）偏置电路：用于设置集成运放各级放大电路的静态工作点，采用电流源电路设置静态工作电流。此外还有一些辅助环节，如单端化电路、相位补偿环节、电平移位电路、输出保护电路等。集成运放的图形符号如图 7.5 所示。图 7.5（a）是国家新标准（GB4728•13－85）规定的符号，图 7.5（b）是曾经用过的符号。画电路时，通常只画出输入端和输出端，输入端标“+”号表示同相输入端，标“–”号表示反相输入端。

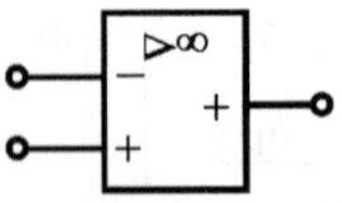

（a）新标准的图形符号

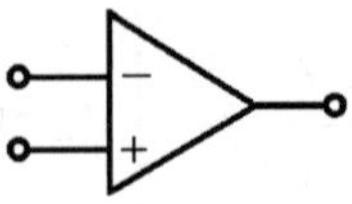

（b）以往使用过的图形符号

图 7.5 集成运放的图形符号

二、集成运放的主要技术指标

（1）开环差模电压增益 A_{od}。A_{od} 是指运算放大电路在无外加反馈情况下的直流差模增益，一般用对数表示，单位为 dB（分贝）。定义为

$$A_{od}=20\lg\left|\frac{u_o}{u_{id}}\right| \quad (\text{dB})$$

A_{od} 是决定运放精度的重要因素，理想情况下希望 A_{od} 为无穷大。实际集成运放一般 A_{od} 为 100dB 左右，高质量的集成运放 A_{od} 可达140dB 以上。

（2）输入失调电压 U_{IO}。U_{IO} 是指为了使输出电压为零，在输入端所需要加的补偿电压。其数值表征了输入级差分对管 U_{BE} 失配的程度，在一定程度上也反映温漂的大小。一般运放

U_{IO}的值为 1～10mV，高质量的在1mV以下。

（3）输入失调电流I_{IO}。I_{IO}是指当输出电压等于零时，两个输入端偏置电流之差，即

$$I_{IO} = I_{B1} - I_{B2}$$

I_{IO}用来描述差分对管输入电流的不对称情况，一般运放为几十至一百纳安，高质量的低于 1nA。

（4）输入偏置电流I_{IB}。I_{IB}是指当输入电压等于零时，两个输入端偏置电流的平均值，定义为

$$I_{IB} = \frac{1}{2}\left|I_{B1} + I_{B2}\right|$$

I_{IB}是衡量差分对管输入电流绝对值大小的指标，它的值主要决定于集成运放输入级的静态集电极电流及输入级放大管的β值。一般集成运放的输入偏置电流越大，其失调电流越大。

（5）差模输入电阻r_{id}。r_{id}的定义是集成运放开环时两个输入端之间电压的变化与引起的输入电流变化之比，用以衡量集成运放向信号源索取电流的大小，即

$$r_{id} = \frac{\Delta U_{Id}}{\Delta I_{Id}}$$

（6）共模抑制比K_{CMR}。定义为集成运放在开环工作时开环差模增益与开环共模增益的比值，一般用对数表示，即

$$K_{CMR} = 20\lg\left|\frac{A_d}{A_c}\right|$$

该指标主要用以衡量集成运放抑制温漂的能力。

此外，还有输出电阻R_o、最大输出电流I_{om}等。

三、集成运算放大电路简介

由于集成运放基本组成的一致性，因此对典型电路的分析具有普遍意义。下面通过对通用型双极性集成运放 741（F007）的结构及工作原理的分析来了解一些复杂电路的读图方法及复杂电路的分析方法。

虽然通用型双极性集成运放 741（F007）是一个相当“古老”的设计，但它对于描述一般电路的结构和分析仍然是典型的实例，其电路结构图如图 7.6 所示。

（1）偏置电路。偏置电路包含在各级电路中，采用多路偏置的形式为各级电路提供稳定的恒流偏置和有源负载，其性能的优劣直接影响其他部分电路的性能。其中，VT_{10}、VT_{11}组成的微电流源作为整个集成运放的主偏置。

（2）差动输入级。由 VT_1、VT_3 和 VT_2、VT_4 组成的共集－共基组合差动放大电路组成双端输入、单端输出。其中，VT_5、VT_6、VT_7组成的改进型镜像电流源作为其有源负载，VT_8、VT_9组成的镜像电流源为其提供恒流偏置。

由于上述的结构组成，输入级具有共模抑制比高、输入电阻大、输入失调小等特点，是集成运放中最关键的一部分电路。

（3）中间增益级。由 VT_{17} 构成的共发射极电路，其中 VT_{13B} 和 VT_{12} 组成的镜像电流源为其集电极有源负载，故本级可获得很高的电压增益。

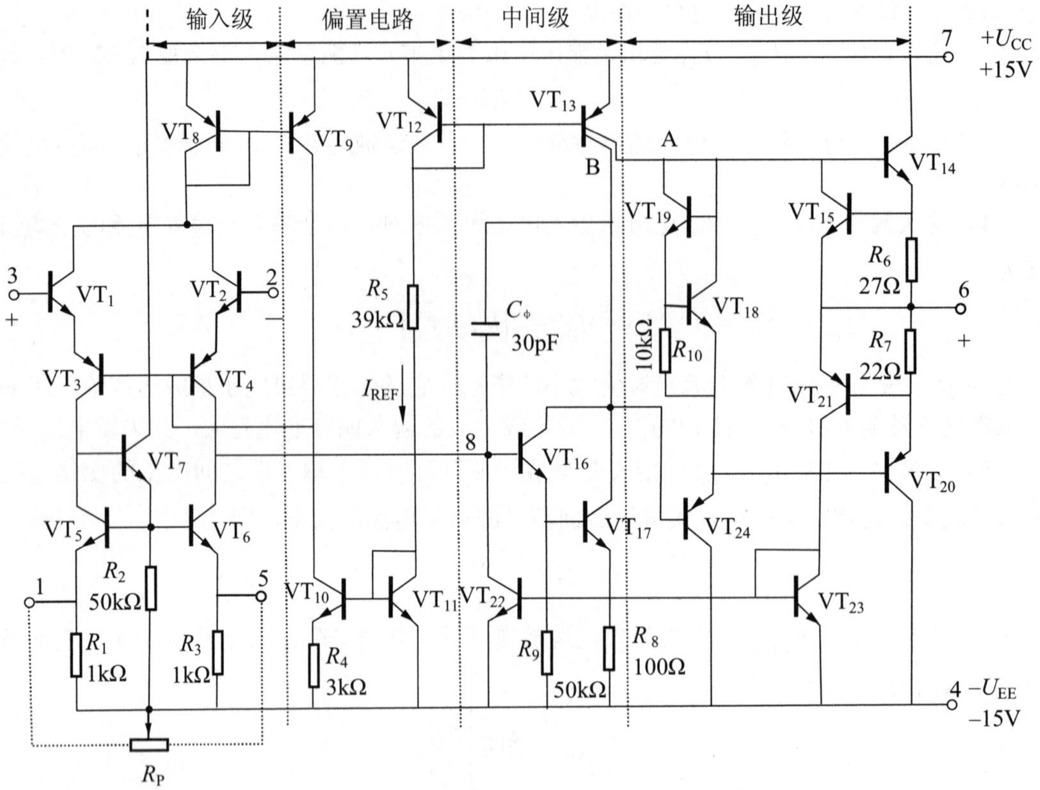

图 7.6 通用型运放 741（F007）的电路结构图

（4）互补输出级。由 VT_{14}、VT_{20} 构成的甲乙类互补对称放大电路组成。其中，VT_{18}、VT_{19}、R_8组成的电路用于克服交越失真，VT_{12} 和 VT_{13A} 组成的镜像电流源为其提供直流偏置。输出级输出电压大，输出电阻小，带负载能力强。

（5）隔离级。在输入级与中间级之间插入由 VT_{16} 构成的射随器，利用其高输入阻抗的特点提高输入级的增益。

在中间级与输出级之间插入由 VT_{24} 构成的有源负载（VT_{12} 和 VT_{13A}）射随器，用来减小输出级对中间级的负载影响，保证中间级的高增益。

（6）保护电路。VT_{15}、VT_{16} 保护 VT_{14}，VT_{21}、VT_{23}、VT_{22}、R_7 保护 VT_{20}。正常情况下，保护电路不工作，当出现过载情况时，保护电路才动作。

（7）调零电路。由电位器 R_p 组成，保证零输入时产生零输出。

可见，F007 是一种较理想的电压放大器件，它具有高增益、高输入电阻、低输出电阻、高共模抑制比、低失调等优点。

四、理想集成运放

由于集成运放具有电压增益高、输入电阻大、输出电阻小的特点，我们在分析各类集成运放电路时，常常用理想运放来代替实际的运算放大电路，可以使分析过程大大简化。

（一）理想运放的性能指标

将集成运放的主要参数理想化，即可得到如下性能指标：

开环电压增益 $A_{od}=\infty$。

差模输入电阻 $R_{id}=\infty$。

输出电阻 $R_0=0$。

共模抑制比 $K_{CMR}=\infty$。

上限截止频率 $f_H=\infty$。

输入失调电压 U_{OI} 及其温漂 dU_{OI}/dT、输入失调电流 I_{OI} 及其温漂 dI_{OI}/dT 为零，无内部噪声。

在实际应用中，一般情况下，可用理想运放代替实际运放。

（二）理想运放两个工作区域的特点

（1）工作在线性区。它的输出电压和输入差模电压满足如下线性关系：

$$u_o = A_{od}(u_+ - u_-)$$

通常，集成运放的 A_{od} 很大，为了使其工作在线性区，大都引入深度负反馈，以减小运放的净输入，保证输出电压不超出线性范围。集成运放工作在线性区的特征是电路引入了负反馈。

利用上述的理想模型可得到如下两条电路特点：

两输入端之间的电位差为零，称两输入端"虚短路"（指运放两输入端的电位无限接近，但又不是真正的短路）。

两输入端电流为零，称两输入端"虚断路"（指运放两输入端的电流趋于零，但又不是真正的断路）。

（2）工作在非线性区。在电路中，若运放处于开环状态或引入了正反馈，则运放工作在非线性区，输出电压与输入电压之间

$$u_o \neq A_{od}(u_+ - u_-)$$

其特点描述如下：

输出电压只有两种可能的状态：$\pm U_{OM}$，当 $U_+ > U_-$ 时，$u_o = +U_{OM}$；当 $U_+ < U_-$ 时，$u_o = -U_{OM}$。

运放的输入电流等于零，即

$$i_+ = i_- = 0$$

课堂互动

1. 集成运放的基本结构组成有哪些？
2. 理想运放的工作特点是什么？

第三节　集成运放的应用

集成运放的应用分为线性应用和非线性应用两大类。当集成运放通过外接电路的方式引入负反馈时，集成运放形成闭环系统并工作在线性区，可以构成模拟信号运算放大器、正弦波振荡电路和有源滤波电路等；若工作在非线性区内，集成运放则可构成各种电压比较器和矩形波发生器等。这里主要介绍作为模拟信号运算放大器等方面的应用。

一、在数学运算方面的应用

运算放大器最初的命名来源于其主要应用于模拟信号的运算。至今，信号的运算仍是运算放大器的基本应用领域。我们对其附加合适的外部反馈电路，即可实现其功能的拓展。

（一）反相输入比例运算电路

（1）电路组成。如图 7.7 所示的电路为反相输入比例运算电路，其反馈类型是电压并联负反馈。

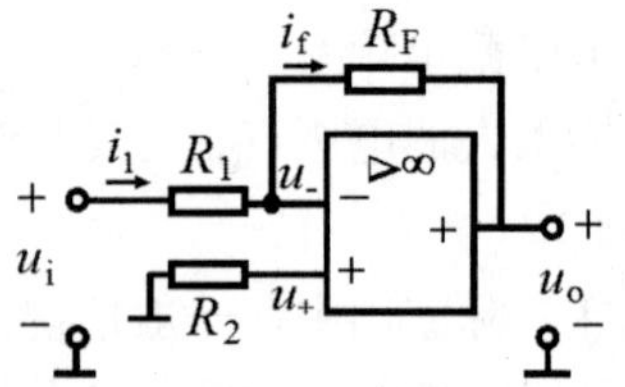

图 7.7 反相输入比例运算电路

（2）电路分析。根据理想运放的特点：$A_{od}=\infty$，而 $u_o=A_{od}(u_+-u_-)$，但 u_o 又是有限值，可得 $u_-=u_+$；根据 $r_i=\infty$，可得 $i_+=i_-=0$，故 $i_1=i_f$。

$$i_1=\frac{u_i-u_-}{R_1}$$

$$i_f=\frac{u_--u_o}{R_F}$$

由于 $u_-=u_+=0$，所以

$$\frac{u_i}{R_1}=\frac{-u_o}{R_F}$$

输出电压

$$u_o=-\frac{R_F}{R_1}u_i \tag{7-1}$$

故反相输入比例运放的闭环放大倍数

$$A_{uf}=\frac{u_o}{u_i}=-\frac{R_F}{R_1} \tag{7-2}$$

结论：A_{uf} 为负值，即 u_o 与 u_i 极性相反；A_{uf} 只与外部电阻 R_1 和 R_F 有关，与运放本身的参数无关；输出电压与输入电压成反相比例关系。

由于 $u_-\approx 0$，即反相端的电位接近于零电位，但实际并没有接地，所以通常把反相端称为“虚地”。

（二）同相输入比例运算电路

（1）电路组成。如图 7.8 所示的电路为同相输入比例运算电路，其反馈类型是电压串联负反馈。

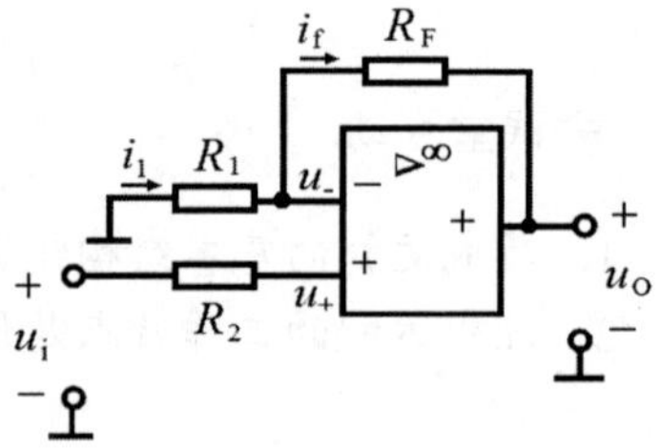

图 7.8 同相输入比例运算电路

（2）电路分析。根据理想运放的两个重要法则：$i_+=i_-=0$、$u_-=u_+$，可得

$$i_1=i_f$$

$$u_-=\frac{R_1}{R_1+R_F}u_o$$

$$u_o=\left(1+\frac{R_F}{R_1}\right)u_-$$

$$u_o=\left(1+\frac{R_F}{R_1}\right)u_-=\left(1+\frac{R_F}{R_1}\right)u_i \tag{7-3}$$

故有

$$A_{uf}=\frac{u_o}{u_i}=1+\frac{R_F}{R_1} \tag{7-4}$$

静态时要求u_-、u_+对地电阻相同，所以$R_2=R_1//R_F$。

结论：A_{uf}为正值，即u_o与u_i极性相同；$A_{uf}\geqslant 1$，不能小于1，A_{uf}只与外部电阻R_1和R_F有关，与运放本身的参数无关；输出电压与输入电压成同相比例关系。

如果令$R_F=0$，则$A_{uf}=1$，$u_o=u_i$，构成电压跟随器。

（三）加法运算电路

（1）电路组成。集成运放构成的最简单反相加法运算电路如图7.9所示。两个信号分别通过电阻加在反相和同相输入端。

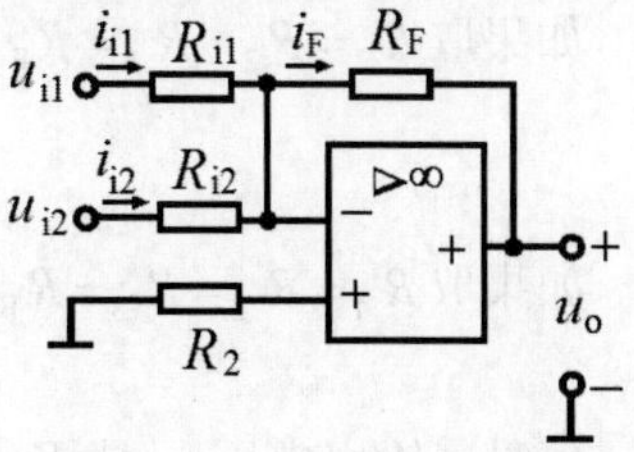

图7.9　反相加法运算电路

（2）电路分析。反相加法运算电路是一种常见的运算电路，图7.9所示是反相端有两个输入信号的加法运算电路。应用理想运放的两个重要法则：$i_+=i_-=0$、$u_-=u_+$，对运放的反相输入端列出节点电流方程

$$i_{i1}+i_{i2}=i_{if}$$

$$\frac{u_{i1}-u_-}{R_{i1}}+\frac{u_{i2}-u_-}{R_{i2}}=\frac{u_--u_o}{R_F}$$

因为$u_-=u_+=0$，所以

$$\frac{u_{i1}}{R_{i1}}+\frac{u_{i2}}{R_{i2}}=-\frac{u_o}{R_F}$$

$$u_o=-\left(\frac{R_F}{R_{i1}}u_{i1}+\frac{R_F}{R_{i2}}u_{i2}\right) \tag{7-5}$$

若$R_1=R_2=R_F$，则

$$u_o=-(u_{i1}+u_{i2}) \tag{7-6}$$

平衡电阻：$R_2=R_{i1}//R_{i2}//R_F$。可见，输出电压u_o是反相输入端电压之和，但极性相反。

（四）减法运算电路

（1）电路组成。图7.10所示是基本减法运算电路，从电路结构看，信号电压同时从双端输入，可实现减法运算。同相端输入是引入了电压串联负反馈；反相端输入是引入了电压并联负反馈。

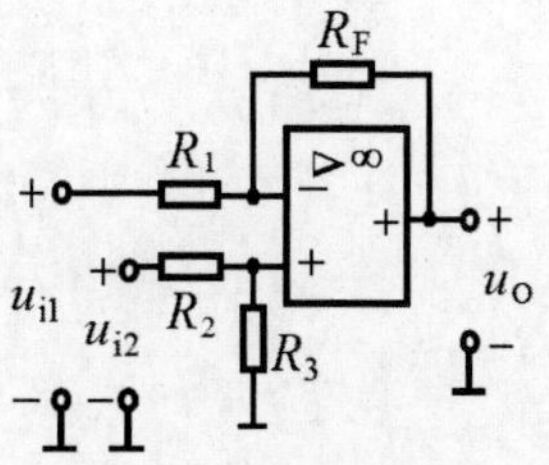

图7.10　减法运算电路

（2）电路分析。在图7.10中，可以应用线性电路的叠加原理对输出电压进行分析。

反相端u_{i1}单独作用时对输出端的贡献为u_o'，即

$$u_o'=-\frac{R_F}{R_1}u_{i1}$$

同相端u_{i2}单独作用时对输出端的贡献为u_o''，又因为$u_+=\dfrac{R_3}{R_2+R_3}u_{i2}$，所以

$$u_o''=\left(1+\frac{R_F}{R_1}\right)u_+=\left(1+\frac{R_F}{R_1}\right)\frac{R_3}{R_2+R_3}u_{i2}$$

输出端的总电压为

$$\begin{aligned}u_o&=u_o'+u_o''\\&=-\frac{R_F}{R_1}u_{i1}+\left(1+\frac{R_F}{R_1}\right)\frac{R_3}{R_2+R_3}u_{i2}\end{aligned}\tag{7-7}$$

如果取$R_1=R_2$，$R_3=R_F$，则

$$u_o=\frac{R_F}{R_1}(u_{i2}-u_{i1})\tag{7-8}$$

如果取$R_1=R_2=R_3=R_F$，则

$$u_o=u_{i2}-u_{i1}\tag{7-9}$$

可见，输出电压u_o是两个输入端电压之差。

二、集成运算放大电路应用实例

前面已经对集成运放的一些应用做了说明，这里再针对集成运放的功能应用进行实例分析。在生物医学测量中，需要对生物电、生物磁或生物光等生物信息量进行检测，这些信息量或参数都需要转换成与之有确定关系的电信号才能进行检测，但转换后的信号幅度往往都比较小，所以集成运算放大电路常常在实际应用中作为放大器使用。下面以 LM324 构成电平指示器为例对集成运放的应用进行简单说明。

LM324 是含有四个运放的集成组件，简称四运放集成电路，如图 7.11 所示。GND 为接地端，U_{CC}为电源正极端（6V），每个运放的反相输入端、同相输入端、输出端均有编号。例如，$1U_{i-}$、$1U_{i+}$、$1U_o$分别表示 1 号运放的反相输入端、同相输入端、输出端。依此类推，$2U_{i-}$、$2U_{i+}$、$2U_o$表示 2 号运放的相应端。

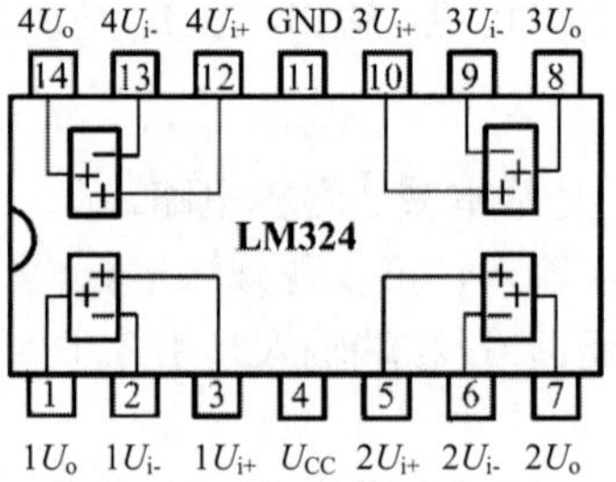

图 7.11 集成运放 LM324

可以用LM324来构成一个电平指示器。四个运放的同相输入端连接于由二极管（2AP9）、R_{10}、C_2组成的整流电路输出端，作为信号的输入端；输出端分别通过限流电阻R_6、R_7、R_8、R_9接有发光二极管 VD_1、VD_4、VD_3、VD_2；反相输入端分别经电阻分压网络R_{P1}、R_2、R_3、R_4、R_5分压后加上量值不等的正电压，电路如图 7.12 所示。

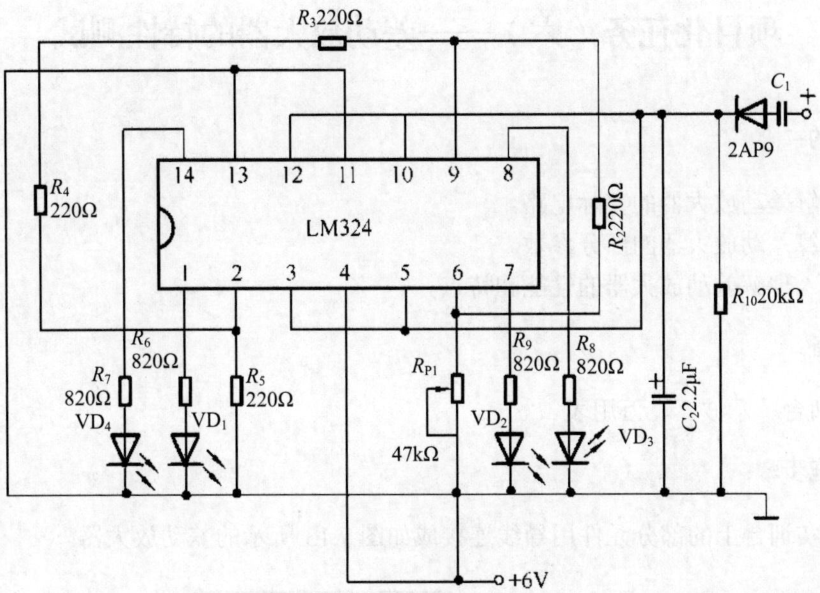

图 7.12　LM324 组成的电平指示器

无信号输入时，四个运放同相输入端皆为零电平，因为反相输入端皆为正电位，所以各运放输出低电平，因此 VD_1～VD_4 均不发光。有信号输入时，信号经整流后的对地电压（电位）若仅大于第 2 脚电位，则第 1 脚的发光二极管 VD_1 发光。若同相输入端的电位都高于相应运放反相输入端的电位，四个发光二极管 VD_1～VD_4 全部发光。这样，随着音频信号强弱的变化，电路中发光二极管的个数和亮度也随之变化。其中，改变 R_{P1} 的阻值，可调整发光二极管的亮度。

课堂互动

1. 集成运放的基本应用有哪些？
2. 集成运放在实际应用中常作为什么设备来使用？

思考与练习七

1．差动放大电路是为了________而设置的。
2．差模信号是差动放大电路两个输入端对地的信号________。
3．共模信号指的是差动放大电路的两个输入端信号________。
4．若差动电路两输入端电压分别为 $u_{i1}=10\text{mV}$，$u_{i2}=6\text{mV}$，则 u_{id} 和 u_{ic} 的值为________。
5．衡量一个差动放大电路抑制零点漂移能力的最有效的指标是________。
6．在差动放大器的射极电路中串入 R_e 的主要目的是引入对________的负反馈以抑制零点漂移。

项目化任务（六）——差动放大器的特性测试

项目目的：

（1）了解差动放大器的实际电路。
（2）测算差动放大器的部分参数。
（3）深入理解差动放大器的性能和特点。

仪器设备：

综合实训台、示波器、万用表。

项目实施步骤：

（1）将实训台上的部分元件用导线连接成如图 7.13 所示的差动放大器。

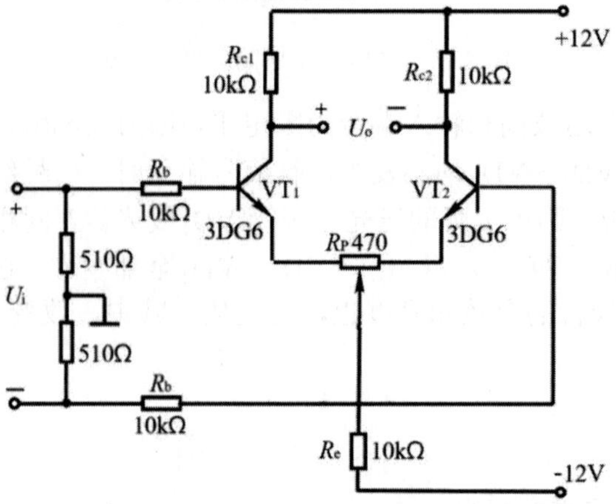

图 7.13　差动放大器

（2）将直流稳压电源接入差动放大器。
（3）调节差动放大器的零点。
（4）测算差动放大器的静态工作点，记入表 1。

表 1　差动放大器的静态工作点

U_{B1}/V	U_{C1}/V	U_{E1}/V	I_{B1}/mA	I_{C1}/mA	U_{CE1}/V
U_{B2}/V	U_{C2}/V	U_{E2}/V	I_{B2}/mA	I_{C2}/mA	U_{CE2}/V

（5）测算差动放大器的部分参数。向差动放大器输入一适当的频率和幅度的差模信号，用示波器监视输出波形 u_o，调节输入信号幅度，确保差动放大器的输出为不失真状态，用交

流毫伏表测量U_{id}、U_{o1}、U_{o2}、U_o，记入表2。

向差动放大器输入一适当的频率和幅度的共模信号，用示波器监视输出波形u_o，调节输入信号幅度，确保差动放大器的输出为不失真状态，用交流毫伏表测量U_{ic}、U_{o1}、U_{o2}、U_o，记入表2。

表2

输出 / 输入	U_i /mA	U_{o1} /V	U_{o2} /V	U_o /V
差模输入	U_{id} = mV			
共模输入	U_{ic} = mV			

分别计算差动放大器在单端输出和双端输出时的放大倍数的模、共模抑制比，填入表3。

表3　差动放大器放大倍数的模、共模抑制比

模和共模抑制比 / 输出组合	差模电压放大倍数的模	共模电压放大倍数的模	共模抑制比
双端输入单端输出			
双端输入双端输出			

项目结论：

比较差动放大器在双端输出和单端输出时各性能的优劣。

第三篇　数字电子

第八章　数字电路基础

学习目标

知识目标

- 理解数制的概念及数制间的转换方法。
- 掌握逻辑代数的常用公式和基本定理，以及逻辑函数的化简方法。
- 掌握基本门电路的逻辑功能、逻辑符号、真值表和逻辑表达式。
- 了解 TTL 门电路、CMOS 门电路的特点。

能力目标

- 学会用数字逻辑分析和表达问题。
- 学会识读集成电路芯片，会查阅集成电路使用手册。

第一节　数字信号和数字电路

一、数字电子技术概述

众所周知，如今人类已经进入了数字化时代。数字地球、数字化生存等概念已被人们所熟知。今天人们已越来越多地与数字联系在一起，从个人身份证号、手机号到 IP 地址、QQ 号、信用卡密码等无不打上数字的烙印，数字已不完全是 1、2、3 了，它已经完全进入了我们的生活。从家用电器洗衣机、电视机到整个生活方式，我们已经迈入了一个完全可以用数字标记和管理的社会。在现代应用非常广泛的电子信息系统领域内，处处离不开处理离散信息的数字电路。如所有的数字计算机、先进的通信系统、工业控制系统、交通控制系统等。数字技术发展的迅速，应用的广泛令人瞩目，而所有这一切的基础，就是我们的各类生产、生活和学习资料都必须转化为类似 11010100 这样的简单数字组合来表示，承担这一任务的就是以数字电路为基础的数据采集、分析和处理系统。

数字技术（Digital Technology），是一项与电子计算机相伴相生的科学技术，它是指借助固定的设备将各种信息，包括：图、文、声、像等，转化为电子计算机能识别的二进制数字“0”

和“1”后进行运算、加工、存储、传送、传播、还原的技术。由于在运算、存储等环节中要借助计算机对信息进行编码、压缩、解码等，因此也称为数码技术、计算机数字技术等。数字技术也称数字控制技术。

数字电路的发展与模拟电路一样经历了由电子管、半导体分立器件到集成电路等几个时代。但其发展比模拟电路发展的更快。从60年代开始，数字集成器件以双极型工艺制成了小规模逻辑器件，随后发展到中规模逻辑器件；70 年代末，微处理器的出现，使数字集成电路的性能产生质的飞跃。近几年来，可编程逻辑器件PLD特别是现场可编程门阵列FPGA的飞速进步，使数字电子技术开创了新局面，不仅规模大，而且将硬件与软件相结合，使器件的功能更加完善，使用更灵活。

本章首先介绍数字电子技术的基本知识，在数字信号和数字电路的基础上，理解数制的概念及数制间的转换方法；逻辑代数是分析和设计数字电路的数学工具，重点介绍了逻辑代数中的三个基本逻辑关系、逻辑代数中常用的公式和基本定理，阐述用逻辑函数表达问题的方法；讲解了逻辑门电路中典型的分立元件门电路，介绍了目前广泛使用的TTL门电路和CMOS门电路等。

二、数字信号

电子学研究的对象是载有信息的电信号，在电子学中会遇到多种电信号，按其特点可以将这些信号分为两大类，即模拟信号和数字信号。凡是随时间连续变化的信号，称为模拟信号，例如与声音、温度、压力等物理量相对应的连续变化的电压或电流信号。图8.1（a）所示就是一个模拟信号。凡是随时间不连续变化的信号，称为数字信号，例如只有高、低电平跳转的矩形脉冲信号、电路的开关状态等。图8.1（b）所示就是数字信号的波形，由图可以看出，数字信号的特点是突变和不连续（离散的）。

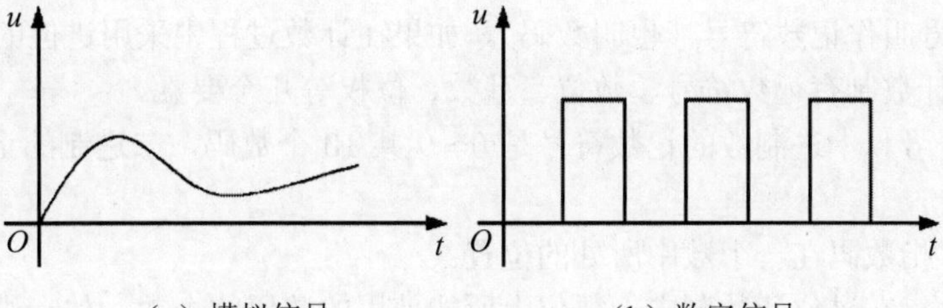

（a）模拟信号　　（b）数字信号

图8.1　信号波形图

数字电路中的波形都是这种不连续的波形，通常称为脉冲。

三、数字电路

对数字信号进行传递、变换、逻辑运算、存储、显示等处理的电路称为数字电路。由于数字电路不仅能对信号进行数值的算术运算，而且还具有逻辑运算和逻辑判断功能，所以又称为数字逻辑电路或逻辑电路。

在数字电路中，信号用高电平和低电平表示，对应逻辑关系中的“1”和“0”，因此数字电路具有以下特点：

- 用二进制表示数字信号，这些信号在时间上和数值上是离散不连续的，反映在电路上就是低电平和高电平两种状态（即 0 和 1 两个逻辑值）。组成数字电路的半导体器件绝大多数工作在开关状态。当它们导通时相当于开关闭合，当它们截止时相当于开关断开。
- 在数字电路中，研究的主要问题是电路的逻辑功能，即输入信号的状态和输出信号的状态之间的逻辑关系。
- 数字电路的抗干扰能力强、可靠性高，所以相对于模拟电路来说，对组成数字电路的元器件的精度要求不高，只要在工作时能够可靠地区分 0 和 1 两种状态即可。
- 数字电路不仅可以对信号进行算术逻辑运算，而且还能进行逻辑判断，这就使它能在数字计算机、数字控制、数据采集和处理、数字通信等领域中获得广泛应用。
- 因为数字电路的主要研究对象是电路的输入和输出之间的逻辑关系，它的分析方法也与模拟电路不同，它采用逻辑代数、真值表、卡诺图、特性方程、状态转换图、时序波形图等。

随着电子工业的快速发展，数字电路的集成度越来越高，正以功能齐全、价格低、可靠性高而被广泛地应用于国民经济的各个领域。

第二节　数制与编码

一、基本概念

（一）数制

数制是计数进位规律的简称，指用一组固定的符号和统一的规则来表示数值的方法。我们把表示数的符号叫作记数符号（也叫数码）。如果在计数过程中采用进位的方法，则称为进位计数制。进位计数制有记数符号、数位、基数、位权等几个要素。

（1）记数符号。十进制数的记数符号是 0～9 共 10 个数码，二进制的记数符号是 0 和 1 共 2 个数码。

（2）数位。指数码在一个数中所处的位置。

（3）基数。指在进位计数制中，数位上所能使用的数码的个数，如十进制的基数是 10。

（4）位权。指在某种进位计数制中，数位所代表的大小，对于一个 N 进制数（即基数为 N），若数位记作 j，则位权记作 N^j。

一般对于任意一个进制数可表示为：$D=\sum K_i N^i$，K_i 为第 i 位上的记数符号，i 为计数制的数位，N 为计数的基数（即进制数），N^i 称为第 i 位的权。

（二）计算机中常用的数制后缀表示

（1）十进制数用后缀 D 表示或无后缀，如 256D 或 256。

（2）二进制数用后缀 B 表示，如 110101B。

（3）十六进制数用后缀 H 表示，如 5C32H。

（4）八进制数用后缀 O 表示，如 317O。

二、数制

（一）十进制

（1）记数符号及计数基数：数值部分用 10 个不同的数码 0、1、2、3、4、5、6、7、8、9 来表示，计数基数是 10。

（2）进位规则：逢十进一。

（3）一般对于任意一个十进制数可表示为：$D=\sum K_i 10^i$，对于十进制数，N=10，K 为 0～9 中的任意一个数，10^i 为权，整数部分 i 取 0，1，2，…，n，小数部分 i 取-1，-2，…，$-m$，m、n 均为正整数。

例如十进制数：145.23，小数点左边的第一位代表个位，5 在小数点左边 1 位上，它代表的数值是 5×10^0，1 在小数点左边 3 位上，代表的数值是 1×10^2，3 在小数点右边 2 位上，代表的是 3×10^{-2}。

展开式为：$145.23=1\times10^2+4\times10^1+5\times10^0+2\times10^{-1}+3\times10^{-2}$

（二）二进制

（1）记数符号及计数基数：记数符号有 1、0 共 2 个，计数基数为 2。

（2）进位规则：逢二进一。

（3）任意二进制数可表示为：$D=\sum K_i 2^i$，K 为 0、1 中的任意一个数，2^i 为权，整数部分 i 取 0，1，2，…，n，小数部分 i 取-1，-2，…，$-m$，m、n 均为正整数。

例如二进制数：

$$(1101.01)_2=(1\times2^3+1\times2^2+0\times2^1+1\times2^0+0\times2^{-1}+1\times2^{-2})_{10}=(13.25)_{10}$$

（4）二进制数的优点：

数的状态简单，容易表示，在电路中容易实现。

逻辑关系的规则简单。

（三）十六进制

（1）记数符号及计数基数：记数符号有 0～9 和 A～F 共 16 个，计数基数为 16。

（2）进位规则：逢十六进一。

（3）任意十六进制数可表示为：$D=\sum K_i 16^i$，K 为 0～9 和 A～F 中的任意一个数，16^i 为权，整数部分 i 取 0，1，2，…，n，小数部分 i 取-1，-2，…，$-m$，m、n 均为正整数。

例如十六进制数：

$$(FA1.C)_{16}=F\times16^2+A\times16^1+1\times16^0+C\times16^{-1}=(4001.75)_{10}$$

（四）八进制

（1）记数符号及计数基数：记数符号有 0～7 共 8 个，计数基数为 8。

（2）进位规则：逢八进一。

（3）任意八进制数可表示为：$D=\sum K_i 8^i$，K 为 0～7 的任意一个数，8^i 为权，整数部分 i 取 0，1，2，…，n，小数部分 i 取-1，-2，…，$-m$，m、n 均为正整数。

例如八进制数：

$$(176.5)_8=1\times8^2+7\times8^1+6\times8^0+5\times8^{-1}=(125.625)_{10}$$

（五）任意进制

（1）记数符号及计数基数：N 进制有 N 个记数符号，计数基数为 N。

（2）进位规则：逢 N 进一。

（3）任意 N 进制数 D 可表示为：$D=\sum K_i N^i$，K 为 N 个记数符号中的任意一个数，N^i 为权，整数部分 i 取 0，1，2，…，n，小数部分 i 取-1，-2，…，$-m$，m、n 均为正整数。

三、常用数制之间的转换

（一）各种数制的数转换成十进制数

将 N 进制数的各位记数符号 K 分别乘以对应位的位权，然后相加便得到十进制数。例如：

$(1101.01)_2=(1\times2^3+1\times2^2+0\times2^1+1\times2^0+0\times2^{-1}+1\times2^{-2})_{10}=(13.25)_{10}$

$(637.42)_8=(6\times8^2+3\times8^1+7\times8^0+4\times8^{-1}+2\times8^{-2})_{10}=(415.53125)_{10}$

$(2022)_3=2\times3^3+0\times3^2+2\times3^1+2\times3^0=(62)_{10}$

（二）十进制数转换成二进制数

设一个十进制数为$(A.B)_{10}$，A 为整数部分，B 为小数部分。

整数部分：将 A 除以 2 取其余数（只会存在 0、1 两种余数），然后将商再次除以 2 取余数，反复这样后得最后一位余数，将所有余数按做除法从后向前（倒序）列写出来，则得到整数部分的二进制数。

小数部分：将 B 乘以 2 取其整数部分（0 或 1），再将刚才取剩的小数部分再乘以 2 再取其整数部分，反复几次将小数部分整化为 0 为止，将所得每次乘以 2 所取整数按从前往后（正序）列写出来，得到小数部分的二进制数。

将整数部分与小数部分的二进制数写在一起便得到结果。

例 8-1 将$(17)_{10}$化为二进制数。

17/2=8	余 1	d_0
8/2=4	余 0	d_1
4/2=2	余 0	d_2
2/2=1	余 0	d_3
1/2=0	余 1	d_4

得：$(17)_{10}=(10001)_2$

例 8-2 将$(0.8125)_{10}$化为二进制数。

0.8125×2=1.6250	整数部分 $1=d_{-1}$
0.6250×2=1.2500	整数部分 $1=d_{-2}$
0.2500×2=0.5000	整数部分 $0=d_{-3}$
0.5000×2=1.0000	整数部分 $1=d_{-4}$

得：$(0.8125)_{10}=(0.1101)_2$

（三）二进制、八进制、十六进制之间的转换

二进制、八进制、十六进制之间可以直接转换。将二进制数整数部分从低位向高位分组，小数部分从高位向低位分组。

十六进制 4 位为一组（注意：遇到不足 4 位二进制数的情况时，可在二进制数整数部分前增 0 或小数部分后增 0，补足 4 位），采用 4 位二进制数代表 1 位十六进制数即可。

八进制 3 位为一组（注意：遇到不足 3 位二进制数的情况时，可在二进制数整数部分前增 0 或小数部分后增 0，补足 3 位），采用 3 位二进制数代表 1 位八进制数即可。

几种常用进制数之间的对应关系见表 8.1。

表 8.1 几种常用进制数之间的对应关系

十进制	二进制	八进制	十六进制
0	0000	0	0
1	0001	1	1
2	0010	2	2
3	0011	3	3
4	0100	4	4
5	0101	5	5
6	0110	6	6
7	0111	7	7
8	1000	10	8
9	1001	11	9
10	1010	12	A
11	1011	13	B
12	1100	14	C
13	1101	15	D
14	1110	16	E
15	1111	17	F

例 8-3 将二进制数 1011110.10110010 转换为十六进制数。

解：$(0101 \quad 1110 \quad . \quad 1011 \quad 0010)_2$

$\downarrow \quad \downarrow \quad \downarrow \quad \downarrow$

$= (5 \quad E \quad . \quad B \quad 2)_{16}$

例 8-4 将二进制数 10011100101101001000.01 转换为八进制数。

解：(10011100101101001000.01)B

= (010 011 100 101 101 001 000. 010)B

= (2345510.2)O

例 8-5 将十六进制数(27B.7C)H 转换为八进制数。

解：(27B.7C) H

= (0010 0111 1011.0111 1100) B

= (001 001 111 011 . 011 111) B

=(1173.37) O

四、编码

将二进制代码赋予特定含义的过程叫编码。现实生活中，对事物进行编码的示例很多，如：学号、身份证号、电话号码、房间号、汽车牌号等。主要以十进制数为主，也有字母和文字。

在数字系统里，往往也需要对被控对象进行编码，或者对传递的信息进行编码。数字系统中的编码以二进制数形式出现，常用的编码有二～十进制编码（BCD 码）和可靠性编码。

（一）BCD 码

BCD 码（Binary Coded Decimal），用四位二进制数表示一位十进制数码（0～9），称为 BCD 码，四位二进制有 16 种不同的组合，任意取其中的 10 种组合来代表数码 0～9，即形成一种 BCD 码，不同的组合便形成了各种各样的 BCD 编码。BCD 码主要有：8421 码、5421 码、2421 码、余 3 码等。

8421 BCD 码简称 8421 码，按 4 位二进制数的自然顺序，取 16 种四位二进制组合的前 10 个数 0000～1001 依次表示十进制的 0～9，后 6 个数 1010～1111 为冗余码，不允许出现，若出现则认为是非法的或错误的。

8421 码与十进制的转换关系为直接转换关系：

例：$(0001\quad 0011\,.\,0110\quad 0100)_{8421BCD} = (13.64)_{10}$

运算时按逢 10 进 1 的原则，并且要进行调整。调整原则：有进位或出现冗余码时，加+6 调整。

```
              例:  8+9=17                       例:  7+6=13
                   1 0 0 0                           0 1 1 1
                +)  1 0 0 1                       +)  0 1 1 0
有进位+6   ←1 0 0 0 1              冗余码+6  ←  1 1 0 1
                 +) 0 1 1 0                        +) 0 1 1 0
                    0 1 1 1                 丢弃 ← 1 0 0 1 1
```

（二）可靠性编码

能减少错误，发现错误，甚至纠正错误的编码称为可靠性编码。纠错的三个层次：编码本身不易出错→格雷码；出错能检查出来→奇偶校验码；检查并能纠错→汉明码。

在一组二进制数的编码中，若任意两个相邻的代码只有一位二进制数不同，则称这种编码为格雷码（Gray Code），另外由于最大数与最小数之间也仅一位数不同，即“首尾相连”，因此又称循环码或反射码。在数字系统中，常要求代码按一定顺序变化。例如，按自然数递增计数，若采用 8421 码，则数 0111 变到 1000 时四位均要变化，而在实际电路中，4 位的变化不可能绝对同时发生，则计数中可能出现短暂的其他代码（1100、1111 等）。在特定情况下可能导致电路状态错误或输入错误。而使用格雷码可以避免这种错误，它在相邻位间转换时，只有一位产生变化，大大地减少了由一个状态到下一个状态时逻辑的混淆。

格雷码是一种无权码，每一位码没有固定的大小，很难直接进行比较大小和算术运算，要经过一次码变换，变成自然二进制码再进行读取。

二进制码通常通过异或转换为格雷码，此方法从对应的 n 位二进制码字中直接得到 n 位格雷码码字，步骤如下：

（1）对 n 位二进制的码字，从右到左，以 0 到 n-1 编号。

（2）如果二进制码字的第 i 位和 i+1 位相同，则对应的格雷码的第 i 位为 0，否则为 1。（当 i+1=n 时，二进制码字的第 n 位被认为是 0，即第 n-1 位不变）。

例如 13 的格雷码：

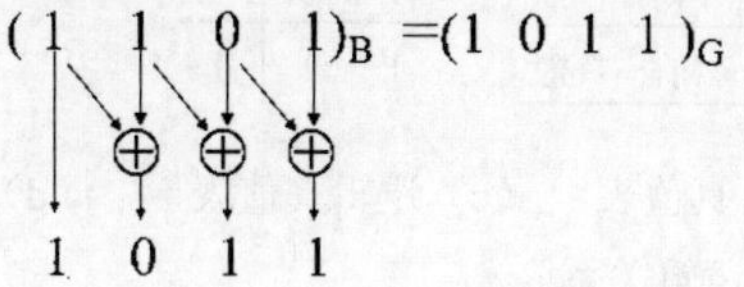

第三节　逻辑代数

一、逻辑代数基础

逻辑代数是按一定逻辑规律进行逻辑关系运算的代数，它和普通代数一样有自变量和因变量，亦称布尔代数，是英国数学家乔治·布尔于 1849 年创立的。逻辑运算的数学基础是逻辑代数。

（一）逻辑变量、逻辑函数

逻辑代数中的变量称为逻辑变量。在代数学中，变量可取值的范围很广，可以是实数，也可以是复数。而逻辑变量的取值只有两种：逻辑 0 和逻辑 1。逻辑 0 和逻辑 1 并不表示具体的数值，而是表示相互矛盾、相互对立的两种逻辑状态。例如开关的关与开、灯的暗与亮。因此，逻辑 0 和逻辑 1 之间并不存在大小关系，没有数值意义，一般情况下使用大写英文字母来表示逻辑变量，如 A、B、C 等。

以逻辑变量作为输入，以逻辑运算得到的结果作为输出，输入与输出之间形成的逻辑关系称为逻辑函数。

如果有若干个逻辑变量（如 A、B、C、D）按与、或、非三种基本运算组合在一起，得到一个表达式 L。对逻辑变量的任意一组取值（如 0000，0001，0010，⋯）L 有唯一的值与之对应，则称 L 为逻辑函数。逻辑变量 A、B、C、D 的逻辑函数记为

$$L = f(A,B,C,D)$$

（二）基本逻辑运算

1. 与运算

只有当决定一件事情的所有条件都满足时，这件事情才会发生。

真值表是将事件发生的所有条件经过状态赋值得到的反映事件与其发生条件之间的逻辑关系的表格。

与运算的例子如图 8.2 所示，A、B 是两个串联开关，Y 是灯。

逻辑表达式：$Y=A\cdot B$

与运算的规则为：见 0 为 0，全 1 为 1。

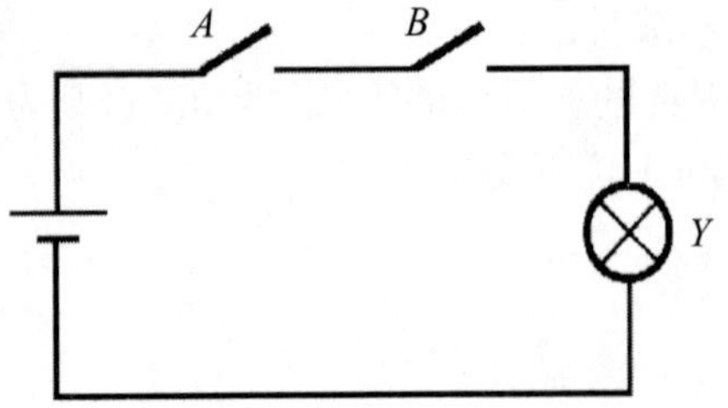

（a）电路图

开关 A	开关 B	灯 Y
不闭合	不闭合	不亮
不闭合	闭合	不亮
闭合	不闭合	不亮
闭合	闭合	亮

（b）真值表

A	B	Y
0	0	0
0	1	0
1	0	0
1	1	1

（c）逻辑真值表

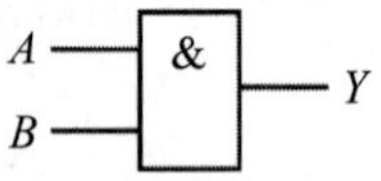

（d）逻辑符号

图 8.2　与逻辑关系

2. 或运算

在决定一件事情的所有条件中，只要具备一个或一个以上的条件，该事情就会发生。

或运算的例子如图 8.3 所示，A、B 是两个并联开关，Y 是灯。

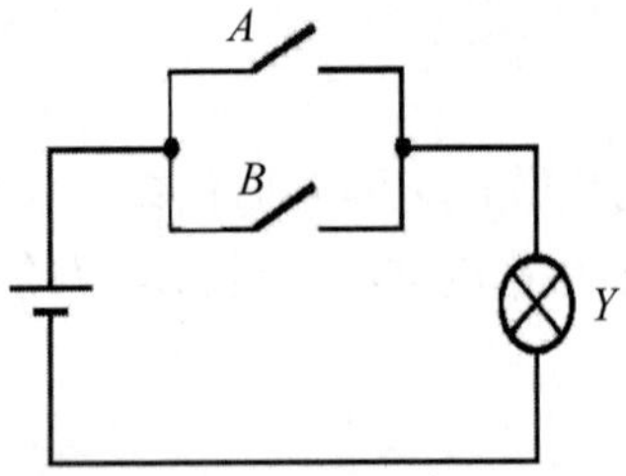

（a）电路图

A	B	Y
0	0	0
0	1	1
1	0	1
1	1	1

（b）真值表

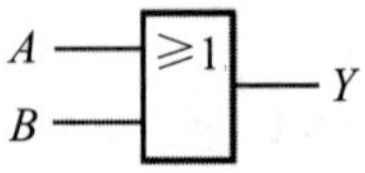

（c）逻辑符号

图 8.3　或逻辑关系

逻辑表达式：$Y=A+B$

或运算的规则为：见 1 为 1，全 0 为 0。

3. 非运算

当决定一件事情的所有条件不具备时，这件事情才会发生。

非运算的例子如图 8.4 所示，当开关 A 闭合时，灯不亮；当 A 不闭合时，灯亮。

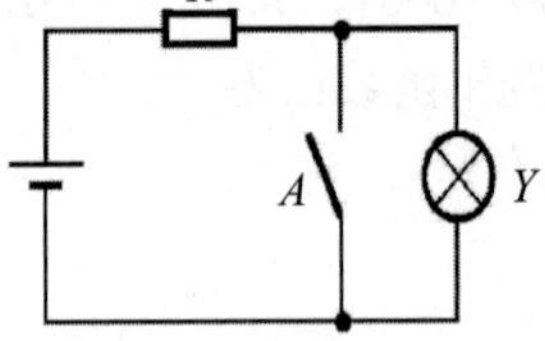

（a）电路图

A	Y
0	1
1	0

（b）真值表

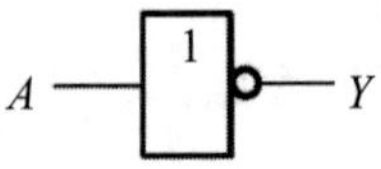

（c）逻辑符号

图 8.4　非逻辑关系

逻辑表达式：$Y=\overline{A}$

非运算的规则为：见 0 为 1，见 1 为 0。

综上所述，基本逻辑运算仅有与、或、非三种。同时，把实现与逻辑运算的单元电路叫作与门，把实现或逻辑运算的单元电路叫作或门，把实现非逻辑运算的单元电路叫作非门（反相器）。

（三）常用的逻辑运算

常用的逻辑运算有：与非、或非、与或非、异或、同或等。

逻辑表达式：与非 $Y=\overline{A\cdot B}$

或非 $Y=\overline{A+B}$

与或非 $Y=\overline{A\cdot B+D\cdot C}$

异或 $Y=A\oplus B=A\overline{B}+\overline{A}B$　$\oplus$为异或运算符（相异为1，相同为0）

同或 $Y=A\odot B=\overline{A}\overline{B}+AB$　$\odot$为同或运算符（相同为1，相异为0）

同或和异或互为反状态

二、逻辑代数基本规则、定律、定理

（一）基本规则

逻辑代数中，在对逻辑表达式进行各种逻辑运算时，必须遵守以下规则：

（1）同一式中有乘有加，应先乘后加。例如 $A\cdot B+C\cdot D$，先进行 A 乘 B 和 C 乘 D，然后再把两项相乘的结果相加。

（2）逻辑表达式中如果有括号，应先对括号里面的变量进行运算。例如$(A+B)\cdot C$，先做括号内的加，然后再做乘。

（3）进行逻辑非运算时可以不用括号。例如$\overline{(A+B)}$可以写成$\overline{A+B}$。在逻辑非运算中要注意非号的长短。例如$\overline{AB+CD}$是先乘后加再非，而$\overline{AB}+\overline{CD}$是先乘后非再加。

（二）基本定律

根据上述三种基本运算，可推导出下列逻辑代数的基本定律：

0.1 律　$0+A=A$　　$0\cdot A=0$

　　　　$1+A=1$　　$1\cdot A=A$

同一律　$A+A=A$　　$A\cdot A=A$

互补律　$A+\overline{A}=1$　　$A\cdot\overline{A}=0$

还原律　$\overline{\overline{A}}=A$

交换律　$A+B=B+A$　　$A\cdot B=B\cdot A$

结合律　$A+(B+C)=(A+B)+C$

　　　　$A\cdot(B\cdot C)=(A\cdot B)\cdot C$

分配律　$A\cdot(B+C)=A\cdot B+A\cdot C$

　　　　$A+B\cdot C=(A+B)(A+C)$

反演律　$\overline{A+B+C}=\overline{A}\cdot\overline{B}\cdot\overline{C}$

　　　　$\overline{A\cdot B\cdot C}=\overline{A}+\overline{B}+\overline{C}$

吸收律　$A+A\cdot B=A$　　$A\cdot(A+B)=A$

　　　　$A+\overline{A}B=A+B$（利用分配律证明）　　$AB+\overline{A}C+BC=AB+\overline{A}C$

利用真值表可以证明上述任一定律的正确性。

（三）基本定理

（1）代入定理：在任何一个包含变量 A 的逻辑等式中，若以另一个逻辑式代入式中所有 A 的位置，则等式仍然成立。

（2）反演定理：对于任意一个逻辑式 Y，若将其中所有的“·”换成“+”，“+”换成“·”，0 换成 1，1 换成 0，原变量换成反变量，反变量换成原变量，则得到的结果就是$\overline{Y}$。

运用反演律需要注意以下两个规则：

仍需遵守“先括号、然后乘、最后加”的运算优先次序。

$$F=\overline{A}+\overline{B}\cdot(C+\overline{D}E)\text{，则}\overline{F}=A\cdot[B+\overline{C}(D+\overline{E})]$$

不属于单个变量上的反号保留不变。

$$F=AB+\overline{\overline{A}BC}+\overline{B}\ \overline{C}\text{ 则 }\overline{F}=(\overline{A}+\overline{B})\cdot\overline{(A+\overline{B}+\overline{C})}\cdot(B+C)$$

已知函数$Y=\overline{A+B}$，根据反演定理得 $\overline{Y}=\overline{\overline{A}}\cdot\overline{\overline{B}}$。所以可以推出$\overline{A+B}=\overline{A}\cdot\overline{B}$。

同理可证$\overline{A\cdot B}=\overline{A}+\overline{B}$　　（摩根定律）

（3）对偶定理：若两逻辑式相等，则它们的对偶式也相等。

对于任何一个逻辑式 Y，将其中所有的“·”换成“+”，“+”换成“·”，0 换成 1，1 换成 0，得到一个新的逻辑式Y'，这个Y'就叫作 Y 的对偶式。

$$F=\overline{\overline{A}+\overline{B+\overline{C}\cdot 0}}\qquad F'=\overline{\overline{A}\cdot\overline{B\cdot(\overline{C}+1)}}$$

例 8-6　将下列函数化为最简与或表达式。

$Y_1=A\overline{B}+B+\overline{A}B=A\overline{B}+(B+B\overline{A})$（公式：$A+AB=A$）

$=A\overline{B}+B=A+B$（公式：$A+\overline{A}B=A+B$）

$Y_2=A\overline{B}C+\overline{A}+B+\overline{C}$

$=\overline{A}+\overline{C}+B+\overline{B}AC$

$=\overline{A}+\overline{C}+B+AC$

$=\overline{A}+\overline{\overline{A}}C+B+\overline{C}$

$=\overline{A}+C+B+\overline{C}$

$=1$

$Y_3=A\overline{B}CD+ABD+ACD$

$=AD(\overline{B}C+B+C)$

$=AD(B+C)$

$=ABD+ACD$

$Y_4=\overline{\overline{A}BC}+\overline{A\overline{B}}=A+\overline{B}+\overline{C}+\overline{A}+B=1$

课堂互动

1. 由 $AB=AC$，是否可以得到 $B=C$?
2. 由 $A+B=A+C$，是否可以得到 $B=C$?（请注意与普通代数的区别）

三、逻辑函数表达形式

逻辑函数的表示方法通常有 5 种：逻辑真值表、逻辑函数式、逻辑图、卡诺图和波形图。

（一）真值表

逻辑真值表是最简单也是最常用于直观描述一个逻辑关系的形式。当你找不到解题的钥题时，列真值表是一个比较好的办法。

例如，在举重比赛中，通常设三名裁判：一名为主裁，另两名为副裁。竞赛规则规定运动员每次试举必须获得主裁及至少一名副裁的认可，方算成功。裁判员的态度只有同意和不同意两种；运动员的试举也只有成功与失败两种情况。

举重问题可用逻辑代数加以描述：用 A、B、C 三个逻辑变量表示主副三裁判，取值 1 表示同意（成功），取值 0 表示不同意（失败）；举重运动员用 L 表示，取值 1 表示成功，0 表示失败。显然，L 由 A、B、C 决定，L 为 A、B、C 的逻辑函数，见表 8.2。

表 8.2　举重比赛逻辑函数的真值表

A	B	C	L
0	0	0	0
0	0	1	0
0	1	0	0
0	1	1	0
1	0	0	0
1	0	1	1
1	1	0	1
1	1	1	1

该表称为逻辑函数 L 的真值表。

注意：*真值表必须列出逻辑变量所有可能的取值所对应的函数值，不能有遗漏（两个逻辑变量有 $2^2=4$，三个逻辑变量有 $2^3=8$，四个逻辑变量有 $2^4=16$ 种可能的取值，……）。*

（二）函数式

逻辑函数式是用逻辑运算中的三种基本运算与、或、非组合成一个逻辑关系的数学表达式。上述举重函数式为 $L=ABC+A\bar{B}C+AB\bar{C}$

（三）波形图

波形图即时序图，由输入变量的所有取值组合的高低（通常 1 表示高电平，0 表示低电平）及其对应的输出函数值的高低所构成的图形。

例 8-7　A、B 的波形如图 8.5 所示，试画出 $A\oplus B$、$A\odot B$ 的波形。

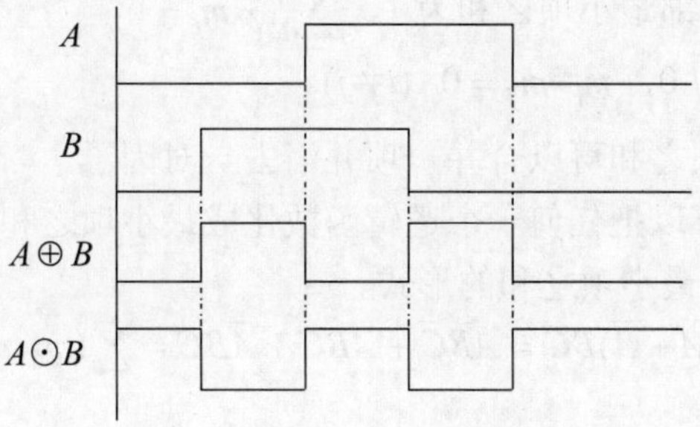

图 8.5　A、B 及 $A\oplus B$、$A\odot B$ 的波形

下面给出几种表示方法间互相转换的方法。

（1）从逻辑真值表写出逻辑函数式：找出逻辑真值表中 Y（输出）=1 的那些输入变量取值的组合；每组输入变量取值的组合对应一个乘积项，其中取值为 1 的写入原变量，取值为 0 的写入反变量；将这些乘积项相加，即得到 Y 的逻辑函数式。

（2）从逻辑函数式列出逻辑真值表：将输入变量取值的所有组合状态逐一代入逻辑函数式求出函数值 Y，列成表，即为逻辑真值表。

（四）逻辑函数的标准形式

逻辑函数有两种标准形式："最小项之和"与"最大项之积"。

1. 最小项

在 n 变量逻辑函数中，若 m 为包含 n 个变量的乘积项，而且这 n 个变量均以原变量或反变量的形式在 m 中出现一次，则称 m 为该组变量的最小项。如三变量(A,B,C)函数的最小项有 2^3 个。其中当 A=1、B=1、C=1 时，ABC=1，如果把 ABC 的取值 111 看作一个二进制数，那么它的十进制数就是 7，我们为了方便，将 ABC 这个最小项记作 m_7，也就是说 m_7 的下标"7"表示这个最小项代表的十进制数。三变量函数的最小项有 m_0～m_7 这 8 个。

编号规则：原变量取 1，反变量取 0。三变量函数最小项取值如图 8.6 所示。

变量的各组取值			对应的最小项及其编号	
A	B	C	最小项	编号
0	0	0	$\overline{A}\,\overline{B}\,\overline{C}$	m_0
0	0	1	$\overline{A}\,\overline{B}\,C$	m_1
0	1	0	$\overline{A}\,B\,\overline{C}$	m_2
0	1	1	$\overline{A}\,B\,C$	m_3
1	0	0	$A\,\overline{B}\,\overline{C}$	m_4
1	0	1	$A\,\overline{B}\,C$	m_5
1	1	0	$A\,B\,\overline{C}$	m_6
1	1	1	$A\,B\,C$	m_7

图 8.6　三变量函数的最小项

最小项有如下重要性质：

在输入变量的任何取值下必有一个最小项，而且仅有一个最小项的值为 1。

n 个变量的逻辑函数的全部最小项之和为 1，$\sum_{i=1}^{2^n-1} m_i = 1$。

任意两个最小项的乘积为 0，$m_i \cdot m_j = 0$ $(i \neq j)$。

具有相邻性的两个最小项之和可以合并一项并消去一对因子。

利用基本公式 $A+\overline{A}=1$ 可以把任何一个逻辑函数化成最小项之和的标准形式。

例 8-8　将下列函数化为最小项之和的形式。

$$Y_1 = AB\overline{C} + BC = AB\overline{C} + (A+\overline{A})BC = AB\overline{C} + ABC + \overline{A}BC = \sum(m_6, m_7, m_3) = \sum m(3,6,7)$$

2. 最大项

在 n 变量逻辑函数中，若 M 为 n 个变量之和，而且这 n 个变量均以原变量或反变量的形

式在 M 中出现一次，则称 M 为该组变量的最大项。如三变量(A,B,C)函数的最大项有 2^3 个，$(A+B+C)$就是其中一个。

编号规则：原变量取 0，反变量取 1。三变量函数最大项取值如图 8.7 所示。

最大项的主要性质：

在输入变量的任何取值下必有一个最大项，而且仅有一个最大项的值为 0。

n 个变量的逻辑函数的全部最大项之积为 0，$\prod_{i=0}^{2^n-1} M_i = 0$。

任意两个最大项之和为 1，$M_i+M_j=1\quad(i\neq j)$。

只有一个变量不同的两个最大项的乘积等于各相同变量之和。

变量的各组取值			对应的最小项及其编号	
A	B	C	最小项	编号
0	0	0	$A+B+C$	M_0
0	0	1	$A+B+\overline{C}$	M_1
0	1	0	$A+\overline{B}+C$	M_2
0	1	1	$A+\overline{B}+\overline{C}$	M_3
1	0	0	$\overline{A}+B+C$	M_4
1	0	1	$\overline{A}+B+\overline{C}$	M_5
1	1	0	$\overline{A}+\overline{B}+C$	M_6
1	1	1	$\overline{A}+\overline{B}+\overline{C}$	M_7

图 8.7　三变量函数的最大项

例 8-9　计算三变量函数的最大项。

$$F(A,B,C)=(A+B+C)(A+B+\overline{C})(\overline{A}+B+C)(\overline{A}+B+\overline{C})$$
$$=M_0M_1M_4M_5=\prod M(0,1,4,5)$$

3. 最小项和最大项之间的转换

以最小项之和的形式表示的函数可以转换成最大项之积的形式，反之亦然。

例如：若 $F(A,B,C)=\overline{A}B\overline{C}+\overline{A}BC+AB\overline{C}+ABC=\sum m(2,3,6,7)$

则 $F(A,B,C)=\Pi M(0,1,4,5)$

四、逻辑函数化简

同一个逻辑函数可以有多种表达形式，一种形式的表达式对应一种电路，尽管它们的形式不同，但实现的逻辑功能相同，所以在实现某种函数的电路时，重要的是如何处理函数，以尽量少的单元电路以及电路类型来达到目的，这就需要化简逻辑函数。逻辑函数化简方法有公式化简法和图形化简法。利用公式化简法对组合形式很多的函数表达式来说较难，在题目没有要求、变量数在 5 及 5 以下的逻辑函数表达式中优先用图形化简法。利用公式化简法化简后，为避免错误，可以进行验证，方法为：原逻辑函数表达式的原变量用 1、反变量用 0 代替得出函数值，再化简后的函数式中同样将原变量用 1、反变量用 0 代替，看结果是否相同，如不相同则化简有错。

化简逻辑函数式有两种结果：

将逻辑函数式化为最简形式，即使逻辑函数式每个乘积项里的因子不能再减少。

将逻辑函数式化为相关门电路的最简形式。例如采用与非门一种器件实现 $Y = AB + CD$ 这一逻辑函数式，我们必须将 $Y = AB + CD$ 化成与非式，有

$$Y = AB + CD = \overline{\overline{AB + CD}} = \overline{\overline{AB} \cdot \overline{CD}}$$

该式称为与非－与非式。

（一）公式化简

常用的化简方法有以下几种：

并项法：利用公式 $AB + A\overline{B} = A$ 将两项合并成一项。

吸收法：利用公式 $A + AB = A$ 可将 AB 项消去。

消项法：利用公式 $AB + \overline{A}C + BC = AB + A\overline{C}$ 和 $AB + \overline{A}C + BCD = AB + A\overline{C}$ 将 BC 或 BCD 消去。

消因子法：利用公式 $A + \overline{A}B = A + B$ 将 $\overline{A}B$ 中的 $\overline{A}$ 消去。

配项法：利用公式 $A + A = A$ 或 $A + \overline{A} = 1$ 重复写进一项，来达到与其他原有项进行合并的目的。

$$\begin{aligned}
F &= A\overline{C} + ABC + AC\overline{D} + CD \\
F &= A(\overline{C} + BC) + C(A\overline{D} + D) \\
&= A(\overline{C} + B) + C(A + D) \qquad \boxed{A + \overline{A}B = A + B} \\
&= A\overline{C} + AB + AC + CD \\
&= A(\overline{C} + C) + AB + CD \\
&= A(1 + B) + CD = A + CD
\end{aligned}$$

（二）卡诺图化简

将 n 变量的全部最小项各用一个小方块表示，并使具有逻辑相邻性的最小项在几何位置上也相邻地排列起来，所得到的图形叫作 n 变量最小项的卡诺图。多应用于四个及四个以下变量的逻辑函数的化简。四变量卡诺图如图 8.8 所示。

AB \ CD	00	01	11	10
00	$\overline{A}\,\overline{B}\,\overline{C}\,\overline{D}$ m_0	$\overline{A}\,\overline{B}\,\overline{C}D$ m_1	$\overline{A}\,\overline{B}CD$ m_3	$\overline{A}\,\overline{B}C\overline{D}$ m_2
01	$\overline{A}B\overline{C}\,\overline{D}$ m_4	$\overline{A}B\overline{C}D$ m_5	$\overline{A}BCD$ m_7	$\overline{A}BC\overline{D}$ m_6
11	$AB\overline{C}\,\overline{D}$ m_{12}	$AB\overline{C}D$ m_{13}	$ABCD$ m_{15}	$ABC\overline{D}$ m_{14}
10	$A\overline{B}\,\overline{C}\,\overline{D}$ m_8	$A\overline{B}\,\overline{C}D$ m_9	$A\overline{B}CD$ m_{11}	$A\overline{B}C\overline{D}$ m_{10}

图 8.8　四变量卡诺图

1. 卡诺图的画法

将逻辑函数式化为最小项之和的形式，然后在卡诺图上把这些最小项对应的位置填入 1，在其他位置填入 0，就得到了表示该逻辑函数的卡诺图。也就是说，任何一个逻辑函数都等于它的卡诺图中填入 1 的那些最小项之和。

利用卡诺图对逻辑函数进行化简的基本步骤如下：

（1）将逻辑函数正确地用卡诺图表示出来。

（2）找出可以合并的最小项进行合并。

（3）选取化简后的乘积项相加得到最简逻辑函数表达式。

合并原则：卡诺图中任何 2^i 个标 1 的相邻最小项可以合并为一项，消去 i 个变量；通常用圈将能合并的相邻最小项圈起来，要求圈的个数最少，每个圈所包围的方格数目最多，要有新成分，而且圈必须为矩形；同时需要注意，卡诺图的相邻指的是几何相邻，所以卡诺图中第一行和最后一行也相邻，第一列和最后一列也相邻。

2. 卡诺图常见合并情况

二变量卡诺图的典型合并情况如图 8.9 所示。

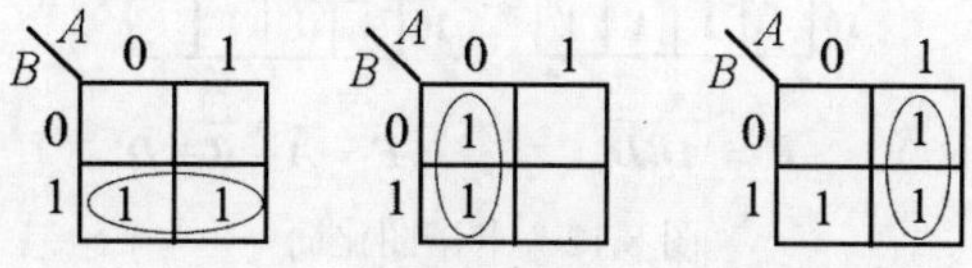

图 8.9　二变量卡诺图合并情况

三变量卡诺图的典型合并情况如图 8.10 所示。

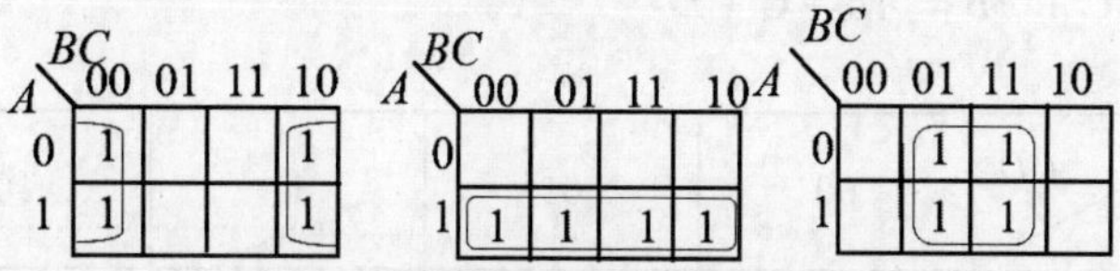

图 8.10　三变量卡诺图合并情况

四变量卡诺图的典型合并情况如图 8.11 所示。

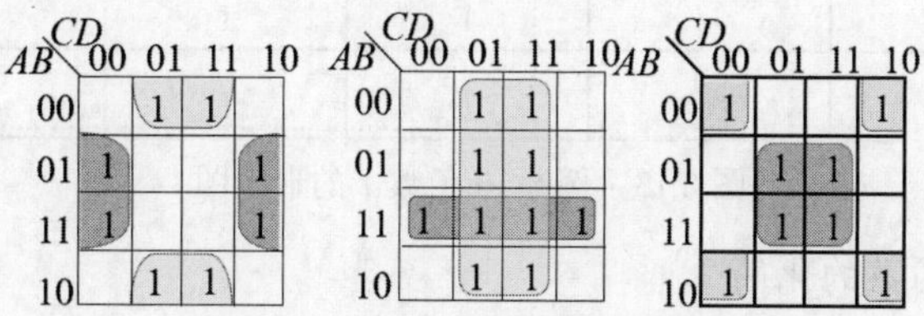

图 8.11　四变量卡诺图合并情况

卡诺图化简举例如图 8.12 所示。

例 8-10　画出 $Y = A\overline{B} + \overline{A}C + BC + \overline{C}D$ 的卡诺图并化简。

解：①画出 Y 的卡诺图。

Y 共有四个乘积项，第一个乘积项 $A\overline{B}$（A=1，B=0）包含第 4 行的四项：m_8、m_9、m_{11}、m_{10}；第二个乘积项 $\overline{A}C$（A=0，C=1）包含第 1、2 行（A=0）与第 3、4 列（C=1）相交的四项：

m_3、m_2、m_7、m_6；第三个乘积项 BC（B=1，C=1）包含第 2、3 行（B=1）与第 3、4 列（C=1）相交的四项：m_7、m_6、m_{15}、m_{14}；第四个乘积项 $\overline{C}D$（C=0，D=1）包含第 2 列的四项。

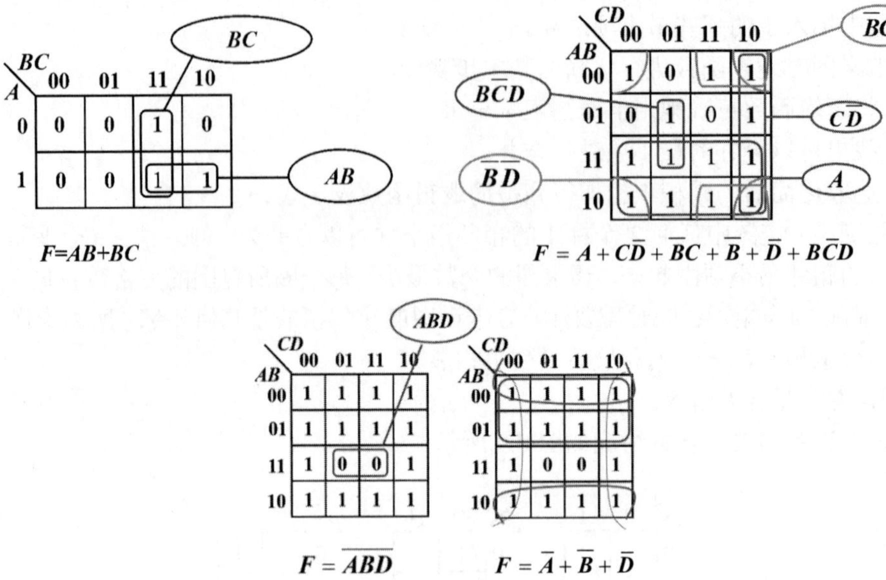

图 8.12　卡诺图化简

②合并与化简。

从图 8.13 中函数 Y 的卡诺图上看到第 2、3 列的 8 项合并，第 3、4 列的 8 项合并，第 4 行合并，得：$Y = D + C + A\overline{B} = A\overline{B} + C + D$

AB \ CD	00	01	11	10
00		1	1	1
01		1	1	1
11		1	1	1
10	1	1	1	1

图 8.13　例 8-10 函数 Y 的卡诺图

3．无关项的逻辑函数的化简

无关项：约束项和任意项统称为逻辑函数式中的无关项（随意项），在一些逻辑函数中存在一些最小项（输入变量）的取值是一定的，不能任意取值，具有约束力，这样的最小项叫作约束项；而在一些逻辑函数中存在一些最小项（输入变量）的取值是 0 还是 1 对逻辑函数值（输出变量）的结果没有任何影响，这样的最小项叫作任意项。

含无关项的逻辑函数的化简：利用图形化简法化简。无关项在卡诺图中用“×”表示。由于是无关项，我们可以依据得到的相邻最小项矩形（圈）最大、矩形数目最少的原则对这些无关项作为 1 或作为 0 处理。

例 8-11 将下列函数化为最简与或函数式。

$$Y_1 = C\overline{D}(A \oplus B) + \overline{A}B\overline{C} + \overline{A}\,\overline{C}D \qquad \text{无关项为 } AB+CD=0$$

$$Y_2 = \overline{A}C\overline{D} + \overline{A}B\overline{C}\,\overline{D} + A\overline{B}\,\overline{C}\,\overline{D} \qquad \text{无关项为} \sum(10,11,12,13,14,15) = 0$$

解：$Y_1 = \overline{A}BC\overline{D} + A\overline{B}C\overline{D} + \overline{A}B\overline{C} + \overline{A}\,\overline{C}D$

$AB + CD = \sum m(3,7,11,12,13,14,15) = 0$ 无关项如图 8.14 所示。

由卡诺图（图 8.14）得

$$Y_1 = B + \overline{A}D + AC$$

$$Y_2 = B\overline{D} + A\overline{D} + C\overline{D}$$

该卡诺图上有四个矩形组，其中 m_{11}、m_{13}、m_{15} 三个无关项在化简中没有用到。

Y_1

AB \ CD	00	01	11	10
00		1	×	
01	1	1	×	1
11	×	×	×	×
10			×	1

Y_2

AB \ CD	00	01	11	10
00				1
01	1			1
11	×	×	×	×
10	1		×	×

图 8.14 例 8-11 函数 Y_1、Y_2 的卡诺图

第四节 逻辑门电路

逻辑门电路是实现基本和常用逻辑运算功能的电子电路。逻辑函数所表示的电路功能可采用分立元件门电路及目前广泛使用的 TTL 门电路和 CMOS 门电路来实现，各种类型的门电路就是实现逻辑功能的基本单元。双极型晶体三极管是晶体管—晶体管逻辑电路（TTL）的基础，金属氧化物绝缘栅型场效应管是 CMOS 集成电路的基础。实现与、或、非三种基本逻辑关系以及复合逻辑关系的数字电路分别称为：与门、或门、非门、与非门、或非门、与或非门、异或门、同或门等。

本节通过介绍常用基本门电路的内部电路及其外部特性来帮助读者正确地了解和掌握逻辑门电路的基本原理及应用。

一、基本逻辑门和复合逻辑门

（一）开关特性

1. 二极管的开关特性

半导体二极管具有单向导电性，即外加正向电压时导通，外加反向电压时截止，所以可以利用外加电压极性控制电路的导通和截止两种状态。如图 8.15（a）所示为一简单的二极管开关电路，当二极管承受正向电压时，二极管导通，二极管管压降 V_D 近似为 0（约 0.7V），相当于开关合上，此时二极管可等效为一个具有 0.7V 压降的闭合开关，如图 8.15（b）所示；当

二极管承受反向电压时，二极管截止，二极管电流近似为 0，这时二极管可等效为一个断开的开关，如图 8.15（c）所示。

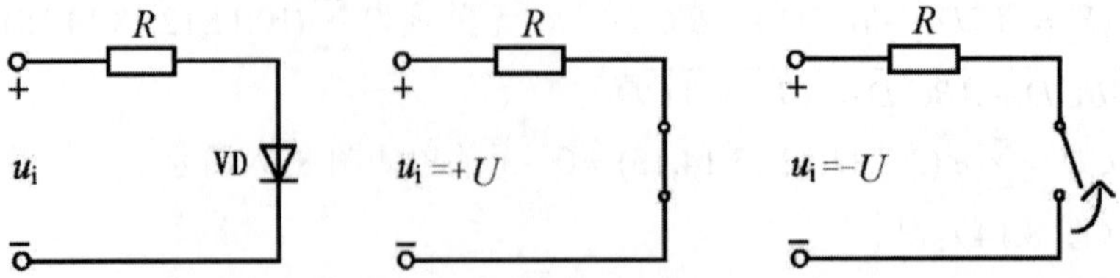

（a）电路图　（b）输入高电位等效电路图　（c）输入低电位等效电路图

图 8.15　二极管开关电路及等效电路

2. 双极型三极管的开关特性

双极型三极管（半导体三极管）随着输入电压的不同呈现三种工作状态或称三种工作区域：截止区、放大区、饱和区。在模拟电路中，对于双极型三极管的结构、特点及输入输出特性曲线已进行了讨论，在那里我们主要关心三极管的放大作用。而在数字电路中三极管不允许工作在放大状态，而是工作在饱和与截止状态。当输入为低电平时，三极管工作在截止状态，相当于开关断开，输出为高电平；当输入为高电平时，三极管工作在饱和状态，输出为低电平。这里主要讨论三极管的开关特性。数字逻辑电路中，三极管一般只工作在饱和导通和截止两种开关状态。

在图 8.16 所示的电路中，若 $i_b=0$，则 $i_b \leqslant I_{CEO}$（穿透电流），三极管工作在截止状态。忽略 I_{CEO}，此时三极管处于开关打开状态，$i_c=0$，$u_{CE}=u_O=V_{CC}$。为使三极管可靠截止，必须满足三极管截止条件 $i_b=0$。I_b 越小，称三极管截止深度越深。因此输入电压 u_i 必须小于三极管死区电压 U_{BE}，即 $u_i=U_{BES}$。

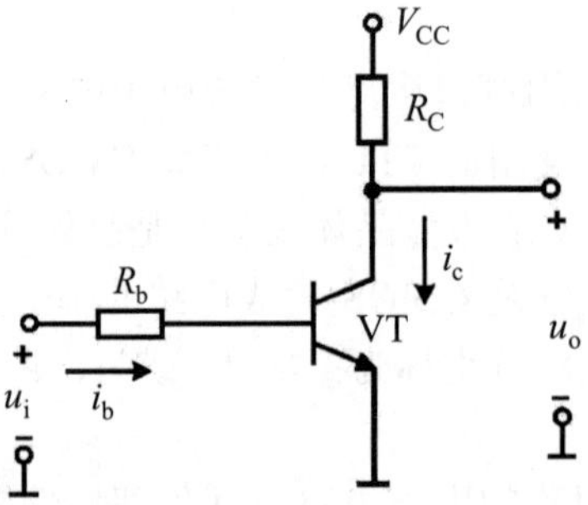

图 8.16　三极管开关电路

若 i_b 足够大，则 i_c 受集电极负载电阻 R_C 影响达到饱和值 I_{CS}（集电极饱和电流）。此时，三极管相当于一个合上的开关，忽略三极管饱和压降 U_{CES}，有 $i_c=I_{CS}=U_{CC}/R_C$，$u_{CE}=0$。我们将 $I_{BS}=I_{CS}/\beta=U_{CC}/\beta R_C$ 称为基极临界饱和电流，则三极管饱和条件为 $i_b>I_{BS}$。$i_b>I_{BS}$ 称为临界饱和，i_b 越大则称饱和深度越深。显然，为满足饱和条件，$i_b=\dfrac{u_i - U_{BES}}{R_b}>I_{BS}$，输入电压 u_i 必须满足：$u_i>R_b I_{BS}+U_{BES}$。

综上所述，三极管具有可控的稳态开关特性，三极管的开与关和控制电压 u_i 有关，u_i 大于某一电平，三极管开关合上；u_i 小于某一电平，三极管开关打开。

3. MOS 管的开关特性

图 8.17 所示为一简单的 MOS 管开关电路。当 MOS 管的栅源电压 V_{GS} 小于开启电压 $U_{GS(th)}$ 时，漏极和源极之间的内阻 R_{OFF} 非常大，MOS 管处于截止状态，其等效电路可用断开的开关代替。当 MOS 管的栅源电压 V_{GS} 大于开启电压 $U_{GS(th)}$ 时，MOS 管将工作在可变电阻区，处于导通状态，此时 MOS 管等效于一个具有一定导通电阻的闭合开关。在实际电路中，常用另一个 MOS 管来作负载。

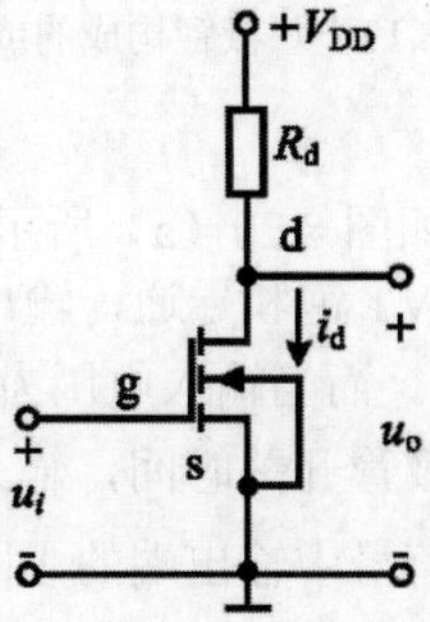

图 8.17　MOS 管开关电路

（二）基本逻辑门

分立元件门电路包括二极管与门电路、二极管或门电路、三极管非门电路及复合门电路等。二极管与三极管门电路组成的逻辑门电路简称 DTL 门电路。

1. 二极管与门电路

图 8.18（a）所示为二极管与门电路。当输入端 A、B 有一个（或一个以上）为低电平时，该输入端对应的二极管因加上正偏电压而导通，则输出 L 为低电平；当输入端 A、B 全部为高电平时，由于二极管截止，输出 L 才为高电平。显然该电路的输入与输出之间满足“与”逻辑关系，即 $L=A \cdot B$。

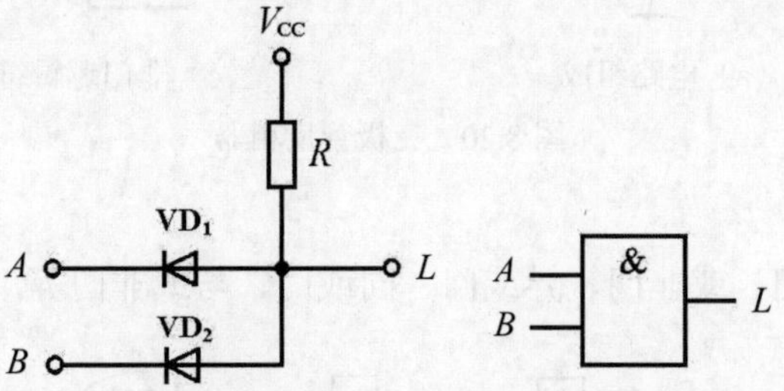

（a）电路组成　　（b）与门逻辑符号

图 8.18　二极管构成的与门

2. 二极管或门电路

采用二极管开关组成的或门电路如图 8.19（a）所示。当输入端 A 和 B 有一个（或一个以上）为高电平时，高电平输入端对应的二极管因正偏导通，则输出 L 为高电平；当输入端 A 和 B 同时为低电平时，所有的二极管都截止，输出 L 才为低电平。表明该电路的输入和输出之间呈“或”逻辑关系，即 $L=A+B$。相应的逻辑符号如图 8.19（b）所示。

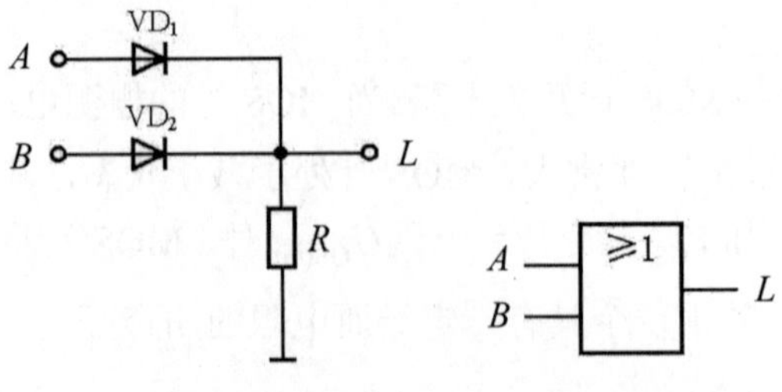

（a）电路组成　　（b）或门逻辑符号

图 8.19　二极管构成的或门

3. 三极管反相器（非门）

由三极管构成的反相器（非门）如图 8.20（a）所示。

当输入电压为高电平时，三极管 VT 饱和导通，输出为低电平 $u_O = V_{OL} = V_{CES}$。对小功率管来说，三极管饱和压降 $U_{CES} = 0.3V$。而当输入电压为低电平时，三极管 VT 截止，输出为高电平 $u_O = V_{OH} = V_{CC} = 5V$。忽略三极管开关时间，输入输出电压具有的反相关系如图 8.20（b）所示。图 8.20（c）所示的逻辑符号中输出端的小圈就是表示反相关系。

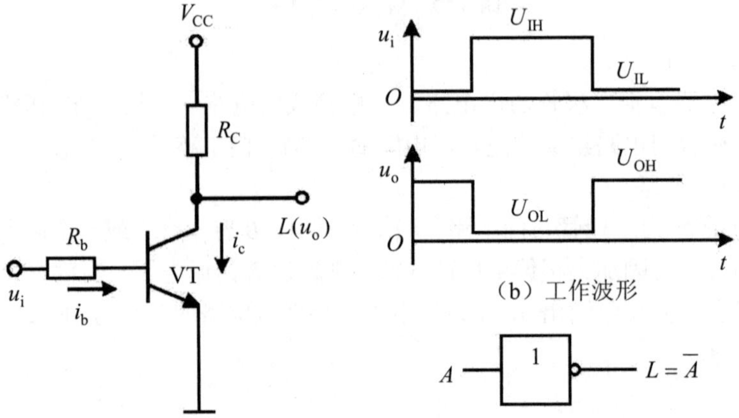

（a）电路组成　　（c）非门逻辑符号

图 8.20　三极管反相器

（三）复合逻辑门

复合逻辑有：与非门、或非门、异或门、同或门、与或非门等，如图 8.21 所示。

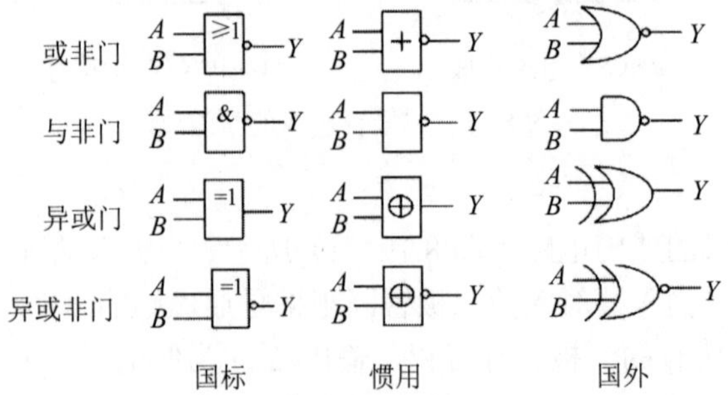

图 8.21　复合逻辑门符号

用二极管与门、或门和三极管非门可以组成分立元件复合门。图 8.22 给出了二极管与门和三极管非门组成的与非门电路及其符号。图中，VD_4 是用于抵消 VD_1（或 VD_2、VD_3）导通电压的二极管。A、B、C 中有一个或一个以上为低电平，经与门后 L' 为低电平，再经非门反相，输出 L 为高电平。A、B、C 全为高电平时，L' 为高电平，输出 L 为低电平。实现“见 0 为 1，全 1 为 0”的与非功能。

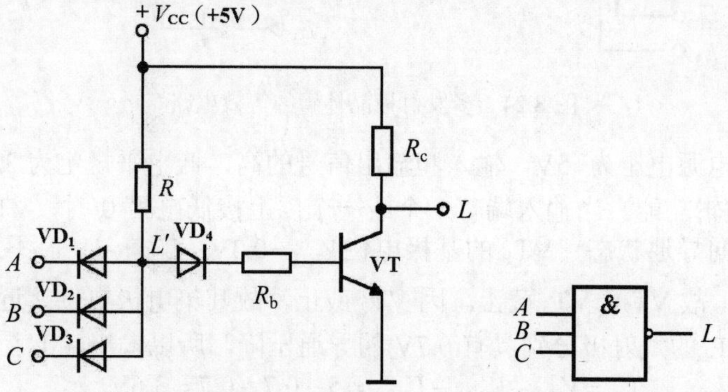

图 8.22　二极管与门和三极管非门组成的与非门及其符号

二、TTL 门电路

晶体管－晶体管逻辑电路，简称 TTL 电路。所谓集成就是把晶体管、电阻和导线等封装在一个芯片上。TTL 集成门电路具有结构简单、稳定可靠、工作速度范围很宽等优点，是被广泛应用的数字集成电路之一。

（一）典型 TTL 与非门电路

（1）电路结构。图 8.23 所示是 TTL 与非门的典型电路，它由输入级、中间级和输出级三部分组成。输入级由多发射极 VT_1 和 R_1 组成，其中，VT_1 的集电极可视为一只二极管，而发射极可看作几只二极管，如图 8.24 所示。输入级的作用和二极管与门电路的作用相似。VT_2 和电阻 R_2、R_3 组成中间级，与输入级和输出级连接，起非门电路的作用。VT_3～VT_5 和 R_4、R_5 组成输出级，以提高 TTL 电路的开关速度和负载能力。

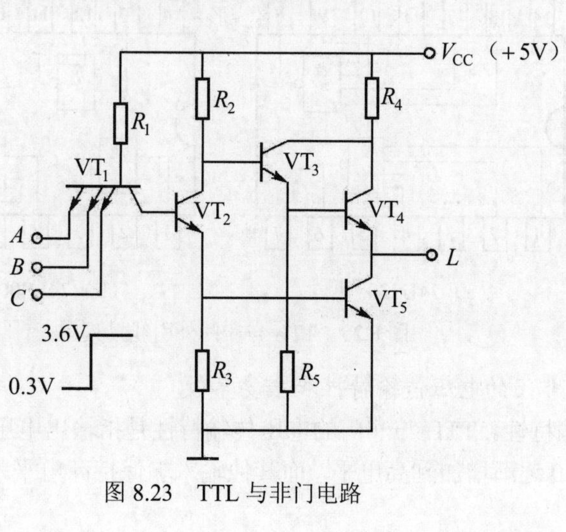

图 8.23　TTL 与非门电路

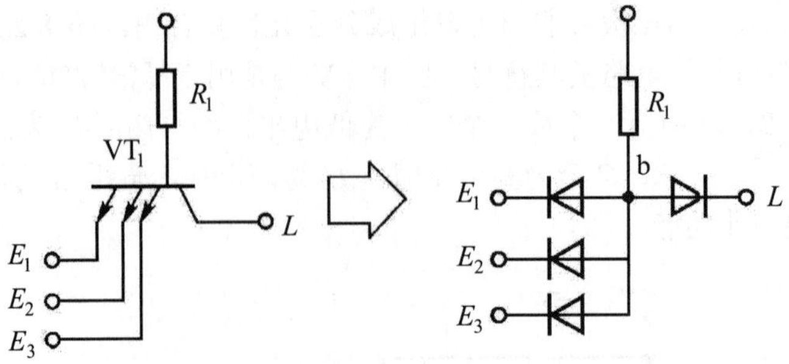

图 8.24　多发射极晶体管的等效电路

TTL 与非门的电源电压为+5V，输入和输出信号的高、低电平规定为 3.6V 和 0.3V。

（2）电路的逻辑功能。当输入端有一个或一个以上接低电平 0 时，VT_1 的基极与低电平发射极之间处于正向导通状态，VT_1 的基极电位 $V_{B1}=0.3V+U_{BE1}=1V$，不足以向 VT_2、VT_5 提供正向基极电流，故 VT_2、VT_5 截止。因 VT_2 截止，故其集电极电位接近于 V_{CC}，使 VT_3、VT_4 导通，VT_3、VT_4 的发射极分别具有 0.7V 的导通压降，所以输出端 L 为高电平 1。

$$V_L=V_{CC}-V_{BE3}-V_{BE4}=5-0.7-0.7=3.6V$$

这种输入有 0，输出为 1 的工作情况称为与非门“关闭”。

当输入端全为高电平 1 时，VT_1 的基极电位升高，使 VT_1 的集电结、VT_2 和 VT_5 的发射结导通，从而使 VT_1 的基极电位钳定在 2.1V，VT_1 的基极对地电位由三个 PN 结（VT_1 的集电结、VT_2 和 VT_5 的发射结）的正向压降组成。因为输入端电压为 3.6V，所以使 VT_1 的发射结处于反向偏置状态。此时，VT_2 处于饱和状态，其集电极电位 $V_{C2}=u_{CE2}+u_{BE5}=1V$，可使 VT_1 导通，VT_4 的基极电位为 $v_{B4}=v_{E3}=u_{C2}-U_{BE3}=1-0.7=0.3V$，所以 VT_4 截止。VT_5 由 VT_2 提供足够的基极电流而使其处于饱和状态，使输出 $V_L=U_{CE5(sat)}$，输出 L 为低电平 0。

这种输入全为 1，输出为 0 的工作情况称为与非门“开启”。

总之，当输入有一个或几个为 0 时，输出就为 1；只有当输入全为 1 时，输出才为 0，符合与非逻辑关系。图 8.25 所示是两种 TTL 与非门外引线排列图。每个集成电路芯片内的各个逻辑门互相独立，可单独使用，但共用一根电源引线和一根接地线。

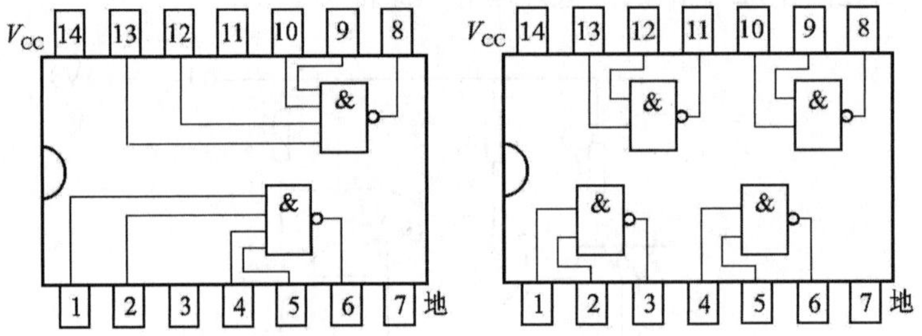

（a）74LS20 型　　（b）74LS00 型

图 8.25　TTL 与非门外引线排列图

（二）TTL 与非门的电压传输特性和主要参数

（1）电压传输特性。TTL 与非门的电压传输特性是指输出电压 u_O 随 u_I 变化的关系。将某一输入端的电压由 0 逐渐增加到高电平，而其他输入端保持高电平，逐点测出对应的输出电压，得到电压传输特性曲线如图 8.26 所示，它反映了与非门的重要特性。从输入电压和输出电压变化的关系中可以了解到关于 TTL 与非门电路应用的主要参数，如开门电平、关门电平等。

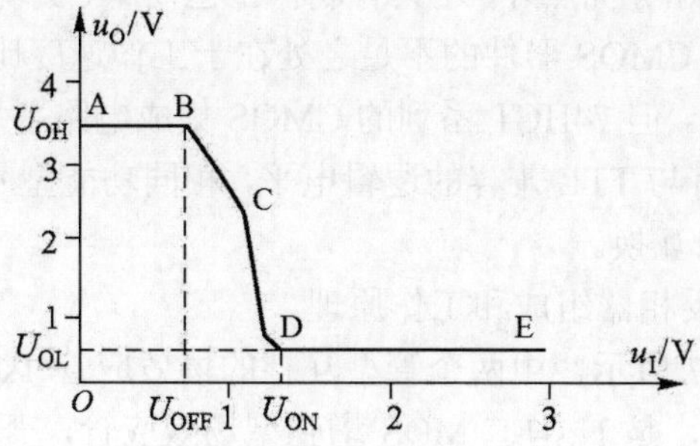

图 8.26　电压传输特性曲线

电压传输曲线大体上可分成四段：当 u_I 在 0～0.6V 之间时，属于低电平范围，输出电压 u_O=3.6V，即图中的 AB 段；当 u_I 在 0.6～1.3V 之间，u_O 随 u_I 的增大而呈线性减小，即图中的 BC 段；当 u_I 增至 1.4V 左右时，输出突变为低电平，u_O=0.3V，即图中的 CD 段；当 u_I>1.4V 时，输出保持低电平，即图中的 DE 段。

（2）主要参数。电压传输特性曲线可以反映 TTL 与非门的几个主要参数。

- 输出高电平 U_{OH}：当输入端有一个（或几个）接低电平时，输出空载时的输出电平。
- 输出低电平 U_{OL}：当输入端全为高电平时，输出在额定负载条件下的输出电平。
- 开门电平 U_{ON}：在额定负载条件下，确保输出为额定低电平时，所允许的最小输入高电平值。它表示使与非门开通时的最小输入电平。
- 关门电平 U_{OFF}：在空载条件下，确保输出为额定高电平时，所允许的最大输入低电平值。它表示使与非门断开时所需的最大输入电平。
- 扇出系数 N：它表示与非门输出端最多能接几个同类的与非门。

表 8.3 列出了 TTL 与非门的几个主要参数数据。

表 8.3　TTL 与非门参数

参数名称	符号	测试条件	单位	规范值
输出高电平	U_{OH}	任一输入端接地，其余悬空	V	≥2.7
输出低电平	U_{OL}	u_I=1.8V，R_L=380 Ω	V	≤0.35
开门电平	U_{ON}	U_{OL}=0.35V，R_L=380 Ω，u_I=1.8V	V	≤1.8
关门电平	U_{OFF}	U_{OH}≥2.7V，u_I=0.8V	V	≥0.8
扇出系数	N	u_I=1.8V，u_O≤0.35V	个	≥8

三、CMOS 门电路

由金属氧化物绝缘栅型场效应管（MOS）构成的单极型集成电路称为 MOS 电路。MOS 门电路主要有三种类型：NMOS 门电路、PMOS 门电路、CMOS 门电路（互补对称式金属氧化物半导体电路）。

CMOS 电路采用两工作状态相反的 MOS 管构成互补状态的逻辑电路，它与 TTL 集成电路相比，除了具有静态功耗低（<100mW）、电源电压范围宽（3～18V）、输入阻抗高（>100MΩ）、抗干扰能力强、温度稳定性好等优点外，还具有制作工艺简单、实现某些功能的电路结构简单、适宜于大规模集成等特点。CMOS 器件的不足之处在于工作速度比 TTL 器件低，而且随工作频率升高，其功耗显著增大。但 74HCT 系列的 CMOS 集成电路平均传输延迟时间已接近相同功能的 TTL 电路，而且具有与 TTL 兼容的逻辑电平，相同功能型号的 74HCT 和 74LS 器件有相同的管脚分布，因而可以互换。

下面介绍一下 CMOS 反相器组成和工作原理。

CMOS 反相器如图 8.27 所示，由两个管型互补的场效应管 T_N 和 T_P 组成。T_N 管为工作管，是 N 沟道 MOS 增强型场效应管，开启电压 U_{TN}。T_P 管为负载管，是 P 沟道 MOS 增强型场效应管，开启电压 U_{TP}。工作管和负载管的栅极（g）接在一起，作为输入端 A（u_i）；工作管和负载管的漏极（d）接在一起，作为输出端 L（u_o）。负载管的源极（s）接电源 V_{DD}，工作管的源极（s）接地。

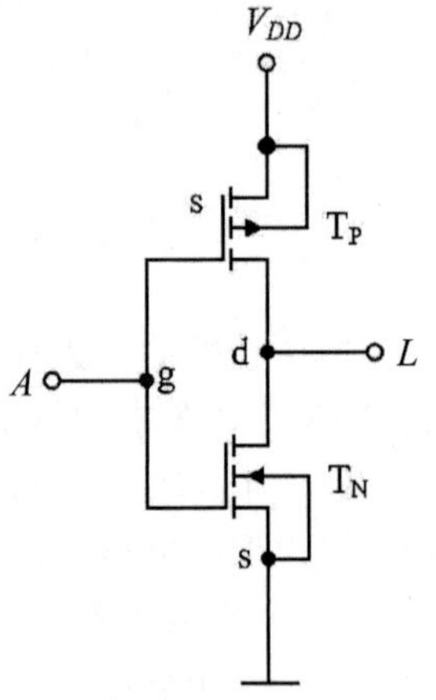

图 8.27　CMOS 反相器

设 $V_{DD}=5V$，$U_{TN}=V_{DD}/2=2.5V$，$U_{TP}=-U_{DD}/2=-2.5V$。在输入电压 $u_i=U_{IL}<U_{TN}$ 时，工作管 T_N 因其 U_{GS} 小于开启电压 U_{TN} 而截止，负载管 T_P 因其 U_{GS} 小于开启电压 U_{TP} 而导通。工作管 T_N 截止漏极电流近似为零，等效内阻 10^8～$10^9\Omega$，负载管 T_P 导通沟道电阻小于 1kΩ，输出电压 $u_o=U_{OH}\approx U_{DD}$，即输入低电平（A=0）输出高电平（L=1）。在输入电压 $u_i=U_{IH}>U_{TN}$ 时，工作管 T_N 因其 U_{GS} 大于开启电压 U_{TN} 而导通，负载管 T_P 因其 U_{GS} 大于开启电压 U_{TP} 而截止，输出电压 $u_o=U_{OL}\approx 0V$，即输入高电平（A=1）输出低电平（L=0）。由此可见，图 8.27 所示的电路实现反相器功能，工作管 T_N 和负载管 T_P 总是工作在互补的开关工作状态，即 T_N 和 T_P 的工作状态互补。CMOS 电路称为互补型 MOS 电路的原因也在于此。

思考与练习八

一、填空题

1. TTL 电路和 CMOS 电路相比较明显的特点是，工作速度上________，功耗上________。

2．要表达一个逻辑函数通常有________、________、________、________、________等常见的方法。

3．组合逻辑电路中容易产生竞争冒险，消除竞争冒险的方法有________、________、________。

4．要对 256 个存储单元进行编址，则所需的地址线是________条。

5．三极管在适当的偏置电压下有放大状态和________、________三种状态。

6．在计算机内部只处理二进制数，二进制数的数码为________、________两个。

7．写出从 $(000)_2$ 依次加 1 的所有 3 位二进制数：________。

8．完成二进制加法：$(1011)_2+1=(\qquad)_2$。

9．503 用 8421BCD 码表示为$(\qquad\qquad)_{8421BCD}$。

10．逻辑变量只有________、________两种取值，在正逻辑规定中分别用________、________电平表示。

11．基本的逻辑运算是________、________、________三种，A、B 两变量进行异或运算，用基本逻辑运算表示为：________。

12．$Y=ABC+\bar{A}C$，则 A、B、C 的取值组合有________种，Y=1 时，A、B、C 的取值组合是：________。

13．写出下列公式：$A+\bar{A}=$________，$A\bar{A}=$________，$AB+\bar{A}B=$________，$A+AB=$________，$A+\bar{A}B=$________，$\overline{A+B}=$________。

14．TTL 与非门输入端悬空，则可以看做输入电平为________（高电压、低电平）。

15．以下是或门国家标准符号的是________。

A． 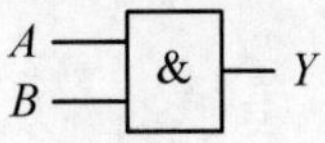

B． 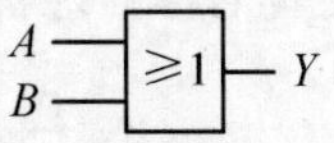

C． 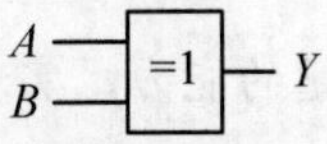

D． 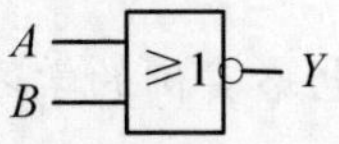

二、计算题

1．将下列各数转换为二进制数：

$(58)_{10}=(\qquad)_2$；$(89)_{10}=(\qquad)_2$；$(112)_{10}=(\qquad)_2$

2．将下列各数转换为十进制数：

$(11011001)_2=(\qquad)_{10}$；$(1011011)_2=(\qquad)_{10}$

三、化简函数

1．$Y=AB+ABD+BC$

2．$Y(A,B,C,D)=\sum m(0,1,2,3,4,5,6,7)+\sum d(8,9,12,13)$

3．$Y=(AB+C)(A+B+C)+B$

4．$Y(A,B,C,D)=\sum m(0,2,8,9,10,11,13,15)$

5．$Y=A(\bar{A}+B)+B(\overline{\bar{B}+C})+B$

6．$Y=AB+BCD+\bar{A}C+\bar{B}C$

第九章　组合逻辑电路

学习目标

知识目标

- 了解组合逻辑电路的定义与特点。
- 掌握组合逻辑电路的分析和设计方法。
- 掌握常见组合逻辑电路的逻辑功能分析方法。

能力目标

- 通过组合逻辑电路实例的学习，掌握分析和解决实际问题的能力，实现组合逻辑电路设计。

第一节　组合逻辑电路的定义与特点

一、组合逻辑电路的定义

数字电路可分为两种类型：组合逻辑电路、时序逻辑电路。

如果一个逻辑电路在任何时刻产生的稳定输出值仅仅取决于该时刻各输入值的组合，而与过去的输入值无关，则称该电路为组合逻辑电路。

二、组合逻辑电路的特点

组合逻辑电路具有以下特点：

（1）输入与输入之间无反馈延迟通路。

（2）电路中不含记忆单元。

（3）在任一时刻，输出信号只取决于各输入信号的组合，而与该时刻前的输入信号无关。

第二节　组合逻辑电路的分析和设计方法

一、组合逻辑电路的分析方法

（一）分析目的

针对一个已知的逻辑电路，找出其输入与输出之间的逻辑关系，确定电路的逻辑功能。

（二）一般分析步骤

组合逻辑电路的分析步骤如图 9.1 所示。

图 9.1　组合逻辑电路的分析

（1）根据给定的逻辑图，从输入到输出逐级写出输出逻辑函数表达式。

（2）对逻辑函数表达式进行化简，写出最简函数式（通常为与或表达式）。

（3）根据最简表达式列出真值表。

（4）根据真值表和逻辑函数表达式，确定给定电路的逻辑功能。

例 9-1　分析如图 9.2 所示组合逻辑电路的功能。

解：

第一步：由逻辑图写出逻辑表达式，即

$$Y_1 = \overline{AB}，\ Y_2 = \overline{ABC} \qquad Y = \overline{Y_1 + Y_2} = \overline{\overline{AB} + \overline{ABC}}$$

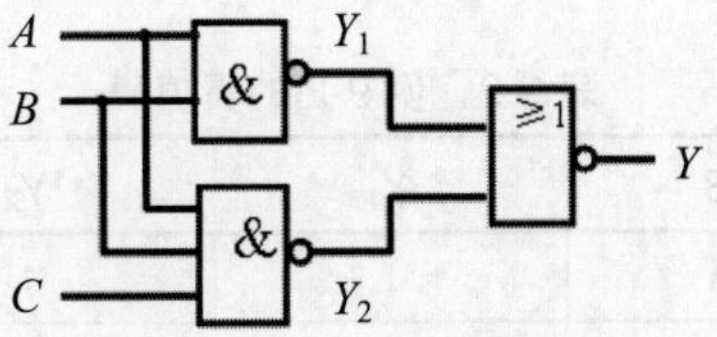

图 9.2　例 9-1 的逻辑电路图

第二步：进行逻辑变换和化简。

$$Y = \overline{Y_1 + Y_2} = \overline{\overline{AB} + \overline{ABC}} = AB \cdot ABC = ABC$$

第三步：列出真值表，见表 9.1。

表 9.1　例 9-1 的真值表

A	*B*	*C*	*Y*
0	0	0	0
0	0	1	0
0	1	0	0
0	1	1	0
1	0	0	0
1	0	1	0
1	1	0	0
1	1	1	1

第四步：确定其逻辑功能。

从真值表总结得出：输入有 0，输出必为 0；输入全 1，输出才为 1。所以该组合逻辑电路的逻辑功能为与门电路。

例 9-2 试分析图 9.3 所示逻辑电路的逻辑功能。

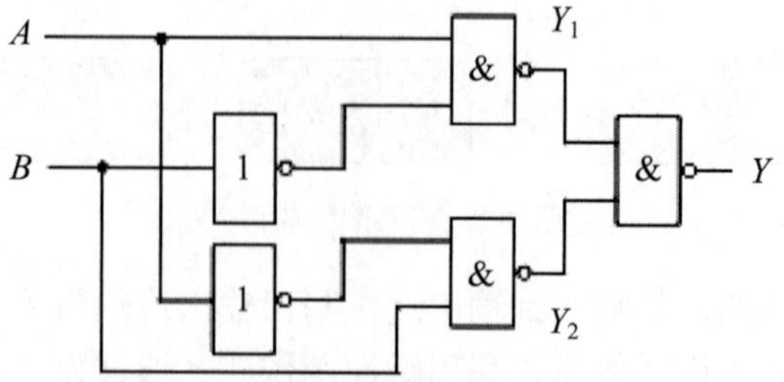

图 9.3 例 9-2 的逻辑电路图

解：

第一步：根据电路图写出逻辑表达式为 $Y_1=\overline{A\overline{B}}$， $Y_2=\overline{A\overline{B}}$， $Y=\overline{Y_1Y_2}=\overline{\overline{A\overline{B}}\cdot\overline{\overline{A}B}}$ 。

第二步：进行逻辑变换和化简如下。

$$Y=\overline{Y_1Y_2}=\overline{\overline{A\overline{B}}\cdot\overline{\overline{A}B}}=\overline{\overline{A\overline{B}}}+\overline{\overline{\overline{A}B}}=A\overline{B}+\overline{A}B$$

第三步：列真值表，见表 9.2。

表 9.2 例 9-2 的真值表

A	B	Y_1	Y_2	Y
0	0	1	1	0
0	1	1	0	1
1	0	0	1	1
1	1	1	1	0

第四步：确定其逻辑功能。由逻辑表达式可确定该逻辑电路实现的是异或功能，其逻辑电路图也可用一个异或门来代替。

课堂互动

1. 在逻辑电路中如何识别其为组合逻辑电路？
2. 如何分析真值表表达的逻辑功能？

二、组合逻辑电路的设计方法

（一）设计目标

根据给定要求的文字描述或逻辑函数，在特定条件下，找出用最少的逻辑门来实现给定逻辑功能的方案，并画出逻辑电路图。

工程上的最佳设计通常需要用多个指标去衡量，主要考虑的问题有以下几个方面：

（1）所用的逻辑器件数目最少、器件的种类最少，且器件之间的连线最少，这样的电路称为“最小化”（最简）电路。

（2）满足速度要求，应使级数最少，以减少门电路的延迟。

（3）功耗小，工作稳定可靠。

（二）一般设计步骤

组合逻辑电路的设计步骤（图 9.4）如下：

（1）逻辑抽象，根据实际逻辑问题的因果关系确定输入变量和输出函数，并定义逻辑状态的含义。

（2）根据逻辑描述列出真值表或功能表。

（3）由真值表或功能表写出逻辑表达式。

（4）根据器件的类型化简或变换逻辑表达式。

（5）画出逻辑电路图。

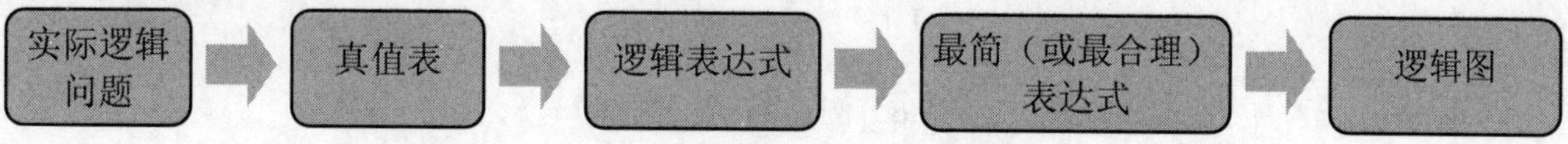

图 9.4　组合逻辑电路的设计步骤

例 9-3　试用与非门设计一个三人表决电路，如图 9.5 所示。要求：三人各控制一个按键，多数按下为通过，通过时输出为 1，否则为 0。

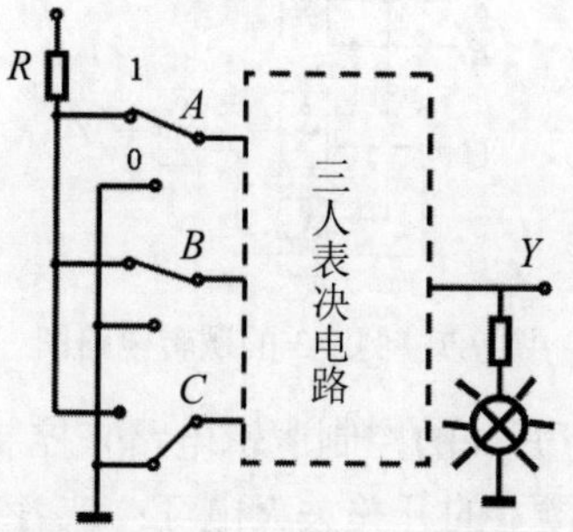

图 9.5　例 9-3 三人表决电路图

解：

第一步：根据需求进行逻辑抽象并赋值。

输入即表决者，共有 3 个，分别用 A、B、C 表示，并设“同意”为 1，“反对”为 0；输出即表决是否通过，用 Y 表示，并设“通过”为 1，“否决”为 0。

第二步：建立真值表，见表 9.3。

表 9.3　例 9-3 的真值表

A	B	C	Y
0	0	0	0
0	0	1	0
0	1	0	0
0	1	1	1
1	0	0	0
1	0	1	1
1	1	0	1
1	1	1	1

第三步：由真值表得出逻辑函数表达式。

写出“最小项之和”表达式：

$$Y(A,B,C)=\sum m(3,5,6,7)$$

第四步：化简逻辑函数表达式并转换成适当的形式。

此处可利用卡诺图化简法进行化简（图 9.6）：

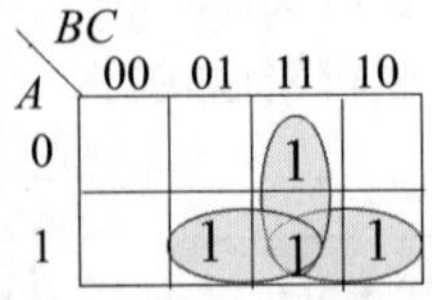

图 9.6　例 9-3 卡诺图化简

$$Y(A,B,C)=AB+AC+BC=\overline{\overline{AB+AC+BC}}=\overline{\overline{AB}\cdot\overline{AC}\cdot\overline{BC}}$$

第五步：画出逻辑图，如图 9.7 所示。

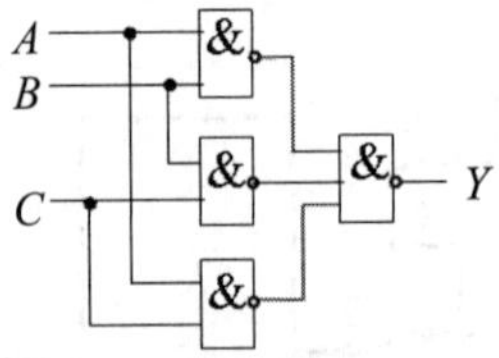

图 9.7　例 9-3 的逻辑电路图

例 9-4　设计一个楼上、楼下开关的控制逻辑电路来控制楼梯上的电灯，使之在上楼前用楼下的开关打开电灯，上楼后用楼上的开关关灭电灯；或者在下楼前用楼上的开关打开电灯，下楼后用楼下的开关关灭电灯。要求用与非门实现电路。

解：分析设计要求，设输入输出变量并逻辑赋值：由因果关系，开关状态为因，电灯状态为果，所以设楼上开关为输入 A，楼下开关为输入 B，电灯为输出 Y，并定义 A、B 开为 1，关为 0，电灯亮 Y 为 1，电灯灭 Y 为 0。

根据已知逻辑列真值表，见表 9.4。

表 9.4　例 9-4 的真值表

A	B	Y	表征状态
0	0	0	楼上开关关楼下开关关，电灯灭
0	1	1	楼上开关关楼下开关开，电灯亮
1	0	1	楼上开关开楼下开关关，电灯亮
1	1	0	楼上开关开楼下开关开，电灯灭

由真值表写逻辑表达式：

$$Y=\overline{A}B+A\overline{B}$$

化简并转换成适当的形式：

$$Y = \bar{A}B + A\bar{B} = \overline{\overline{\bar{A}B + A\bar{B}}} = \overline{\overline{\bar{A}B} \cdot \overline{A\bar{B}}} = \overline{\overline{\overline{AB} \cdot B} \cdot \overline{\overline{AB} \cdot A}}$$

用与非门实现，其逻辑电路图如图 9.8 所示。

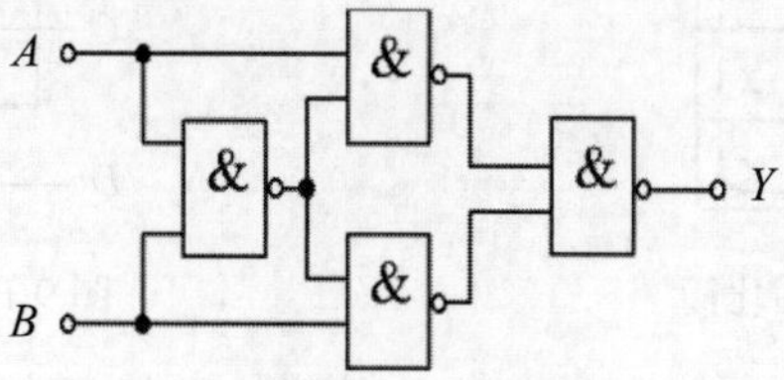

图 9.8　例 9-4 的逻辑电路图

例 9-5　用与非门设计一个 1 位十进制数的数值范围指示器，设这个 1 位十进制数为 X，电路输入 A、B、C 和 D 是一位十进制数的 BCD 码，即 $X=8A+4B+2C+D$，要求当 $X\geqslant 5$ 时输出 $F=1$，否则输出 $F=0$。该电路实现了四舍五入功能。

解：

第一步：根据题意，列出真值表，见表 9.5。

表 9.5　例 9-5 真值表

A	*B*	*C*	*D*	*F*	*A*	*B*	*C*	*D*	*F*
0	0	0	0	0	1	0	0	0	1
0	0	0	1	0	1	0	0	1	1
0	0	1	0	0	1	0	1	0	×
0	0	1	1	0	1	0	1	1	×
0	1	0	0	0	1	1	0	0	×
0	1	0	1	1	1	1	0	1	×
0	1	1	0	1	1	1	1	0	×
0	1	1	1	1	1	1	1	1	×

当输入变量 A、B、C、D 取值为 0000～0100（即 $X\leqslant 4$）时，函数 F 值为 0；当 A、B、C、D 取值为 0101～1001（即 $X\geqslant 5$）时，函数 F 值为 1；因十进制数位上最大值不会超过数字 9，所以转换成二进制数 1010～1111 这六种输入是不允许出现的，可做任意状态处理（可当作 1，也可当作 0），用“×”表示。

第二步：根据真值表，写出逻辑表达式。

由真值表可写出函数的最小项表达式为

$$F(A,B,C,D)=\Sigma m(5,6,7,8,9)+\Sigma d(10,11,12,13,14,15)$$

第三步：化简逻辑表达式，并转换成适当形式。

由最小项表达式，画出函数卡诺图如图 9.9 所示，化简得到的函数最简与或表达式为 $F=A+BD+BC$。

第四步：根据题意，要用与非门设计，将上述逻辑表达式变换成与非门式 $F = \overline{\bar{A} \cdot \overline{BD} \cdot \overline{BC}}$，画出逻辑电路图，如图 9.10 所示。

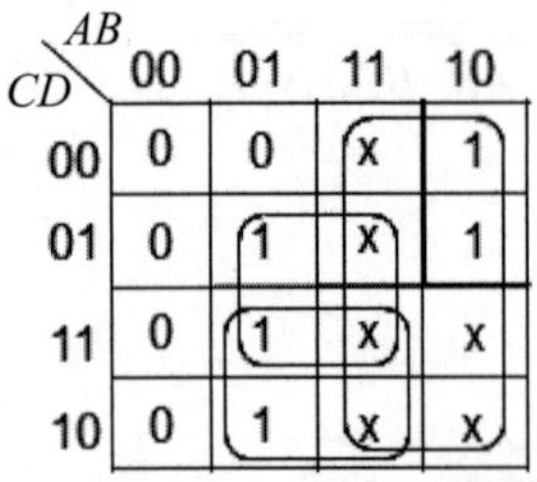

图 9.9　例 9-5 卡诺图化简

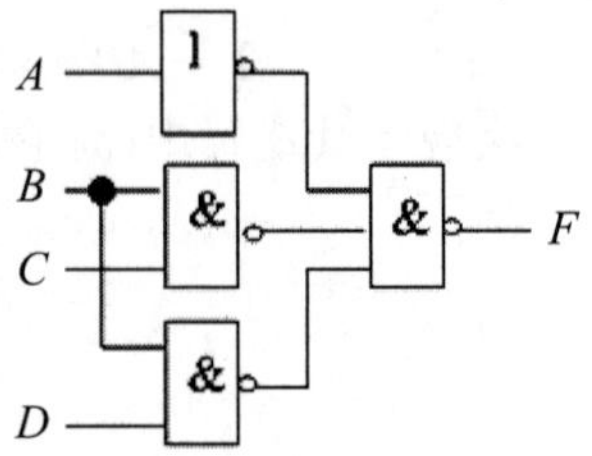

图 9.10　例 9-5 逻辑电路图

注意：设计结果不是唯一的，工程设计与理论分析存在一定的差异性。

课堂互动

1. 分析组合逻辑电路的方法步骤如何？
2. 如何对一个设计系统进行逻辑抽象？

第三节　常用组合逻辑电路

人们为解决实践上遇到的各种逻辑问题，设计了许多逻辑电路。然而，我们发现，其中有些逻辑电路经常、大量出现在各种数字系统当中。为了方便使用，各厂家已经把这些逻辑电路制造成中规模集成的组合逻辑电路产品。比较常用的有编码器、译码器和数值比较器等。

一、编码器

（一）编码

生活中常用十进制数及文字、符号等表示事物。数字电路只能以二进制信号工作，因此，在数字电路中，需要用二进制代码表示某个事物或特定对象，用数字或符号来表示某一对象或信号的过程称为编码。

（二）编码器

编码器就是实现编码操作的逻辑电路。使用编码技术可以大大减少数字电路系统中信号传输线的条数，同时便于信号的接收和处理。例如，一个由 8 个开关组成的键盘，直接接入需要 8 条信号传输线，而使用编码器只需要 3 条数据线（每组输入状态对应一组 3 位二进制代码）。

编码原则：N 位二进制代码可以表示 2^N 个信号，则对 M 个信号编码时，应由 $2^N \geq M$ 来确定位数 N。

例如，对 101 键盘编码时，采用了 7 位二进制代码 ASCII 码，$2^7=128>101$。

目前经常使用的编码器有普通编码器和优先编码器两种。

（三）普通编码器

任何时刻只允许输入一个有效编码请求信号，否则输出将发生混乱。

以一个三位二进制普通编码器（8 线－3 线编码器）为例说明普通编码器的工作原理，如图 9.11 所示。

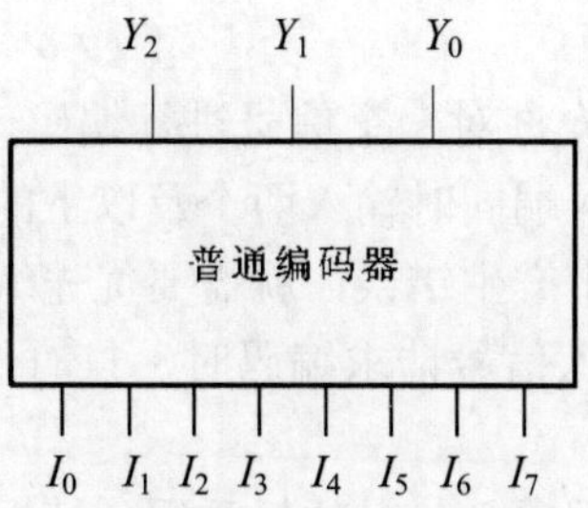

图 9.11　普通编码器方框图

输入：8 个互斥信号（对象）I_0～I_7（二值量）。

输出：三位二进制代码 $Y_2Y_1Y_0$。

设输入信号为 1 表示对该输入进行编码。编码器输入输出的对应关系（真值表）见表 9.6。

表 9.6　三位二进制普通编码器的真值表

输入								输出		
I_0	I_1	I_2	I_3	I_4	I_5	I_6	I_7	Y_2	Y_1	Y_0
1	0	0	0	0	0	0	0	0	0	0
0	1	0	0	0	0	0	0	0	0	1
0	0	1	0	0	0	0	0	0	1	0
0	0	0	1	0	0	0	0	0	1	1
0	0	0	0	1	0	0	0	1	0	0
0	0	0	0	0	1	0	0	1	0	1
0	0	0	0	0	0	1	0	1	1	0
0	0	0	0	0	0	0	1	1	1	1

利用无关项化简得逻辑函数表达式：

$$Y_2 = I_4 + I_5 + I_6 + I_7$$
$$Y_1 = I_2 + I_3 + I_6 + I_7$$
$$Y_0 = I_1 + I_3 + I_5 + I_7$$

逻辑电路图如图 9.12 所示。

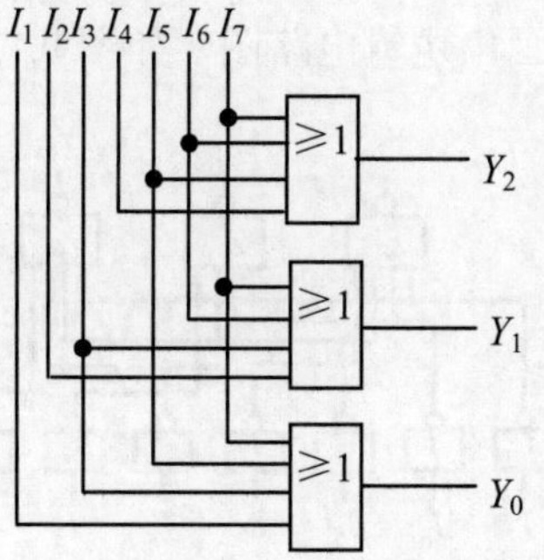

图 9.12　三位二进制普通编码器的逻辑电路图

（四）优先编码器

上述编码器在同一时刻内只允许对一个信号进行编码，否则输出的代码会发生混乱，但在实际应用中经常会出现信号输入端同时输入两个及以上的有效编码的情况。为避免在同时出现两个及以上有效输入信号时输出产生错误，就需要优先编码器。

在同一时间内，当有多个输入信号请求编码时，只对优先级别高的信号进行编码的逻辑电路，称为优先编码器。

优先级别的高低由设计者根据输入信号的轻重缓急情况而定。

以一个三位二进制优先编码器为例说明优先编码器的工作原理。设I_7的优先级别最高，I_6次之，依此类推，I_0最低。

三位二进制优先编码器输入输出的对应关系（真值表）见表9.7。

表9.7　三位二进制优先编码器的真值表

输入								输出		
I_7	I_6	I_5	I_4	I_3	I_2	I_1	I_0	Y_2	Y_1	Y_0
1	×	×	×	×	×	×	×	1	1	1
0	1	×	×	×	×	×	×	1	1	0
0	0	1	×	×	×	×	×	1	0	1
0	0	0	1	×	×	×	×	1	0	0
0	0	0	0	1	×	×	×	0	1	1
0	0	0	0	0	1	×	×	0	1	0
0	0	0	0	0	0	1	×	0	0	1
0	0	0	0	0	0	0	1	0	0	0

利用无关项化简得逻辑函数表达式：

$$\begin{aligned}Y_2 &= I_7+\overline{I}_7I_6+\overline{I}_7\overline{I}_6I_5+\overline{I}_7\overline{I}_6\overline{I}_5I_4\\ &= I_7+I_6+I_5+I_4\\ Y_1 &= I_7+\overline{I}_7I_6+\overline{I}_7\overline{I}_6\overline{I}_5\overline{I}_4I_3+\overline{I}_7\overline{I}_6\overline{I}_5\overline{I}_4\overline{I}_3I_2\\ &= I_7+I_6+\overline{I}_5\overline{I}_4I_3+\overline{I}_5\overline{I}_4I_2\\ Y_0 &= I_7+\overline{I}_7\overline{I}_6I_5+\overline{I}_7\overline{I}_6\overline{I}_5\overline{I}_4I_3+\overline{I}_7\overline{I}_6\overline{I}_5\overline{I}_4\overline{I}_3\overline{I}_2I_1\\ &= I_7+\overline{I}_6I_5+\overline{I}_6\overline{I}_4I_3+\overline{I}_6\overline{I}_4\overline{I}_2I_1\end{aligned}$$

根据上诉逻辑函数表达式画出逻辑电路图，如图9.13所示。

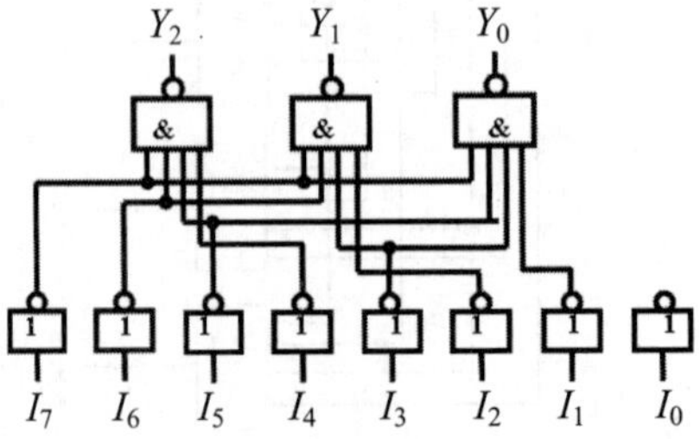

图9.13　三位二进制优先编码器的逻辑电路图

（五）集成优先编码器

常用的集成优先编码器以 CD4000/74 系列型号为主。本书以 4000 系列 CMOS 集成优先编码器 CD4532 为例介绍相关内容。CD4532 是 8 位输入 3 位二进制输出的优先编码器，示意框图和引脚示意图如图 9.14 和图 9.15 所示，真值表见表 9.8。

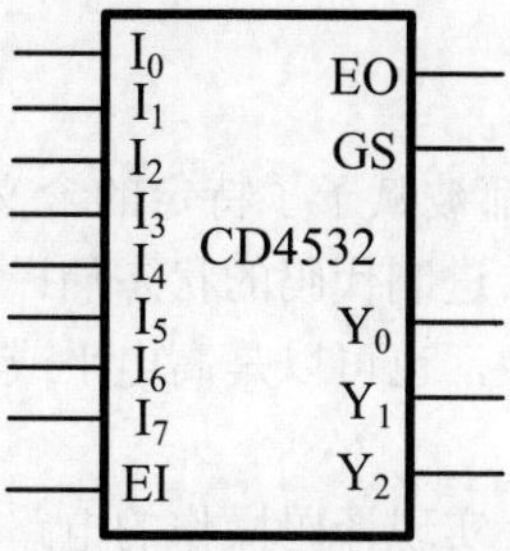

图 9.14　CD4532 的示意框图

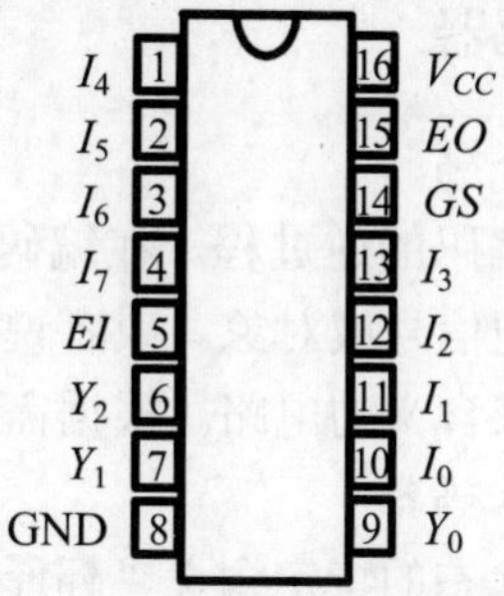

图 9.15　CD4532 的引脚示意图

表 9.8　集成优先编码器 CD4532 的真值表

输入									输出				
EI	I_7	I_6	I_5	I_4	I_3	I_2	I_1	I_0	Y_2	Y_1	Y_0	GS	EO
0	×	×	×	×	×	×	×	×	0	0	0	0	0
1	0	0	0	0	0	0	0	0	0	0	0	0	1
1	1	×	×	×	×	×	×	×	1	1	1	1	0
1	0	1	×	×	×	×	×	×	1	1	0	1	0
1	0	0	1	×	×	×	×	×	1	0	1	1	0
1	0	0	0	1	×	×	×	×	1	0	0	1	0
1	0	0	0	0	1	×	×	×	0	1	1	1	0
1	0	0	0	0	0	1	×	×	0	1	0	1	0
1	0	0	0	0	0	0	1	×	0	0	1	1	0
1	0	0	0	0	0	0	0	1	0	0	0	1	0

集成优先编码器 CD4532 八输入端的输入优先级次序依次为 I_7，I_6，I_5，…，I_0。当片选使能端 EI 是低电平时该优先编码器被禁止工作；当 EI 是高电平时编码器工作，即将最高优先级的输入端编为二进制的代码显示在输出端 Y_2～Y_0，同时片选信号端 GS 为高电平以表示编码器正处于工作状态。当输入端没有输入时（输入全部为低电平）输出使能端 EO 为高电平。如果任何一个输入端有输入（即有输入端为高电平），EO 为低电平，同时低于该输入端优先级的任何请求将无效。

利用两片 CD4532 可构成 16 线－4 线优先编码器。有效使用 CD4532 的三个使能端，可实现更多输入的优先编码功能，这里不再一一阐述。

课堂互动

1. 编码器的功能是什么？
2. 为什么要提出编码的优先级？

二、译码器

（一）译码

译码是编码的逆过程。在编码时，每一种二进制代码都被赋予了特定的含义，即都表示了一个确定的信号或对象。或者说，译码器是可以将输入二进制代码的状态翻译成输出信号，以表示其原来含义的电路。根据需要，输出信号可以是脉冲，也可以是高电平或低电平。

（二）译码器

把代码状态的特定含义“翻译”出来的过程叫作译码，实现译码操作的电路称为译码器。即将每个输入的二进制代码译成对应的输出高、低电平。数字电路中，常用的译码器有二进制译码器、二－十进制译码器和显示译码器。

（三）二进制译码器

输入是二进制代码（N位），输出为 2^N 个，每个输出仅包含一个最小项。例如三位二进制译码器输入是三位二进制代码，有 8 种状态，8 个输出端分别对应其中一种输入状态。因此，又把三位二进制译码器称为 3 线－8 线译码器，如图 9.16 所示。

下面以 2 线－4 线译码器为例，分析其逻辑电路的功能与作用。常用的 2 线－4 线集成译码器型号为 74HC139，逻辑电路图如图 9.17 所示，由图写出各输出端的逻辑表达式：

$$Y_3 = AB = m_3$$
$$Y_2 = A\overline{B} = m_2$$
$$Y_1 = \overline{A}B = m_1$$
$$Y_0 = \overline{A}\,\overline{B} = m_0$$

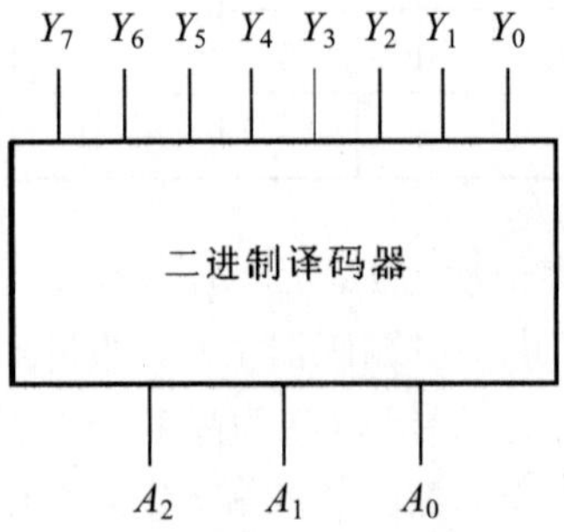

图 9.16　三位二进制译码器的方框图

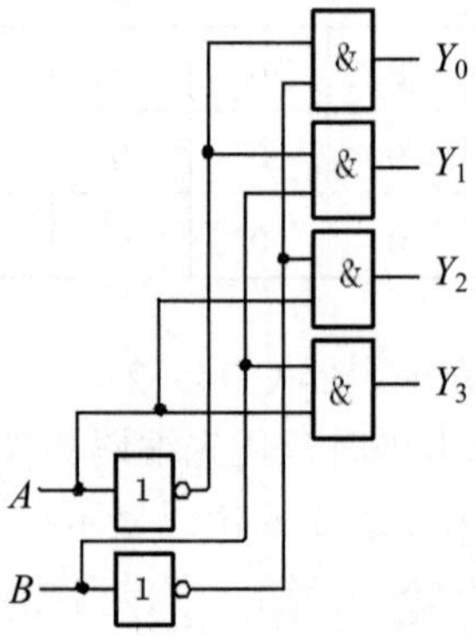

图 9.17　2 线－4 线译码器电路图

根据逻辑函数表达式即可列出真值表，见表 9.9。从表中可以得出以下结论：对应于输入 A、B 的某种状态组合，输出中只有一个为 1，其余均为 0。所以，译码器是通过输出端的逻辑电平状态来识别不同的代码的。

表 9.9　2 线−4 线译码器的真值表

输入		输出			
A	B	Y_3	Y_2	Y_1	Y_0
0	0	0	0	0	1
0	1	0	0	1	0
1	0	0	1	0	0
1	1	1	0	0	0

（四）显示译码器

驱动各种显示器件，从而将用二进制代码表示的数字、文字、符号等翻译成人们习惯的形式，并直观地显示出来的电路，称为显示译码器，主要由译码驱动器和数码显示器两部分组成，如图 9.18 所示。

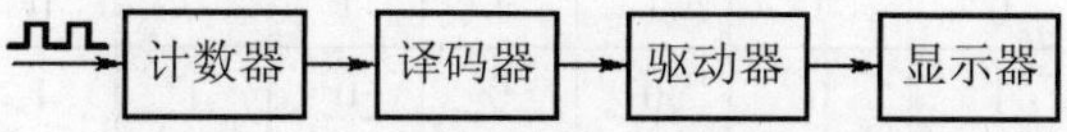

图 9.18　数字显示电路的组成方框图

显示器主要分为两类：按发光物质不同，分为“发光二极管显示器”“荧光数字显示器”“液晶显示器”和“气体放电显示器”四种；按字形显示方式不同，分为“字型重叠式显示器”“点阵式显示器”和“分段式显示器”三种。

下面以七段显示译码器 74LS49 为例来对显示译码器的功能进行具体分析。

七段显示译码器就是将七个发光二极管按照一定的方式排列起来，七段 a、b、c、d、e、f、g 各对应一个发光二极管，利用不同发光段的组合显示出不同的阿拉伯数字，其逻辑符号和显示方式如图 9.19 和图 9.20 所示。

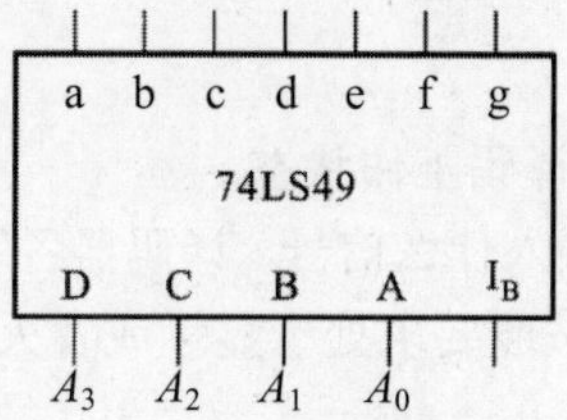

图 9.19　74LS49 的逻辑符号

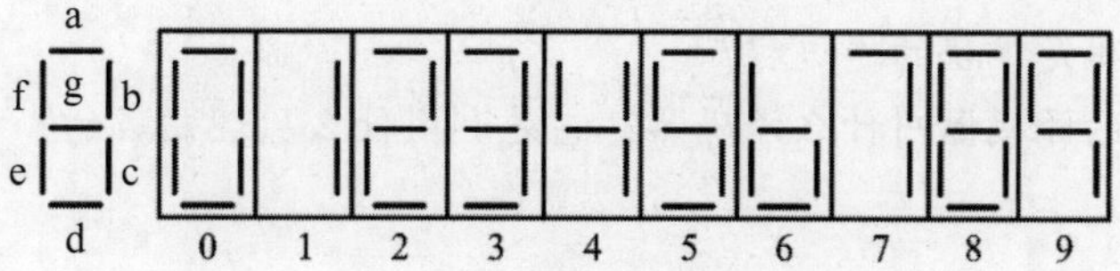

图 9.20　七段数码管字形显示方式

共阴极七段显示译码器 74LS49 把输入的 BCD 码翻译成驱动七段 LED 数码管各对应段所需的电平，其功能表见表 9.10。

表 9.10 74LS49 的功能表

输入					输出							字形
I_B	D	C	B	A	a	b	c	d	e	f	g	
1	0	0	0	0	1	1	1	1	1	1	0	0
1	0	0	0	1	0	1	1	0	0	0	0	1
1	0	0	1	0	1	1	0	1	1	0	1	2
1	0	0	1	1	1	1	1	1	0	0	1	3
1	0	1	0	0	0	1	1	0	0	1	1	4
1	0	1	0	1	1	0	1	1	0	1	1	5
1	0	1	1	0	0	0	1	1	1	1	1	6
1	0	1	1	1	1	1	1	0	0	0	0	7
1	1	0	0	0	1	1	1	1	1	1	1	8
1	1	0	0	1	1	1	1	0	0	1	1	9
1	1	0	1	0	0	0	0	1	1	0	1	消隐
1	1	0	1	1	0	0	1	1	0	0	1	消隐
1	1	1	0	0	0	1	0	0	0	1	1	消隐
1	1	1	0	1	1	0	0	1	0	1	1	消隐
1	1	1	1	0	0	0	0	1	1	1	1	消隐
1	1	1	1	1	0	0	0	0	0	0	0	消隐
0	×	×	×	×	0	0	0	0	0	0	0	锁存

译码输入端：D、C、B、A，为 8421BCD 码。

七段代码输出端：abcdefg，某段输出为高电平时该段点亮，用以驱动高电平有效的七段显示 LED 数码管。

灭灯控制端：I_B。

当 $I_B = 1$ 时，译码器处于正常译码工作状态。

若 $I_B = 0$，不管 D、C、B、A 输入什么信号，译码器各输出端均为低电平，处于灭灯状态。

利用 I_B 信号可以控制数码管按照要求处于显示或者灭灯状态，如闪烁、熄灭首尾部多余的 0 等。

课堂互动

1. 为什么说译码是编码的逆过程？
2. 能显示数字的译码器叫什么译码器？它是利用什么原理制成的？

三、加法器

加法器是计算机中不可缺少的组成单元，是产生数的和的装置，常用作计算机算术逻辑部件，执行逻辑操作、移位与指令调用。两个二进制相加，其中任意一位进行加法运算时，参与运算的除两数本位外，还应有低位的进位。实现这种加法运算的电路称为全加器。不考虑进位的加法运算电路称为半加器。加法器可以用来表示各种数值，如：BCD、加三码，主要的加法器是以二进制进行运算的。

（一）半加器

半加器是只考虑两个 1 位二进制数相加，不考虑低位的进位。

设 A 和 B 是两个 1 位二进制，半加后得到的和为 S，向高位的进位为 C_O。根据半加器的含义，可得真值表，见表 9.11。

表 9.11　半加器真值表

输入		输出	
A	B	S	C_O
0	0	0	0
0	1	1	0
1	0	1	0
1	1	0	1

输出端的逻辑式为

$$S = \overline{A}B + A\overline{B} = A \oplus B$$
$$C_O = AB$$

其电路符号如图 9.21 所示。

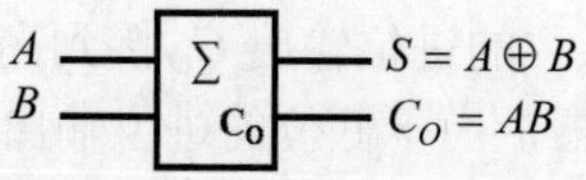

图 9.21　半加器电路符号图

（二）全加器

要完成两个二进制数相加，必须用到全加器。全加器可由两个半加器和一个或门组成。全加器除了加数和被加数外，还要考虑低位的进位。设 A 和 B 为两个 1 位二进制数，C_I 表示来自低位的进位，全加后得到本位的和为 S，向高位进位为 C_O。真值表见表 9.12。

表 9.12　全加器真值表

输入			输出	
A	B	C_I	S	C_O
0	0	0	0	0
0	0	1	1	0
0	1	0	1	0
0	1	1	0	1
1	0	0	1	0
1	0	1	0	1
1	1	0	0	1
1	1	1	1	1

利用卡诺图，采用合并 0（或合并 1）的方法进行化简，如图 9.22 和图 9.23 所示。

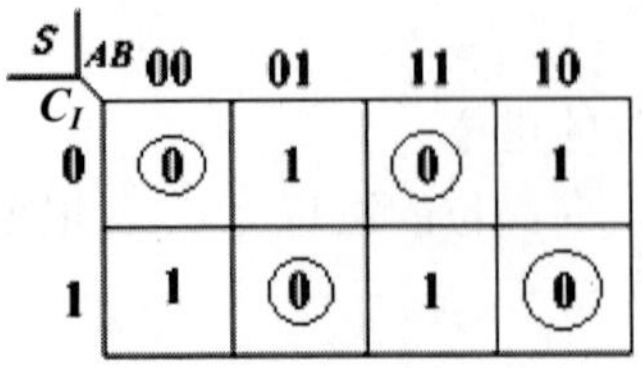

图 9.22　全加器输出 S 卡诺图

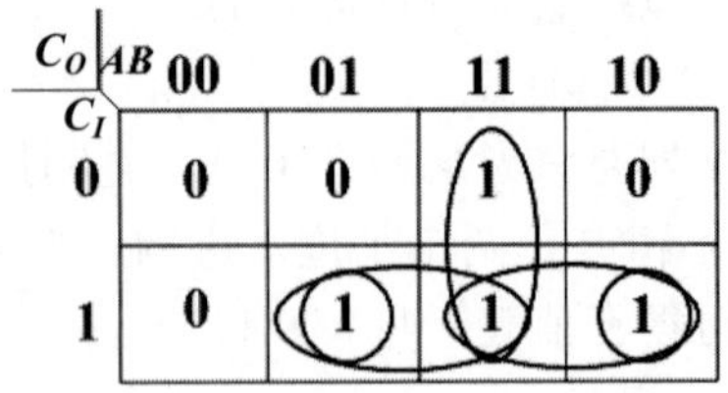

图 9.23　全加器输出 Co 卡诺图

输出端的逻辑式为：

$$S = A \oplus B \oplus C_I$$

$$C_O = AB + C_I \cdot (A \oplus B)$$

其电路符号如下图 9.24 所示。

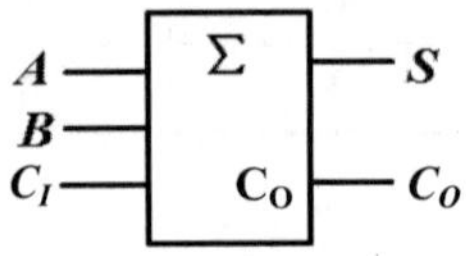

图 9.24　半加器电路符号图

（三）多位加法器

两个多位二进制数相加，也必须利用全加器，1 位二进制数相加用 1 个全加器，n 位二进制数相加用 n 个全加器。只要将低位的进位输出 C_O 接到高位的进位输入 C_I 即可。

图 9.25 所示电路为 4 位全加器，由于低位的进位输出接到高位的进位输入，故为串行进位加法器。串行进位加法器结构简单，但运算速度慢，每一位的相加结果都必须等到低位的进位产生以后才能建立起来，所以一般应用在对运算速度要求不高的场合。

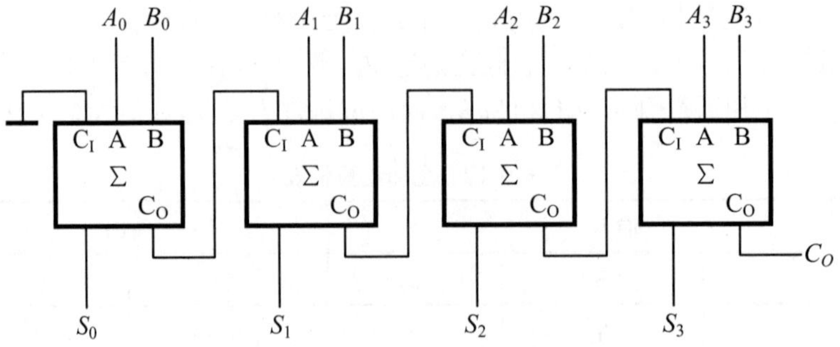

图 9.25　4 位全加器逻辑电路图

为了提高速度，使进位信号不逐级传递，而是运算开始时即可得到各位的进位信号，采用这个原理构成的加法器，就是超前进位（Carry Look-ahead）加法器，也称快速进位（Fast carry）加法器。快速进位加法器根据参与运算的数可事先（超前）知道有无进位信号，即进位信号可并行产生。

由全加器真值表（表 9.12）可知，高位的进位信号 C_O 的产生是在两种情况下：

第一种情况 $A \cdot B = 1$；

第二种情况 $A+B=1$，且 $C_I=1$。

故向高位的进位信号为：$(C_O)_i = A_iB_i + (A_i + B_i)(C_I)_i$。

设 $G_i = A_iB_i$ 为进位生成函数，$P_i = A_i + B_i$ 为进位传递函数，则上式可写成：

$$(C_O)_i = G_i + P_i(C_I)_i = \overline{\overline{P_i} + \overline{G_i}\,\overline{(C_I)_i}}$$

又由 $(C_I)_i = (C_O)_{i-1}$，因此可推算出 C_0～C_4 的逻辑表达式。

$$C_{O0} = \overline{\overline{P_0} + \overline{G_0}\,\overline{C_{I0}}}$$

$$C_{O1} = \overline{\overline{P_1} + \overline{G_1}\,\overline{C_{I1}}} = \overline{\overline{P_1} + \overline{G_1}\,\overline{P_0} + \overline{G_1}\,\overline{G_0}\,\overline{C_{I0}}}$$

$$C_{O2} = \overline{\overline{P_2} + \overline{G_2}\,\overline{C_{I2}}} = \overline{\overline{P_2} + \overline{G_2}\,\overline{P_1} + \overline{G_2}\,\overline{G_1}\,\overline{P_0} + \overline{G_2}\,\overline{G_1}\,\overline{G_0}\,\overline{C_{I0}}}$$

$$C_{O3} = \overline{\overline{P_3} + \overline{G_3}\,\overline{C_{I3}}} = \overline{\overline{P_3} + \overline{G_3}\,\overline{P_2} + \overline{G_3}\,\overline{G_2}\,\overline{P_1} + \overline{G_3}\,\overline{G_2}\,\overline{G_1}\,\overline{P_0} + \overline{G_3}\,\overline{G_2}\,\overline{G_1}\,\overline{G_0}\,\overline{C_{I0}}}$$

……

以此类推，从而可以得到 C_{O4} 的逻辑函数表达式（还原式）：

$$C_4 = \overline{\overline{A_3+B_3} + \overline{A_3B_3}\,\overline{A_2+B_2} + \overline{A_3B_3}\,\overline{A_2B_2}\,\overline{A_1+B_1} + \overline{A_3B_3}\,\overline{A_2B_2}\,\overline{A_1B_1}\,\overline{A_0+B_0} + \overline{A_3B_3}\,\overline{A_2B_2}\,\overline{A_1B_1}\,\overline{A_0B_0}\,\overline{C_0}}$$

利用以上原理我们设计并构成了 4 位超前进位加法器 74LS283。74LS283 的逻辑电路图和电路符号图如图 9.26、图 9.27 所示。

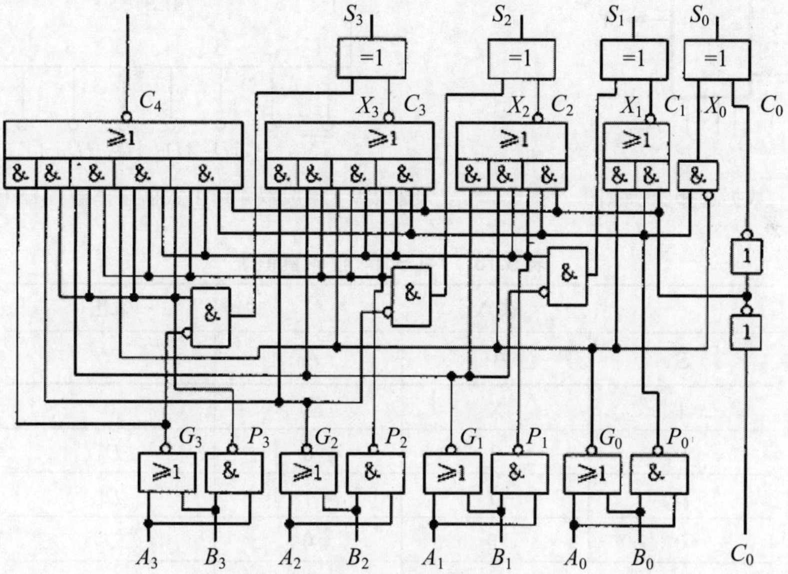

图 9.26　74LS283 逻辑电路图

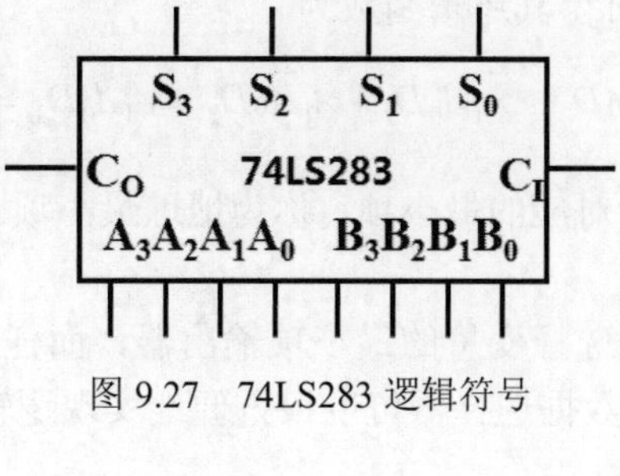

图 9.27　74LS283 逻辑符号

四、数据选择器

数据选择器又称多路选择器、多路开关。在数字系统中，常常需要把多个通道送来的信息传送到公共数据线上，也就是说在任一时刻，多个通道送来的输入信号只能选择一路信号输出到公共线上，完成这种功能的逻辑电路称为数据选择器。

图 9.28 所示数据选择器示意图中 $D_0 \sim D_{2^n-1}$ 为输入数据端，$A_0 \sim A_{n-1}$ 为地址变量，Y 为输出数据端。

例如当 A_1A_0=00 时，Y=D_0；当 A_1A_0=01 时，Y=D_1；当 A_1A_0=10 时，Y=D_2；当 A_1A_0=11 时，Y=D_3。以此类推。

接下来，我们以集成双 4 选 1 数据选择器 74LS153 为例进行较为详细的讲解。

如图 9.29 所示选通控制端 $\overline{S}$ 为低电平有效，即 $\overline{S}=0$ 时芯片被选中，处于工作状态；$\overline{S}=1$ 时芯片被禁止，Y=0。真值表见表 9.13。

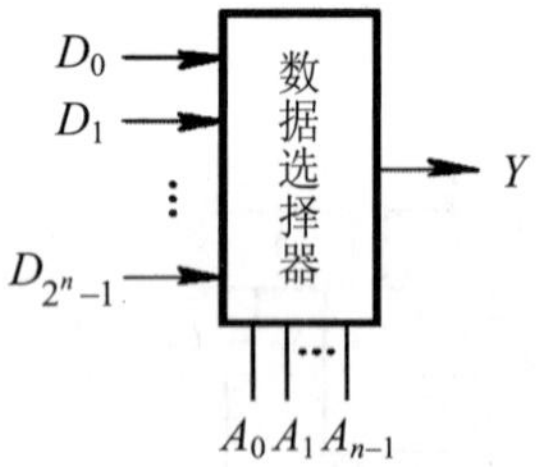

图 9.28 数据选择器示意图

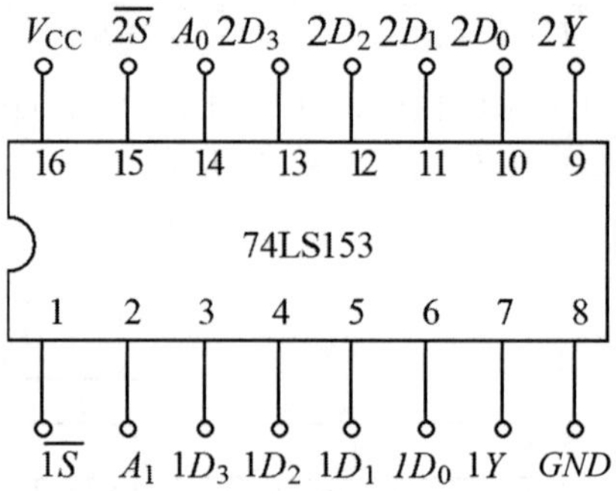

图 9.29 集成双 4 选 1 数据选择器 74LS153 逻辑符号

表 9.13 74LS153 逻辑真值表

输入			输出
$\overline{S}$	A_1	A_0	Y
1	X	X	0
0	0	0	D_0
0	0	1	D_1
0	1	0	D_2
0	1	1	D_3

当 $\overline{S}=0$ 时，根据真值表可得其逻辑函数为

$$Y=\overline{A}_1\overline{A}_0D_0+\overline{A}_1A_0D_1+A_1\overline{A}_0D_2+A_1A_0D_3=\sum_{i=0}^{3}m_iD_i$$

式中，m_i 是地址变量 A_1、A_0 所对应的最小项，称为地址最小项。因此，输出 Y 提供了地址变量的全部最小项。

所以，数据选择器是地址选择变量的最小项输出器，而任何一个逻辑函数都可以表示为最小项之和的形式。因此，用数据选择器可以很方便地实现逻辑函数。

例 9-6 试用 4 选 1 数据选择器 74LS153 实现三变量函数 $F=\overline{A}\overline{B}C+B\overline{C}+AB$。

方法一：代数法。将 F 的表达式变换为与 4 选 1 数据选择器 Y 相应的形式进行对比。

由 4 选 1 数据选择器输出信号的表达式：

$$Y=\overline{A}_1\overline{A}_0D_0+\overline{A}_1A_0D_1+A_1\overline{A}_0D_2+A_1A_0D_3$$

变换 F 的逻辑表达式：

$$\begin{aligned}F&=\overline{A}\overline{B}C+(\overline{A}+A)B\overline{C}+AB\\&=\overline{A}\overline{B}C+\overline{A}B\overline{C}+AB\overline{C}+AB\\&=\overline{A}\overline{B}C+\overline{A}B\overline{C}+A\overline{B}\cdot 0+AB(\overline{C}+1)\\&=\overline{A}\overline{B}C+\overline{A}B\overline{C}+A\overline{B}\cdot 0+AB\cdot 1\end{aligned}$$

比较 F 和 Y，得：$D_0=C$、$D_1=\overline{C}$、$D_2=0$、$D_3=1$

方法二：真值表法。

由表 9.13 可得函数 F 的真值表见表 9.14。

表 9.14 例 9-6 逻辑真值表

Y	A	B	C	F
D_0	0	0	0	0
	0	0	1	1
D_1	0	1	0	1
	0	1	1	0
D_2	1	0	0	0
	1	0	1	0
D_3	1	1	0	1
	1	1	1	1

画出逻辑电路图如图 9.30 所示。

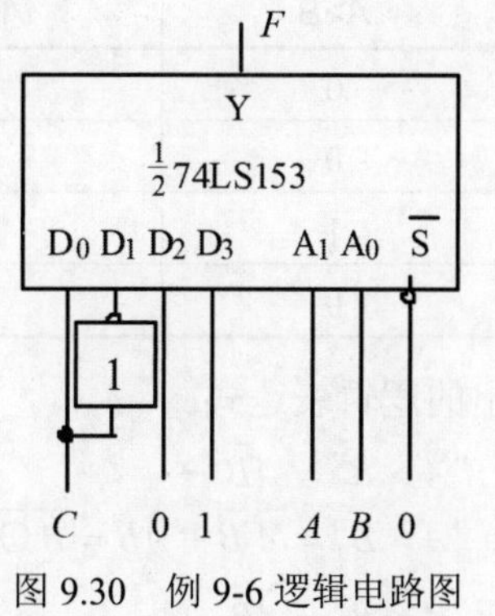

图 9.30 例 9-6 逻辑电路图

五、数据分配器

如果说数据选择器是多对一开关，则数据分配器为一对多开关。数据分配是将一个数据源来的数据，根据需要送到多个不同的通道上去，实现数据分配功能的逻辑电路称为数据分配器。它的作用相当于多个输出的单刀多掷开关，如图 9.31 所示。

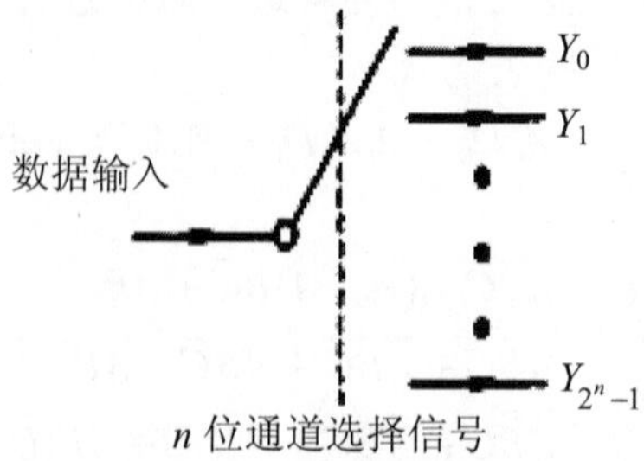

图 9.31　1 对多数据分配器

将 1 个输入数据，根据需要传送到 m 个输出端的任何一个输出端的电路，叫作数据分配器，又称为多路分配器，其逻辑功能正好与数据选择器相反。

数据分配器可以用唯一地址译码器实现。1 路－4 路数据分配器（如 74LS139）、1 路－8 路数据分配器（74LS138）等，具体接线可通过查阅相应译码器引脚功能图获得。

六、数值比较器

在数字系统的应用中，特别是在计算机系统中，常常需要比较两个数 A 和 B 的大小。数值比较器就是对两个位数相同的二进制数 A、B 进行比较得出结果。

例 9-7　设计一个一位数值比较器。

解：

第一步：分析逻辑功能列真值表。一位数值比较器就是用来比较两个一位二进制数大小的电路。设输入信号为 A、B，根据比较有三种输出结果，即 $A>B$、$A=B$、$A<B$。根据分析逻辑赋值，列出真值表见表 9.15。

表 9.15　一位数值比较器的真值表

输入		输出		
A	B	$A>B$	$A=B$	$A<B$
0	0	0	1	0
0	1	0	0	1
1	0	1	0	0
1	1	0	1	0

第二步：根据真值表写出输出的逻辑表达式。

$$“A>B”=A\overline{B}$$
$$“A=B”=\overline{A}\,\overline{B}+AB=\overline{A\oplus B}$$
$$“A<B”=\overline{A}B$$

第三步：根据表达式画出一位二进制数值比较器的逻辑图，如图 9.32 所示，其逻辑符号如图 9.33 所示。

若比较两位数字 A_1A_0 和 B_1B_0 的情况，利用一位比较器的结果可以得到简化的真值表，见表 9.16。

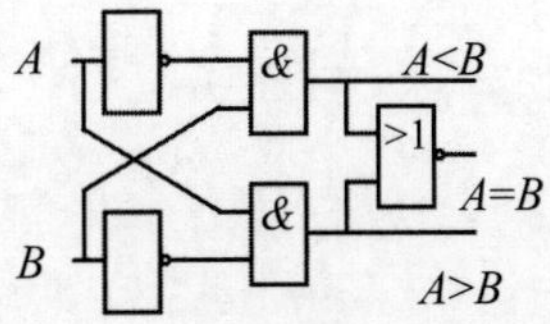

图 9.32　一位二进制数值比较器的逻辑图

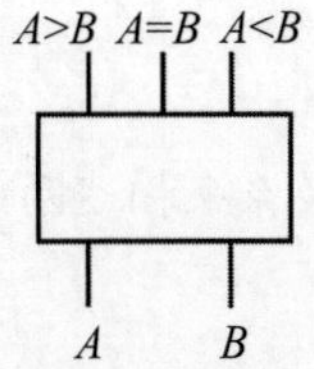

图 9.33　一位二进制数值比较器的逻辑符号

表 9.16　两位二进制数值比较器的功能表

输入				输出		
B_1	A_0	B_1	A_0	$F_{A>B}$	$F_{A<B}$	$F_{A=B}$
$A_1>B_1$		×		1	0	0
$A_1<B_1$		×		0	1	0
$A_1=B_1$		$A_0>B_0$		1	0	0
$A_1=B_1$		$A_0<B_0$		0	1	0
$A_1=B_1$		$A_0=B_0$		0	0	1

我们知道，当高位（A_1、B_1）不相等时，无需比较低位（A_0、B_0），两个数的比较结果就是高位比较的结果。当高位相等时，两数的比较结果由低位比较的结果决定，因此可以得出逻辑表达式：

$$F_{A>B} = A\overline{B}$$

$$F_{A<B} = \overline{A}B$$

$$F_{A=B} = AB + \overline{A}\overline{B}$$

根据表达式可以画出逻辑图，如图 9.34 所示。

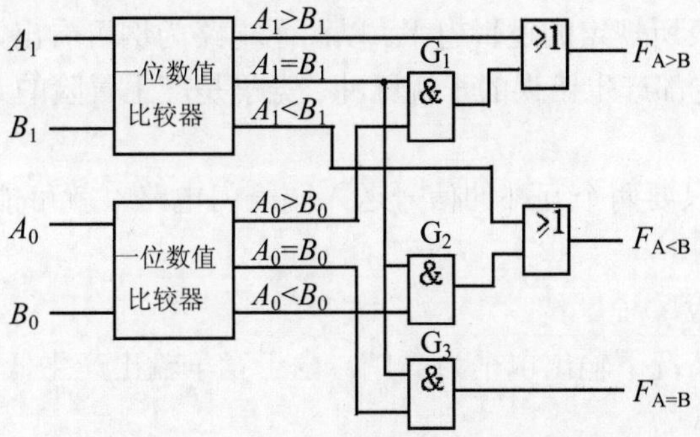

图 9.34　两位二进制数值比较器的逻辑图

对逻辑图进行分析：电路利用了一位数值比较器的输出作为中间结果，①两位数 A_1A_0 和 B_1B_0 的高位不相等：由于$(A_1=B_1)=0$ 时与门 G_1、G_2、G_3 均被封锁（不起作用），而或门被打开，低位比较结果不能影响或门，高位比较结果则从或门直接输出；②高位相等即$(A_1=B_1)=1$，使与门 G_1、G_2、G_3 均打开，同时由$(A_1>B_1)=0$ 和$(A_1<B_1)=0$ 作用，或门也打开，低位的比较结果直接送达输出端，即低位的比较结果决定两个数谁大、谁小或两者相等。

课堂互动

如何用逻辑关系来描述两个数的大小？

第四节　组合逻辑电路的竞争冒险

前面在学习分析及设计组合逻辑电路时，都没有考虑门电路的延迟时间对电路产生的影响。实际上，由于从输入到输出的过程中，不同通路上门的级数不同，或者门电路平均延迟时间的差异，使信号从输入经不同通路传输到输出级的时间不同。由于这个原因，可能会导致逻辑电路产生错误输出。我们通常把这种现象称为竞争与冒险。

如图 9.35 所示逻辑电路图，其函数表达式为 $Y=\overline{\overline{A\cdot\overline{AB}}}=\overline{A}+B$，其脉冲信号如图 9.36 所示。

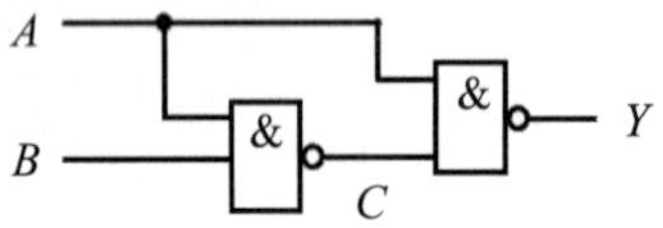

图 9.35　组合逻辑电路的竞争与冒险示意逻辑电路图

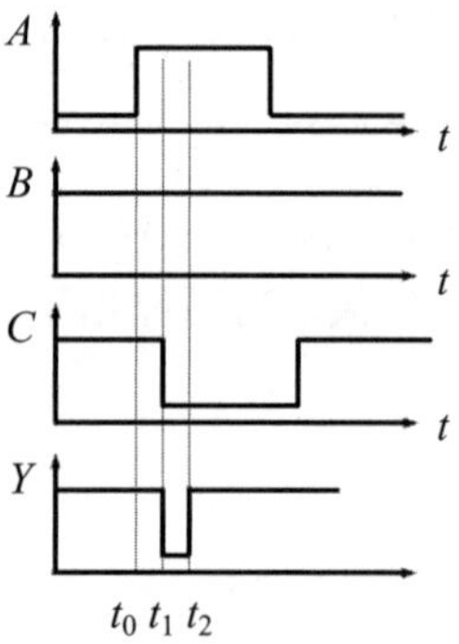

图 9.36　组合逻辑电路的竞争与冒险脉冲信号示意图

分析其脉冲信号图可得知在 t_0 到 t_1、t_1 到 t_2 区间出现了非预期信号的现象，即某一瞬间数字电路出现了违背真值表所规定的逻辑电平。以图示电路为例可看出，大多数组合电路都存在竞争，但所有竞争不一定都产生错误的干扰脉冲。竞争是产生冒险的必然条件，而冒险并非竞争的必然结果。

由以上分析可知，只要两个互补的信号送入同一门电路，就可能出现竞争冒险，因此把冒险现象分为两种：

第一种：“0”型冒险。

$A+\overline{A}$ 冒险在理想情况下输出电平为“1”，由于竞争输出产生低电平窄脉冲。

第二种：“1”型冒险。

$A\cdot\overline{A}$ 冒险在理想情况下输出电平为“0”，由于竞争输出产生高电平窄脉冲。

一、竞争冒险的判断方法

判断竞争冒险是否存在的方法很多，最常见的方法有以下几种。

（一）代数法

在逻辑函数表达式中，是否存在某变量的原变量和反变量。若去掉其他变量得到

$Y = A + \overline{A}$，电路有可能产生“0”冒险；若得到$Y = A \cdot \overline{A}$，则可能产生“1”冒险。

（二）卡诺图法

画出逻辑函数的卡诺图，当卡诺图中两个合并最小项圈相切，即两个合并最小项圈相邻一有相邻项，各合并最小项圈各自独立且不相交时，这个逻辑函数有可能出现冒险现象。

二、消除竞争冒险的方法

竞争一冒险是组合逻辑电路中经常会发生的一种现象，必须采取恰当的措施加以防止。

（一）代数法

（1）逻辑变换消去互补量。例如$Y = (A+B)(\overline{A}+C)$，当$B = C = 0$时，$Y = A \cdot \overline{A}$，存在竞争冒险。若将逻辑函数表达式进行逻辑变换，则$Y = AC + \overline{A}B + BC$，这时消去了$A \cdot \overline{A}$互补量，从而不会产生竞争冒险。

（2）增加乘积项。例如$Y = AB + \overline{A}C$，当$B = C = 1$时，$Y = A + \overline{A}$，存在竞争冒险。若增加乘积项BC，则$Y = AB + \overline{A}C + BC$，消除了竞争冒险。

（二）卡诺图法

将卡诺图中相切的圈用一个多余的圈连接起来，即可消除冒险现象。卡诺图法消除竞争冒险实质上和代数法是一致的，应根据条件选择采用何种方法来消除竞争。

例 9-8　如图 9.37 所示组合逻辑电路图，试采用卡诺图法消除电路的冒险现象。

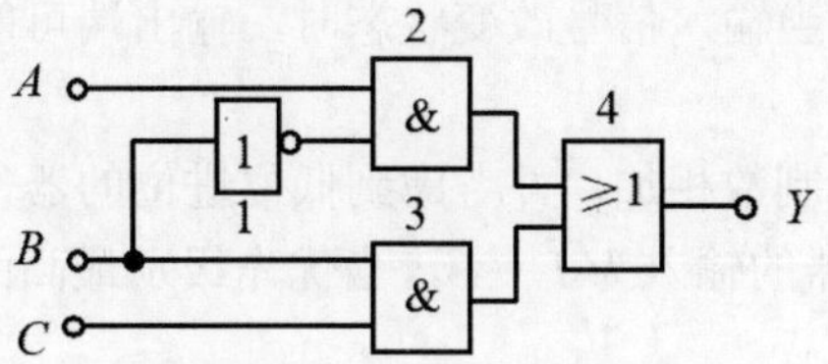

图 9.37　例 9-8 组合逻辑电路图

（1）分析电路图，可以看到此逻辑电路采用了 4 门电路设计。列真值表（略）画出卡诺图。在原有卡诺图的基础上将相切的圈用额外的圈搭接起来（如图 9.38 中细线圈所示），增加了多余项，从而得到消除冒险现象的逻辑函数表达式为$Y = A\overline{B} + BC + AC$，其逻辑电路图变化为图 9.39 所示。

C \ AB	00	01	11	10
0	0	0	0	1
1	0	1	1	1

图 9.38　例 9-8 卡诺图

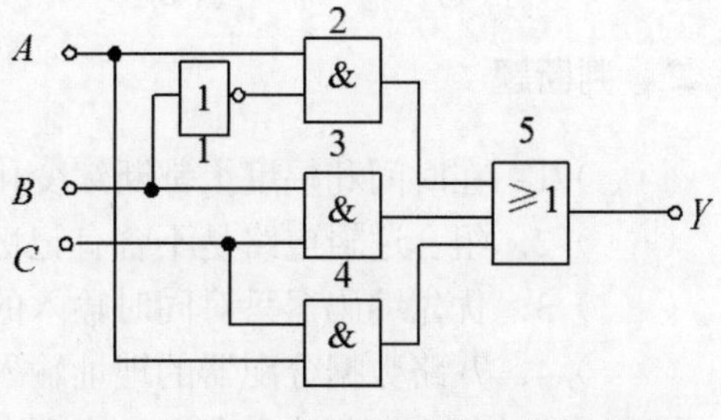

图 9.39　例 9-8 消除冒险的组合逻辑电路图

（2）引入封锁脉冲。为了消除竞争冒险产生的干扰脉冲，可引入封锁脉冲。封锁脉冲要与信号转换时间同步，而且封锁脉冲宽度不应小于电路从一个稳态转换到另一个稳态的过渡时间。

（3）引入选通脉冲。选通法是当有冒险脉冲时，引入选通脉冲，在每次电平变化时刻之后产生，并且在下次电平变化时刻之前结束，在选通脉冲持续区间输出信号。它出现的时间应与输入信号变化的时间错开，从而避开了冒险，在时间上则在干扰脉冲已经消失之后才加入，这样电路的输出不再是电位信号，而是一个脉冲信号。

（4）输出端并联电容—滤波电容。因为竞争冒险所产生的干扰脉冲一般很窄，所以当电路工作频率不很高时，在输出端并接一个电容，可以吸收掉干扰脉冲，将尖峰脉冲的幅度减小到不起影响的程度。但应注意电容量不能太大，否则将对电路的其他指标产生有害影响。

在负载电路对竞争－冒险所产生的尖峰脉冲（尖刺）不敏感时，例如负载为发光器件，竞争－冒险所产生的尖峰脉冲对电路的工作没有影响，可以不用考虑这一问题。

思考与练习九

一、填空题

1．组合逻辑电路的特点是：任意时刻的________状态仅取决于该时刻________的状态。

2．组合逻辑电路设计是组合逻辑电路分析的________。

3．常用的组合逻辑电路有________、________、________等。

4．在组合逻辑电路中，当输入信号改变状态时，输出端可能出现瞬间干扰窄脉冲的现象称为________。

5．能完成两个一位二进制数相加，并考虑到低位进位的器件称为________。

6．8 线－3 线优先编码器的输入为 I_0～I_7，当优先级别最高的 I_7 有效时，其输出 $\overline{Y_2}\cdot\overline{Y_1}\cdot\overline{Y_0}$ 的值是________。

7．十六路数据选择器的地址输入（选择控制）端有________个。

8．已知 74LS138 译码器的三个使能端 $E_1=1$，$\overline{E_{2A}}=\overline{E_{2B}}=0$ 时，地址码 $A_2A_1A_0$=011，则输出 Y_7～Y_0 是________。

9．一个四输入端或非门，使其输出为 1 的输入变量取值组合有________种。

10．一位数值比较器，输入信号为两个要比较的一位二进制数，用 A、B 表示，输出信号为比较结果：$Y_{(A>B)}$、$Y_{(A=B)}$和 $Y_{(A<B)}$，则 $Y_{(A>B)}$的逻辑表达式为________。

二、判断题

（　）1．在时间和幅度上都断续变化的信号是数字信号，语音信号不是数字信号。

（　）2．组合逻辑电路是不含有记忆功能的器件。

（　）3．优先编码器只对同时输入的信号中的优先级别最高的一个信号编码。

（　）4．八路数据分配器的地址输入（选择控制）端有 8 个。

（　）5．组合逻辑电路任何时刻的输出信号，与该时刻的输入信号有关，与以前的输入信号也相关。

三、综合题

1．请说出设计组合逻辑电路的方法步骤。

2．已知逻辑电路如图 9.40 所示，试分析其逻辑功能。

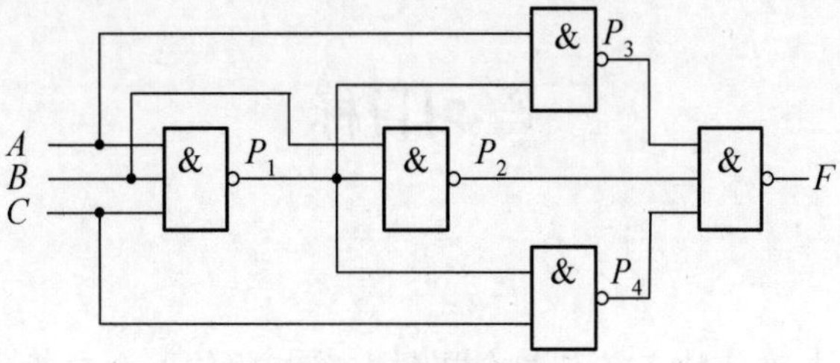

图 9.40　综合题 2 图

3．已知逻辑电路如图 9.41 所示，试分析其逻辑功能并简化逻辑电路图。

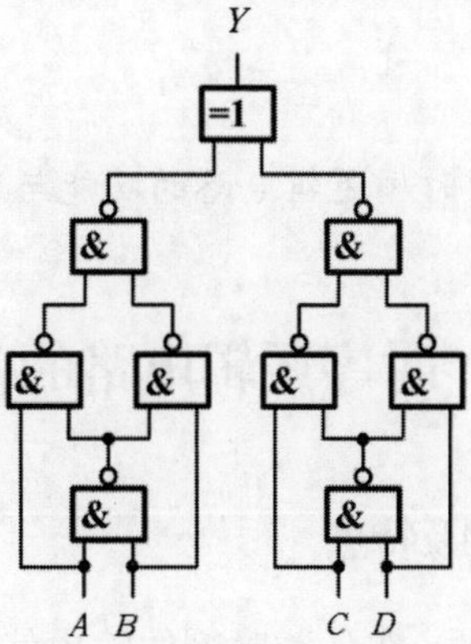

图 9.41　综合题 3 图

4．4 位无符号二进制数 A（$A_3A_2A_1A_0$），请设计一个组合逻辑电路实现：当 $0 \leqslant A < 8$ 或 $12 \leqslant A < 15$ 时，F 输出 1，否则，F 输出 0。

5．列车车站的发车优先顺序为：特快、直快、慢车。在同一时间里，车站里只能开出一班列车，即车站只能给出一班列车的开车信号（交通灯）。请设计一个满足上述要求的电路。

第十章　时序逻辑电路

学习目标

知识目标

- 掌握时序逻辑电路的特点（与组合逻辑电路相比较）和分析方法。
- 掌握各种触发器的符号、功能、特性方程以及时钟触发器的触发时刻。
- 了解常用时序逻辑电路的功能及应用。
- 了解同步时序电路的设计方法。

能力目标

- 能根据实际应用需求分析时序逻辑电路的功能与用途，了解时序电路的设计方法。

第一节　时序逻辑电路的基本概念

一、时序逻辑电路的基本结构及特点

时序逻辑电路（简称时序电路）在任一时刻的输出信号不仅与当时的输入信号有关，而且还与电路原来的状态有关，因此时序逻辑电路中必须含有存储电路，由它将某一时刻之前的电路状态保存下来。存储电路可用延迟元件组成，也可用触发器构成。本节只讨论由触发器构成存储电路的时序电路。

时序电路的基本结构框图如图 10.1 所示。其中 x_1～x_i 是时序电路的输入信号，q_1～q_1 是存储电路的输出信号，它被反馈回组合电路的输入端，与输入信息共同决定时序电路的输出状态。$y_1 \sim y_j$ 是时序电路的输出信号，$z_1 \sim z_k$ 是存储电路的输入信号。由逻辑表达式可得：

输出方程：$Y(t_n) = F[X(t_n),\ Q(t_n)]$

状态方程：$Q(t_{n+1}) = G[Z(t_n),\ Q(t_n)]$

驱动方程：$Z(t_n) = H[X(t_n),\ Q(t_n)]$

时序逻辑电路结构特点如下：

（1）通常时序电路由组合电路和存储电路两部分组成。因为时序电路必然具有记忆功能，所以存储电路必不可少。而触发器是构成存储电路的基本单元。

（2）存储电路的输出必然反馈到组合逻辑电路的输入端，与输入信号一起共同决定组合逻辑电路的输出。

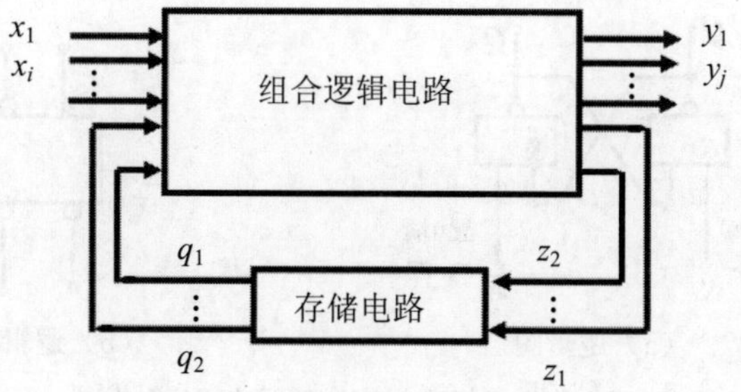

图 10.1　时序逻辑电路结构框图

二、时序逻辑电路的分类

（1）根据记忆电路中存储单元状态变化的特点将时序电路分为同步时序电路和异步时序电路。

- 同步时序电路：所有存储电路中存储单元状态的变化都是在同一时钟信号操作下同时发生的。
- 异步时序电路：存储单元状态的变化不是同时发生的。可能有公共的时钟信号，也可能没有公共的时钟信号。

（2）按照输出信号的不同，分为米利（Mealy）型电路和莫尔（Moore）型电路。

- 米利（Mealy）型电路：某时刻的输出是该时刻的输入和电路状态的函数。
- 莫尔（Moore）型电路：某时刻的输出仅是该时刻电路状态的函数，与该时刻的输入无关，如同步计数器。

课堂互动

1. 时序电路与组合电路相比较，有什么相同点和不同点？
2. 时序电路结构上的特点是什么？

第二节　触发器的电路结构和工作原理

在数字电路中，将能够存储一位二进制信息的逻辑电路称为触发器，每个触发器都有两个互补的输出端Q和$\overline{Q}$，它是构成时序逻辑电路的基本逻辑单元，是具有记忆功能的逻辑器件。

触发器按功能可分为 RS 触发器、JK 触发器、D 触发器、T 触发器等；按结构分为主从型触发器、维持阻塞型触发器和边沿型触发器等；按有无统一动作的时间节拍分为基本触发器和时钟触发器。

一、基本 RS 触发器

基本 RS 触发器是一种最简单的触发器，是构成各种触发器的基础。基本 RS 触发器由两个与非门（或者或非门）组成，且有反馈回路，如图 10.2 所示，上一时刻的输出状态和后一时刻的输入状态共同影响后一时刻的输出状态。

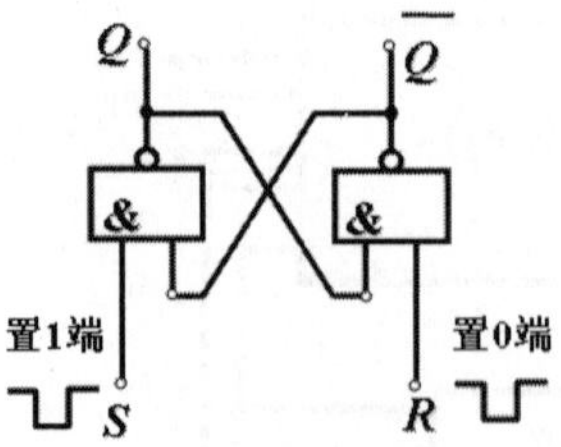

（a）逻辑图

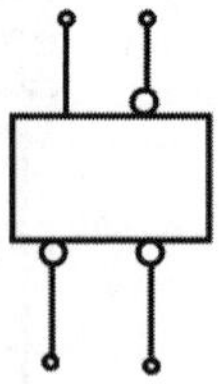

（b）逻辑符号

图 10.2　两个与非门构成的基本 RS 触发器

触发器状态的约定：触发器有两个输出端，分别为Q端和$\overline{Q}$端，这两个输出端的状态在正常工作时总是相反的，为了在研究中能统一对触发器所处状态的理解，通常把触发器的Q端所处的状态称为触发器的状态，即$Q=0$时，称触发器处于“0”态，$Q=1$时，称触发器处于“1”态。

根据输入信号R、S不同状态的组合，基本 RS 触发器的输出状态可以有以下 4 种情况：

（1）无有效电平输入（S=R=1）时，触发器保持原有状态不变，即原来的状态被触发器存储起来，这体现了触发器具有记忆能力。

（2）在有效电平作用下（S=0、R=1），无论$\overline{Q}$为 0 或 1，触发器都会转变为 1 态。这种情况称将触发器置 1 或置位。S端称为触发器的置 1 端或置位端。

（3）在有效电平作用下（S=1、R=0），无论$\overline{Q}$为 0 或 1，触发器都会转变为 0 态。这种情况称将触发器置 0 或复位。R端称为触发器的置 0 端或复位端。

（4）当S=0、R=0 时，无论$\overline{Q}$为 0 或 1，触发器状态不定。R=0、S=0 时，$Q=\overline{Q}=1$，不符合触发器的逻辑关系。并且由于与非门延迟时间不可能完全相等，在两输入端的 0 同时撤除后，将不能确定触发器是处于 1 态还是 0 态。所以触发器不允许出现这种情况，这就是基本 RS 触发器的约束条件。此状态为不定状态。为避免不定状态，对输入信号应加$S+R=1$的约束条件。

表 10.1 所示为基本 RS 触发器的功能表。为了区别，将输出端原信号写作Q^n和$\overline{Q^n}$，用于表示触发器的现态；将输入信号作用下的新信号记为Q^{n+1}和$\overline{Q^{n+1}}$，称为触发器的次态。

表 10.1　基本 RS 触发器的功能表

输入		输出		说明
S	R	Q^n	Q^{n+1}	
1	1	0	0	保持
1	1	1	1	
0	1	0	1	置 1
0	1	1	1	
1	0	0	0	置 0
1	0	1	0	
0	0	0	不定	不定
0	0	1	不定	

综上所述，基本 RS 触发器的逻辑功能特点为：有两个互补的输出端，有两个稳态；有复

位（Q=0）、置位（Q=1）、保持原状态三种功能；R 为复位输入端，S 为置位输入端，该电路为低电平有效；由于反馈线的存在，无论是复位还是置位，有效信号只需作用很短的一段时间，即“一触即发”。

基本 RS 触发器也可以用两个“或非门”组成，此时为高电平触发有效，这里不再赘述。

二、同步 RS 触发器

基本 RS 触发器输出状态的变化由与非门的输入（输入和反馈）的数据即时决定，但有时候我们想在时间上给予控制（即数据到达时触发器并不工作，数据在等待，需要的时候才使触发器的状态变化，如计算机的输入往往在按了回车后才输入到 CPU 进行运算等）。同步（时钟）RS 触发器就可以达到此目的。

在实际应用中，触发器的工作状态不仅要由 R、S 端的信号来决定，而且还希望触发器按一定的节拍翻转。为此，给触发器加一个时钟控制端 CP，只有在 CP 端上出现时钟脉冲时，触发器的状态才能变化。具有时钟脉冲控制的触发器状态的改变与时钟脉冲同步，所以称为同步触发器。

如图 10.3 所示，同步 RS 触发器的状态转换分别由 R、S 和 CP 控制，其中 R、S 控制状态转换的方向，CP 控制状态转换的时刻。

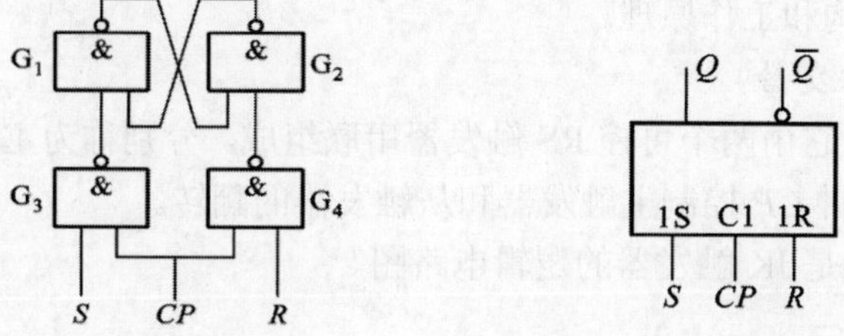

（a）逻辑电路图　　（b）逻辑符号

图 10.3　同步 RS 触发器

当时钟信号 CP=0 时，状态不变；当 CP=1 时，状态发生变化。由表 10.2 可得，S=0，R=0：$Q^{n+1}=Q^n$；S=1，R=0：Q^{n+1}=1；S=0，R=1：Q^{n+1}=0；S=1，R=1：$Q^{n+1}=\Phi$。

表 10.2　同步 RS 触发器的逻辑功能表

输入		输出		说明
S	R	Q^n	Q^{n+1}	
0	0	0	0	状态不变
0	0	1	1	
0	1	0	0	状态同 S
0	1	1	0	
1	0	0	1	状态同 S
1	0	1	1	
1	1	0	—	状态不定
1	1	1	—	

触发器次态 Q^{n+1} 与输入状态 R、S 及现态 Q^n 之间关系的逻辑表达式称为触发器的特性方程。综上所述，有

$$Q^{n+1} = S + \overline{R}Q^n \quad （特性方程）$$

$$R \cdot S = 0 \quad （约束条件）$$

同步触发器属于电平触发方式。在一个时钟周期的整个高电平期间或整个低电平期间都能接收输入信号并改变状态的触发方式称为电平触发。由此引起的在一个时钟脉冲周期中触发器发生多次翻转的现象叫作空翻。空翻是一种有害的现象，它使得时序电路不能按时钟节拍工作，造成系统的误动作。造成空翻现象的原因是同步触发器结构的不完善。为了避免空翻现象，对触发器电路进一步改进，进而产生了主从型、边沿型等各类触发器。

三、主从型 JK 触发器和边沿型 JK 触发器

RS 触发器的特性方程中有一个约束条件 $R \cdot S = 0$，即在工作时不允许输入信号 R、S 同时为 1。这一约束条件使得 RS 触发器在使用时，有时感觉不方便。如何解决这一问题呢？我们注意到，触发器的两个输出端 Q、$\overline{Q}$ 在正常工作时是互补的，即一个为 1，另一个一定为 0。因此，如果把这两个信号通过两根反馈线分别引到输入端，就一定有一个门被封锁，就可实现触发器工作过程中的强制置位和复位，这就是主从触发器的构成思路。这里以主从 JK 触发器来介绍主从触发器的结构和工作原理。

（一）主从型 JK 触发器

主从型 JK 触发器，它由两个可控 RS 触发器串联组成，分别称为主触发器和从触发器。J 和 K 是信号输入端，时钟 CP 控制主触发器和从触发器的翻转。

如图 10.4（a）所示是 JK 触发器的逻辑电路图。

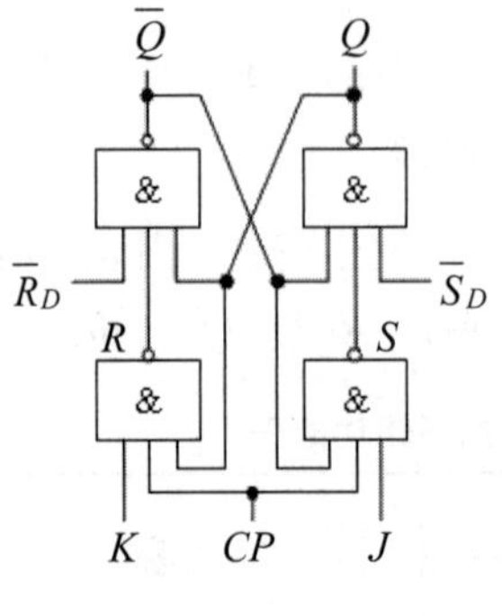

（a）逻辑电路图

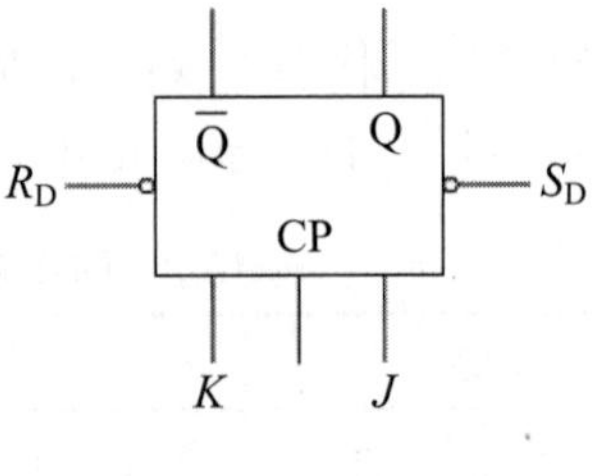

（b）逻辑符号

图 10.4 主从型 JK 触发器

JK 触发器的功能分析如下：

当 CP=0 时，主触发器状态不变，从触发器输出状态与主触发器的输出状态相同。

当 CP=1 时，输入 J、K 影响主触发器，而从触发器状态不变。当 CP 从 1 变成 0 时，主触发器的状态传送到从触发器，即主从触发器是在 CP 下降沿到来时才使触发器翻转的。

下面分 4 种情况来分析主从型 JK 触发器的逻辑功能。

（1）J=1，K=1。设时钟脉冲到来之前（CP=0）触发器的初始状态为 0，这时主触发器

的 $R = KQ = 0$，$S = J\overline{Q} = 1$，时钟脉冲到来后（CP=1），主触发器翻转成 1 态。当 CP 从 1 下跳为 0 时，主触发器状态不变，从触发器的 R=0，S=1，它也翻转成 1 态。反之，设触发器的初始状态为 1，可以同样分析，主、从触发器都翻转成 0 态。可见，JK 触发器在 J=1，K=1 的情况下，来一个时钟脉冲就翻转一次，具有计数功能。

（2）J=0，K=0。设触发器的初始状态为 0，当 CP=1 时，由于主触发器的 R=0，S=0，它的状态保持不变。当 CP 下跳时，由于从触发器的 R=1，S=0，它的输出为 0 态，即触发器保持 0 态不变。如果初始状态为 1，触发器亦保持 1 态不变。

（3）J=1，K=0。设触发器的初始状态为 0。当 CP=1 时，由于主触发器的 R=0，S=1，它翻转成 1 态。当 CP 下跳时，由于从触发器的 R=0，S=1，也翻转成 1 态。如果触发器的初始状态为 1，当 CP=1 时，由于主触发器的 R=0，S=0，它保持原态不变；在 CP 从 1 下跳为 0 时，由于从触发器的 R=0，S=1，也保持 1 态。

（4）J=0，K=1。设触发器的初始状态为 1 态。当 CP=1 时，由于主触发器的 R=1，S=0，它翻转成 0 态。当 CP 下跳时，从触发器也翻转成 0 态。如果触发器的初始状态为 0 态，当 CP=1 时，由于主触发器的 R=0，S=0，它保持原态不变；在 CP 从 1 下跳为 0 时，由于从触发器的 R=1，S=0，也保持 0 态。

综上所述，当 CP=0 时，R=S=1，Q^{n+1}=Q^n，触发器的状态保持不变；当 CP=1 时，将 $R = \overline{K \cdot CP \cdot Q^n} = \overline{KQ^n}$，$S = \overline{J \cdot CP \cdot \overline{Q^n}}$ 代入 $Q^{n+1} = \overline{S} + RQ^n$，可得

$$Q^{n+1} = J\overline{Q^n} + \overline{KQ^n} \cdot Q^n = J\overline{Q^n} + \overline{K}Q^n$$

JK 触发器的逻辑功能表如表 10.3 所示。其时序波形图如图 10.5 所示。

表 10.3　JK 触发器的逻辑功能表

时钟	输入		输出		说明
CP	J	K	Q^{n+1}	$\overline{Q^{n+1}}$	
1	0	0	Q^n	$\overline{Q^n}$	保持
1	0	1	0	1	输出与 J 状态相同
1	1	0	1	0	输出与 J 状态相同
1	1	1	$\overline{Q^n}$	Q^n	翻转（计数）

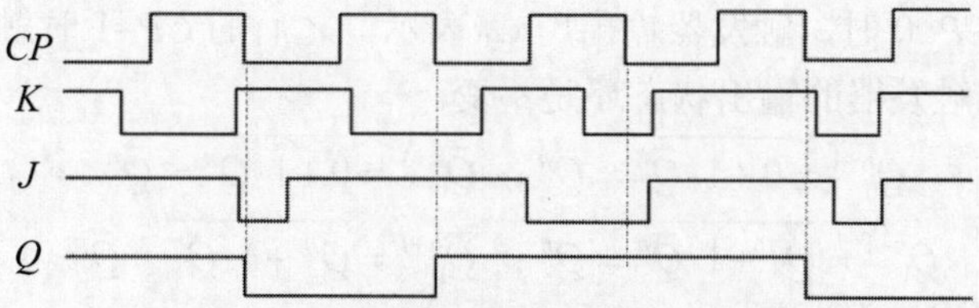

图 10.5　主从 JK 触发器时序波形图

由此可以看出，主从 JK 触发器在 CP=1 期间，主触发器只变化（翻转）一次，这种现象称为一次变化现象。一次变化现象也是一种有害的现象，如果在 CP=1 期间，输入端出现干扰

信号，就可能造成触发器的误动作。为了避免发生一次变化现象，在使用主从 JK 触发器时，要保证在 CP=1 期间，J、K 保持状态不变。

要解决一次变化问题，仍应从电路结构上入手，让触发器只接收 CP 触发沿到来前一瞬间的输入信号。这种触发器称为边沿触发器。

边沿触发器是利用电路内部的传输延迟时间实现边沿触发克服空翻现象的，它不仅将触发器的触发翻转控制在 CP 触发沿到来的一瞬间，而且将接收输入信号的时间也控制在 CP 触发沿到来的前一瞬间。因此，边沿触发器既没有空翻现象，也没有一次变化问题，从而大大提高了触发器工作的可靠性和抗干扰能力。

（二）负边沿 JK 触发器

负边沿 JK 触发器的逻辑电路和逻辑符号如图 10.6 所示。

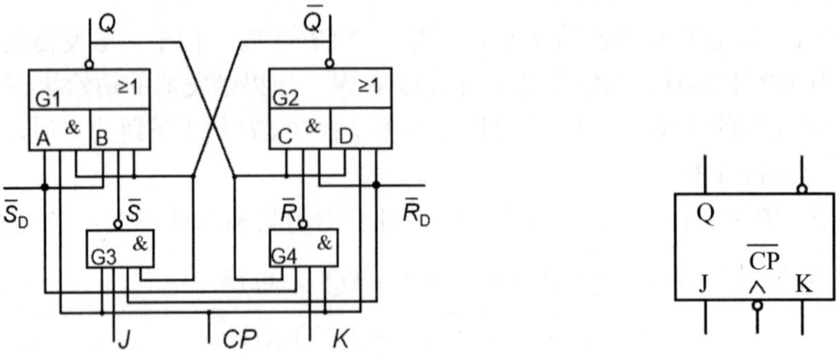

（a）逻辑电路图　　（b）逻辑符号

图 10.6　负边沿 JK 触发器的逻辑电路图和逻辑符号

负边沿 JK 触发器电路在工作时，要求其与非门 G3、G4 的平均延迟时间 t_{pd1} 比与或非门 G1、G2 构成的基本触发器的平均延迟时间 t_{pd2} 要长，起延时触发作用。

CP=1 期间，与或非门输出为：

$$Q^{n+1}=\overline{\bar{Q}^n+J\bar{Q}^n}=Q^n\text{；}\quad \bar{Q}^{n+1}=\overline{Q^n+\bar{K}Q^n}=\bar{Q}^n$$

所以，触发器状态保持不变，和与非门 G3、G4 的输出无关。

CP=0 期间，门 G_3、G_4 输出为 1，使与或非门 G1、G2 构成的基本 RS 触发器的输入无效，触发器的状态仍保持不变。具体计算如下：

$$\bar{R}=\bar{S}=1\text{；}\quad Q^{n+1}=\overline{0+1\cdot\bar{Q}^n}=Q^n\text{；}\quad \bar{Q}^{n+1}=\overline{0+1\cdot Q^n}=\bar{Q}^n\text{。}$$

CP 上升时刻：CP=0 时，触发器输出用 Q_0 表示，之后的 CP=1 时触发器输出用 Q_1 表示，具体计算如下，可知触发器的输出状态还是不变。

$$Q_0^{n+1}=\overline{0+1\cdot\bar{Q}^n}=Q^n\text{；}\quad \bar{Q}_0^{n+1}=\overline{0+1\cdot Q^n}=\bar{Q}^n\text{。}$$

$$Q_1^{n+1}=\overline{\bar{Q}^n+1\cdot\bar{Q}^n}=Q^n\text{；}\quad \bar{Q}_1^{n+1}=\overline{Q^n+1\cdot Q^n}=\bar{Q}^n\text{。}$$

CP 下降时刻：CP=1 时，触发器输出用 Q_1 表示，之后的 CP=0 时触发器输出用 Q_0 表示，具体计算如下：

$$Q_1^{n+1}=\overline{\bar{Q}^n+1\cdot\bar{Q}^n}=Q^n\text{；}\quad \bar{Q}_1^{n+1}=\overline{Q^n+1\cdot Q^n}=\bar{Q}^n$$

此时，门 G3、G4 的输出 Y_3 和 Y_4 如下。之后，CP=0 时，与或非门中的 A、D 与门结果为 0，同时门 G3、G4 被封锁；门 G1、G2 变为与非门基本 RS 触发器，考虑到门电路的传输延迟时间 t_{pd} ，不难得到 JK 触发器状态方程。

$$\bar{R}=Y_4=\overline{J\bar{Q}^n}\ ;\ \ \bar{S}=Y_3=\overline{KQ^n}\ 。$$

$$Q^{n+1}=S+\bar{R}Q^n=J\bar{Q}^n+\overline{KQ^n}Q^n=J\bar{Q}^n+\bar{K}Q^n\ 。$$

由上述分析得出，在 *CP* 脉冲下降沿时刻，触发器类同于主从 JK 触发器逻辑原理工作，故称为负边沿 JK 触发器。其状态表、状态图、时序图与主从 JK 触发器基本相同。

课堂互动

1. 触发器的基本功能是什么？
2. 不同类型功能的触发器之间是否可以进行转换？
3. 主从触发器与边沿触发器之间有什么区别？

四、边沿型 D 触发器

边沿触发器除了 JK 触发器外，常见的还有边沿型 D 触发器。一般边沿 D 触发器也称为维持－阻塞边沿 D 触发器，其逻辑电路图和电路符号如图 10.7 所示。

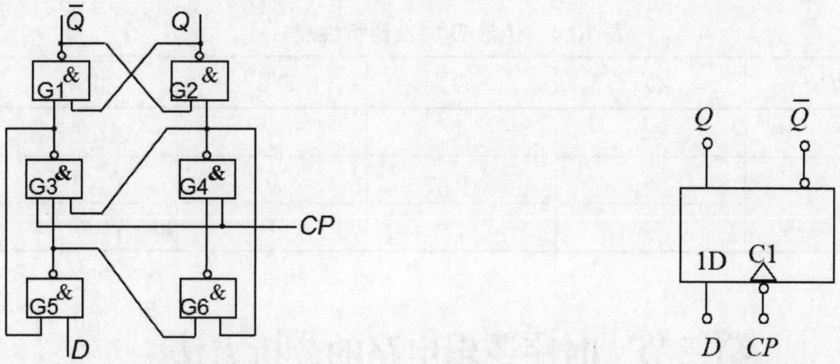

（a）逻辑电路图　　（b）逻辑符号

图 10.7　维持－阻塞边沿 D 触发器逻辑电路图及电路符号

为方便理解，我们以维持－阻塞边沿 D 触发器原理逻辑电路图进行说明，如图 10.8 所示。

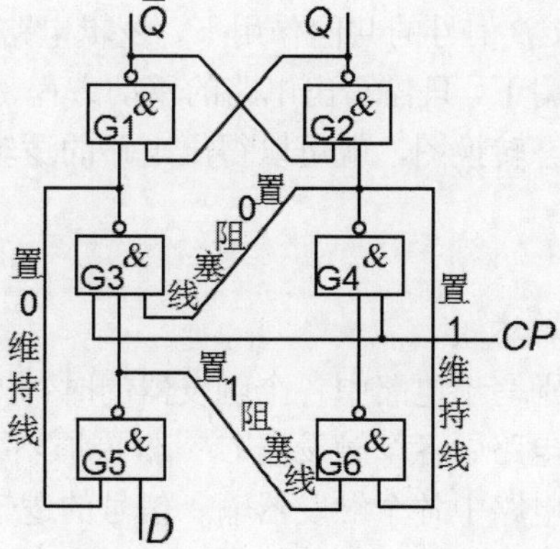

图 10.8　维持－阻塞边沿 D 触发器原理逻辑电路图

维持一阻塞边沿 D 触发器的功能分析如下：

CP=0 期间，与门 G_3、G_4 被封锁，输出 G_4=G_3=1，使与门 G_1、G_2 构成的基本 RS 触发器输入无效，则 D 触发器的输出状态保持不变，$Q^{n+1}=Q^n$。

CP=1 期间，若 G_3=0，G_4=1，则置“0”维持线保证 G_5= 1，置“1”维持线和置“1”阻塞线保证 G_6=0，使 G_3=0，G_4=1 不会变化，和输入 *D* 无关，则 D 触发器输出状态保持不变；若 G_3=1，G_4=0，置“0”阻塞线保证 G_3=1，即使 G4 变为“1”，对门 G_1、G_2 构成的基本 RS 触发器的输入也无效，则 D 触发器的输出状态保持不变。仍和输入 *D* 无关，也确保触发器状态不会空翻。

CP↓时刻，*CP*=1 时与门 G_3、G_4 的输出和触发信号 *D* 无关，且其输出和触发信号 *D* 无关，且其输出不会改变与门 G_1、G_2 构成的基本 RS 触发器的输出。之后的 *CP*=0 时，与门 G_1、G_2 构成的基本 RS 触发器的输入无效，则 D 触发器保持原态。

CP↑时刻，*CP*=0 时，置“1”维持线和置“0”维持线均反馈“1”，使触发信号 *D* 输入成功，之后 *CP*=1 时，与门 G_3、G_4 开始工作，传输 *D* 到与门 G_1、G_2 构成的基本 RS 触发器的输入端，则触发器的输出状态才能更新。

触发器输出状态的更新遵循 Q^{n+1}=D。

该触发器为时钟上升沿有效，且没有一次变化（翻转）的问题。特性表见表 10.4。

表 10.4　边沿 D 触发器特性表

CP	Q^n	*D*	Q^{n+1}	说明
↑	×	×	Q^n	锁定保持
↓	×	0	0	置“0”
	×	1	1	置“1”

第三节　时序逻辑电路的分析方法

一、分析目的

分析时序电路的目的是确定已知电路的逻辑功能和工作特点。具体来说就是通过给定的时序电路，找出在输入信号和 *CP* 信号的共同作用下，逻辑电路的次态和输出情况。由于同步时序逻辑电路是在同一时钟作用下，只需写出电路的驱动方程、输出方程和状态方程，根据状态方程得到电路的状态表或状态转换图，就可以得出电路的逻辑功能。

二、一般分析步骤

（一）写出相关关系函数表达式

根据给定的逻辑电路图分别写出电路中各个触发器的时钟方程、驱动方程和输出方程。

- 时钟方程：时序逻辑电路中各个触发器 *CP* 脉冲的逻辑关系表达式。
- 驱动方程：时序逻辑电路中各个触发器输入信号的逻辑关系表达式。
- 输出方程：时序逻辑电路中各个触发器输出信号的逻辑关系表达式。

（二）求各个触发器的状态方程

将时钟方程和驱动方程代入相应触发器的特征方程中，求出触发器的状态方程。

（三）求出对应状态值

（1）列状态转换表：将电路输入信号和触发器现态的所有取值组合代入相应的状态方程，求得相应触发器的次态，通过列表得出。

（2）画状态图（反映时序逻辑电路状态转换规律及相应输入、输出信号取值情况的几何图形）。

（3）画时序图（反映输入、输出信号及各触发器状态的取值在时间上对应关系的波形图）。

（四）根据状态表、状态图或时序图进行分析归纳，确定电路的逻辑功能和工作特点

例 10-1　分析图 10.9 所示时序逻辑电路的逻辑功能。

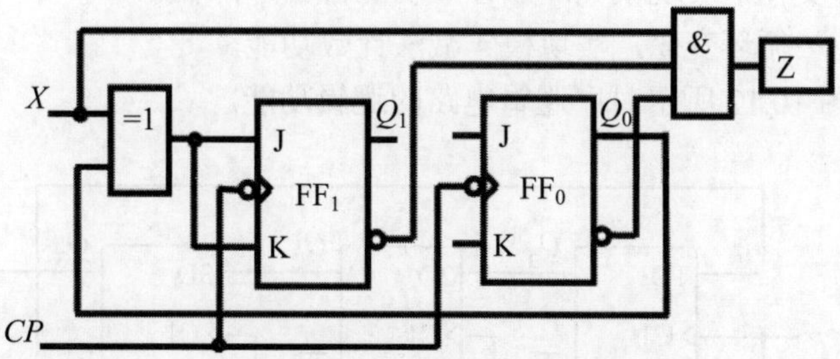

图 10.9　例 10-1 的逻辑电路

解：

（1）求相关方程式：

$$J_0 = K_0 = 1 \quad J_0 = K_0 = X \oplus Q_0^n \quad Z = x\bar{Q}_1^n\bar{Q}_0^n$$

（2）求状态方程：将对应方程代入特性方程，化简变换可得

$$Q_1^{n+1} = J_1\bar{Q}_1^n + \bar{K}Q_1^n = (X \oplus Q_0^n)\cdot\bar{Q}_1^n + \overline{(X \oplus Q_0^n)}\cdot Q_1^n = X \oplus Q_0^n \oplus Q_1^n$$

$$Q_0^{n+1} = J_0\bar{Q}_0^n + \bar{K}Q_0^n = \bar{Q}_0^n$$

（3）求出对应的状态值：将电路输入信号和触发器现态的所有取值组合代入相应的状态方程，求得触发器的次态，列表见表 10.5，即电路的状态表。

表 10.5　例 10-1 的状态表

$Q_1^nQ_0^n$ \ X	$Q_1^{n+1}Q_0^{n+1}/Z$	
	0	1
00	01/0	11/1
01	10/0	00/0
10	11/0	01/0
11	00/0	10/0

（4）画状态图如图 10.10 所示，画时序图如图 10.11 所示。

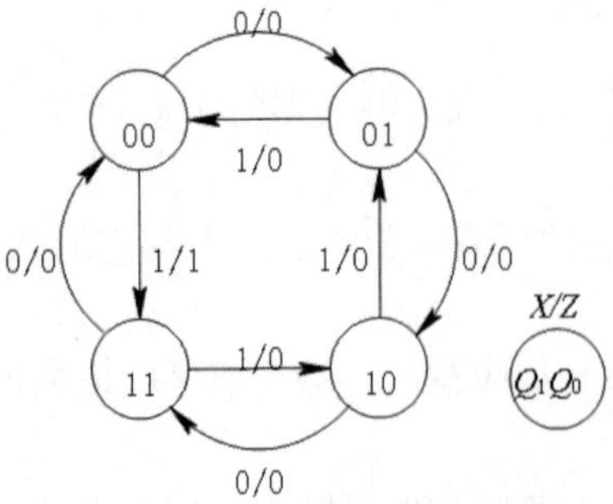

图 10.10 例 10-1 的状态转移图

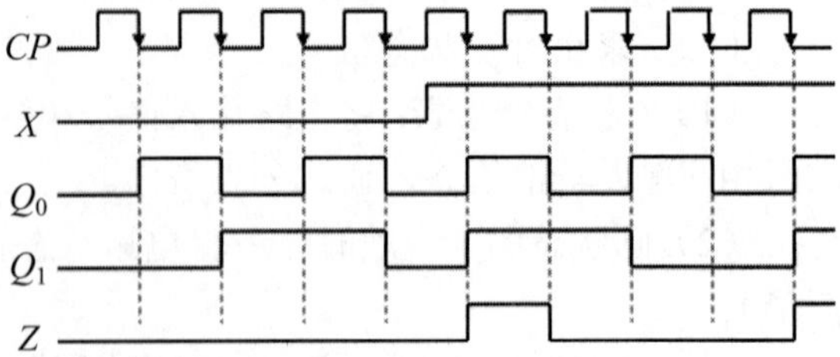

图 10.11 例 10-1 的时序图

（5）归纳上述结果，进行逻辑功能分析：当外部输入 $X=0$ 时，状态转移按 00→01→10→11→00→……循环变化，实现模 4 加法计数功能；当外部输入 $X=1$ 时，状态转移按 00→11→10→01→00→……循环变化，实现模 4 减法计数功能。

例 10-2 分析图 10.12 所示时序逻辑电路的逻辑功能。

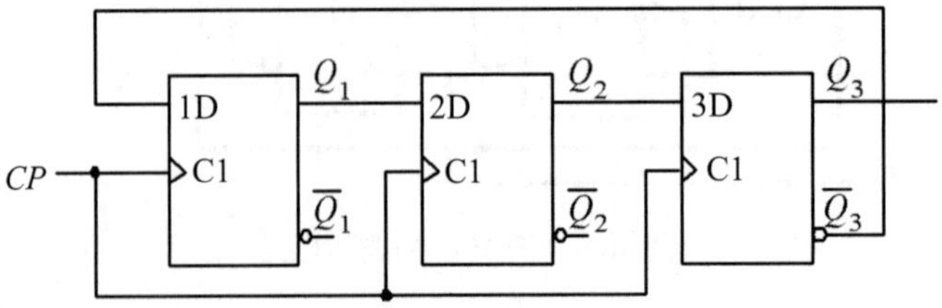

图 10.12 例 10-2 的逻辑电路

解： 由逻辑电路图得知该电路为同步时序电路。

电路的激励方程为 $D_1=\overline{Q_3^n};D_2=Q_1^n;D_3=Q_2^n$

次态方程为 $Q_1^{n+1}=\overline{Q_3^n};Q_2^{n+1}=Q_1^n;Q_3^{n+1}=Q_2^n$

由此得出表 10.6 所示的状态真值表。

表 10.6 例 10-2 的状态表

Q_1^n	Q_2^n	Q_3^n	Q_1^{n+1}	Q_2^{n+1}	Q_3^{n+1}
0	0	0	1	0	0
0	0	1	0	0	0
0	1	0	1	0	1
0	1	1	0	0	1
1	0	0	1	1	0
1	0	1	0	1	0
1	1	0	1	1	1
1	1	1	0	1	1

画状态图如图 10.13 所示。

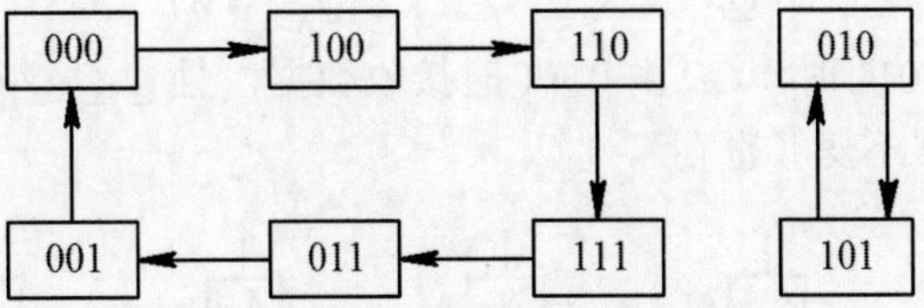

图 10.13　例 10-2 的状态转移图

画时序图如图 10.14 所示。

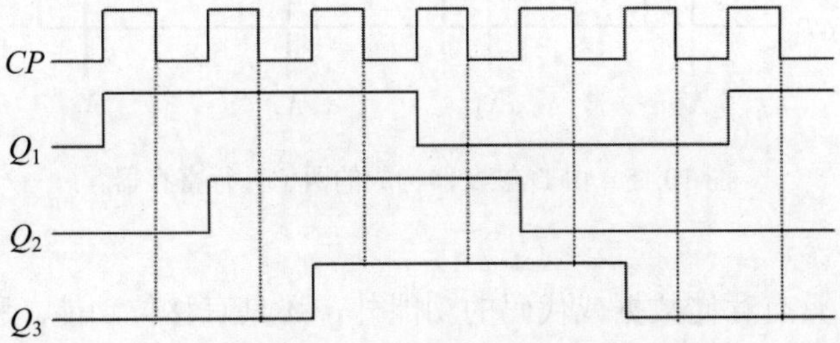

图 10.14　例 10-2 的时序图

由状态迁移图可看出该电路为六进制计数器，又称为六分频电路。所谓分频电路是将输入的高频信号变为低频信号输出的电路。六分频是指输出信号的频率为输入信号频率的六分之一，即 $f_o = \frac{1}{6} f_{cp}$，所以有时又将计数器称为分频器。

课堂互动

1. 分析时序电路的目的是什么？
2. 分析时序电路的基本步骤是什么？

第四节　常用时序逻辑电路

一、寄存器

寄存器是计算机和其他数字系统中用于存储运算数据或指令代码的逻辑部件，它的主要组成部分是触发器。一个触发器就是一个最简单的寄存器，能存放一位二进制代码，N 个触发器能存 N 位二进制代码。寄存器从功能上分为两类：基本（数码）寄存器和移位寄存器。

（一）基本（数码）寄存器

基本（数码）寄存器的功能和结构较简单，具有接收数据、存放数据和清除原有数据的功能。图 10.15 所示为四位基本数码寄存器，各触发器均为 D 功能且并行使用。该寄存器的各个触发器的输入输出端是相互独立的，主要用于存放数码。由 D 触发器特性方程 $Q^{n+1} = D$ 可写出其状态方程为

$$Q_3^{n+1} = X_3 \qquad Q_2^{n+1} = X_2$$
$$Q_1^{n+1} = X_1 \qquad Q_0^{n+1} = X_0$$

例如当 $X_3X_2X_1X_0 = 1011$ 时，CP 由 0→1 时接收数据，且 $Q_3Q_2Q_1Q_0 = 1011$；CP=0、1、1→0；$Q_3Q_2Q_1Q_0$ 保持数据不变（寄存）。

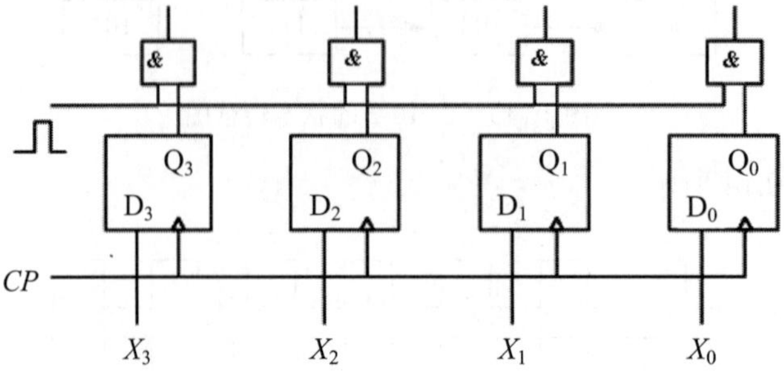

图 10.15　由 D 触发器构成的四位并行寄存器

（二）移位寄存器

移位寄存器除了具有存储数据或代码的功能外，还具有移位功能。移位功能即寄存器中所存储的数据或代码可以在移位脉冲作用下逐位向高位或向低位移动。在数字电路系统中，由于运算（如二进制的乘除法）的需要，常常要求实现移位功能。

移位寄存器是在寄存器的基础上发展起来的。

两者在结构上的区别为：一方面寄存器中的各级触发器在电路上互相独立，各个触发器的输入数据都来自电路外部（典型芯片为 74LS175）；另一方面，移位寄存器中的各级触发器在电路上有联系，除第一级外的各级触发器的数据输入端均连接相邻触发器的输出端。

移位寄存器根据不同用途分类有单向（向左或向右）和双向（既能向左又能向右）移位之分。一般规定右移是向高位移（即数码先移入最低位），左移是向低位移（即数码先移入最高位），而不管看上去的方向如何。

1. 单向移位寄存器

这里以右移移位寄存器来讲解单向移位寄存器。右移移位寄存器的每个触发器的 Q 端输出接到相邻高位（左边一位）触发器的输入端 D，即 $D_i = Q_{i-1}$，只有第一个触发器输入端接数码 D_{SR}。各触发器均为 D 功能且串行使用，如图 10.16 所示。

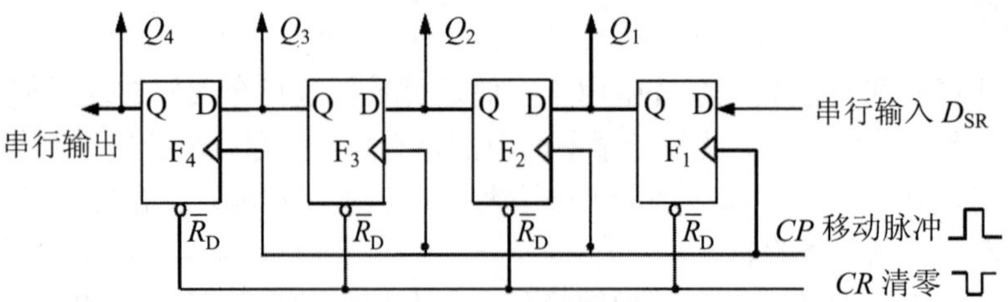

图 10.16　由 D 触发器构成的右移移位寄存器

在接收数码前，先用一个负脉冲（又称清零脉冲或复位脉冲）把所有的触发器都置为 0 状态（简称清零或复位）。

为了分析方便，下面我们都用 Q^n 表示时序电路的现态，Q^{n+1} 表示时序电路的次态。CP 上升沿有效，由 D 触发器特性方程 $Q^{n+1}=D$，可写出其状态方程为

$$Q_4^{n+1}=D_4=Q_3 \qquad Q_3^{n+1}=D_3=Q_2$$
$$Q_2^{n+1}=D_2=Q_1 \qquad Q_1^{n+1}=D_1=D_{SL}$$

例如 D_{SR}=1011，工作时先清零 CR=0，$Q_4Q_3Q_2Q_1$=0000。在移位脉冲作用下，数码 1011 依次送入寄存器中，这种方式叫串行输入。当 4 个 CP 上升沿到来后，寄存器并行输出 $Q_4Q_3Q_2Q_1$=1011，Q_4 作为串行输出端，第 8 个 CP 上升沿到来后，输出 1011。

根据需要，可以使用更多触发器来构成更多位移位寄存器，这里不再详述。

2. 双向移位寄存器

双向移位寄存器在单向移位寄存器电路的基础上加以改善，可以实现右移、左移、并入、并出、串入和串出等操作。各种功能各需要有一个控制端，这些功能都不执行相当于保持功能。下面以集成移位寄存器 74LS194 来进行说明。

74LS194 是双向四位 TTL 型集成移位寄存器，是具有并行输出、并行输入、左移、右移、保持等多种功能的通用移位寄存器，其引脚排列如图 10.17 所示。$\overline{CLR}$ 是异步置零端，优先级最高；S_1、S_0 是工作方式控制端，控制寄存器功能；A、B、C、D 是并行数码输入端；$Q_A \sim Q_D$ 是并行数码输出端；$SR\ SER$（D_{SR}）是右移串行数码输入端；$SL\ SER$（D_{SL}）是左移串行数码输入端；CP 为移位脉冲输入端。表 10.7 为 74LS194 的功能表。

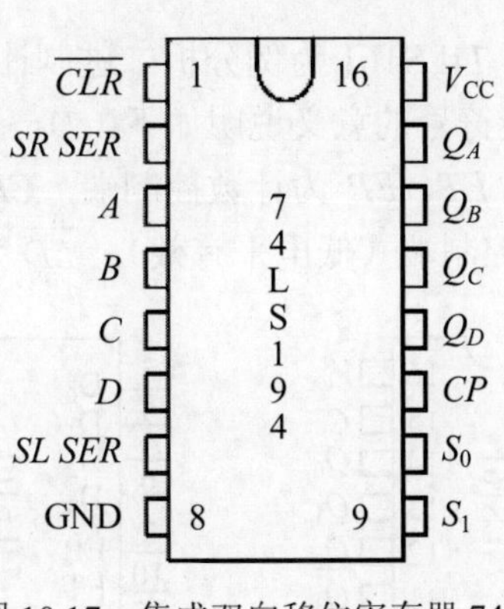

图 10.17　集成双向移位寄存器 74LS194

表 10.7　74LS194 的功能表

$\overline{CLR}$	S_1	S_0	CP	功能
0	×	×	×	清零
1	0	0	×	保持
1	0	1	↑	左移
1	1	0	↑	右移
1	1	1	↑	并行输入

最后得出双向四位 TTL 型集成移位寄存器 74LS194 的功能特点：清零功能最优先（异步方式），移位、并行输入都需要 CP 的↑到来（同步方式）。

利用 74LS194 可实现数据传送方式的串/并行转换以及构成环形和扭环形计数器，这里不再阐述。

二、计数器

计数器是用来统计输入脉冲 CP 个数的时序电路。在计数功能的基础之上，计数器还可以实现计时、定时、分频和自动控制等功能，应用非常广泛。

计数器种类繁多，按编码方式不同可分为二进制计数器和非二进制计数器，非二进制计数器中最典型的是十进制计数器；按数字的增减趋势可分为加法计数器、减法计数器和可逆计数器；按计数器中触发器翻转是否与计数脉冲同步分为同步计数器和异步计数器。

计数器的位数 n：即由多少个触发器组成。计数器的模（计数容量）N：最大所能计数的值 $N=2^n$。若 $n=1，2，3，\cdots$，则 $N=2，4，8，\cdots$，相应的计数器称为模 2 计数器、模 4 计数器和模 8 计数器。如图 10.18 所示的逻辑电路图为三位二进制计数器的逻辑电路图。

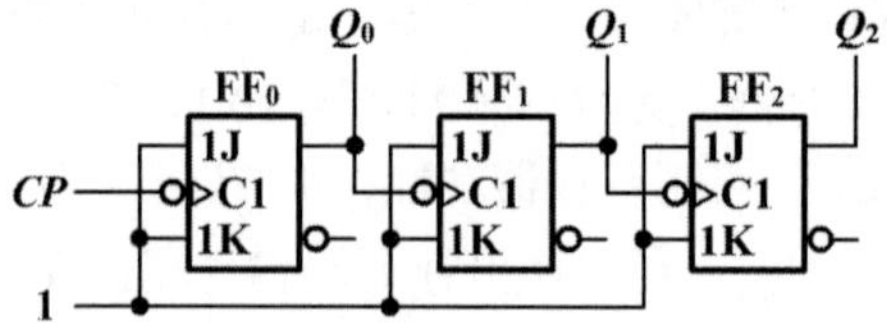

图 10.18　三位二进制计数器的逻辑电路图

下面以同步二进制集成计数器 74LS161 为例分析二进制计数器的逻辑功能。

如图 10.19 所示，各引脚功能符号的意义说明如下：$D_0 \sim D_3$ 为计数器并行数据预置输入端，$Q_0 \sim Q_3$ 为计数器数据输出端，ET、EP 为计数控制端，CP 即计数器时钟脉冲输入端，C 为计数器进位端，$\overline{R}_D$ 为异步清除控制端（低电平有效），$\overline{LD}$ 为置数控制端（低电平有效）。

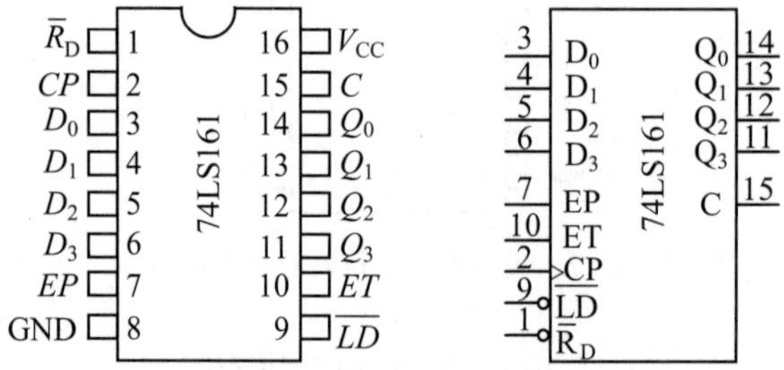

（a）引脚图　　（b）逻辑电路图

图 10.19　同步二进制集成计数器 74LS161

74LS161 的逻辑功能见表 10.8。

表 10.8　74LS161 的逻辑功能表

输入									输出			
$\overline{R}_D$	$\overline{LD}$	ET	EP	CP	D_0	D_1	D_2	D_3	Q_0	Q_1	Q_2	Q_3
0	×	×	×	×	×	×	×	×	0	0	0	0
1	0	×	×	↑	d_0	d_1	d_2	d_3	d_0	d_1	d_2	d_3

续表

输入									输出			
$\overline{R_D}$	$\overline{LD}$	ET	EP	CP	D_0	D_1	D_2	D_3	Q_0	Q_1	Q_2	Q_3
1	1	1	1	↑	×	×	×	×	计数			
1	1	0	×	×	×	×	×	×	保持			
1	1	×	0	×	×	×	×	×	保持			

根据逻辑功能表可以画出电路的状态转换图，如图 10.20 所示。

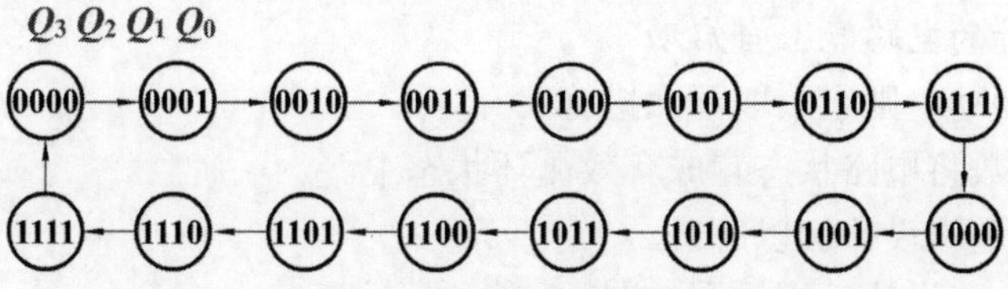

图 10.20　同步二进制集成计数器 74LS161 的状态图

归纳上述结果，进行逻辑功能分析：$\overline{R_D}$、$\overline{LD}$、ET 和 EP 均为高电平时，计数器处于计数状态，每输入一个 CP 脉冲，进行一次加法计数。

课堂互动

1. 计数器的基本功能是什么？
2. 同步二进制集成计数器 74LS161 的模是几？
3. 寄存器的主要功能包括哪些？

第五节　同步时序逻辑电路的设计方法

一、设计原则

根据给出的具体逻辑问题，设计时序电路图来完成这一逻辑功能。要求电路最简，最简标准为触发器和门电路数目最少，其输入端最少。

二、设计步骤

（一）逻辑抽象，得出电路的状态转换图或状态转换表

（1）分析给定的逻辑问题，确定输入变量、输出变量以及电路的状态数。通常取原因（或条件）作为输入逻辑变量，取结果作输出逻辑变量。

（2）定义输入、输出逻辑状态和每个电路状态的含义，并将电路状态顺序编号。

（3）按照题意列出电路的状态转换表或画出电路的状态转换图。

（二）状态化简

若两个电路状态在相同的输入下有相同的输出，并且转换到同样的一个状态去，则称这两个状态为等价状态。等价状态可以合并，这样设计的电路状态数少，电路简单。

（三）状态分配（状态编码）

（1）确定触发器的数目 n。

（2）确定电路的状态数 M，应满足 $2^{n-1}<M\leqslant 2^n$。

（3）进行状态编码，即将电路的状态和触发器状态组合对应起来。

（四）选定触发器的类型，求出电路的状态方程、驱动方程和输出方程

（1）选定触发器的类型。

（2）由状态转换图（或状态转换表）和选定的状态编码、触发器的类型，写出电路的状态方程、驱动方程和输出方程。

（五）根据得到的方程式画出逻辑图

（六）检查设计的电路能否自启动

若电路不能自启动，则应采取下面措施：

（1）通过预置数将电路状态置成有效循环状态中。

（2）通过修改逻辑设计加以解决。

同步时序逻辑电路设计过程框图如图 10.21 所示。

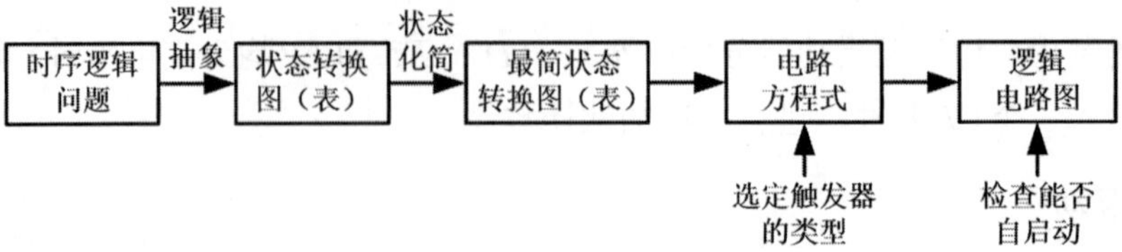

图 10.21 同步时序逻辑电路设计框图

例 10-3 设计一个串行数据检测器。电路的输入信号 A 是与时钟脉冲同步的串行数据，其时序关系如图 10.22 所示。输出信号为 Z；要求电路在 A 信号输入出现 110 序列时，输出信号 Z 为 1，否则为 0。

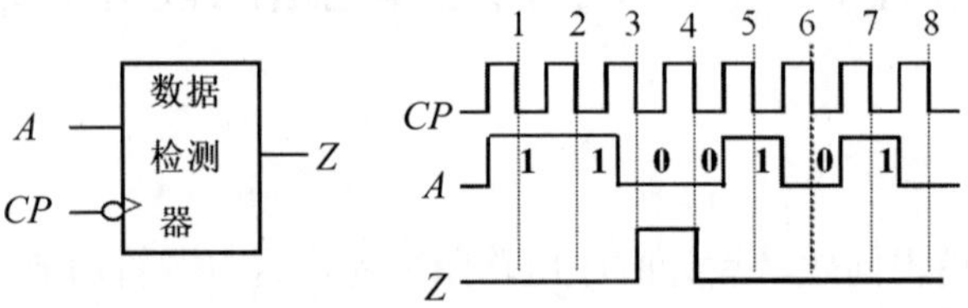

（a）电路框图　　（b）时序图

图 10.22 例 10-3 同步时序逻辑电路框图和时序图

解：

第一步：逻辑抽象建立原始状态图或状态表。

（1）确定输入、输出变量及电路的状态数：

输入变量：A；输出变量：Z；状态数：4 个。

（2）定义输入 输出逻辑状态和每个电路状态的含义。

设 a——初始状态；b——A 输入 1 后；c——A 输入 11 后；d——A 输入 110 后。

（3）按题意画出状态转换图（图 10.23）或列出电路的状态表（表 10.9）。

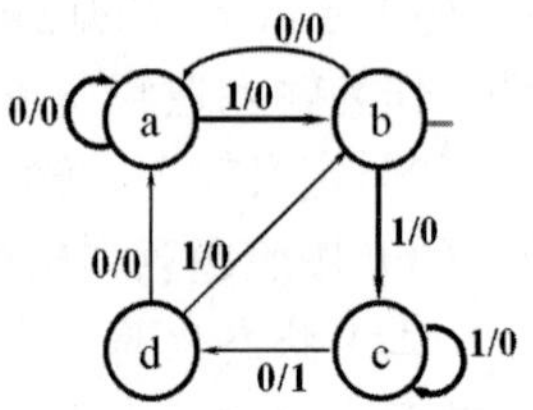

图 10.23 例 10-3 原始状态图

第二步：对状态进行化简。对比状态表 10.9 发现有等价状态，对其进行化简可得表 10.10，从而画出化简后的状态图如图 10.24 所示。

表 10.9　例 10-3 状态表

现态	次态/输出	
	A=0	A=1
a	a/0	b/0
b	a/0	c/0
c	d/1	c/0
d	a/0	b/0

表 10.10　例 10-3 化简后的状态表

现态	次态/输出	
	A=0	A=1
a	a/0	b/0
b	a/0	c/0
c	a/1	c/0

第三步：状态分配。令 a=00，b=01，c=11，由图 10.24 简化状态图可得到最终确定的状态转换图（图 10.25）。从图中可得知触发器个数为 2 个，同时列出状态转换真值表见表 10.11。

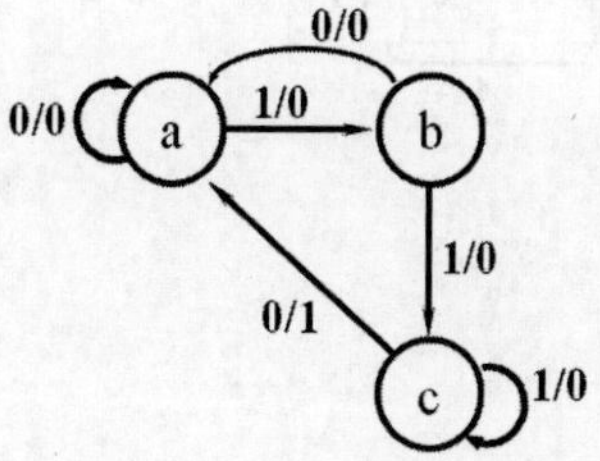

图 10.24　例 10-3 简化状态图

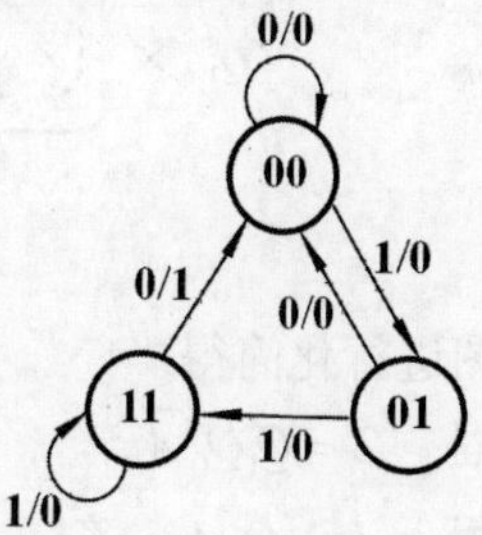

图 10.25　例 10-3 状态转换图

表 10.11　例 10-3 状态转换真值表

现态 Q_1Q_0	$Q_1^{n+1}\ Q_0^{n+1}$/Z	
	A=0	A=1
00	00 / 0	01 / 0
01	00 / 0	11 / 0
11	00 / 1	11 / 0

第四步：选择触发器的类型。写出输出和激励方程。采用对 CP 下降沿敏感的 JK 触发器。

列出触发器状态真值表及激励信号见表 10.12。J_1、K_1、J_0、K_0、Z 为 A 和触发器初态的函数。

表 10.12 例 10-3 状态转换真值表及激励信号

Q_1^n	Q_0^n	A	Q_1^{n+1}	Q_0^{n+1}	Z	激励信号			
						J_1	K_1	J_0	K_0
0	0	0	0	0	0	0	×	0	×
0	0	1	0	1	0	0	×	1	×
0	1	0	0	0	0	0	×	×	1
0	1	1	1	1	0	1	×	0	×
1	1	0	0	0	1	×	1	×	1
1	1	1	1	1	0	×	0	×	0

由真值表分别绘制各信号卡诺图如图 10.26 所示。

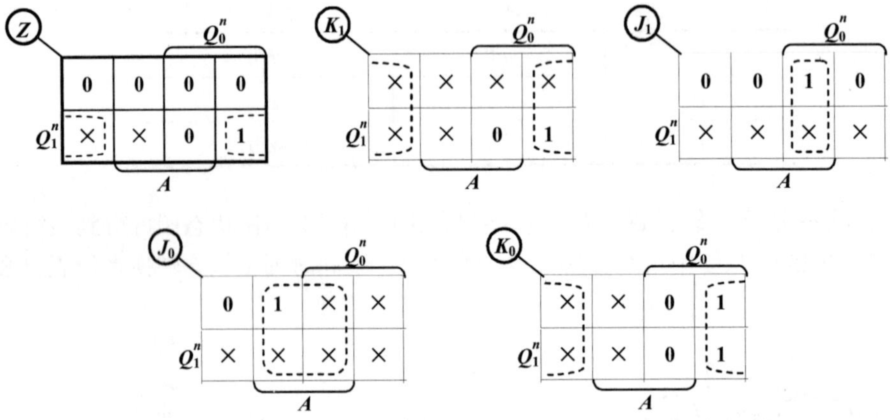

图 10.26 各信号卡诺图

对卡诺图进行化简得

输出方程：$Z = Q_1 Q_0 \overline{A}$。

激励方程：$J_1 = Q_0 A$；$K_1 = \overline{A}$；$J_0 = A$；$K_0 = \overline{A}$。

第五步：根据激励方程和输出方程画出逻辑图（图 10.27）。

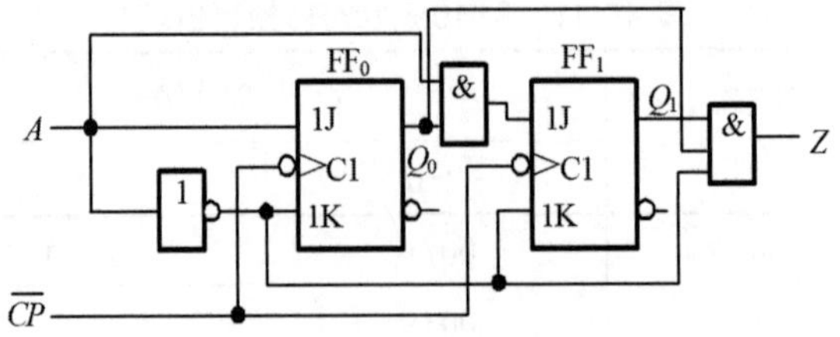

图 10.27 例 10-3 逻辑电路图

确定电路是否自启动的方法：查看状态转换图确定无效状态，无效状态是否能够自动转入有效状态，如果都能，说明能自启动，由此判定该电路能够自启动。

思考与练习十

一、填空题

1．触发器的基本性质有：________、________、________。

2．触发器逻辑功能描述方法有________、________、________、________、________。

3．时序逻辑电路按照其触发器是否有统一的时钟控制分为________时序电路和________时序电路。

4．寄存器按照功能不同可分为两类：________寄存器和________寄存器。

5．图 10.28 所示为由或非门构成的基本 RS 触发器，输入 S、R 的约束条件是________。

6．图 10.29 所示为由与非门组成的基本 RS 触发器，为使触发器处于置“1”状态，其 $\overline{S}\cdot\overline{R}$ 应为________。

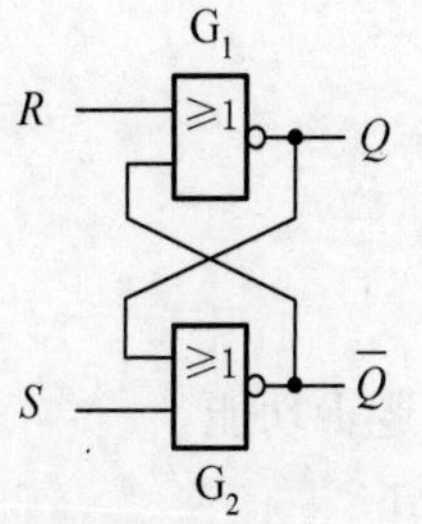

图 10.28 填空题 5 图

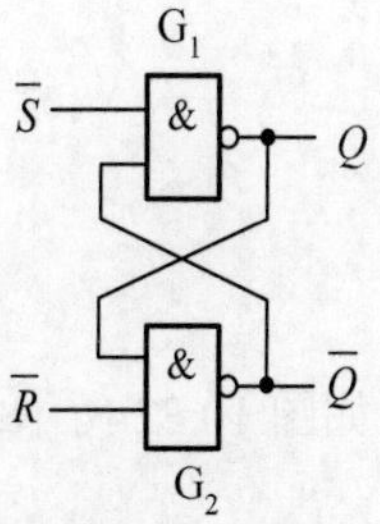

图 10.29 填空题 6 图

7．有一个左移移位寄存器，当预先置入 1011 后，其串行输入固定接 0，在 4 个移位脉冲 CP 作用下，四位数据的移位过程是________。

8．由 n 个触发器构成的计数器，最多计数个数为________。

9．由 4 位二进制计数器 74LS161 构成的任意进制计数器电路如图 10.30 所示，计数时的最小状态是________。

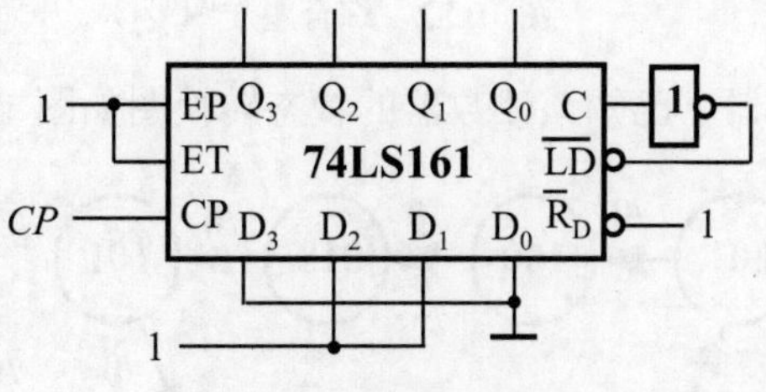

图 10.30 填空题 9 图

二、判断题

（ ）1．同步时序电路由组合电路和存储电路两部分组成。

（ ）2．同步时序电路有统一的时钟分配。

（　　）3．把一个五进制计数器与一个十进制计数器串联可得到十五进制计数器。

（　　）4．时序电路就是由触发器和组合逻辑电路组成的。

（　　）5．克服了空翻现象的触发器有基本型 RS 触发器和主从型 JK 触发器。

（　　）6．主从型 JK 触发器是没有约束条件的触发器。

（　　）7．n 个触发器可以构成能寄存 2^n 位二进制数码的寄存器。

（　　）8．数据选择器为时序逻辑电路。

三、综合题

1．什么是同步触发器的空翻现象？

2．已知触发器如图 10.31 所示，试写出该触发器的特性方程。

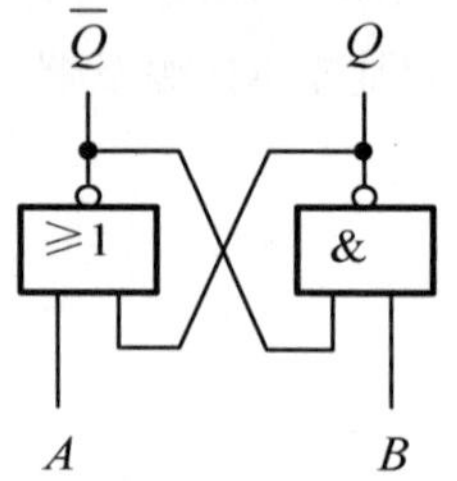

图 10.31　综合题 2 图

3．试分析如图 10.32 所示的时序逻辑电路，简单描述其逻辑功能。

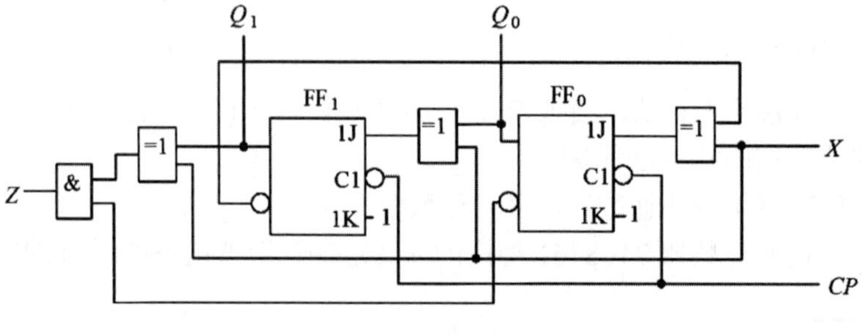

图 10.32　综合题 3 图

4．设计一七进制计数器。已知该计数器的状态转换图如图 10.33 所示。

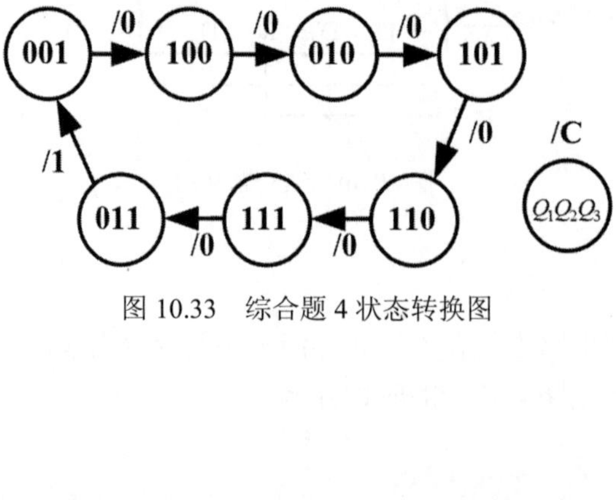

图 10.33　综合题 4 状态转换图

参考文献

[1] 邱关源．电路[M]．5 版．北京：高等教育出版社，2006.

[2] 李瀚荪．电路分析基础[M]．4 版．北京：高等教育出版社，2006.

[3] 秦曾煌．电工学[M]．7 版．北京：高等教育出版社，2009.

[4] 张肃文．高频电子线路[M]．5 版．北京：高等教育出版社，2009.

[5] 冯军，谢嘉奎．电子线路（非线性部分）[M]．5 版．北京：高等教育出版社，2010.

[6] 王久华．电工技术与电子技术基础[M]．3 版．北京：清华大学出版社，2011

[7] 冯军，谢嘉奎．电子线路（线性部分）[M]．5 版．北京：高等教育出版社，2011.

[8] 郭志勇．电子技术项目教程[M]．北京：中国水利水电出版社，2014.

[9] 康华光．电子技术基础（数字部分）[M]．6 版．北京：高等教育出版社，2014.

[10] 童诗白，华成英．模拟电子技术基础[M]．5 版．北京：高等教育出版社，2015.

[11] 刘树林．低频电子线路[M]．3 版．北京：电子工业出版社，2015.

[12] 曲学基，曲敬铠，于明扬．电力电子元器件应用手册[M]．北京：电子工业出版社，2016.

[13] 阎石．数字电子技术基础[M]．6 版．北京：高等教育出版社，2016.

[14] 王毓银．数字电路逻辑设计[M]．3 版．北京：高等教育出版社，2018.

[15] 张振文．电工手册[M]．北京：化学工业出版社，2018.

本书特色

- 从学生实际出发，把握实用为主、够用为度，坚持培养可持续发展科学素质的原则。
- 注重知识的科学性和通俗性，精选教学内容，力求概念清楚、推理清晰。
- 把握与前续课程——物理学及后续课程——医学影像设备学、电机与拖动、电气控制及PLC、数控机床的衔接，避免内容重复或断层。
- 在内容上每节基本都设有课堂互动，可调动学生学习的积极性，并能及时了解学生掌握知识的情况。
- 部分章节后配套项目化训练，以培养学生应用能力。

中国水利水电出版传媒集团有限公司
China Water and Power Publishing & Media Group Ltd.

ISBN 978-7-5170-8041-1
9 787517 080411 >
定价：48.00元

销售分类：电工技术 / 电工与电子技术